ENCYCLOPÉDIE

DES

TRAVAUX PUBLICS

Fondée par **M.-C. LECHALAS**, Insp^r gén^{al} des Ponts et Chaussées

APPLICATIONS

DE LA

STATIQUE GRAPHIQUE

PAR

MAURICE KOECHLIN

ANCIEN ÉLÈVE DE L'ÉCOLE POLYTECHNIQUE DE ZÜRICH
INGÉNIEUR DE LA MAISON EIFFEL

TEXTE

CHARGES DES PONTS ET DES CHARPENTES
POUTRES DROITES, COURBES, PLEINES, A TREILLIS, CONTINUES
ARCS MÉTALLIQUES, FERMES MÉTALLIQUES, PILES MÉTALLIQUES
INFLUENCE DU VENT SUR LES CONSTRUCTIONS, DÉFORMATIONS
CALCUL DES POUTRES POUR LE LANÇAGE ET LE MONTAGE
PILES EN MAÇONNERIE, CALCUL DES JOINTS DES POUTRES
FORMULES ET TABLES USUELLES

PARIS

LIBRAIRIE POLYTECHNIQUE

BAUDRY ET Cie, LIBRAIRES-ÉDITEURS

15, RUE DES SAINTS-PÈRES

MÊME MAISON A LIÈGE

1889

CHAPITRE PREMIER

CHARGES DES PONTS

ET DES

CHARPENTES MÉTALLIQUES

CHAPITRE PREMIER

CHARGES DES PONTS ET DES CHARPENTES MÉTALLIQUES

I

CHARGES DES PONTS DE CHEMINS DE FER

Les charges se composent du poids de la construction métallique, du poids de la voie et de la surcharge.

Surcharges. — Les surcharges imposées par l'Administration, dans la circulaire ministérielle du 9 juillet 1877, sont les suivantes :

Art. 1er. — Les ponts à travées métalliques qui portent des voies de fer devront être en état de livrer passage à toutes les machines et à tous les trains autorisés à circuler sur le réseau auquel ils appartiennent.

Art. 2. — Les dimensions des pièces métalliques des travées seront calculées de telle sorte que, dans la position la plus défavorable des surcharges que l'ouvrage peut avoir à supporter, le travail du métal par millimètre carré de section soit limité, savoir :

A un kilogramme et demi pour la fonte travaillant à l'extension directe ;

A trois kilogrammes pour la fonte travaillant à l'extension dans une pièce fléchie ;

A cinq kilogrammes pour la fonte travaillant à la compression, soit directement, soit dans une pièce fléchie ;

A six kilogrammes pour le fer forgé ou laminé tant à l'extension qu'à la compression.

Toutefois, l'administration se réserve d'admettre des limites plus élevées pour les grands ponts, lorsque des justifications suffisantes seront produites en ce qui touche les qualités des matières, les formes et les dispositions des pièces.

Art. 3. — Les auteurs des projets de travées métalliques devront justifier, par des calculs suffisamment détaillés, qu'ils se sont conformés aux prescriptions de l'article précédent.

En ce qui concerne les fermes longitudinales, ils pourront admettre l'hypothèse de surcharges uniformément réparties. Dans ce cas ces surcharges, par mètre courant de simple voie, seront réglées conformément au tableau suivant :

Portée des travées	Surcharge uniforme	Portée des travées	Surcharge uniforme	Portée des travées	Surcharge uniforme
mètres	kilogrammes	mètres	kilogrammes	mètres	kilogrammes
2	12000	14	5900	50	3900
3	10500	15	5700	55	3800
4	10200	16	5500	60	3700
5	9800	17	5400	70	3500
6	9500	18	5200	80	3400
7	8900	19	5100	90	3300
8	8300	20	4900	100	3200
9	7800	25	4500	125	3100
10	7300	30	4300	150	3000
11	6900	35	4200	et au-delà	
12	6500	40	4100		
13	6200	45	4000		

Nota. — Les surcharges correspondant à des portées intermédiaires à celles qui sont indiquées ci-dessus seront déterminées par voie d'interpolation.

Les dimensions des pièces qui ne font pas partie des fermes longitudinales, et notamment de celles des pièces de pont, seront calculées d'après les plus grands efforts qu'elles peuvent avoir à supporter.

Les dimensions et les charges des plus lourdes locomotives des compagnies de chemins de fer en France sont les suivantes :

Est

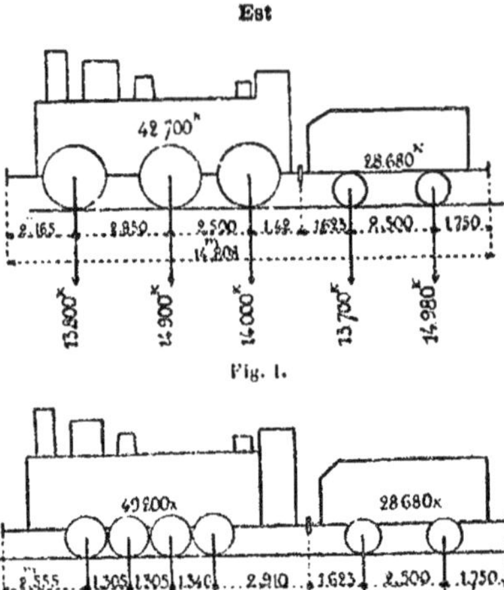

Fig. 1.

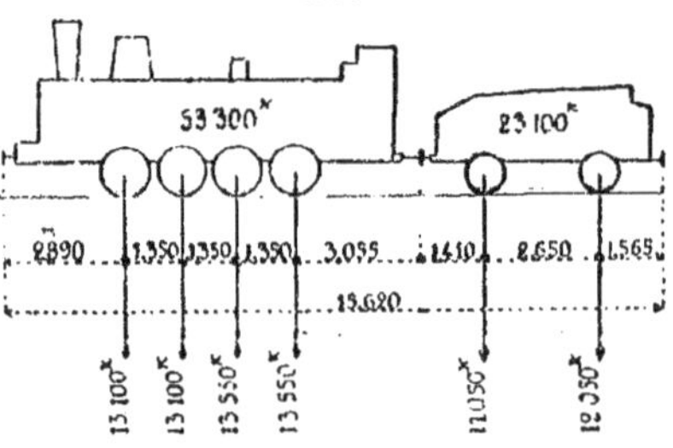

Fig. 2.

État

Fig. 3.

Midi

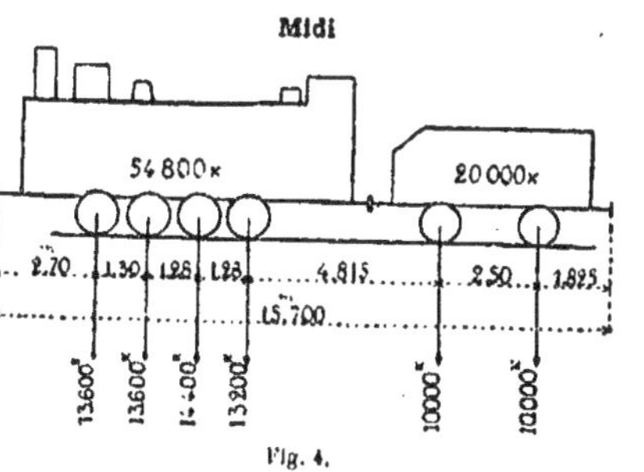

Fig. 4.

Nord

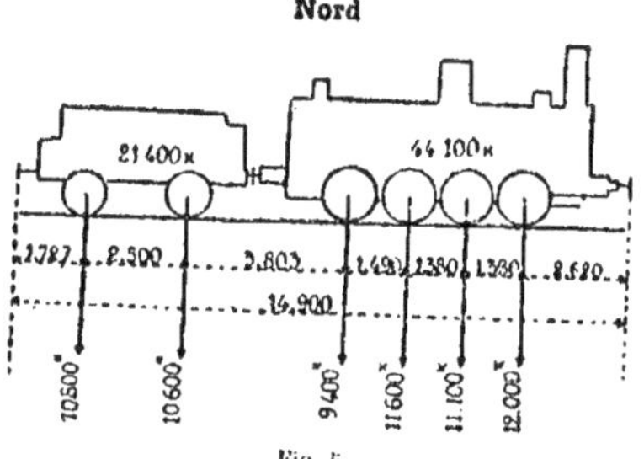

Fig. 5.

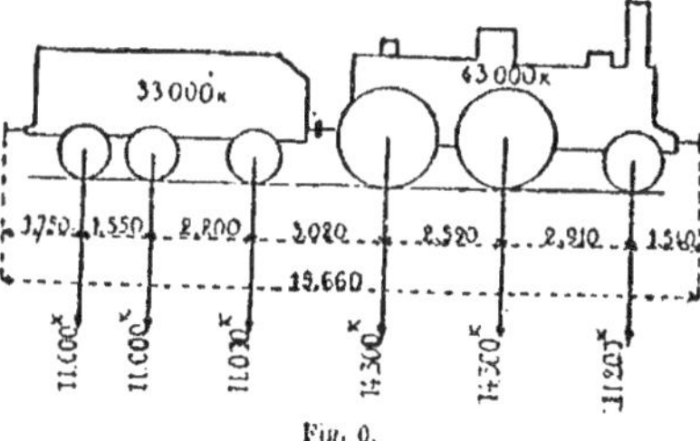

Fig. 6.

Orléans

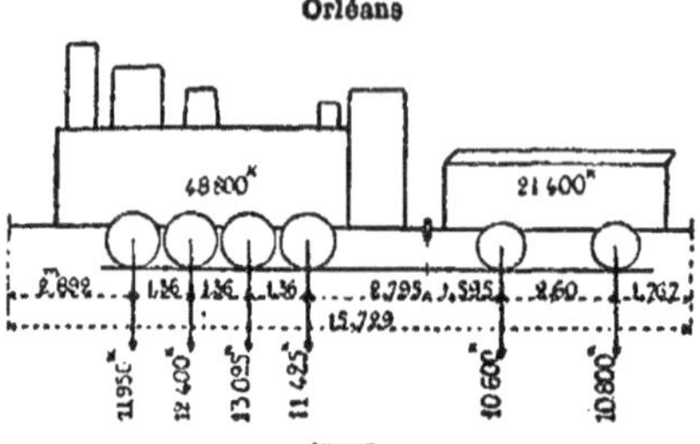

Fig. 7.

Ouest

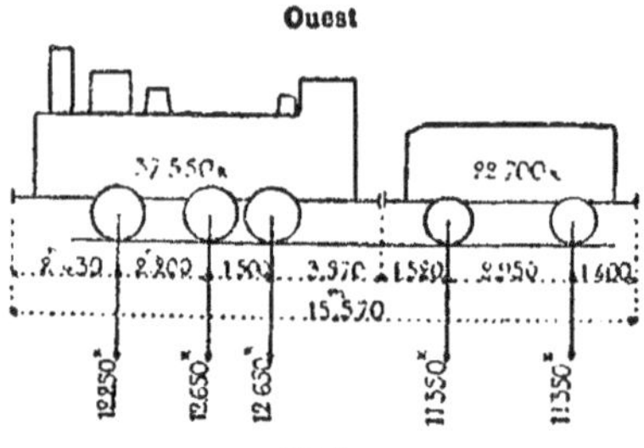

Fig. 8.

Paris-Lyon-Méditerranée

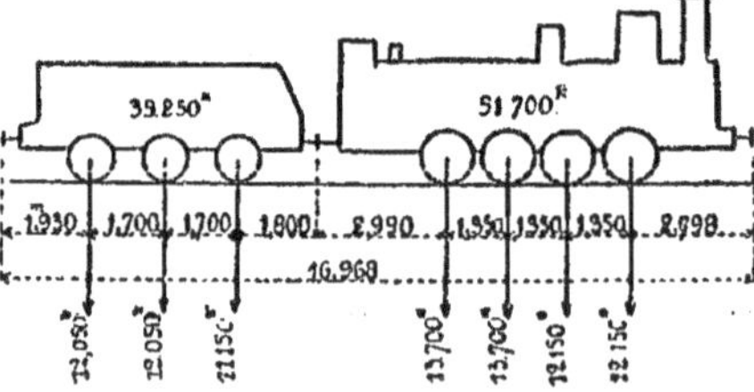

Fig. 9.

Voie. — Les poids de la voie au mètre courant sont les suivants :

Voie sur traverses espacées de 0ᵐ,7..............	190 kil.
Voie sur longrines.............................	160
Platelage de 8ᶜᵐ d'épaisseur....................	300

Poids des Ponts en fer au mètre courant

Poids du tablier métallique. — Le poids des ponts en fer est très variable ; il dépend à la fois du système de construction, de la hauteur des poutres et des dispositions des pièces de pont. Les poids que nous donnons dans le tableau ci-dessous

Portée	PONTS A UNE VOIE		PONTS A DEUX VOIES
	Moyen	Minimum	Poids moyen
4,00	600 k.	350 k.	1020 k.
5,00	650	370	1170
6,00	670	400	1220
7,00	700	420	1280
8,00	725	440	1320
9,00	750	460	1380
10,00	775	480	1420
12,00	850	520	1550
14,00	925	570	1670
16,00	980	620	1790
18,00	1050	680	1910
20,00	1110	720	2030
25,00	1300	810	2370
30,00	1480	970	2700
35,00	1680	1100	3070
40,00	1880	1220	3430
45,00	2100	1400	3820
50,00	2300	1580	4200
60,00	2750	2100	5000
70,00	3200	2510	5800
80,00	3650	3000	6700
90,00	4150	3500	7500
100,00	4600	3900	8400

ne peuvent donc être considérés que comme des poids approximatifs. Ils s'appliquent à des travées discontinues ; dans les ponts à poutres continues on pourra se servir des mêmes tableaux en prenant les poids correspondant à des portées réduites dans les rapports qui suivent :

0,85 l dans le cas d'un grand nombre de travées,
0,90 l dans le cas de deux travées continues.

Les poids du tableau ne comprennent pas de plancher en fer.

§ 2

CHARGES DES PONTS POUR ROUTES

Les charges se composent du poids de la construction métallique, du poids du plancher et de la surcharge.

Surcharges. — Nous donnons d'abord les surcharges qui sont imposées par l'Administration dans la circulaire ministérielle du 9 juillet 1877. Ce qui suit est un extrait de cette circulaire.

Article 1er. — Les ponts à travées métalliques dépendant des voies de terre devront être en état de livrer passage à toute voiture dont la circulation est autorisée par le règlement du 10 août 1852 sur la police du roulage et des messageries, c'est-à-dire aux voitures attelées, au maximum, de cinq chevaux si elles sont à deux roues, et de huit chevaux si elles sont à quatre roues.

Article 2. — Les dimensions des pièces métalliques des travées seront calculées de telle sorte que, dans la position la plus défavorable des surcharges que l'ouvrage peut avoir à supporter, et notamment sous l'action des épreuves prescrites par l'article 3, le travail du métal par millimètre carré de section soit limité :

A un kilogramme et demi pour la fonte travaillant à l'extension directe ;

A trois kilogrammes pour la fonte travaillant à l'extension dans une pièce fléchie ;

A cinq kilogrammes pour la fonte travaillant à la compression soit directement, soit dans une pièce fléchie ;

A six kilogrammes pour le fer forgé ou laminé, tant à l'extension qu'à la compression.

Toutefois, l'Administration se réserve d'admettre des limites plus élevées pour les grands ponts, lorsque des justifications suffisantes seront produites en ce qui touche les qualités des matières, les formes et les dispositions des pièces.

Article 3. — Dans les calculs de stabilité des travées, on admettra que le poids des plus lourdes voitures, véhicule et chargement, s'élève à 11 tonnes si elles sont à deux roues et à 16 tonnes si elles sont à quatre roues, l'écartement des essieux étant d'ailleurs fixé pour ces dernières à trois mètres. Dans les localités où ces poids seraient exagérés, ils pourront être réduits eu égard aux circonstances locales, sans que, dans aucun cas, le poids du véhicule et de son chargement puisse être inférieur à 6 tonnes pour les voitures à deux roues et 8 tonnes pour les voitures à quatre roues, sur les routes soumises à la police du roulage.

En ce qui concerne le calcul des fermes longitudinales, on admettra, pour la voie charretière, celle des deux combinaisons de poids suivantes qui fera subir à ces fermes la plus grande fatigue en égard à leur portée, savoir : une surcharge uniformément répartie et évaluée à raison de 300 kilogrammes par mètre carré, ou bien une surcharge composée d'autant de voitures ayant les poids ci-dessus déterminés que le tablier pourra en contenir, avec leurs attelages, sur le nombre de files que comporte la largeur de la voie. On fera, d'ailleurs, le choix entre les voitures à deux roues ou à quatre roues, de manière à obtenir le plus grand travail du métal, et l'on supposera qu'une file de voitures occupe une zone de 2 m. 50 de largeur.

Dans les deux cas, les trottoirs seront censés porter une surcharge de 300 kilogrammes par mètre carré.

Les dimensions des pièces qui ne font point partie des fermes longitudinales, notamment celles des pièces de pont, seront calculées d'après les plus grands efforts qu'elles pourront avoir à supporter.

Les fig. 10 et 11 représentent la disposition des voitures de 16.000 kilogrammes et de 11.000 kilogrammes avec leurs attelages. Cette disposition est celle qui est donnée par M. Kleitz dans les *Annales des Ponts et Chaussées*, page 551, 2ᵉ semestre de 1877.

Les fig. 12 et 13 donnent la disposition des voitures de 8.000 kilogrammes et 6.000 kilogrammes admises dans les calculs des ponts du service vicinal.

L'écartement des roues d'un même essieu pour ces dernières voitures est de 1ᵐ,60, et la distance des roues voisines de deux voitures marchant de front est de 0ᵐ60.

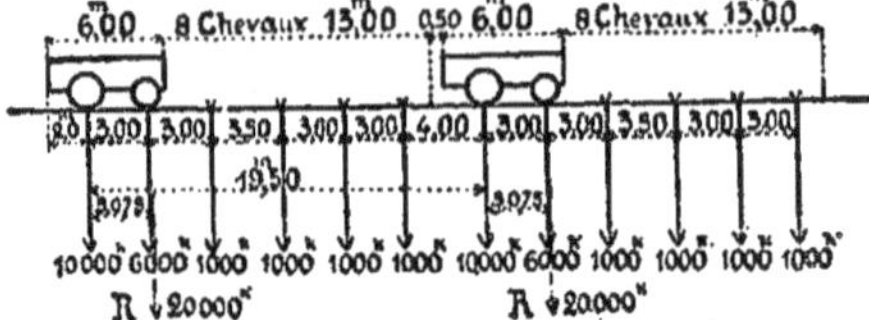

Fig. 10.

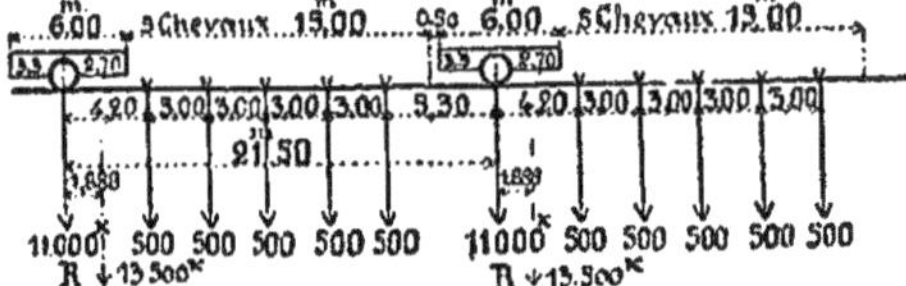

Fig. 11.

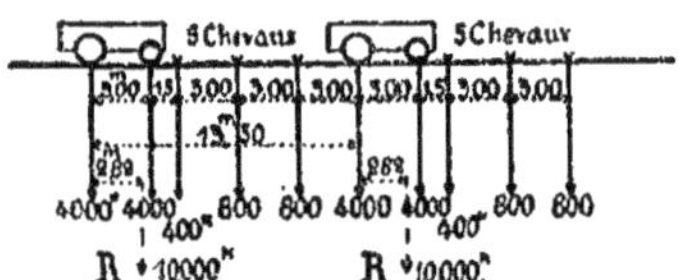

Fig. 12.

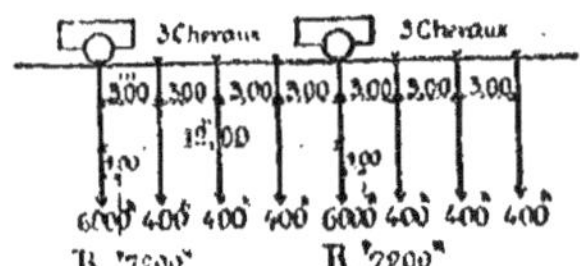

Fig. 13.

Nous avons indiqué sur les figures la position de la résultante des poids d'une voiture et de son attelage.

Il résulte de la circulaire que, dans le calcul des poutres, on aura à considérer deux hypothèses : celle d'une charge roulante et celle d'une charge uniformément répartie, et que l'on choisira celle des deux qui donnera les plus grands efforts. Pour faciliter ce choix, nous donnons au tableau suivant, dans huit colonnes, pour des portées inférieures à 80 mètres, les charges mortes par mètre courant équivalant aux charges roulantes données ci-dessus.

Dans une colonne on trouve la charge morte qui donne le même moment fléchissant que la charge roulante, et dans l'autre la charge morte qui produit le même effort tranchant maximum que la charge roulante.

Les colonnes 1 et 3 sont tirées du mémoire de M. Kleitz, et nous les avons complétées par les autres.

Tableau des poids morts équivalant aux charges roulantes

Portée	Char de 11 tonnes		Char de 10 tonnes		Char de 6 tonnes		Char de 8 tonnes	
	Charge au mètre courant correspondant à la charge roulante pour le moment maximum	Charge au mètre courant correspondant à la charge roulante pour l'effort tranchant	Charge au mètre courant correspondant à la charge roulante pour le moment maximum	Charge au mètre courant correspondant à la charge roulante pour l'effort tranchant	Charge au mètre courant correspondant à la charge roulante pour le moment maximum	Charge au mètre courant correspondant à la charge roulante pour l'effort tranchant	Charge au mètre courant correspondant à la charge roulante pour le moment maximum	Charge au mètre courant correspondant à la charge roulante pour l'effort tranchant
	1	2	3	4	5	6	7	8
m.	k.	k.	k.	k.	k.	k.	k.	k.
1	5500	5500	5210	5750	3000	3050	2050	2500
5	4400	4430	4350	4960	2400	2460	1660	2260
6	3670	3720	3760	4330	2000	2070	1530	2030
7	3150	3200	3370	3880	1750	1800	1450	1840
8	2750	2820	3050	3500	1550	1590	1370	1680
9	2450	2530	2820	3100	1390	1420	1290	1560
10	2220	2290	2620	2930	1260	1300	1200	1440
12	1860	1930	2300	2510	1060	1100	1100	1275
14	1610	1680	2050	2240	940	1080	1000	1170
16	1430	1490	1860	2020	810	1030	930	1100
18	1290	1310	1720	1840	750	980	860	1080
20	1180	1220	1060	1717	700	940	810	1060
25	980	1120	1380	1630	620	830	760	990
30	850	1060	1210	1510		820	760	930
35	810	985	1190	1460		780	770	920
40	770	930	1160	1360		760	770	800
45	740	890	1140	1350		740	760	870
50	700	870	1130	1320		710	750	860
60			1070	1260			750	810
70			1050	1230			750	820
80			1040	1190			710	815

Plancher. — Le poids du plancher peut très facilement se déterminer avant de commencer les calculs de résistance, dès que l'on a arrêté les dispositions du pont ; mais il est trop variable pour que l'on puisse en fixer exactement les poids par tableaux. Voici cependant quelques indications approximatives.

	Poids au mètre carré
Chaussée, épaisseur moyenne 0^m20	360 kil.
Voûtes en briques de 0^m,11 d'épaisseur avec remplissage en béton et chape en ciment de 2^{cm}	400
Voûtes en briques de 0^m,22 d'épaisseur avec remplissage en béton et chape en ciment de 2^{cm}	650
Plancher en fers Zorès	60
Plancher en tôles cintrées ou embouties de 8^{mm} d'épaisseur	75

Poids du tablier métallique. — Le poids de la partie métallique est bien plus variable encore que celui des ponts de chemins de fer. Ceux que nous donnons dans les tableaux suivants sont des poids moyens destinés à servir d'indication pour les calculs de résistance dans les projets de ponts. Les poids du premier tableau correspondent aux ponts pour le passage des voitures de 16.000 kilogrammes et de 11.000 kilogrammes, ceux du deuxième tableau aux ponts plus légers pour les chars de 8.000 kilogrammes et de 6.000 kilogrammes.

Ponts pour voitures de 16.000 kilos et 11.000 kilos
Poids moyen du métal.

Portée	Ponts à chaussée empierrée sur voûtes en briques ou plancher métallique				Ponts à platelage en bois			
	Ponts à 2 voies largeur totale 7m.		Ponts à une voie largeur totale 4m.		Ponts à 2 voies largeur totale 7m.		Ponts à une voie largeur totale 4m.	
	Poids au mètre courant	Poids au mètre carré	Poids au mètre courant	Poids au mètre carré	Poids au mètre courant	Poids au mètre carré	Poids au mètre courant	Poids au mètre carré
m.	k.	k.	k.	k.	k.	k.	k.	k.
5	1078	151	640	160	840	120	500	125
6	1113	159	660	165	861	123	512	128
8	1183	169	700	175	921	132	548	137
10	1260	180	740	185	980	140	580	145
12	1337	191	788	197	1043	149	616	154
15	1449	207	856	214	1120	160	664	166
20	1631	233	964	241	1281	183	760	190
25	1813	259	1076	269	1456	208	864	216
30	2002	286	1196	299	1621	231	976	244
35	2191	313	1316	329	1806	258	1080	270
40	2391	342	1436	359	1981	283	1180	295
45	2590	370	1560	390	2163	309	1300	325
50	2800	400	1700	425	2352	336	1420	355
55	3024	432	1848	462	2555	365	1580	395
60	3227	461	2008	502	2765	395	1720	430
65	3486	498	2200	550	2975	425	1880	470
70	3710	530	2400	600	3185	455	2050	512
75	3955	565	2620	655	3395	485	2230	557
80	4200	600	2852	713	3605	515	2420	605

Ces poids ne comprennent pas le plancher métallique.

Ponts pour voitures de 6.000 kilos et 8.000 kilos
Poids moyen du métal.

| Portée. | Ponts à chaussée empierrée sur voûtes en briques ou planchers métalliques | | | | Ponts à platelage en bois | | | |
| | Ponts à 2 voies largeur totale 6ᵐ. | | Ponts à une voie largeur totale 3ᵐ80 | | Ponts à 2 voies largeur totale 6ᵐ. | | Ponts à une voie largeur totale 3ᵐ80 | |
	Poids au mètre courant	Poids au mètre carré	Poids au mètre courant	Poids au mètre carré	Poids au mètre courant	Poids au mètre carré	Poids au mètre courant	Poids au mètre carré
m.	k.	k.	k.	k.	k.	k.	k.	k.
5	810	135	532	140	516	86	342	90
6	828	138	548	144	540	90	357	94
8	876	146	580	152	588	98	388	102
10	936	156	610	161	636	106	418	110
12	990	165	640	168	684	114	438	118
15	1074	179	685	180	750	125	494	130
20	1218	203	780	205	870	145	570	150
25	1362	227	880	232	990	165	654	172
30	1506	251	1000	263	1110	185	737	194
35	1644	274	1100	290	1266	211	843	222
40	1812	302	1215	320	1422	237	958	252
45	1980	330	1340	353	1602	267	1080	285
50	2150	358	1480	389	1740	290	1197	315
55	2310	385	1630	420	1950	325	1349	355
60	2508	418	1800	471	2142	357	1500	395
65	2750	458	1960	516	2340	390	1653	435
70	2950	492	2120	558	2550	425	1805	475
75	3150	525	2280	600	2760	460	1976	520
80	3380	565	2480	653	2970	495	2130	560

Ces poids ne comprennent pas le plancher métallique.

Les poids de ces tableaux sont établis pour des travées indépendantes.

Dans les ponts à poutres continues, on pourra se servir des mêmes tableaux en prenant les poids correspondant à des portées réduites dans les rapports qui suivent :

    0,85 | dans le cas d'un grand nombre de travées ;
    0,90 | dans le cas de deux travées continues.

§ 3

ACTION DU VENT

Pour tenir compte de l'action du vent sur les tabliers métalliques, on fait diverses hypothèses plus ou moins exactes sur la manière dont le vent agit contre les parois rencontrées. L'hypothèse qui nous semble la plus rationnelle est celle qui est maintenant adoptée en Angleterre.

On admet que la première paroi est entièrement frappée par le vent et que les autres parois sont aussi frappées entièrement, mais par un vent dont l'intensité est diminuée dans le rapport des vides aux pleins de la paroi précédente.

On admet généralement un vent de 270 kilogrammes par mètre carré quand le pont ne porte aucune surcharge et un vent de 150 kilogrammes quand le pont est chargé.

On trouvera plus loin dans le calcul des contreventements u e application de cette hypothèse sur les efforts du vent.

Si l'on suppose, comme exemple, deux parois à treillis et si l'on désigne par F la surface totale de la première paroi, par F_v la surface des vides de cette même paroi, par F' et F_v' les mêmes surfaces de la deuxième paroi, l'effort total d'un vent agissant avec une intensité t par mètre carré sera pour l'ensemble des deux poutres :

$$T = t\left[(F - F_v) + (F' - F_v')\frac{F_v}{F}\right]$$

Pour trois parois on aurait

$$T = t\left[(F - F_v) + (F' - F_v')\frac{F_v}{F} + (F'' - F_v'')\frac{F_v}{F}\cdot\frac{F_v'}{F'}\right]$$

et ainsi de suite.

§ 4

INFLUENCE DE LA TEMPÉRATURE

Les changements de température ont pour effet de modifier les dimensions des pièces. Lorsque la variation de température est uniforme sur toutes les parties d'une construction, et lorsque cette construction est libre de se déformer sans obstacle extérieur tel que des appuis fixes par exemple, elle reste, en se déformant, une figure semblable à elle-même ; il en résulte qu'aucune de ses pièces ne subit d'efforts dus à ces variations de température.

Pour les poutres ordinaires on a soin de disposer des appuis à rouleaux qui permettent la déformation, en n'opposant au roulement qu'une résistance négligeable.

On admet, en général, une variation de 30° au-dessous et au-dessus de la température moyenne.

La variation de longueur pour l'unité de longueur de fer est de

0^m,000012 pour un degré

soit pour ± 30°

± 0^m,00036

La variation de longueur de l'unité de longueur d'une pièce soumise à un effort de 1 kilogramme par millimètre carré est en comptant un coefficient d'élasticité $E = 16 \times 10^9$.

$$\frac{1.000.000}{16.000.000.000} = 0,000062$$

En supposant qu'une poutre se trouve maintenue à ses extrémités et dans l'impossibilité de changer de longueur sous l'influence de la température, on aurait, pour un changement de 30° de température, un travail de la pièce de

$$\frac{0,00036}{0,000062} = 6 \text{ kil. par millimètre carré environ.}$$

2

Dans les poutres courbes ou arcs, les appuis sont fixes et les changements de température sont un élément important des calculs de résistance, comme on le verra dans la suite.

§ 5

CHARGES DES CHARPENTES MÉTALLIQUES

Les charges que portent les charpentes se décomposent en trois :

a). Le poids propre de la construction ;

b). La couverture ;

c). Les surcharges.

Le poids propre dépend à la fois du mode de couverture qui est plus ou moins pesant, des surcharges qui sont variables avec les climats et e fi de la disposition de la construction elle-même. Il serait facile de tenir compte des deux dernières charges dans l'évaluation du poids propre, si ce dernier ne dépendait pas en même temps, dans une large mesure, des dispositions de la construction, de l'écartement et de la portée des fermes, ainsi que de la composition des différentes parties constitutives. Les poids que nous donnons sont des poids moyens qui pourront servir à un premier calcul et que l'on rectifiera ensuite s'il y a lieu.

La couverture éprouve aussi de grandes variations de poids suivant son épaisseur et sa composition, mais elle est en général une donnée du problème. Les poids que nous donnons sont ceux des couvertures les plus usitées et nous avons indiqué à côté de chaque poids les dimensions auxquelles il correspond.

Enfin, la surcharge que l'on admet varie comme nous l'avons dit avec les climats, elle est une fonction de la quantité de neige que les toitures ont à porter et de l'intensité des vents qui agissent dans la localité.

r). *Poids propre de l'ossature métallique.*

Nous résumons ces poids dans le tableau suivant : ils supposent un travail du métal de 8 kilogrammes par millimètre carré. Si le coefficient de travail adopté était différent, les poids du tableau seraient à multiplier par le rapport inverse des coefficients.

Poids du métal au mètre carré de surface couverte horizontalement

Désignation des pièces constitutives	Couvertures en tuiles à emboîtement de 50 kil. au mètre carré	Zinc sur voliges de 36 kil. au mètre carré	Toles ondulées de $1^{mm}\frac{1}{2}$ d'épaisseur	Ardoise sur voliges de 50 kilos au mètre carré
	k.	k.	k.	k.
Fermes......	12,0	11	10	12
Pannes......	9,5	9	9	10
Chevrons....	8	»	»	8
Lattis.......	10	»	»	»
Contreventement ..	2	2	2	2
Poids totaux au mètre carré	41,5	22	21	32

Ces poids ne comprennent pas les cheneaux, les piliers et les parties de la construction qui ne sont pas portées par les fermes.

Les poids indiqués dans le tableau pour les fermes supposent des portées de 10 à 20 mètres, qui sont les plus usitées.

b). Poids de la couverture.

Couverture en tuile d emboîtement (Muller, Montchanin). — Les poids au mètre carré de projection horizontale pour les différentes inclinaisons sont les suivants :

Inclinaisons.........	0,00	0,20	0,30	0,40	0,50	0,60
Poids correspondants .	45^{k}	$46^{k},5$	47^{k}	$48^{k},5$	$50^{k},5$	$52^{k},5$

Couverture en zinc sur voliges. — Le zinc est du n° 14 de $0^{mm},87$ d'épaisseur sur frises de 34^{mm} d'épaisseur.

Inclinaisons............	0,00	0,20	0,30	0,40	0,50	0,60
Poids correspondant au mètre carré de projection horizontale..	33k,5	34k	35k	36k	37k	38k,5

Couverture en tôles ondulées.

Profil   Epaisseur $1^{mm}\frac{1}{2}$

Inclinaisons..........	0,00	0,20	0,30	0,40	0,50	0,60
Poids correspondant au mètre carré de projection horizontale ..	17k	17k,3	17k,7	18k,3	18k,9	20k

Ardoises sur voliges. — Ardoises de 38 kilogrammes au mètre carré sur voliges de 25^{mm}.

Inclinaisons..........	0,00	0,20	0,30	0,40	0,50	0,60
Poids correspondant au mètre carré de projection horizontale..	45k	46k,5	17	48k,5	50k,5	52k,5

c). Surcharges.

Neige. — On compte généralement pour la neige 100 kilogrammes par mètre d'épaisseur; on aura donc pour les épaisseurs suivantes les poids au mètre carré donnés ci-dessous :

Epaisseur de neige........	0,25	0,50	0.75	1,00
Charge par mètre carré	25k	50k	75k	100k

Vent. — Si l'on admet que le vent souffle horizontalement avec une intensité p par mètre carré et si l'on désigne par α l'angle d'inclinaison de la toiture, la pression verticale V par mètre carré de projection horizontale sera

$$V = p \sin^3 \alpha$$

et l'effort horizontal par mètre carré de projection verticale sera aussi

$$H = p \sin^2 \alpha$$

Pour un vent d'une intensité de 200 kilogrammes au mètre carré les efforts V et H sont calculés dans le tableau suivant avec les inclinaisons variant de 0 à 0,60.

Inclinaison de la toiture.	0	0,20	0,30	0,40	0,50	0,60
$\mathrm{Sin}^2\,\alpha$................	0	0,0385	0,0828	0,1379	0,2000	0,2647
Effort V ou H par un vent de 200ᵏ..........	0	8ᵏ	17ᵏ	27ᵏ	43ᵏ	53ᵏ

L'inclinaison moyenne des charpentes est de $0^m,400$; pour cette inclinaison l'effort vertical est de 27 kilogrammes par mètre carré comme l'indique le tableau.

En France on peut admettre, en général, une épaisseur maxima de neige de $0^m,25$, soit 25 kilogrammes de surcharge. Si l'on suppose simultanément un maximum de surcharge de neige et un vent de 200 kilogrammes, on aura à compter une surcharge totale d'environ 50 kilogrammes par mètre carré. Si, au contraire, ces deux surcharges ne peuvent se produire en même temps, il suffira de compter sur une surcharge de 25 kilogrammes par mètre carré de surface horizontale.

Nous donnons ci-dessous un tableau extrait de Claudel. Il donne avec leur désignation les vitesses et les efforts correspondants du vent.

Désignation.	Vitesse par seconde.	Pression par mètre carré.
Vent très-fort	15ᵐ	30ᵏ,47
Vent impétueux	20	54ᵏ,10
Tempête......................	24	78ᵏ,00
Tempête violente	30,05	122ᵏ,28
Ouragan......................	36,15	176ᵏ,06
Grand ouragan................	45,30	277ᵏ,87

On admet aussi quelquefois que le vent agit dans une direction légèrement inclinée sur l'horizontale. Si l'on désigne par β l'angle d'inclinaison de l'effort P du vent, angle que l'on estime à 10° au maximum, l'effort normal N sur la surface frappée sera égal à (fig. 14) :

$$N = P \sin (\alpha + \beta)$$

et par unité de surface inclinée l'effort normal p_n sera

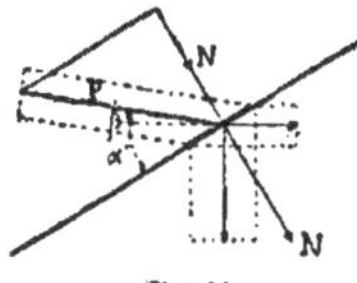

Fig. 14.

$$p_n = p \sin^2(\alpha + \beta)$$

Les composantes verticales et horizontales donnent aussi, toutes les deux un effort égal à

$$p_h = p_v = p \sin^2(\alpha + \beta)$$

cet effort étant à compter par unité de surface verticale ou horizontale.

Quelques ouvrages donnent pour ces composantes du vent des valeurs différentes, mais nous les considérons comme le résultat d'une erreur de décomposition de force. Le vent qui frappe une surface ne donne qu'un effort normal à cette surface, la composante parallèle à cette surface est nulle si l'on néglige le frottement très faible du vent. Celui-ci s'échappe parallèlement à la surface avec une force vive perdue.

La composante normale est comme nous l'avons dit par unité de surface

$$p_n = p \sin^2(\alpha + \beta)$$

Cette intensité du vent frappant obliquement une surface correspond très exactement aux résultats de l'expérience, et elle doit servir de point de départ à la détermination des efforts verticaux et horizontaux dans les constructions.

POUTRES A PAROIS PLEINES

CHAPITRE DEUXIÈME

POUTRES A PAROIS PLEINES

§ 1

CONSTRUCTION DU POLYGONE DES FORCES, DU POLYGONE FUNICULAIRE. DES MOMENTS FLÉCHISSANTS, DES EFFORTS TRANCHANTS ET DE LA LIGNE ÉLASTIQUE

Les moments fléchissants et les efforts tranchants correspondant à des charges données s'obtiennent par le tracé de deux figures : le *polygone des forces* et le *polygone funiculaire*.

Polygone des forces. — Le polygone des forces se construit en portant sur une verticale, dans l'ordre qu'elles occupent, des longueurs proportionnelles aux charges considérées 1, 2, 3, 4..., (fig. 15), et en joignant ensuite par des rayons un point quelconque O, appelé *pôle* aux extrémités des longueurs représentant les forces. La distance h du pôle O, à la verticale des forces s'appelle la *distance polaire*.

Polygone funiculaire. — Le polygone funiculaire se trace à l'aide du polygone des forces, il a ses côtés parallèles aux rayons de ce dernier et ses sommets se trouvent sur les verticales des charges. Deux quelconques de ses côtés consécutifs qui se coupent sur la force n^{me} sont parallèles aux deux rayons qui interceptent sur la verticale dans le polygone des forces la force n^{me}.

Moments fléchissants. — Quel que soit le mode d'appui d'une poutre qui ne repose pas sur plus de deux appuis, les moments

fléchissants engendrés par le système des charges considérées
seront représentés par les ordonnées verticales du polygone
funiculaire. Mais la position de la ligne à partir de laquelle
les ordonnées sont à mesurer, appelée *ligne de fermeture du
polygone funiculaire*, dépend du mode d'appui.

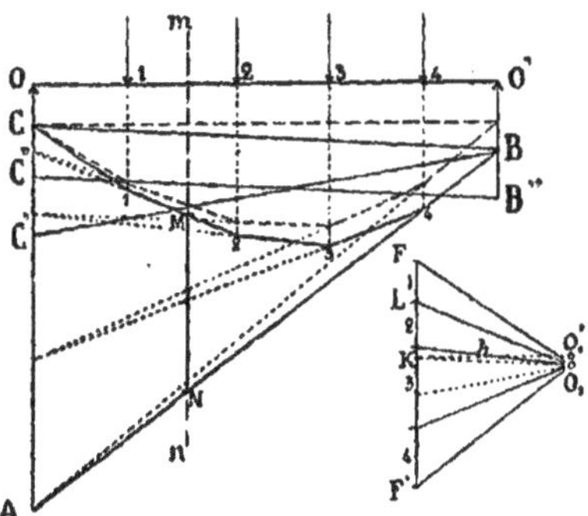

Fig. 15.

Pour une poutre OO' encastrée au point O et libre à l'autre
extrémité, les ordonnées sont à mesurer à partir de la ligne
AB dernier côté du polygone funiculaire ; et dans une section
mn, par exemple, le moment fléchissant dans la poutre sera
représenté par la longueur MN.

Dans le cas d'une poutre reposant librement à ses deux
extrémités sur deux appuis O et O', les ordonnées sont à mesurer à partir de la ligne CB obtenue en joignant entre eux
les points d'intersection des verticales des appuis avec le
polygone funiculaire.

Si la même poutre est encastrée sur l'un des appuis, O
par exemple, le point C se déplace d'une quantité CC' égale
au moment d'encastrement sur l'appui et la ligne à partir de
laquelle on mesure les ordonnées est la ligne C'B.

Enfin, s'il y a encastrement sur les deux appuis le point C
se déplace en C" et le point B en B". CC" et BB" représentent

les moments d'encastrement sur les appuis et les ordonnées se mesurent à partir de la ligne C″B″.

Pour convertir les ordonnées du polygone funiculaire en moments, il suffit de les mesurer à l'échelle des forces et de les multiplier par la distance polaire h.

Lorsque les charges ne sont pas concentrées, c'est-à-dire appliquées en des points, mais réparties sur la longueur des poutres, on divisera la charge en petits éléments et on concentrera ces éléments en leur centre de gravité. La ligne représentative des moments, qui est en réalité dans ce cas une courbe, se trouvera remplacée par un polygone enveloppe de cette courbe et tangent à cette courbe aux points qui correspondent aux divisions des éléments (voir fig. 16).

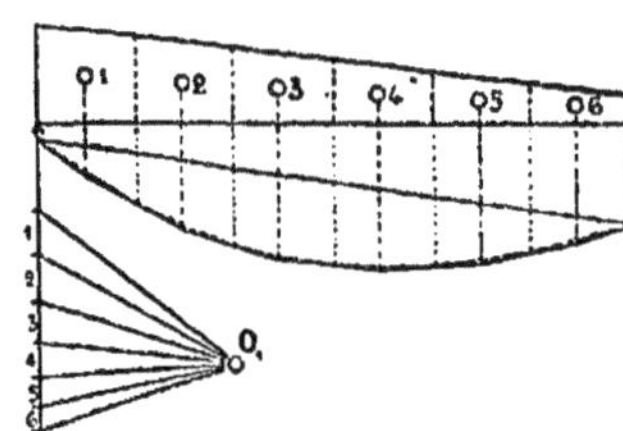

Fig. 10.

Réactions sur les appuis. — Les réactions des appuis s'obtiennent en menant (fig. 15), dans le polygone des forces, par le pôle O, un rayon O,K parallèle à la ligne de fermeture CB du polygone funiculaire. Ce rayon divise la somme des charges FF′ en deux segments FK et KF′ qui représentent les réactions, savoir FK la réaction à gauche, KF′ la réaction à droite.

Efforts tranchants. — L'effort tranchant, en une section quelconque mn de la poutre (fig. 15), est égal à KL dans le polygone des forces, c'est-à-dire égal à la force interceptée sur la verticale des forces entre les deux rayons parallèles l'un au côté du polygone funiculaire coupé par la section mn, l'autre à la ligne de fermeture.

Surface des moments.—On désigne par *surface des moments* la surface comprise entre le polygone funiculaire et sa ligne de fermeture.

Ligne élastique. — La ligne élastique ou la fibre moyenne de la poutre déformée s'obtient en divisant la surface des moments en éléments, en concentrant ces éléments comme des forces en leur centre de gravité et en traçant le polygone funiculaire correspondant à ces forces.

Si l'on prend pour tracer ce polygone funiculaire une distance polaire égale à EI, produit du moment d'inertie de la section de la poutre par le coefficient d'élasticité, le polygone funiculaire ainsi obtenu enveloppe la ligne élastique. Les points de tangence du polygone à la ligne élastique correspondent aux points de division des éléments.

S'il ne s'agit d'obtenir la déformation verticale qu'en un seul point déterminé, les éléments composant la surface des moments pourront être aussi grands que l'on voudra, il suffira qu'il y ait une division au point considéré.

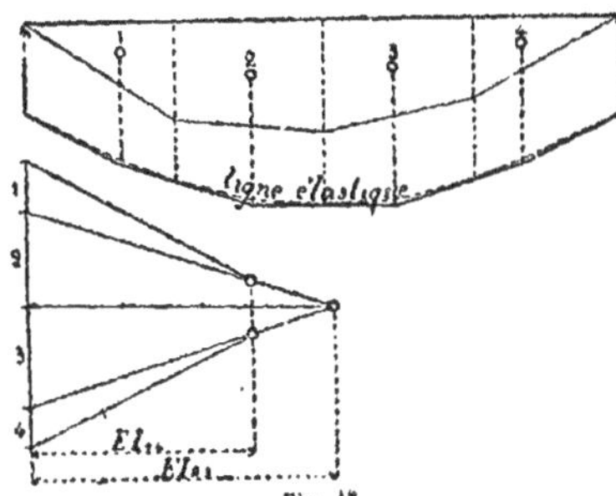

Fig. 17.

La fig. 17 donne un tracé de ligne élastique. On remarquera que le pôle qui est situé à une distance EI de la verticale se déplace chaque fois que la section de la poutre change d'un élément à l'autre.

Redressement du polygone funiculaire. — Lorsque l'on choisit le pôle O_1 du polygone des forces à une hauteur quelconque, la ligne de fermeture du polygone funiculaire n'est, en général, pas horizontale, et comme il est plus commode de rapporter les moments à une horizontale, on est souvent conduit à redresser à cet effet le polygone funiculaire.

Ce redressement peut se faire de deux manières, soit en changeant de pôle et en faisant un nouveau tracé, soit directement sans passer par le polygone des forces.

Dans le premier cas (fig. 15), on mène par le point K une horizontale et l'on prend le nouveau pôle sur cette horizontale en O', à la distance h de la verticale.

Dans le second cas, on prolonge tous les côtés du polygone funiculaire jusqu'à la verticale AO et on trace le nouveau polygone indiqué en pointillé, en faisant passer ses côtés par les mêmes points de la verticale.

§ 2

POUTRE EN PORTE-A-FAUX

I. Charges uniformément réparties

Moments fléchissants : 1. — La courbe représentative des moments fléchissants correspondant à une charge uniformément répartie sur toute la longueur de la poutre est une parabole OC (fig. 18) ayant son sommet en C, extrémité de la poutre, et étant tangente à la poutre en ce même point.

Le moment fléchissant maximum au point d'encastrement de la poutre est égal à :

$$M_m = \frac{pl^2}{2}$$

Le moment fléchissant en un point quelconque, situé à une distance x de l'extrémité de la poutre, est égal à :

$$M = \frac{px^2}{2}$$

p est la charge uniformément répartie par unité de longueur.

l est la longueur de la poutre.

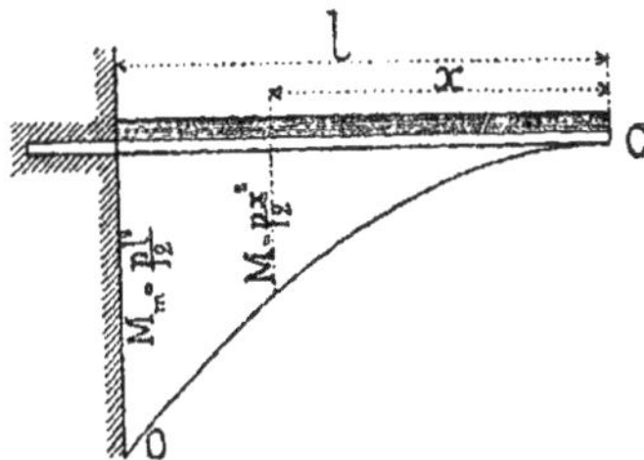

Fig. 18.

2. — La ligne représentative des moments fléchissants correspondant à une charge uniformément répartie, sur une partie de la poutre, est un arc de parabole dans la partie chargée,

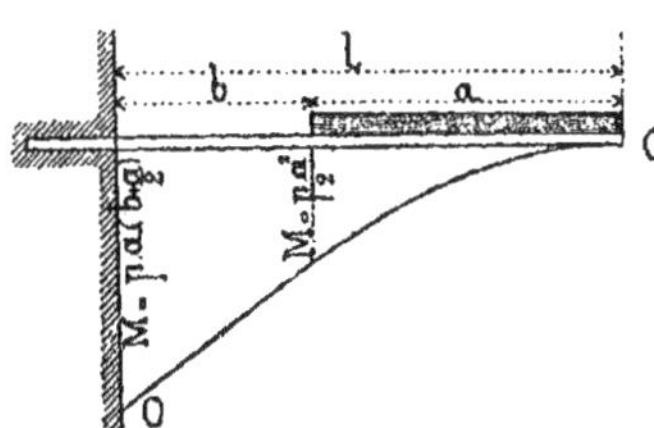

Fig. 19.

et cet arc de parabole se prolonge par une tangente dans la partie libre (fig. 19).

3. — Le moment fléchissant maximum est donné, en chaque point de la poutre, par la charge totale, c'est-à-dire par la charge qui s'étend sur toute la longueur de la poutre.

Efforts tranchants : 4. — La ligne représentative des efforts tranchants correspondant à une charge uniformément répartie sur toute la longueur de la poutre est une ligne droite AC (fig. 20), passant par l'extrémité de la poutre et donnant sur les appuis un effort tranchant maximum égal à

$$T_m = pl$$

L'effort tranchant en un point quelconque situé à une distance x de l'extrémité de la poutre est égal à

$$T = px$$

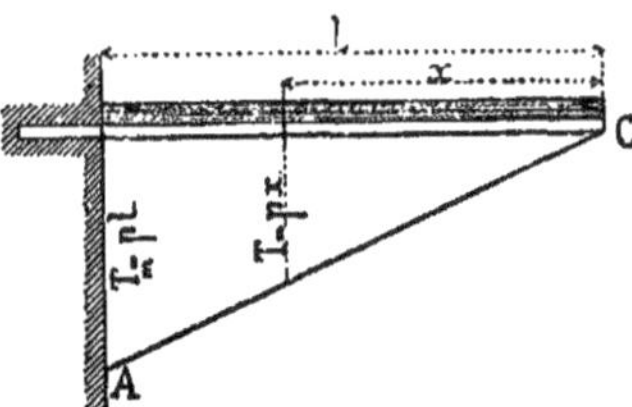

Fig. 20.

5. — La ligne AC de la fig. 20 est la ligne représentative des efforts tranchants maximums qui sont donnés par la formule

$$T = px$$

II. Charges concentrées

Moments fléchissants : 1. — La ligne représentative des moments fléchissants correspondant à une charge concentrée fixe P est une ligne droite AB (fig. 21).

Le moment fléchissant maximum se produit au point d'encastrement, il est égal à

$$M_m = Pc$$

c étant la distance de la force P à l'appui.

Le moment fléchissant en un point quelconque situé à une distance x' de l'appui, plus petite que c, est égal à

$$M = P (c - x')$$

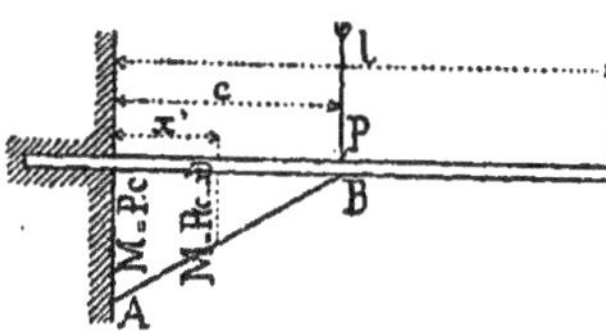

Fig. 21.

2. — Lorsque la charge concentrée P se déplace, le moment fléchissant maximum se produit en chaque point de la poutre, au moment où la charge P se trouve à l'extrémité de la poutre. La ligne représentative des moments maximums est une droite AC passant par l'extrémité de la poutre (fig. 22) et le moment fléchissant maximum a pour expression au point d'encastrement :

$$M_m = Pl$$

et en un point quelconque

$$M = P (l - x')$$

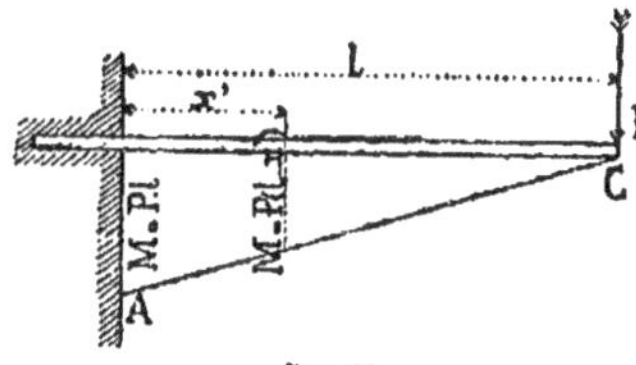

Fig. 22.

3. — La ligne représentative des moments fléchissants correspondant à une série de charges concentrées P_1 P_2 P_3 est un

polygone **ABDE** ayant ses sommets sur les charges (fig. 23).

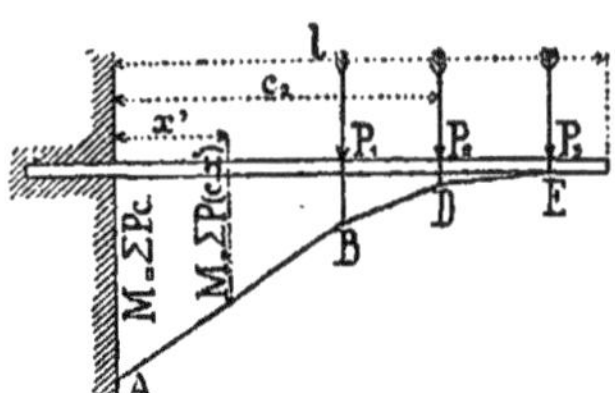

Fig. 23.

Efforts tranchants : 4. — L'effort tranchant correspondant à une charge P est nul de l'extrémité de la poutre à la charge. Entre la charge et l'encastrement il est constant et égal à P (fig. 24).

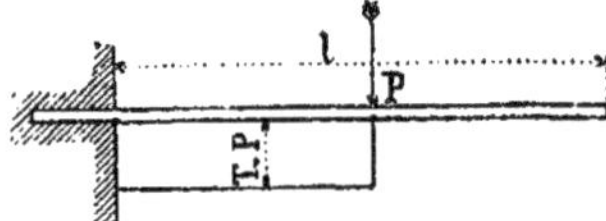

Fig. 24.

5. — Lorsqu'on déplace la charge sur la poutre, l'effort tranchant ne change pas entre la charge et l'encastrement.

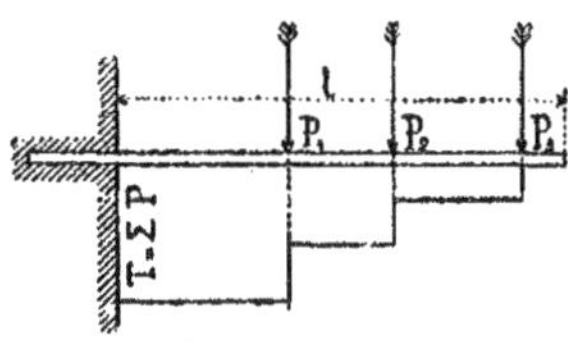

Fig. 25.

6. — La ligne représentative des efforts tranchants correspondant à une série de charges concentrées P, P, P, est une

3

ligne brisée en escalier (fig. 28). Et en un point quelconque de la poutre l'effort tranchant est égal à la somme des charges qui se trouvent entre ce point et l'extrémité de la poutre.

7. — Lorsqu'une série de charges concentrées et invariablement liées entre elles se déplacent sur la poutre, l'effort tranchant maximum, en tout point de la poutre, sera donné par la position extrême des charges.

III. Construction des moments fléchissants et des efforts tranchants

(Planche 1)

Développons les constructions sur un exemple Pl. 1 :

La poutre que nous considérons a 5 mètres de porte-à-faux ; elle est chargée d'une charge uniformément répartie de 300 kilos par mètre courant (charge permanente), et d'une surcharge de 5 poids de 500 kilos chacun espacés de 1 mètre.

La poutre a la section donnée dans la fig. 13, elle se compose d'une partie courante ayant une semelle à la partie supérieure et à la partie inférieure. Cette semelle est renforcée par deux autres semelles qui ne s'étendent que sur une partie de la longueur de la poutre.

Les moments fléchissants dus aux surcharges concentrées s'obtiennent en traçant le polygone funiculaire CB de la fig. 1 au moyen du polygone des forces fig. 2.

Les ordonnées verticales mesurées entre le polygone funiculaire et le prolongement du dernier côté CF de ce polygone représentent les moments fléchissants. Il suffit de les mesurer à l'échelle des forces et de les multiplier par la distance polaire de 2 mètres.

L'échelle des forces étant de 0,00001 par kilo soit $\dfrac{1}{100000}$, et la distance polaire étant de 2 mètres, l'échelle des moments sera de

$$\frac{1}{2 \times 100.000} = \frac{1}{200.000}$$

ou

$$1^m \text{ pour } 200.000$$

ou encore

$$1^{mm} \text{ pour } 200$$

Les moments fléchissants de la charge uniformément répartie ont été obtenus en traçant la parabole CA ayant son sommet en C et donnant en A, point d'appui, un moment

$$M' = \frac{pl^2}{2} = \frac{300 \times \overline{5}^2}{2} = 3750$$

A l'échelle du dessin de 1^{mm} pour 200 ce moment est représenté par une longueur de 0^m01875.

En ajoutant les ordonnées des deux courbes des moments AC et BC on obtient la courbe CK des moments fléchissants totaux.

IV. Déformations de la poutre

Les déformations correspondant à une charge donnée s'obtiennent par le tracé de la ligne élastique. Reprenons l'exemple précédent Pl. 1, fig. 1. La ligne élastique s'obtient par les constructions suivantes :

On divise la surface des moments en éléments 1 à 7. Les éléments 1 à 6 sont à très peu de chose près des trapèzes, et l'élément 7 un triangle. On mène des verticales par les centres de gravité de ces éléments. Puis on porte dans un polygone des forces fig. 4, sur une verticale, des longueurs 1 à 7 proportionnelles aux surfaces des éléments, et au moyen de distances polaires proportionnelles à EI (produit du coefficient d'élasticité par le moment d'inertie) on trace le polygone des forces ayant le premier côté horizontal.

Le polygone des forces ainsi obtenu sert à tracer la ligne élastique F'V fig. 3 qui donne, en chaque point, le déplacement vertical de la poutre.

Il nous reste à déterminer l'échelle à laquelle on obtient ces déplacements.

L'échelle des longueurs est de $\frac{1}{50}$.

Les surfaces des moments $M\Delta x$ ont été portées dans la fig. 4 à l'échelle de 1 mètre pour 800.000, tout étant rapporté au mètre et au kilo.

Les distances polaires EI ont été portées à l'échelle de 1 mètre pour 80.000.000.

L'échelle des déplacements verticaux se déduit des précédentes ; elle est de

$$\frac{80.000.000}{50 \times 800.000} = 2.$$

C'est-à-dire que les déformations ont été obtenues en double grandeur.

La flexion de la poutre donne, d'après l'épure, un abaissement de 10^{mm} à son extrémité.

V. Déformation d'une poutre dans le cas d'une section constante

Dans le cas où la section de la poutre est constante les formules qui donnent la flèche f de la poutre à son extrémité sont les suivantes :

a) Pour une charge p uniformément répartie par mètre courant sur toute la longueur de la poutre

$$f = \frac{1}{8}\frac{pl^4}{EI}$$

b) Pour une charge concentrée P placée à l'extrémité de la poutre

$$f = \frac{1}{3}\frac{Pl^3}{EI}.$$

Dans ces formules l est la portée de la poutre, E est le coefficient d'élasticité (égal à 16×10^9 pour le fer)[1], I est le moment d'inertie de la section constante de la poutre.

---

[1]. On compte généralement 18×10^9 ou même 20×10^9 pour le fer en barre, mais pour les fers assemblés au moyen de rivets, des expériences ont donné le coefficient de 16×10^9.

§ 3

POUTRES DROITES REPOSANT LIBREMENT SUR DEUX APPUIS

Les dimensions d'une poutre droite reposant librement sur deux appuis se calculent au moyen des *moments fléchissants* et des *efforts tranchants*. Le calcul d'une poutre comprend par suite, en premier lieu, la détermination des moments fléchissants et des efforts tranchants correspondant à une charge donnée, et en même temps la recherche des positions de la surcharge qui donnent dans les différentes sections de la poutre les moments fléchissants et les efforts tranchants maximums. Ces surcharges sont désignées par *charges défavorables*. Nous rappellerons ci-dessous quelques théorèmes qui s'appliquent aux *charges uniformément réparties* et aux *charges roulantes*.

I. Charges uniformément réparties

Moments fléchissants : 1. — La courbe représentative des moments fléchissants ,correspondant à une charge uniformément répartie sur toute la longueur l de la poutre, est une parabole OCO' ayant son sommet C au milieu de la poutre (fig. 26).

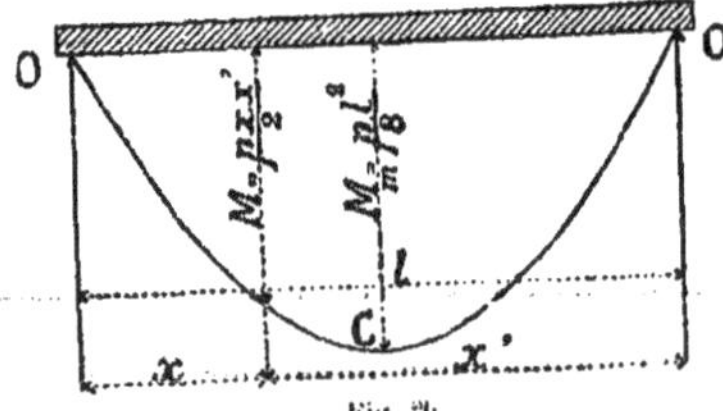

Fig. 26.

Le moment fléchissant maximum au milieu de la poutre est
égal à

$$M_m = \frac{pl^2}{8}$$

p étant la charge uniformément répartie par unité de longueur.

Le moment fléchissant en un point situé aux distances x et
x' des appuis O et O' est égal à :

$$M = \frac{pxx'}{2}$$

2. — La ligne représentative des moments fléchissants correspondant à une charge uniformément répartie sur une partie
de la poutre, est un arc de parabole dans la partie chargée, et

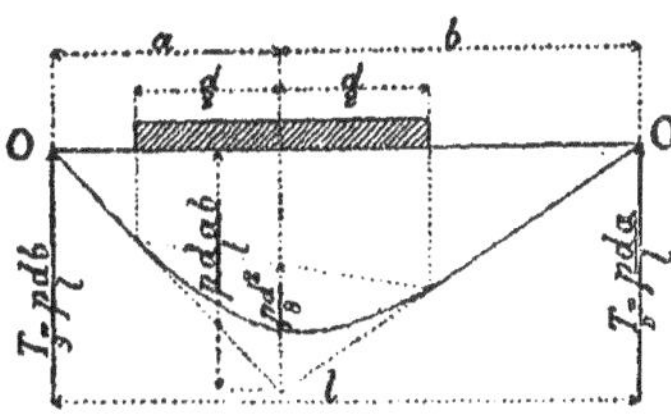

Fig. 27.

cet arc de parabole se prolonge par des tangentes dans les parties libres (fig. 27).

3. — Le moment fléchissant maximum correspondant à une
charge uniformément répartie et constante par unité de longueur de poutre est donné, en tout point de celle-ci, lorsque la
charge s'étend sur toute la travée.

La parabole des moments fléchissants correspondant à la
charge totale est donc la courbe des moments fléchissants
maximums (fig. 26).

Efforts tranchants : 4. — La ligne représentative des efforts
tranchants correspondant à une charge uniformément répartie
sur toute la longueur de la poutre est une ligne droite AB

(fig. 28) passant par le milieu de la poutre et donnant sur les appuis l'effort tranchant maximum égal à :

$$T = \frac{pl}{2}$$

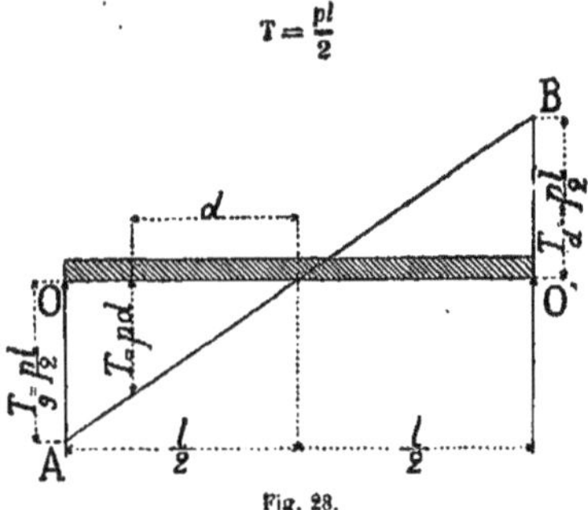

Fig. 28.

L'effort tranchant en un point situé à une distance d du milieu de la poutre est égal à :

$$T = pd$$

5. — L'effort tranchant maximum dans une section donnée mn situé à une distance x' de l'appui O', s'obtient en char

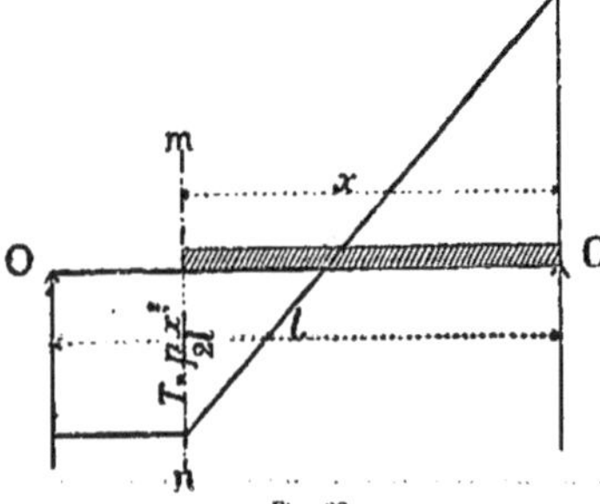

Fig. 29.

geant la poutre depuis l'appui O' le plus éloigné de la section jusqu'à celle-ci (fig. 29).

Cet effort tranchant maximum est égal à :

$$T = \frac{px'^2}{2l}$$

6. — La ligne représentative des efforts tranchants maximums est une parabole tangente à l'horizontale au droit de l'appui (fig. 30) et tangente à la ligne AC.

L'effort tranchant maximum sur l'appui est égal à :

$$T_{\scriptscriptstyle M} = \frac{pl}{2}$$

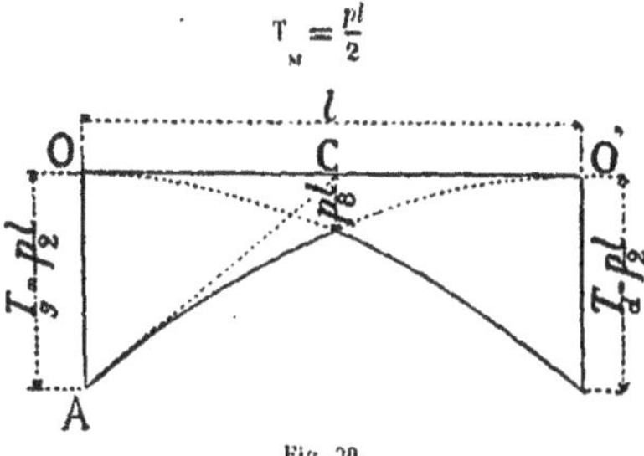

Fig. 30.

II. Charges roulantes

Moments fléchissants : 1. — Si l'on porte, à partir d'une horizontale OO', des ordonnées proportionnelles aux moments fléchissants engendrés aux différents points de la poutre, par une charge concentrée et fixe P, la ligne représentative OCO' des moments, ainsi obtenue, se composera de deux droites OC et CO' se coupant sur la charge P (fig. 31).

Le moment fléchissant maximum correspondant à une charge concentrée fixe P, se produit au point qui est situé directement sous la charge, et il est égal à :

$$M_m = \frac{Pab}{l}$$

a étant la distance de la charge P à l'appui O, b la distance de la charge P à l'appui O'.

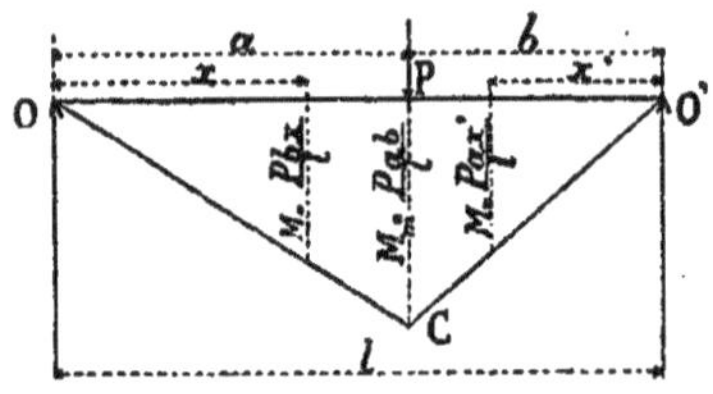

Fig. 31.

Le moment fléchissant en un point situé à gauche de la force P, à une distance x de l'appui O, est égal à :

$$M = \frac{Pbx}{l}$$

Le moment fléchissant en un point situé à une distance x' de l'appui O' à droite de la force P est égal à :

$$M = \frac{Pax'}{l}$$

2. — Lorsque la charge concentrée P se déplace sur la poutre (fig. 32), le moment fléchissant maximum se produit pour chaque point de la poutre, au moment où la charge passe sur ce point.

La courbe représentative des moments fléchissants maximums correspondant à une charge concentrée unique parcourant toute la poutre est une parabole OCO', ayant son sommet en C milieu de la poutre.

Le moment fléchissant maximum maximorum au milieu de la poutre est représenté par la flèche MC de la parabole et il est égal à :

$$M_M = \frac{Pl}{4}$$

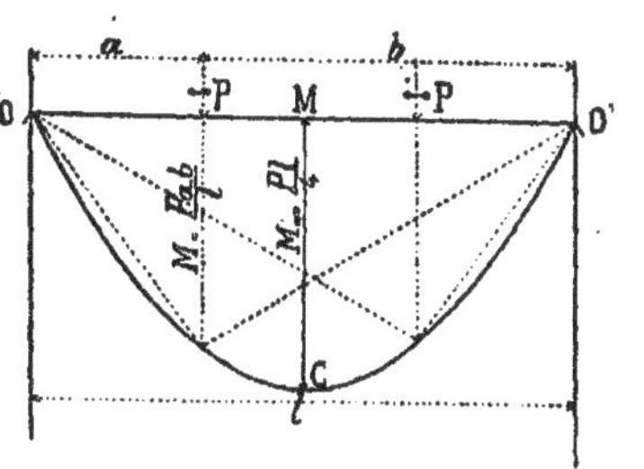

Fig 32.

3. — Si l'on porte comme ordonnées au-dessous de la charge roulante **P**, et dans chacune de ses positions, les moments fléchissants qu'elle engendre dans une section déterminée *mn*, la ligne représentative de ces moments désignée par l'expression *ligne d'influence* est la même que celle de la fig. 34 ; elle se compose (fig. 33) de deux droites OC et CO' se coupant sur la section *mn* où le moment est maximum et égal à :

$$M = \frac{Pab}{l}$$

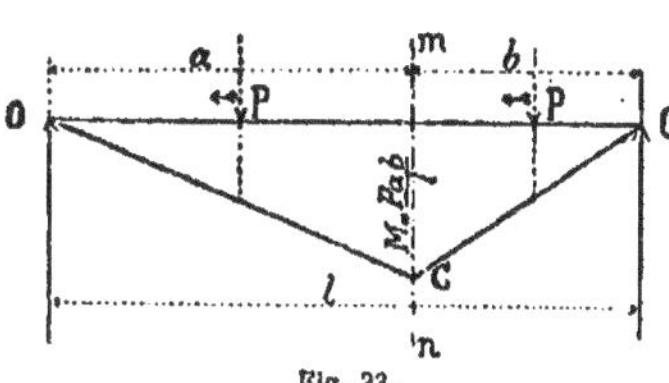

Fig. 33.

4. — La ligne représentative des moments fléchissants, correspondant à une série de charges concentrées **P₁ P₂ P₃**, est un polygone OABCO' ayant ses sommets sur les charges (fig. 34).

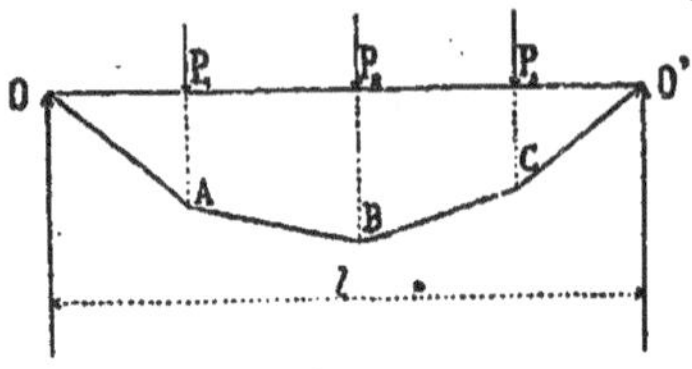

Fig. 34.

5. — Lorsqu'une série de charges concentrées et invariablement liées entre elles parcourt une poutre, le moment fléchissant maximum correspond en chaque point de la poutre au passage de l'une des charges sur ce point.

6. — Lorsque deux charges **P** égales et séparées par une distance constante d parcourent une poutre, le moment fléchissant maximum se produit à une distance du milieu de la poutre égale à $\frac{d}{4}$ (fig. 35) et ce moment est égal à :

$$M = \frac{2P}{l} \times \left(\frac{l}{2} - \frac{d}{4}\right)^2$$

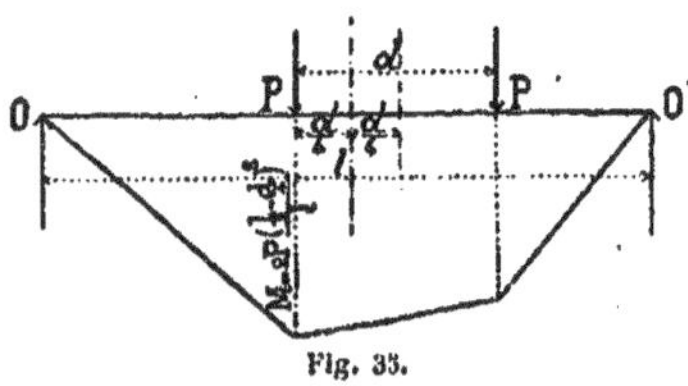

Fig. 35.

Efforts tranchants : 7. — Si l'on porte à partir d'une horizontale OO′ des ordonnées y_n proportionnelles aux efforts tranchants engendrés aux différents points N de la poutre, par une charge concentrée fixe **P**, la ligne représentative **ABCD** des efforts tranchants, ainsi obtenue, se composera de deux horizontales **AB** et **CD** (fig. 36).

L'effort tranchant correspondant à une force concentrée fixe est constant entre l'appui O et la charge ; il change de signe en passant par la charge, et il est également constant de la charge

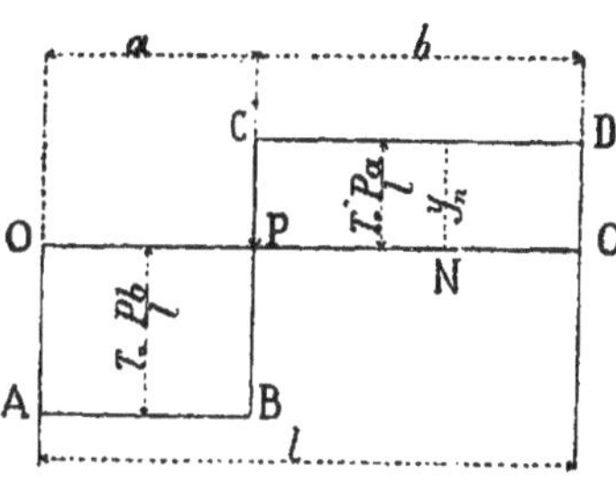

Fig. 36.

au second appui O'. Le plus grand effort tranchant, en valeur absolue, est celui qui correspond au côté où l'appui est le plus voisin de la charge.

Du côté gauche l'effort tranchant est égal à :

$$T = \frac{Pb}{l}$$

de l'autre il est égal à :

$$T' = \frac{Pa}{l}$$

8. — Lorsqu'une charge concentrée unique P se déplace sur la poutre, l'effort tranchant maximum se produit en chaque point de la poutre au moment où la charge passe sur ce point (fig. 37).

La ligne représentative des efforts tranchants maximums correspondant à une charge concentrée unique parcourant toute la poutre est une ligne droite OA pour un sens ou signe et O'A' pour l'autre sens ou signe.

L'effort tranchant maximum maximorum se produit sur l'appui et il est égal à P.

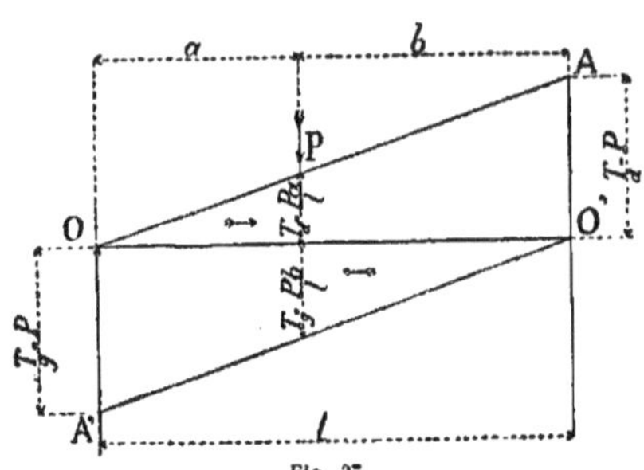

Fig. 37.

9.— Si l'on porte comme ordonnée au-dessous de la charge
roulante P, et dans chacune de ses positions, l'effort tranchant
qu'elle engendre dans une section déterminée *mn*, la ligne représentative de ces efforts tranchants ou *ligne d'influence*
se compose (fig. 38) de deux droites parallèles OA et O'B.

L'effort tranchant est nul quand la charge est sur l'appui O',
il croît à mesure que la roue approche de la section *mn* où il
passe brusquement de la valeur positive $\frac{Pb}{l}$ à la valeur négative
$\frac{Pa}{l}$ et il décroît ensuite pour redevenir nul quand la charge
atteint le second appui O.

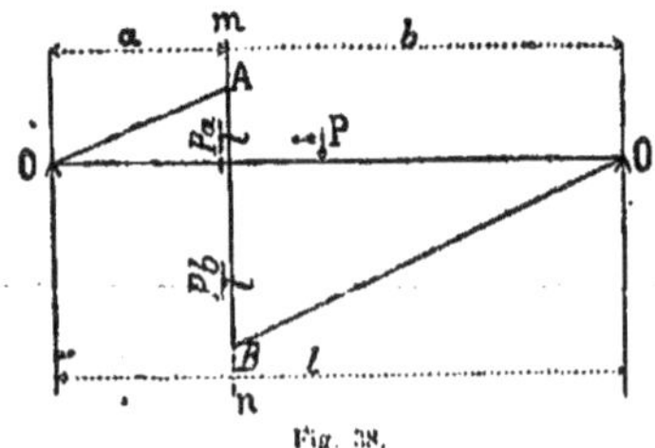

Fig. 38.

10. — La ligne représentative des efforts tranchants correspondant à une série de charges concentrées P_1, P_2, P_3 est une ligne brisée en escalier ABCDEFGH (fig. 39).

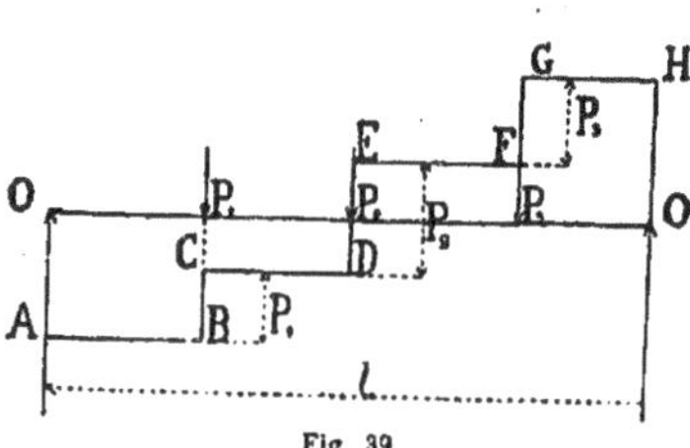

Fig. 39.

11. — Lorsqu'une série de charges concentrées et invariablement liées entre elles parcourt une poutre, l'effort tranchant maximum correspond en chaque point de la poutre au passage de l'une des charges sur ce point.

En général, lorsqu'il s'agit d'un train ayant une machine à l'avant, l'effort tranchant maximum se produira lorsque le premier essieu atteindra la section considérée. (fig. 40).

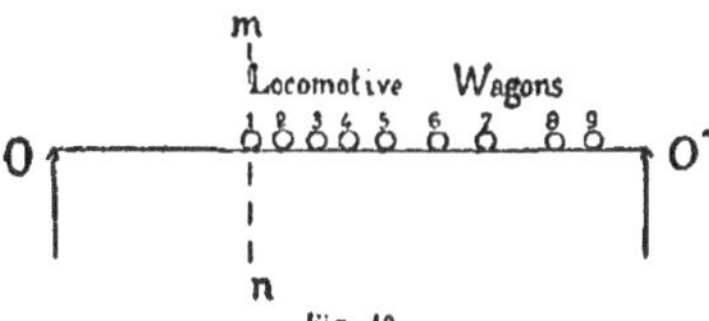

Fig. 40.

Lorsqu'il s'agit d'une file de chars traînés par des chevaux, l'effort tranchant maximum se produira quand le dernier essieu de la file se trouvera sur la section considérée (fig. 41).

Cette règle peut cependant avoir des exceptions, notamment lorsque la première charge est bien inférieure aux suivantes, surtout dans les petites travées et dans le voisinage des appuis.

Il est possible en effet que la première roue *1* ayant dépassé l'appui, la deuxième roue *2* en avançant donne un effort tranchant plus grand que la première.

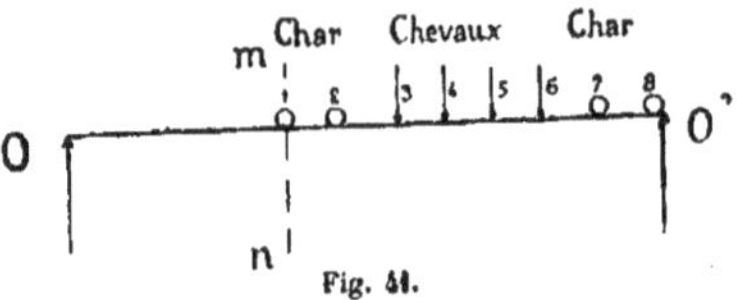

Fig. 41.

III. Cas où la surcharge porte par l'intermédiaire de poutrelles transversales

Ce qui précède suppose que les charges sont portées directement par les poutres ; mais dans un grand nombre de cas il n'en est pas ainsi, et ce sont des poutrelles transversales qui transmettent la charge aux poutres.

L'influence de ces poutrelles transversales est presque toujours négligeable, lorsqu'elles ne sont pas trop éloignées l'une de l'autre ; cependant, si l'on veut en tenir compte, on pourra le faire en appliquant les théorèmes suivants :

Moments fléchissants. — Dans le cas d'une charge uniformément répartie, lorsque la charge est portée directement par la poutre, nous avons vu que la ligne représentative des moments est une parabole.

1. — Quand la charge est transmise à la poutre par des pou-

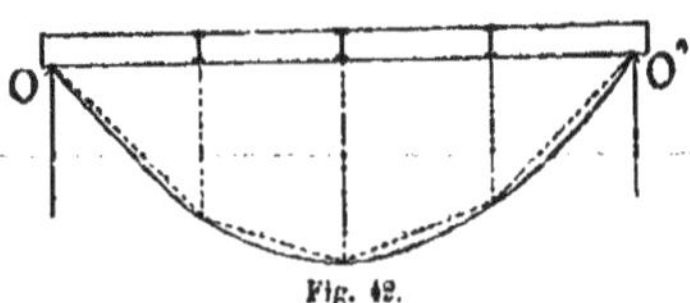

Fig. 42.

trelles transversales, la ligne représentative des moments fléchissants est un polygone inscrit à la même parabole et ayant
ses sommets au droit des poutrelles (fig. 42).

2. — Considérons la ligne représentative des moments d'une
série de charges $P_1P_2P_3P_4$.... (fig. 43), cette ligne est tracée en
trait plein. Pour tenir compte des poutrelles transversales, il
suffit de mener les verticales passant par leurs points d'attache,
et de joindre entr'eux les points d'intersection de ces verticales avec la ligne représentative des moments; on obtient ainsi
la ligne pointillée qui est la nouvelle ligne représentative des
moments.

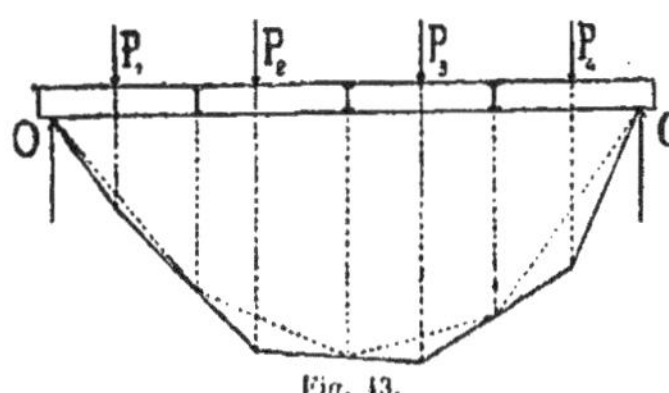

Fig. 43.

3. — On peut dire d'une manière générale que les poutrelles
transversales ne modifient pas les moments fléchissants aux
points où elles sont attachées à la poutre, et qu'elles diminuent
légèrement les moments fléchissants dans les autres sections.

4. — Le moment fléchissant maximum que fait naître dans
une section donnée de la poutre le passage d'un convoi qui
porte sur elle par l'intermédiaire de poutrelles, se produit à
l'instant où un essieu franchit l'une des deux poutrelles voisines de la section donnée.

Efforts tranchants. — Les poutrelles transversales ne modifient pas la répartition des charges sur les appuis.

Considérons (fig. 44) deux poutrelles voisines A et B et une
charge roulante unique P allant de A en B.

Pour une position déterminée de P l'effort tranchant est
constant entre les points A et B.

La ligne représentative de l'effort tranchant, lorsque la force

P se meut de A en B, est une ligne droite A′ B′. L'effort tranchant diminue du point A jusqu'en un point K où il change de signe et il croît ensuite en sens contraire du point K au point B.

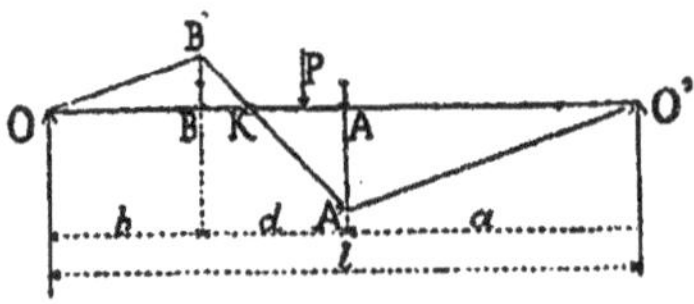

Fig. 44.

Pour déterminer le point K on portera AA′ égal à l'effort tranchant lorsque la force P est au point A, c'est-à-dire :

$$AA' = T_{\mathrm{A}} = \frac{Pa}{l}$$

ou portera ensuite BB′ égal à l'effort tranchant lorsque la charge P est en B, c'est-à-dire :

$$BB' = T_{\mathrm{B}} = - \frac{Pb}{l}$$

on joindra les points A′ B′ par une droite qui détermine le point K sur l'horizontale OO′.

Ce point K peut se construire encore plus simplement en divisant la longueur AB en deux parties proportionnelles à a et b.

1. — Dans le cas d'une charge uniformément répartie p par mètre courant, l'effort tranchant maximum positif s'obtiendra, dans la partie AB, en chargeant la poutre du point O′ au point K, et l'effort tranchant maximum négatif s'obtiendra en chargeant la poutre du point O au point K. L'effort tranchant maximum aura pour expression :

effort tranchant maximum positif

$$T_{\mathrm{m}} = T_{g} - p \frac{\overline{AK}^{2}}{2d}$$

4

effort tranchant maximum négatif

$$T'_m = T_d - p\,\frac{\overline{BK}^2}{2d}$$

L'effort tranchant maximum est plus petit que dans le cas où les poutrelles n'existent pas.

2. — Dans le cas d'une charge roulante isolée P, l'effort tranchant maximum positif dans la partie AB s'obtiendra en plaçant la charge au point A et l'effort tranchant maximum négatif en la plaçant au point B.

Si l'on fait franchir à la charge P toute la travée, et si l'on porte sous cette force l'effort tranchant correspondant à chacune de ses positions pour la partie AB de la poutre, la ligne représentative de ces efforts sera la ligne OB'A'O'.

3. — Dans le cas d'une charge uniformément répartie et dans celui d'une charge roulante unique, la présence des poutrelles transversales ne modifie pas les efforts tranchants maximums en leurs points d'attache, mais elle diminue les efforts tranchants dans la partie située entre deux poutrelles.

4. — Lorsqu'une série de charges P, P, P₃ (fig. 45), invariablement liées entre elles se meuvent sur une poutre, l'effort

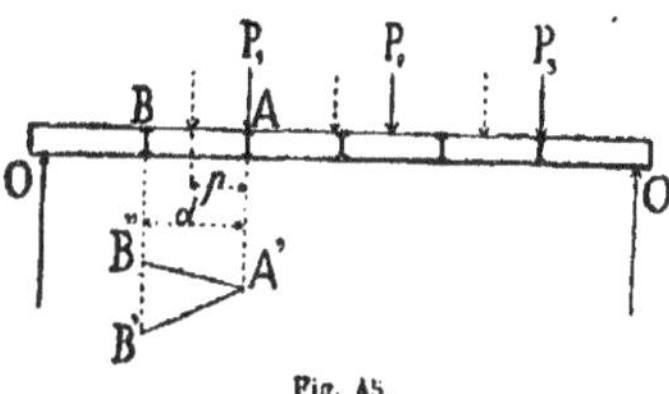

Fig. 45.

tranchant maximum est obtenu, en général, au passage de la première ou de la dernière charge sur la section considérée (voir p.47). Admettons, pour fixer les idées, que ce soit au passage de la première.

Aux points d'attache des poutrelles, au moment du passage

de la charge P_1, l'effort tranchant est le même que celui qui se produirait si les poutrelles n'existaient pas.

Considérons l'intervalle AB de deux poutrelles.

La ligne A'B' est la ligne représentative des efforts tranchants maximums au droit de la charge P_1 lorsque la charge est portée directement par la poutre.

Pour tenir compte des poutrelles il y a à retrancher la réaction de la poutrelle B, réaction qui a pour expression :

$$\frac{P_1 p}{d}$$

et qui est représentée par une ligne droite.

En retranchant cette valeur de l'effort tranchant trouvé précédemment, on arrive à la ligne représentative A'B″ qui peut se tracer en portant $B'B″ = P_1$.

Si BB″ était plus petit que AA′ l'effort tranchant maximum positif ne se produirait pas lorsque la force P_1 passe au point A, mais au passage de la charge P_2 ou P_3 au même point.

Ceci suppose que lorsque la charge P_1 arrive au point B, la charge P_2 n'a pas encore franchi le point A et qu'aucune nouvelle charge ne s'est engagée sur le pont.

S'il en était autrement, la méthode ne changerait pas, mais la ligne A'B′ serait une ligne brisée ainsi que la ligne A'B″.

L'effort tranchant maximum correspondra toujours au passage d'une charge sur les poutrelles A ou B.

IV. Exemple de construction des moments fléchissants, des efforts tranchants et des déformations verticales.

(Planche 2).

La planche 2 donne, avec tous les détails, l'épure de résistance des poutres pleines d'un pont pour voie de chemin de fer. Les données du problème sont les suivantes :

Portée des deux poutres, d'axe en axe des appuis, 10 m. 00
Poids propre du métal et de la voie avec ballast, 2000 kilos

Surcharge de locomotives avec tenders, du type indiqué fig. 3 de la planche.

Tous les calculs sont faits dans la planche pour l'ensemble de deux poutres.

Moments fléchissants : le moment fléchissant correspondant à la charge permanente, au milieu du pont est :

$$M' = \frac{pl^2}{8} = \frac{2000 \times \overline{10}^2}{8} = 25000$$

La parabole des moments fléchissants a été tracée à l'échelle de 1 millimètre pour 5.000.

Le moment fléchissant maximum se produira en chacun des points des poutres, au passage de l'un des essieux c, d, e, f sur ces points. Les moments maximums ont été déterminés pour quatre points des poutres, les points 1, 2, 3, 4 de la fig. 1. A cet effet, le polygone des forces (fig. 2) a servi à tracer dans la fig. 3 le polygone funiculaire correspondant aux essieux a, b, c, d, e, f.

On sait que, pour obtenir les moments fléchissants, il suffit de considérer les ordonnées de ce polygone comme des forces, et de les multiplier par la distance polaire.

L'échelle des moments fléchissants est donc égale à celle des forces divisée par la distance polaire.

Nous avons pris pour échelle des forces 1 millimètre par 1.000 kilogrammes. Pour obtenir les moments de la surcharge à la même échelle que celle des moments de la charge permanente, c'est-à-dire 1 millimètre pour 5.000, la distance polaire devra être prise égale à :

$$\frac{5000}{1000} = 5^m.$$

Le même polygone funiculaire (fig. 3), tracé une fois pour toutes, sert à déterminer les moments fléchissants maximums en tous les points des poutres.

Considérons le point 1, par exemple. Ce point est à 2 mètres de l'appui de gauche et à 8 mètres de l'appui de droite. Supposons que la roue d soit sur le point 1. A une distance horizontale de 2 mètres à gauche de la roue d (fig. 3), et à une distance de 8 mètres à droite nous menons des verticales. Ces verticales coupent le polygone aux points 1_d. La ligne de jonction des points 1_d détermine sous l'essieu d le moment fléchissant qui se produit au point 1 au moment où l'essieu d passe sur ce point 1.

On a déterminé d'une manière analogue, toujours (fig. 3), les moments fléchissants qui se développent aux points 1, 2, 3, 4 au passage des essieux c, d, e, f, g.

Le plus grand des moments a été porté pour chaque point dans la fig. 1, et on a tracé ainsi la courbe des moments fléchissants maximums de la surcharge.

Dans le choix que l'on fait du moment maximum, il y a lieu de remarquer que les moments que l'on obtient aux points 3 et 4 peuvent s'obtenir aussi aux points 1 et 2, en retournant le train des locomotives; et réciproquement, les moments des points 1 et 2 peuvent aussi s'obtenir aux points 3 et 4; on choisira donc pour chacun des points 1 et 4 ou 2 et 3 le plus grand des deux moments.

En ajoutant les ordonnées des moments de la surcharge à ceux de la charge permanente, on a obtenu les moments fléchissants totaux aux points 1, 2, 3, 4.

Les moments aux 4 points 1, 2, 3, 4 permettent de tracer la courbe représentative des moments fléchissants maximums.

La section des poutres est indiquée dans la fig. 4; deux des semelles ne s'étendent pas sur toute la longueur de la poutre; leurs longueurs se déterminent dans la fig. 1, en traçant la ligne des moments de résistance des différentes parties constitutives des poutres.

Le moment de résistance a pour expression

$$\frac{RI}{v}$$

expression dans laquelle R est l'effort maximum admis par unité de section du métal, soit 6.000.000 kilogrammes par mètre carré ou 6 kilogrammes par millimètre carré.

I est le moment d'inertie de la section.

v est la distance de la fibre extrême au centre de gravité.

On a pour les trois sections différentes d'une poutre

	I	v	$\dfrac{RI}{v}$ pour 2 poutres
Avec une semelle	$I' = 0,002.228$	$v' = 0.36$	$2 \times 37.130 = 74.260$
» 2 semelles	$I'' = 0,003.294$	$v'' = 0,37$	$2 \times 53.416 = 106.832$
» 3 semelles	$I''' = 0,004.419$	$v''' = 0,38$	$2 \times 69.774 = 139.548$

Efforts tranchants : L'âme des poutres qui résiste aux efforts tranchants a une section constante, il suffit donc de déterminer l'effort tranchant au point où il est maximum, à côté des appuis.

L'effort tranchant maximum de la charge permanente est

$$T' = \frac{pl}{2} = \frac{2000 \times 10}{2} = 10.000^k$$

L'effort tranchant maximum de la surcharge se produit lorsque le premier essieu f de la locomotive, après avoir franchi la travée, atteint l'appui considéré.

Cet effort tranchant s'obtient très facilement (fig. 3). Il suffit de prolonger le côté du polygone qui suit l'essieu f, de mener une verticale à une distance $l = 10$ mètres de l'essieu f. La longueur interceptée sur la verticale entre le côté qui a été prolongé et le polygone, représente l'effort tranchant cherché ; mais l'échelle à laquelle l'effort est à mesurer n'est la même que celle du polygone des forces que dans le cas où la distance polaire est égale à la portée ; dans le cas où la distance polaire est $\frac{1}{n}$ de la portée, l'effort tranchant obtenu est n fois trop grand.

Dans notre cas l'effort est 2 fois trop grand et en le réduisant, on trouve :

$$T'' = 40.000^k$$

L'effort tranchant total est donc

$$T = T' + T'' = 10.000 + 40.000 = 50.000^k \text{ pour 2 poutres}$$

et par poutre

$$25.000^k$$

La section de l'âme de la poutre qui résiste à cet effort a

$700 \times 10 = 7.000^{mm2}$. L'âme subira par suite un effort tranchant de

$$\frac{25.000}{7.000} = 3^k,6 \text{ par } m/m^2.$$

Déformations : Dans la fig. 7 se trouve tracée la surface des
moments correspondant au cas de surcharge S où l'essieu e se
trouve au milieu du pont. Les moments ont été construits
fig. 3.

La surface des moments a été divisée en 9 éléments, et l'on
a pris comme ligne de division des éléments les lignes verticales des charges et les lignes verticales qui séparent les sections différentes de la poutre.

Dans la fig. 8 on a porté dans un polygone, des forces
proportionnelles aux surfaces des moments, savoir

$$0^m,001 \text{ pour } 5000,$$

les moments étant comptés en kilogrammes mètres (pour une
poutre) et les longueurs en mètres.

Au moyen de distances polaires proportionnelles au produit
IE on a tracé le polygone funiculaire de la fig. 9, donnant les
déformations verticales. Ce polygone funiculaire a ses sommets sur les verticales passant par les centres de gravité des
éléments des surfaces des moments. Pour valeur de E on a
pris 16×10^9 par mètre carré.

On a ainsi

$$\text{I'E} = 0,002.228 \times 16 \times 10^9 = 35.648.000$$
$$\text{I''E} = 0,003.294 \times 16 \times 10^9 = 52.704.000$$
$$\text{I'''E} = 0,004.419 \times 16 \times 10^9 = 70.704.000$$

Ces valeurs ont été portées à l'échelle de

$$0,001 \text{ pour } 1.000.000.$$

L'échelle des déformations verticales se déduit des suivantes

Echelle des longueurs................ 1/100
Echelle des surfaces de moments...... 1/5.000.000
Echelle des El..................... 1/1.000.000.000

Échelle des déformations

$$\frac{1.000.000.000}{5.000.000 \times 100} = 2.$$

Les déformations sont donc obtenues en double grandeur et l'abaissement maximum de la poutre mesuré sur l'épure, fig. 7, est de $7^{mm},8$ au milieu de la poutre.

V. Déformations dans le cas d'une section constante

Charge concentrée : Lorsque la force P agit aux distances a et b des deux appuis, l'abaissement vertical au point d'application P de la force est donné par la formule

(1)
$$f = \frac{a^2 b^2}{3EIl} \cdot P$$

Lorsque la charge P est placée au milieu de la poutre, pour $a = b$ on a

(2)
$$f = \frac{Pl^3}{48EI}$$

Charge uniformément répartie : Pour une charge uniformément répartie égale à p par mètre courant, l'abaissement vertical de la poutre au point P est donné par la formule

(3)
$$f = \frac{p\,(abl^2 + a^2b^2)}{24EI}$$

L'abaissement de la poutre au milieu de la travée est donné par la formule

(4)
$$f = \frac{5pl^4}{384EI}$$

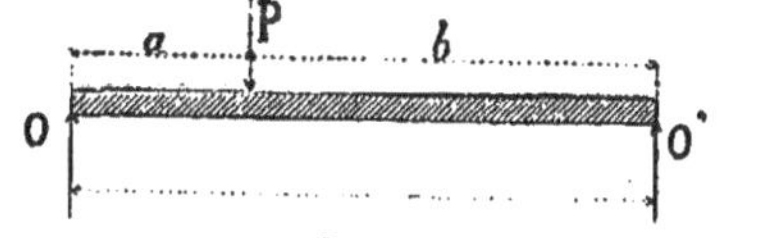

Fig. 48.

§ 4

POUTRE REPOSANT SUR DEUX APPUIS, ENCASTRÉE SUR L'UN, LIBRE SUR L'AUTRE

I. Détermination des moments fléchissants, des efforts tranchants et des déformations

Considérons d'abord le problème d'une manière générale (fig. 47), la poutre ayant une section variable et étant chargée d'une manière quelconque.

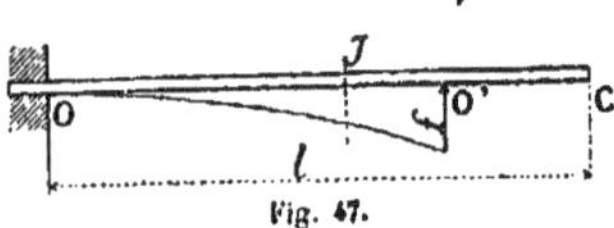

Fig. 47.

Les inconnues sont les réactions. Pour les déterminer, on peut procéder de la manière suivante :

On suppose d'abord que l'appui O' n'existe pas, et que la poutre encastrée en O est libre sur toute la longueur. On détermine dans ces conditions, comme cela a été fait Pl. 1, les déformations verticales de la poutre, et l'on obtient ainsi au point O' un abaissement f (fig. 47).

On construit ensuite les déformations verticales correspondant à une réaction connue Q' qui peut être quelconque et qui agit en O'. Cette force Q' donne un relèvement f' de la poutre en O'. La vraie réaction Q'_0 en O' se déduit de la réaction Q' par le rapport :

$$Q'_0 = \frac{fQ'}{f'}$$

La réaction en O sera :

$$Q_0 = \Sigma P - Q'_0$$

ΣP étant la somme des charges agissant sur la poutre.

En retranchant des déformations verticales obtenues en supprimant l'appui en O', celles que donne la réaction Q'_n, on obtient les vraies déformations verticales de la poutre.

Pour ce qui est de la recherche des moments fléchissants et des efforts tranchants maximums nous donnons ci-dessous quelques théorèmes.

Moments fléchissants maximums : 1. — Le moment fléchissant négatif maximum au point d'encastrement O s'obtient en chargeant complètement la poutre da s la partie OO'.

2. — Les moments fléchissants positifs maximums ou les moments négatifs minimums sur l'appui O s'obtiennent en ne chargeant que la partie O'C en porte-à-faux.

3. — Les moments fléchissants positifs maximums vers le milieu de la travée OO' et dans la partie située à sa droite s'obtiennent en chargeant la poutre de O en O'.

4. — En chargeant la partie O'C en porte-à-faux on obtient les moments négatifs maximums dans la partie O'C, sur l'appui O' et dans la partie à gauche de O' voisine de ce point.

Efforts tranchants maximums : 5. — Les efforts tranchants maximums dans la partie en porte-à-faux s'obtiennent en chaque point en chargeant tout le porte-à-faux.

6. — L'effort tranchant maximum positif en un point J de la partie OO' s'obtient en chargeant de J en O'.

L'effort tranchant maximum négatif s'obtient en chargeant de O en J et de O' en C.

II. Exemple de construction des moments fléchissants et des efforts tranchants

(Planche 1).

L'exemple que nous avons choisi est celui d'une poutre de 11 mètres de longueur totale se décomposant en une travée de 8 mètres et un porte-à-faux de 3 mètres (fig. 5. Pl. 1).

O et O' sont les deux points d'appui.

La poutre porte 30.000 kilos répartis comme l'indique la fig. 5. Le poids propre de la poutre est compris dans cette charge.

La courbe des moments fléchissants a été tracée d'abord en supposant que l'appui O' n'existe pas ; on s'est servi à cet effet du polygone des forces (fig. 6), et l'on a tracé le polygone funiculaire AC.

L'échelle prise pour les forces est de 0^m001 pour 1,000 kilos. La distance polaire étant égale à 2 mètres dans le polygone des forces, l'échelle des moments est de :

$$0^m,001 \text{ pour } 1000 \times 2 = 2000$$

La section de la poutre est donnée dans la fig. 11, la seconde semelle ne règne que sur une longueur de 4 mètres au-dessus de l'appui O'.

La surface des moments OAC a été divisée en 6 éléments 1 à 6'. Les 5 premiers (ceux qui se trouvent dans la partie OO') ont été portés dans le polygone des forces (fig. 7) à l'échelle de 0.001 pour 50.000. Les distances polaires ont été prises égales à EI. Le pôle O_{123} sert pour les éléments 1, 2, 3, et le pôle O_{45} pour les éléments 4 et 5. L'échelle des EI est de 0,001 pour 1.000.000. Le polygone des forces a servi à tracer le polygone funiculaire DF qui donne un abaissement vertical LF de l'appui O'.

La ligne O'B est la ligne représentative des moments fléchissants correspondant à une réaction de 20.000 kilos agissant en O'.

La surface des moments OBO' a été divisée en deux éléments 1' et 2', le premier de 5 mètres, le second de 3 mètres de longueur [2]. Ces éléments considérés comme des forces appliquées en leurs centres de gravité ont permis de tracer au moyen du polygone des forces (fig. 9), le polygone funiculaire GHK. Ce dernier donne le relèvement FK de l'appui O' produit par une réaction de 20.000 kilos.

---

1. Pour obtenir tout à fait exactement l'abaissement au point O' il faudrait faire tomber une division d'élément en O' ; c'est-à-dire diviser l'élément 5 en deux ; mais dans le cas particulier le nombre d'éléments est assez considérable pour que la courbe s'écarte peu du polygone.

2. La ligne de séparation des éléments correspond au changement de section.

Puisque sous l'effet des charges l'appui O' ne bouge pas, la réaction en O' doit être égale à :

$$Q' = 20.000 \times \frac{FL}{KF} = 20.000 \times \frac{53,5}{50,5} - = 21.200 \ \text{kil.}$$

réaction qui ramène le point O' sur l'horizontale.

La réaction étant connue, il devient facile de déterminer tous les moments fléchissants. A cet effet, on porte dans le polygone des forces (fig. 6) ST = 21.200 et on mène par O' une parallèle O'V à O₁T.

Les ordonnées verticales comprises entre le polygone CA et la ligne CO'V représentent les moments fléchissants en tous les points de la poutre.

Ces moments fléchissants ont été reportés (fig. 10) à partir d'une horizontale.

Nous avons vu que la réaction en O' était :

$$Q' = 21.200^k$$

La réaction en O est égale à :

$$Q = 6 \times 5000 - 21.200 = 8.800 \ \text{k.}$$

Connaissant les réactions, il est facile de tracer la ligne représentative des efforts tranchants en partant de l'un des appuis (fig. 12).

L'effort tranchant en O est :

$$T = Q = 8.800^k$$

L'effort tranchant en O' à gauche :

$$T_g' = 4 \times 5.000 - 8.800 = 11.200^k$$

L'effort tranchant à droite de O' :

$$T_d' = 2 \times 5.000 = 10.000^k$$

La ligne représentative des efforts tranchants est tracée dans la fig. 10.

Déformations. — Revenons aux déformations :

Les échelles étant les suivantes :

pour les longueurs $\frac{1}{100}$;

pour les surfaces des moments $\dfrac{1}{50.000.000}$;

pour les EI $\dfrac{1}{1.000.000.000}$

L'échelle des déformations est de :

$$\frac{1.000.000.000}{50.000.000 \times 100} = \frac{1}{5}$$

La déformation verticale FK $= 50,5^{mm} \times 5 = 252^{mm}$ est produite par une force de 20.000 kilos. Il serait donc facile de calculer par proportion la réaction correspondant à un abaissement ou à un relèvement de l'appui O'.

Il serait facile aussi de déduire, encore par une simple proportion, les déformations engendrées par la vraie réaction de 21.200 kilos de celles qui ont été obtenues par la réaction de 20.000 kilos. En retranchant ensuite ces déformations de celles qui ont été trouvées pour les charges, on obtiendrait les déformations réelles de la poutre. Il est utile de remarquer cependant qu'au lieu de diviser la surface OBO' des moments en deux éléments il faudrait la diviser en un plus grand nombre d'éléments. Les déformations verticales ne sont données exactement par les polygones qu'aux points de tangence à la courbe qu'ils enveloppent; et ces points sont ceux qui correspondent aux lignes de séparation des éléments.

III. Poutre à section constante encastrée à une extrémité et libre à l'autre, sans porte-à-faux

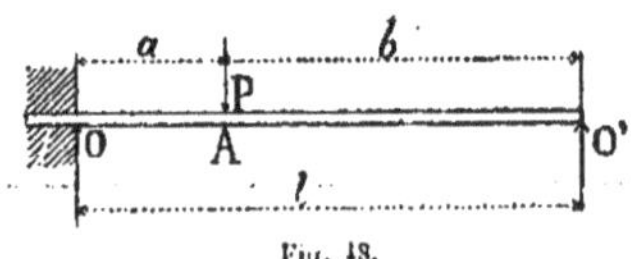

Fig. 18.

Charge concentrée P : Pour une charge concentrée P située

à une distance a de l'appui de gauche et à une distance b de l'appui de droite, on a :

Réaction sur l'appui de gauche :

$$T_g = \frac{P\,(3a^2 + 6ab + 2b^2)b}{2l^3}$$

Réaction sur l'appui de droite :

$$T_d = \frac{Pa^2\,(2a + 3b)}{2l^3}$$

Moment fléchissant au point d'application A de la force P :

$$M_1 = T_d b$$

Moment fléchissant au point d'encastrement O :

$$M_0 = T_d l - Pa$$

Pour $a = b$, lorsque la force P est située au milieu de la travée, on a :

$$T_g = \frac{11}{16}\,P, \quad T_d = \frac{5}{16}\,P, \quad M_A = \frac{5}{32}\,Pl, \quad M_0 = -\frac{3}{16}\,Pl$$

La flexion maxima de la poutre est donnée par la formule :

$$f = 0{,}00932\,\frac{Pl^3}{EI}$$

I étant le moment d'inertie de la section de la poutre.
E le coefficient d'élasticité.
Si l'on désigne par y' la distance de l'appui O' à laquelle la flexion maxima se produit on a :

$$y' = 0{,}447l$$

Charge uniformément répartie : — Pour une charge uniformément répartie égale à p par mètre courant on a :
Réaction sur l'appui de gauche

$$T_g = \frac{5}{8}\,pl$$

Réaction sur l'appui de droite

$$T_d = \frac{3}{8}\,pl$$

Moment fléchissant au point d'encastrement

$$M_o = \frac{pl^2}{8}$$

Moment fléchissant au milieu de la travée

$$M_A = \frac{pl^2}{16}$$

La flexion maxima est donnée par la formule

$$f = 0{,}00542\,\frac{pl^4}{EI}$$

et cette flexion se produit à une distance de l'appui O' égale à :

$$y' = 0{,}122l.$$

§ 5

POUTRE REPOSANT SUR DEUX APPUIS, ET SE PROLONGEANT EN PORTE-A-FAUX DE PART ET D'AUTRE.

I. Moments fléchissants et efforts tranchants.

Considérons la poutre représentée dans la fig. 49. Elle peut se diviser en trois parties: les deux parties en porte-à-faux AO et A'O' et la partie OO' située entre les deux appuis.

Moments fléchissants. — Les moments fléchissants, dans les deux parties en porte-à-faux AO et A'O', se déterminent exactement comme si la poutre était encastrée sur les appuis (voir Pl. 1, fig. 1 et 2).

On obtient ainsi les deux lignes représentatives des moments

OB et **O'B'**, et les moments sur appuis sont représentés par les longueurs **OC** et **O'C'**.

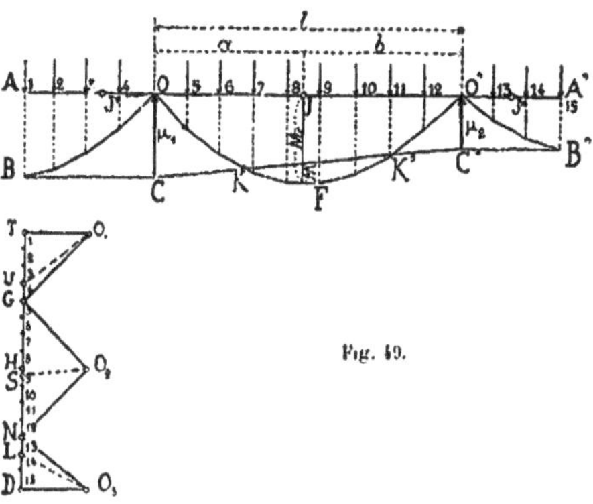

Fig. 49.

Les moments fléchissants de la partie centrale se construisent comme si la poutre était interrompue sur les appuis ; on obtient ainsi la ligne des moments OFO'. Mais au lieu de mesurer les moments à partir de l'horizontale OO', on les mesure à partir de la ligne CC'. Les moments changent de signe aux points K et K'.

En désignant par μ_1 et μ_2 les moments fléchissants sur les appuis et par M_0 le moment fléchissant en un point J de la poutre que l'on suppose coupée sur ses appuis, on a pour le moment fléchissant réel M au point J, en tenant compte des porte-à-faux :

$$M = M_c - \frac{\mu_1 b + \mu_2 a}{l}$$

Dans cette expression,

a et b sont les distances du point J aux appuis, l est la portée de la partie centrale de la poutre.

Du point B au point K les moments sont négatifs ainsi que de K' en B'. Entre les points K et K' ils sont positifs.

Nous donnons ci-dessous quelques théorèmes qui s'appliquent aux moments fléchissants maximums :

Les moments maximums négatifs se produisent toujours sur les piles.

Le moment fléchissant maximum positif se déplace avec la charge ; et dans le cas de charges concentrées il se produit toujours sous l'une des charges.

Les charges de la partie centrale n'ont aucune influence sur les moments fléchissants des parties en porte-à-faux.

Toute charge que l'on vient ajouter dans les parties en porte-à-faux diminue les moments positifs de la partie centrale et augmente les moments négatifs.

Les moments fléchissants maximums négatifs s'obtiennent en chargeant complètement les parties de la poutre qui sont en porte-à-faux.

Les moments fléchissants maximums positifs s'obtiennent en chargeant toute la partie centrale de la poutre située entre les deux appuis.

Efforts tranchants. — Dans les parties en porte-à-faux, l'effort tranchant est égal à la somme des poids ou des charges qui se trouvent situés entre le point considéré et l'extrémité de la poutre.

Dans la partie centrale de la poutre, située entre les deux appuis l'effort tranchant est égal à

$$T = T' + \frac{\mu_1 - \mu_2}{l}$$

Dans cette expression T' est l'effort tranchant que l'on obtient lorsque la poutre est coupée sur les appuis, μ_1 et μ_2 sont les moments sur les appuis 1 et 2.

Nous donnons ci-dessous quelques théorèmes relatifs aux efforts tranchants maximums.

Les efforts tranchants maximums dans les parties en porte-à-faux s'obtiennent en chargeant toute la partie en porte-à-faux.

Les charges de la partie centrale n'ont aucune influence sur les efforts tranchants dans les parties en porte-à-faux.

Toute charge que l'on vient ajouter dans une des parties AO en porte-à-faux augmente les efforts tranchants dans la partie centrale du côté O de ce porte-à-faux, et diminue les efforts tranchants du côté opposé O'.

L'effort tranchant maximum positif en un point J de la travée centrale s'obtient en chargeant de A en O et de J en O'.

L'effort tranchant maximum négatif s'obtient en chargeant de A' en O' et de J en O.

II. Construction graphique des moments fléchissants et des efforts tranchants

Moments fléchissants. — Reprenons la poutre de la fig. 49. Cette poutre est chargée par les charges 1 à 15. Un premier polygone des forces, avec pôle O'_1, sert à tracer le polygone funiculaire ou la courbe des moments BO.

Un second polygone des forces avec pôle O_2 situé exactement au-dessous du premier sert au tracé de la ligne des moments fléchissants de la partie OO'.

Enfin un troisième polygone avec pôle O_3 et situé encore au-dessous du précédent sert au tracé de la ligne des moments O'B'.

La ligne de fermeture du polygone, à partir de laquelle les moments doivent être mesurés, se compose des deux horizontales BC et C'B' parallèles au premier côté du polygone O, et au dernier côté du polygone O_3, et de la ligne CC' obtenue en joignant par une droite les points C et C'.

Efforts tranchants. — Les efforts tranchants s'obtiennent en

menant dans le polygone des forces des parallèles aux côtés
interceptés dans le polygone des moments par la section faite
au point considéré.

Ainsi au point J', par exemple, l'effort tranchant est égal à
TU, au point J il est égal à HS, et enfin en J″ il est égal à LD

Les efforts tranchants sur les appuis sont représentés par les
longueurs suivantes :

A gauche de O par **TG** ;

A droite de O par **GS** ;

A gauche de O' par **SN** ;

A droite de O' par **ND**.

Nous remarquerons que dans la figure nous n'avons placé
aucune charge directement au-dessus des appuis. Si ces charges existaient on n'en tiendrait aucun compte dans la détermination des efforts tranchants ou des moments fléchissants mais
seulement dans le calcul de la charge sur les appuis.

§ 6

POUTRE REPOSANT SUR DEUX APPUIS ET ENCAS-
TRÉE A SES DEUX EXTRÉMITÉS

I. Moments fléchissants et efforts tranchants

Nous considérons d'abord le cas le plus général, celui d'une
poutre à section variable et chargée d'une manière quelconque.

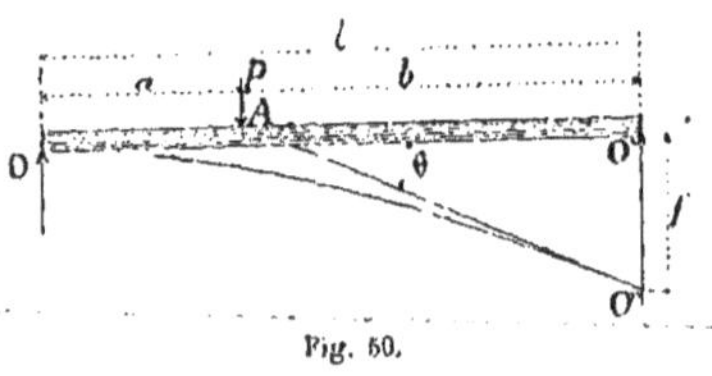

Fig. 50.

Supprimons tout d'abord l'un des appuis O' :

Sous l'influence des charges le point O' descendra en O″ d'une quantité f, et l'angle de rotation de la tangente à la fibre moyenne au point O″ sera θ.

Pour ramener le point O″ dans sa position primitive il sera nécessaire d'appliquer en ce point une réaction T_d et un moment M_d.

Désignons par :

— $f_{\scriptscriptstyle T}$ et $\theta_{\scriptscriptstyle T}$ le déplacement vertical et la rotation produits en O″ par la réaction T_d.

$f_{\scriptscriptstyle M}$ et $\theta_{\scriptscriptstyle M}$ le déplacement vertical et la rotation produits par le moment M_d en O″.

On aura :

$$f_{\scriptscriptstyle M} - f_{\scriptscriptstyle T} + f = 0 \quad \text{ou} \quad f_{\scriptscriptstyle T} - f_{\scriptscriptstyle M} = f$$

$$\theta_{\scriptscriptstyle M} - \theta_{\scriptscriptstyle T} + \theta = 0 \quad \text{ou} \quad \theta_{\scriptscriptstyle T} - \theta_{\scriptscriptstyle M} = \theta ;$$

f et θ se construisent comme dans une poutre en porte-à-faux, Pl. 1, fig. 8. On déterminera de plus pour une réaction quelconque et pour un moment quelconque les rapports constants :

$$\frac{\theta_{\scriptscriptstyle T}}{f_{\scriptscriptstyle T}} = t \quad \text{et} \quad \frac{\theta_{\scriptscriptstyle M}}{f_{\scriptscriptstyle M}} = m$$

et l'on aura alors les deux équations à deux inconnues :

(1) $$f_{\scriptscriptstyle T} - f_{\scriptscriptstyle M} = f$$

et

(2) $$t f_{\scriptscriptstyle T} - m f_{\scriptscriptstyle M} = \theta.$$

Connaissant $f_{\scriptscriptstyle T}$ et $f_{\scriptscriptstyle M}$ on déduit par de simples proportions les valeurs de T_d et de M_d et le problème se trouve ainsi résolu.

Désignons par M_g' le moment d'encastrement obtenu en O dans l'hypothèse de la suppression de l'appui O', on aura pour le moment réel d'encastrement en O :

$$M_g = M'_g - T_d . t + M_d.$$

1. *Moments fléchissants maximums.* — Les moments fléchissants maximums négatifs sur les appuis, et les moments fléchissants maximums positifs vers le milieu des travées s'obtiennent en chargeant complètement la travée.

2. *Efforts tranchants maximums.* — Les efforts tranchants positifs s'obtiennent en chargeant la partie comprise entre le point considéré et l'appui de droite, tandis que les efforts tranchants maximums négatifs sont obtenus en chargeant la partie de la poutre comprise entre l'appui de gauche et la section considérée.

II. Exemple de construction des moments fléchissants, des efforts tranchants et des déformations verticales d'une poutre encastrée à ses deux extrémités

(Planche 3)

Considérons la poutre qui est représentée fig. 1, Pl. 3.
Les données sont les suivantes :
Portée de la poutre $10^m,00$

Charges aux points	Poids propres	Surcharges	Charges totales
1	700 k.	2600 k.	3300 k.
2	700 k.	3600 k.	4300 k.
3	700 k.	4600 k.	5300 k.
4	700 k.	5600 k.	6300 k.

Les sections de la poutre sont données par la fig. 3.

La ligne CDO' des moments fléchissants a été tracée d'abord en supposant que l'appui O' n'existe pas. On s'est servi à cet effet du polygone des forces de la fig. 2 ; l'échelle des forces étant de $0^m,002$ pour 1000^k, et la distance polaire de $2^m,00$.

L'échelle des moments se déduit de celle des forces et de la distance polaire, elle est de :

$$0.002 \text{ pour } 1000 \times 2.00 = 0.001 \text{ pour } 1000$$

La surface des moments a été divisée en 5 éléments 1, 2, 3, 4, 5, qui ont, soit la forme de trapèzes, soit la forme triangulaire. Les divisions des éléments correspondent aux forces 1, 2, 3, 4 et au point A de changement de section.

Par les centres de gravité des éléments nous avons mené des verticales et le polygone des forces (fig. 4) a servi à tracer la ligne élastique SS' ayant les sommets sur ces verticales. Dans ce dernier polygone des forces, les forces sont proportionnelles aux surfaces des éléments, et les distances polaires sont proportionnelles aux produits EI du coefficient d'élasticité par le moment d'inertie.

L'échelle à laquelle on porte les éléments de surfaces et les valeurs de EI peut être quelconque, et n'a pas besoin d'être connue.

La ligne élastique donne un abaissement vertical de la poutre au point O' de :

$$S'S'' = f = 126^{m}/_{m}8$$

et une rotation θ au même point de :

$$\theta = 80^{m}/_{m}$$

Cette rotation est mesurée à une distance **XX'** qui peut être quelconque et que nous avons prise égale à 5 mètres.

Nous avons déterminé en second lieu les déformations dues à une réaction de 5000^k agissant en O'. O'F est la ligne correspondante des moments. La surface OO'F des moments a été divisée en deux éléments 1' et 2' séparés par la verticale du point A. Les points 1' et 2' sont les centres de gravité de ces éléments, et la ligne M1'2'K est la ligne élastique correspondante ; elle a été tracée avec le polygone de la fig. 5, qui est à la même échelle que celui de la fig. 4.

La ligne élastique donne :
un déplacement vertical du point O' $= $ LK $= f' = 78^{mm}$;
une rotation du point O' mesurée à 5 mètres $\theta' = 56$;
un rapport $t = \dfrac{\theta'}{f'} = \dfrac{56}{78} = 0{,}718$.

En troisième lieu nous avons considéré un moment de 50.000 agissant en O' ainsi que sur toute la longueur de la poutre. La surface correspondante des moments est représentée par le rectangle FOO'G ; elle a été divisée par la verticale du point A en deux éléments 1'' et 2'', qui ont servi à tracer la ligne élastique M1''2''H au moyen du polygone des forces de la fig. 6.

Cette ligne élastique donne :

un déplacement vertical du point O′ égal à $LH = f'' = 113^{mm}$;

une rotation au point O′ mesurée à 5^m : $\theta'' = 105^{mm}$;

un rapport $m = \dfrac{\theta''}{f''} = \dfrac{105}{113} = 0,93$.

Les formules (1) et (2) établies précédemment donnent :

$$f_{\scriptscriptstyle T} - f_{\scriptscriptstyle M} = 126^{m}/_{m}8$$

$$0,718 f_{\scriptscriptstyle T} - 0,93 f_{\scriptscriptstyle M} = 80^{m}/_{m}$$

D'où l'on déduit successivement :

$$f_{\scriptscriptstyle M} = 52^{m}/_{m}$$

$$f_{\scriptscriptstyle T} = 178^{m}/_{m}8$$

$$M_d = \frac{50.000 \times 52}{113} = 23.000$$

$$T_d = \frac{5000 \times 178,8}{78} = 11.460 \text{ k}.$$

Moments fléchissants. — La ligne O′C′ représente les moments de la réaction T_d. La ligne C″O″ a été tracée en portant C′C″ et O′O″ égaux à M_d. Les ordonnées verticales du polygone CDO′, mesurées à partir de la ligne C″O″ représentent les moments fléchissants cherchés. Ces moments fléchissants ont été reportés (fig. 7) à partir d'une horizontale OO′.

Efforts tranchants. — Les efforts tranchants n'ont pas été tracés dans l'épure, mais il serait facile de le faire puisqu'on connaît la réaction ou l'effort tranchant de l'appui de droite :

$$T_d = 11.460$$

Déformations. — La fig. 9 représente la ligne élastique tracée au moyen du polygone (fig. 8).

Les surfaces des moments ont été portées à l'échelle de 0,001 pour 1000 ou $\dfrac{1}{1.000.000}$.

Les EI à l'échelle de 0,001 pour 200.000 ou $\dfrac{1}{200.000.000}$, l'échelle des longueurs étant de 0,01 pour 1 mètre ou $\frac{1}{100}$. On en déduit l'échelle des déformations de $\frac{200.000.000}{1.000.000 \times 100} = 2$ ou double grandeur.

Dans le tracé de cette ligne élastique on doit arriver à passer par les deux points d'appui avec chacun des deux côtés extrêmes.

Abaissement ou rotation d'un appui. — Il serait facile de déterminer les efforts engendrés dans le cas de rotation δ ou d'un déplacement vertical h d'un appui, il suffit de modifier les formules (1) et (2) qui deviennent :

$$f_{\scriptscriptstyle T} - f_{\scriptscriptstyle M} = f \mp h$$

$$\mathit{l}f_{\scriptscriptstyle T} - mf_{\scriptscriptstyle M} = \theta \mp \delta.$$

Cas d'une section constante. — Dans le cas d'une poutre à section constante, les constructions se trouvent simplifiées en ce que le nombre des éléments diminue, et il n'y a plus qu'une distance polaire EI.

III. Poutre à section constante encastrée à ses deux extrémités

Charge concentrée P : Pour une charge concentrée P située à une distance a de l'appui de gauche et à une distance b de l'appui de droite on a :

Réaction de l'appui de gauche :

$$T_g = P \frac{(3a + b)\, b^2}{l^3}.$$

Réaction de l'appui de droite :

$$V_d = P \cdot \frac{(a + 3b)\, a^2}{l^3}.$$

Moment d'encastrement à gauche :

$$M_g = P \frac{ab^2}{l^2}.$$

Moment d'encastrement à droite

$$M_d = P \frac{ba^2}{l^2}.$$

La flèche maxima est égale à

$$f = \frac{P}{EI} \frac{2a^2b^3}{3(a+3b)^2}$$

et cette flèche se produit à une distance de l'appui O'
égale à

$$y' = \frac{2b}{a+3b} l$$

Le flexion au point A d'application de la force est :

$$f = \frac{P}{EI} \frac{a^3b^3}{3l^3}.$$

Dans ces formules, I est le moment d'inertie de la section et
E est le coefficient d'élasticité de la matière.

Pour $a = b$, lorsque la force P est située au milieu de la
travée, on a :

$$T_g = T_d = \frac{P}{2}$$

$$M_g = M_d = \frac{Pl}{8}$$

$$f = f' = \frac{Pl^3}{192.EI} \qquad y' = \frac{1}{2} l$$

Charge uniformément répartie : Pour une charge uniformément répartie, égale à p par mètre courant on a :

Réaction sur les appuis :

$$T_g = T_d = \frac{pl}{2}$$

Moments fléchissants aux points d'encastrement

$$M_g = M_d = \frac{pl^2}{12}$$

Moment fléchissant au milieu de la poutre

$$M = \frac{pl^2}{24}$$

La flexion maxima au milieu de la poutre

$$f = \frac{pl^4}{384\,EI}.$$

§ 7

MOMENT DE RÉSISTANCE ET MOMENT D'INERTIE D'UNE POUTRE

Le moment de résistance d'une section de poutre a pour expression

$$M = \frac{R'I}{v},$$

R' étant la résistance par unité de surface ou le coefficient de travail maximum admis pour la matière,

I le moment d'inertie de la section.

v la distance de la fibre extrême à l'axe horizontal de la poutre.

Le moment de résistance peut aussi s'exprimer par

$$M = \Sigma P h$$

P étant la somme des efforts agissant sur un élément de surface,

h la distance de la résultante P des efforts agissant sur un élément à l'axe horizontal de la poutre.

La répartition des efforts dans une section de poutre travaillant à la flexion se fait de manière que le coefficient de travail varie d'un point à un autre proportionnellement à la distance du point considéré à l'axe de la section.

Si l'on porte horizontalement, à partir de l'axe vertical de la section, des longueurs proportionnelles aux coefficients de travail à la hauteur correspondante, on obtient une ligne droite BCB' comme ligne représentative des coefficients ; et AB représente le coefficient de travail maximum de la fibre extrême.

La somme des efforts agissant entre deux lignes horizontales menées dans une partie rectangulaire de la section, est proportionnelle à la surface du trapèze intercepté par ces lignes dans le triangle ABC. La résultante de ces efforts passe par le centre de gravité du même trapèze.

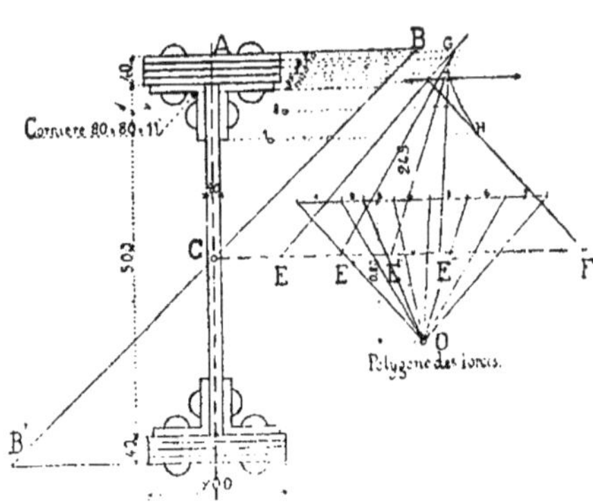

Ceci posé, pour déterminer le moment de résistance d'une section de la poutre, ou de la demi-poutre, on pourra procéder de la manière suivante.

On divisera la section en rectangles.

On déterminera les efforts 1, 2, 3, 4, 5, 6, 7 agissant sur ces rectangles en multipliant leurs surfaces par le coefficient de travail moyen mesuré au milieu de leur hauteur, horizontalement, entre les lignes AC et BC.

On construira les centres de gravité des trapèzes formés par les lignes AC, CB et les horizontales supérieure et inférieure des éléments.

Puis au moyen d'un polygone des forces 1, 2, 3..., 7 avec pôle O, on construira le polygone funiculaire GH.

Les côtés extrêmes de ce polygone funiculaire interceptent sur l'axe de la section une longueur EF proportionnelle au moment de résistance de la demi-poutre.

Pour passer de la longueur EF au moment de résistance il suffit de multiplier EF, mesuré à l'échelle des forces, par la distance polaire du point O mesurée à l'échelle des longueurs.

Dans l'exemple de la figure, la demi-poutre a été divisée en 7 rectangles ; on aurait pu se contenter de la diviser en 4, mais la division en 7 permet d'obtenir au moyen du même polygone les moments de résistance de la poutre lorsqu'elle a une, deux, trois ou quatre semelles. Il suffit pour cela de supprimer les forces correspondant aux semelles enlevées, de changer le dernier côté du polygone funiculaire et enfin de multiplier la longueur E'F interceptée entre les côtés extrêmes du polygone funiculaire sur l'axe horizontal de la section par le rapport $\frac{v}{v'}$, v' étant la nouvelle distance de la fibre extrême à l'axe.

Revenons à l'exemple de la figure. On a pour les efforts 1, 2, 3, 4, 5, 6, 7 les valeurs suivantes.

Numéros des éléments et désignation		Surfaces ω	Coefficient de travail moyen R	Produit Rω Effort total
Ame............	1	5000	2 55	12.759
Cornieres.......	2	1518	4,20	6.376
Cornières.......	3	1760	5,00	8.800
Semelle	4	2000	5,24	10.480
»	5	2000	5,50	11.000
»	6	2000	5,70	11.400
»	7	2000	5,90	11.800

La distance polaire du polygone des forces est égale à $0^m,20$.

On trouve pour les valeurs du moment de résistance

	Moments de résistance $\dfrac{Rl}{v}$
Pour 4 semelles EF =	$2 \times 88.700 \times 0.20 = 35.500$
Pour 3 » E'F =	$2 \times 70.500 \times 0.20 \times \dfrac{0.20}{0.28} = 29.200$
Pour 2 » E''F =	$2 \times 55.500 \times 0.20 \times \dfrac{0.20}{0.27} = 23.800$
Pour 1 » E'''F =	$2 \times 44.500 \times 0.20 \times \dfrac{0.20}{0.26} = 18.500$

Il est facile de déduire du moment de résistance le moment d'inertie I et le rapport $\frac{I}{v}$, puisque R et v sont des quantités connues.

§ 8

CALCUL DES RIVETS DANS UNE POUTRE A PAROI PLEINE SOUMISE A LA FLEXION

Une poutre à paroi pleine est généralement composée d'une tôle verticale, *âme*, de *cornières* et de *semelles*.

L'âme est reliée aux cornières par des rivets, et les semelles sont fixées sur les cornières au moyen d'autres rivets. Nous nous proposons de déterminer le nombre et la section qu'il faut donner à ces rivets.

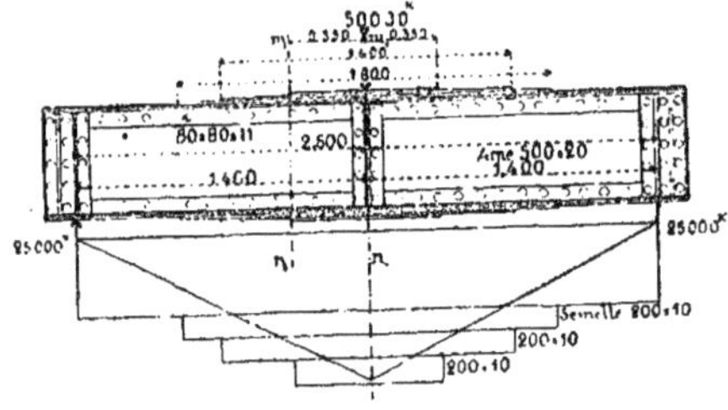

Fig. 52.

Considérons deux sections voisines $m_0 n_0$ et $m_1 n_1$ d'une poutre chargée en son milieu de 50.000 kilogrammes (fig. 52), ces sections étant faites dans une partie constante de la poutre.

Nous admettons que, dans l'intervalle qui sépare les deux points considérés, le moment varie suivant une ligne droite et nous désignerons la différence des moments agissant dans les deux sections par

$$M_1 - M_0 = \mu.$$

Une première partie du moment fléchissant est supportée

par l'âme, une seconde partie par les cornières et enfin la troisième par les semelles.

Quel que soit le moment fléchissant, la proportion entre les efforts qui agissent dans l'âme, dans les cornières, et dans les semelles est toujours la même.

Désignons par :

T_0 et T_1 les efforts agissant dans l'âme aux sections $m_0 n_0$ et $m_1 n_1$;

U_0 et U_1 les efforts agissant dans les cornières aux mêmes sections ;

S_0 et S_1 les efforts agissant dans les semelles aux mêmes sections.

Les rivets qui attachent les cornières à l'âme entre les sections considérées $m_1 n_1$ et $m_0 n_0$ devront être à même de résister à un effort de glissement longitudinal égal à :

$$(U_1 + S_1) - (U_0 + S_0).$$

Les rivets qui attachent les semelles aux cornières auront à transmettre un effort de glissement longitudinal égal à

$$S_1 - S_0.$$

Prenons comme exemple la poutre représentée dans la fig. 52, ayant en $m_0 n_0$ et $m_1 n_1$ la section de la fig. 51.

Le polygone des forces intérieures donne (fig. 51) pour la répartition des efforts la proportion suivante :

$$
\left.
\begin{array}{lr}
\text{Ame}\dots\dots\dots\dots\dots\dots\dots\dots\dots\dots & 12.750 \\
\text{Cornières}\dots\dots\dots\dots\dots\dots\dots\dots & 15.176 \\
\text{Semelles}\dots\dots\dots\dots\dots\dots\dots\dots\dots & 44.680
\end{array}
\right\} \ 59.856
$$

$$\text{Total}\dots\dots\dots\dots\dots\dots\ 72.606$$

Ces efforts correspondent au coefficient maximum de 6 kilogrammes et à un moment fléchissant égal au moment de résistance 35.500.

Dans la poutre que nous considérons

$$M_1 - M_0 = 35.500 - 26.250 = 8.750.$$

On en déduit :

$$(U_1 + S_1) - (U_0 + S_0) = \frac{59.856 \times 8.750}{35.500} = 14.750$$

$$S_1 - S_0 = \frac{44.680 \times 8.750}{35.500} = 11.012.$$

Ces efforts pourraient s'obtenir graphiquement dans le polygone des forces intérieures (fig. 51), en menant une ligne horizontale à une distance de O égale à

$$0,20 \times \frac{8.750}{35.500} = 0,049.$$

De ce qui précède on peut conclure que, pour un travail de 6 kilogrammes par millimètre carré et pour un diamètre de 22 millimètres des rivets, il faudra que l'âme soit reliée aux cornières par

$$\frac{11.753}{6 \times 380} = 6,1$$

sections de rivets, et comme les rivets travaillent à double section il faudra 3,2 rivets.

La distance entre les sections $m_0 n_0$ et $m_1 n_1$, étant de $0^m,35$, la distance nécessaire entre les rivets sera

$$\frac{0,35}{3,2} = 0,109.$$

Le nombre des rivets reliant l'une des cornières à la semelle devra être au minimum de

$$\frac{11.012}{2 \times 6 \times 380} = 2,4.$$

La distance minima des rivets sera

$$\frac{0,35}{2,4} = 0^m,146.$$

Dans le cas particulier que nous considérons, les rivets devront être théoriquement plus rapprochés au milieu de la poutre qu'à côté des appuis.

En effet, il suffit de remarquer que la distance des rivets dépend d'une part du nombre des semelles, et d'autre part de la variation du moment. Or, la variation du moment fléchissant se faisant d'une manière uniforme, le nombre des rivets nécessaires croît avec le nombre des semelles et il est maximum au milieu de la poutre.

Si l'on avait à considérer le cas d'une charge uniformément

répartie sur la poutre il pourrait en être autrement, et l'écartement des rivets auquel on serait conduit pourrait être plus faible sur les appuis qu'au milieu de la travée.

Cela dépendra de l'influence qui prédominera, de celle des semelles ou de celle de la variation du moment. Ces deux influences sont contraires, car le nombre des semelles croît en allant des appuis vers le milieu de la travée, tandis que le moment varie de moins en moins en allant dans le même sens.

POUTRES A TREILLIS

REPOSANT LIBREMENT SUR DEUX APPUIS

POUTRES A TREILLIS

REPOSANT LIBREMENT SUR DEUX APPUIS

§ 1

MÉTHODES DE DÉTERMINATION DES EFFORTS

Forces extérieures et forces intérieures

Nous rappelons dans ce paragraphe les méthodes le plus souvent employées pour la détermination des forces agissant dans les différentes pièces qui composent une poutre à treillis.

Considérons une poutre de forme quelconque (fig. 53) et coupée par une section *mn* faite en un point quelconque. La *force extérieure* à cette section est la résultante de toutes les forces, charges et réactions des appuis, qui agissent sur cette poutre à gauche de la section. Pour déterminer les *forces intérieures*, c'est-à-dire les efforts supportés par les pièces coupées, il suffit de les mettre en équilibre avec la force extérieure.

La force extérieure est donnée en grandeur et en direction par un polygone des forces, et sa position se construit à l'aide d'un polygone funiculaire.

Les diverses méthodes le plus généralement employées pour déterminer les forces intérieures au moyen des forces extérieures sont les suivantes.

Méthode de Culmann

La décomposition de la force extérieure T se fait suivant

les axes des trois pièces coupées par la section considérée *mn*. A cet effet on prolonge l'une quelconque des directions des pièces coupées **AB** jusqu'à sa rencontre **C** avec la force extérieure **T**, puis on décompose en ce point la force **T** en deux forces, l'une **S** agissant dans la direction **AB** de la première pièce, et l'autre **R** passant par le point de rencontre **D** des deux autres pièces.

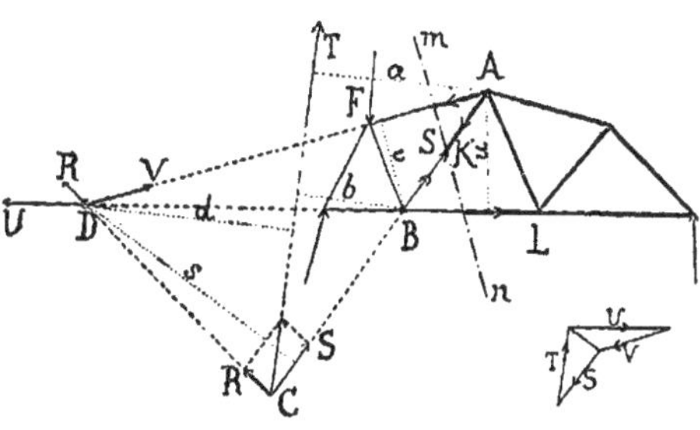

Fig. 53.

La force **R** se décompose à son tour en deux forces **U** et **V** dirigées suivant les deux pièces qui se coupent en **D**.

Ces décompositions successives peuvent se faire dans un polygone des forces (fig. 53), elles déterminent les forces intérieures cherchées **S**, **U** et **V**.

Le sens de ces efforts se déduit du polygone des forces :

On sait que dans ce polygone, les forces qui se font équilibre ont toutes les flèches dirigées dans le même sens. Le sens de la force **T** étant connu, on mettra dans le polygone des forces (fig. 53) toutes les flèches indicatrices des directions d'efforts dans le même sens. On reproduira ces flèches sur les pièces de la poutre à droite de la section, et, suivant que ces flèches éloignent ou rapprochent de la section, on aura de la tension ou de la compression dans la pièce correspondante. La figure montre que les pièces **AF** et **AB** sont comprimées, tandis que la pièce **BL** est tendue.

Méthode de Ritter

Considérons la section *mn* de la fig. 53 :

L'effort dans l'une quelconque AB des trois pièces coupées par la section peut s'obtenir en prenant le moment T*d* de la force extérieure T, par rapport au point d'intersection D des deux autres pièces, et en divisant ce moment par la distance *s* du point D à la direction AB de la pièce considérée.

Les efforts dans les trois pièces coupées peuvent s'exprimer par :

Effort S dans la pièce AB :

$$S = \frac{Td}{s}$$

Effort U dans la pièce BL :

$$U = \frac{Ta}{u}$$

Effort V dans la pièce AF :

$$V = \frac{Tb}{v}$$

Le sens de ces efforts se déduit très facilement par la règle suivante :

Considérons la pièce AB par exemple et le point D d'intersection des deux autres pièces coupées par la section *mn*. On applique la force S à gauche de la section à la pièce AB, avec un signe tel qu'il donne par rapport au point D un moment de même signe que celui de la force extérieure T par rapport au même point.

Dans le cas où la force S vient appuyer contre la section *mn*, comme dans la fig. 53, il y a compression dans la pièce AB. Mais si, au contraire, la force S tendait à s'éloigner de la section *mn* il y aurait tension dans cette pièce.

Méthode de Cremona

Considérons (fig. 54) une poutre à treillis soumise à des efforts désignés par les lettres A, B, C, D, E, F. Chaque pièce de

la poutre porte un numéro qui sera aussi celui de l'effort agissant dans la pièce.

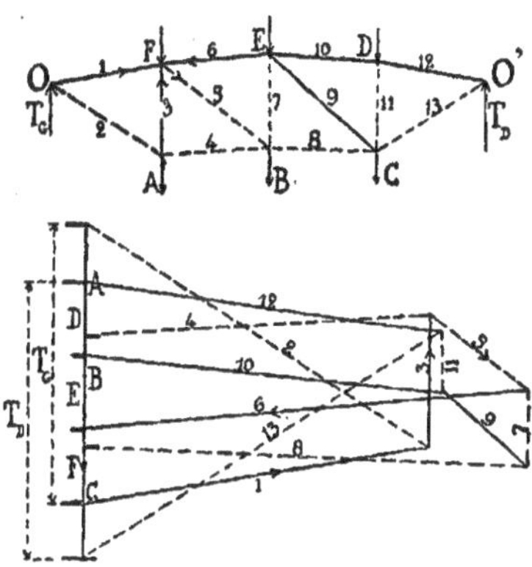

La méthode de Cremona consiste à déterminer successivement dans un polygone des forces unique les efforts agissant
dans les pièces de la poutre, en partant de l'un des appuis et
en allant de nœud en nœud.

Dans la fig. 54, par exemple, on partira de l'appui O et on
prendra successivement les nœuds O, A, F, B, E, C, D, O'.
On passe du nœud O au nœud A et non au nœud F, car au
nœud A il y a trois pièces seulement, tandis qu'au nœud F il
y en a quatre.

Les charges et les réactions des appuis se portent toutes
dans un polygone des forces à la suite les unes des autres en
tenant compte de leur signe, dans l'ordre suivant :

$$T_d,\ A,\ B,\ C,\ T_D,\ D,\ E,\ F.$$

Cet ordre est celui dans lequel on rencontre les forces lorsqu'on fait le tour de la poutre.

Au nœud O la réaction T_a se décompose directement suivant les deux pièces 1 et 2 et la décomposition se fait dans le polygone des forces.

Du point O nous passons au nœud A ; en ce point agissent les efforts A, 2, 3, 4. Les efforts A et 2 sont connus ; 3 et 4 sont inconnus, ils se déterminent en menant dans le polygone des forces à l'extrémité de l'effort 2 une parallèle à 3, et à l'extrémité de A, une parallèle à 4. On constitue ainsi le polygone fermé 2 A 4 3 qui donne les efforts 2 et 3.

Du nœud A on passe au nœud F où les efforts 5 et 6 sont inconnus, tandis que 1, 3, F sont connus. On forme dans le polygone des forces le polygone F, 1, 3, 5, 6 en menant à l'extrémité de F une parallèle à la pièce 6 et à l'extrémité de 3 une parallèle à 5. Le polygone ainsi tracé détermine les efforts 5 et 6.

Après le nœud F on prend successivement les nœuds B, E, C, D, O′ et on arrive ainsi à déterminer dans une même figure tous les efforts agissant dans les pièces du système.

Comme vérification de l'exactitude du tracé les efforts 13 et 12 et la réaction T_D doivent se faire équilibre.

Nous avons tracé dans la fig. 54 en trait plein tous les efforts de compression ainsi que les pièces comprimées, tandis que les pièces tendues et les efforts de tension sont tracés en pointillé. Le sens des efforts se détermine très simplement en un nœud quelconque F par exemple. Toutes les forces se faisant équilibre, dans le polygone des forces, on aura à donner à toutes les flèches indicatrices du sens des efforts la même direction sur le parcours du polygone. La direction de la force F étant connue, on indiquera dans le même sens les flèches 1, 3, 5, 6. On reportera ces flèches sur les pièces correspondantes. Toutes celles qui se dirigent vers le point F indiquent de la compression ; les autres, qui s'en éloignent, indiquent de la tension.

Comparaison des trois méthodes

Les deux premières méthodes sont préférables à celle de Cremona, lorsqu'il s'agit de charges variables. Elles permettent de déterminer directement l'effort dans une pièce quelconque de la poutre sans passer par les efforts qui agissent dans les au-

tres pièces. Les efforts maximums dans les différentes pièces
étant donnés par des charges différentes, on se dispense de
construire pour chaque cas de surchage les efforts de tout le
système comme on le fait par la méthode de Cremona.

Lorsqu'il s'agit au contraire de charges constantes, comme
dans le cas du poids propre d'une construction ou des fermes
d'une toiture, la méthode de Cremona est plus simple: elle
donne, dans un même polygone des forces, tous les efforts du
système.

§ 2

EFFORTS MAXIMUMS ET PROPRIÉTÉS DES DIFFÉ-
RENTS SYSTÈMES DE POUTRES A TREILLIS

Nous désignons par *membrures* d'une poutre les pièces qui
constituent le contour de celle-ci, et par *barres de treillis* les
pièces intermédiaires.

Toute barre de treillis qui est verticale prend le nom de
montant.

Dans la fig. 55 les pièces 1 à 8 sont les membrures, les pièces 9 et 10 les barres de treillis et enfin les pièces 11, 12, 13
les montants.

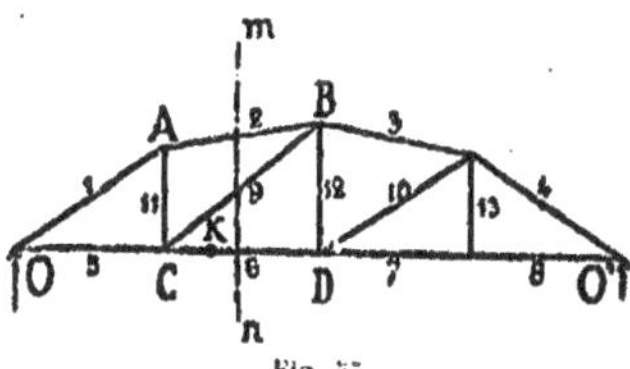

Fig. 55.

Efforts maximums dans les membrures : Toute charge que
l'on vient appliquer en un point quelconque d'une poutre
augmente l'effort dans les membrures sur toute l'étendue de
la poutre.

Dans le cas d'une charge uniformément répartie, l'effort maximum dans les membrures sera obtenu en chacun des points de la poutre en la chargeant complètement.

Dans le cas d'une charge roulante, l'effort maximum, dans une membrure coupée par la section *mn*, correspond à la charge qui donne le moment fléchissant maximum au point de rencontre de la barre de treillis et de la seconde membrure coupée par la section *mn*. Ainsi dans la fig. 55, par exemple, l'effort maximum dans la membrure **AB** correspond à la charge qui donne le moment fléchissant maximum en **C** et l'effort maximum de la membrure **CD** correspond à la charge qui donne le moment fléchissant maximum en **B**.

Nous avons vu, dans le calcul des poutres pleines Pl. 2, comment on détermine la position de la charge roulante donnant le moment fléchissant maximum en un point déterminé.

Efforts maximums dans les barres de treillis et les montants : Considérons la fig. 56 et la barre de treillis AC.

Nous avons vu, en faisant le calcul des poutres pleines, que l'effort tranchant dans une section *mn* change de signe suivant que la charge se trouve à gauche ou à droite de la section. Il se passe quelque chose d'analogue dans une poutre à treillis.

1. — Toutes les charges qui sont situées au nœud **D** et à

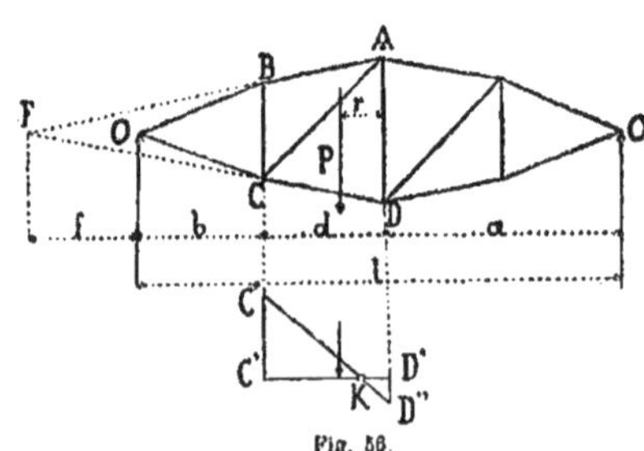

Fig. 56.

droite de ce nœud donnent dans la barre de treillis AC des efforts dirigés dans un même sens; et toutes les charges situées au nœud C et à gauche du nœud C donnent dans la barre de treillis des efforts de signe contraire des précédents.

2. — Les charges situées entre les points C et D sont transmises partiellement au point C et partiellement au point D par le moyen d'un plancher, on ne peut donc dire *à priori* quel est le sens des efforts qu'elles produisent dans la barre de treillis; mais l'influence des charges entre C et D est faible et pourra être négligée dans presque tous les cas. On se contentera alors, pour obtenir dans la barre les efforts maximums positifs et négatifs, de charger successivement les parties O'D et OC de la poutre. Dans le cas où l'on voudrait procéder plus exactement, les charges défavorables devront s'étendre de O' en K et de O en K et le point K se déterminera de la manière suivante.

Considérons la partie CD de la poutre située entre les deux nœuds C et D et une charge P se déplaçant de D en C.

Désignons par r la distance variable de la charge P au nœud D, par f la distance du point d'intersection F des membrures AB et CD à l'appui O, par d la distance horizontale des nœuds C et D. La force extérieure se composera de la réaction de la poutre sur l'appui O

$$T_g = \frac{P(a + r)}{l}$$

et de la réaction au nœud C

$$- R = - \frac{Pr}{d}.$$

L'effort dans la barre CA sera proportionnel à

$$\frac{(a+r)f}{l} - \frac{r}{d}(f + b).$$

La valeur de r étant seule variable, la variation de l'effort dans la pièce AC se fait suivant une ligne droite qui rencontre la ligne CD en un point K correspondant à

$$\frac{(a + r)f}{l} = \frac{r}{d}(f + b).$$

Ce point K se construira en portant à partir d'une horizontale

(1) $$C'C'' = - b\,\frac{f+l}{l}$$

et

(2) $$D'D'' = \frac{af}{l}$$

et en joignant les points C'' et D'' [1].

3. — Dans le cas d'une charge uniformément répartie, l'effort maximum dans une barre de treillis AC s'obtient en chargeant la poutre de l'appui O' au point K ou de l'appui O au point K.

4. — Dans le cas d'une charge roulante unique, l'effort maximum dans une barre de treillis s'obtient en plaçant la charge sur l'un des deux nœuds C et D.

5. — Dans le cas d'une série de charges roulantes invariablement liées entre elles et allant dans un sens ou dans l'autre, l'effort maximum dans une barre de treillis se produit, en général, lorsque la première ou la dernière charge se trouve sur l'un des nœuds C ou D [2] (comme dans le cas des efforts tranchants).

Il suffit donc de déterminer l'effort pour les deux positions en plaçant la première ou la dernière charge sur le nœud C ou D.

6. — Dans tous les cas l'effort maximum dans les barres de treillis se produit au passage d'une charge sur l'un des nœuds C ou D.

---

1. Dans le cas où les membrures sont parallèles on aura :

$$\frac{C'C'}{b} = \frac{D'D''}{a}.$$

2. Cela suppose que la charge placée au nœud C et D, la première ou la dernière, n'est pas beaucoup plus faible que les voisines (voir p. 46).

Montants : Un montant n'est autre chose qu'une barre de treillis verticale et les efforts maximums dans un montant se déduisent de la même manière que ceux des barres de treillis. Considérons le montant **AD** (fig. 57). Pour déterminer l'effort agissant dans cette barre nous coupons la poutre par une section oblique *nn*.

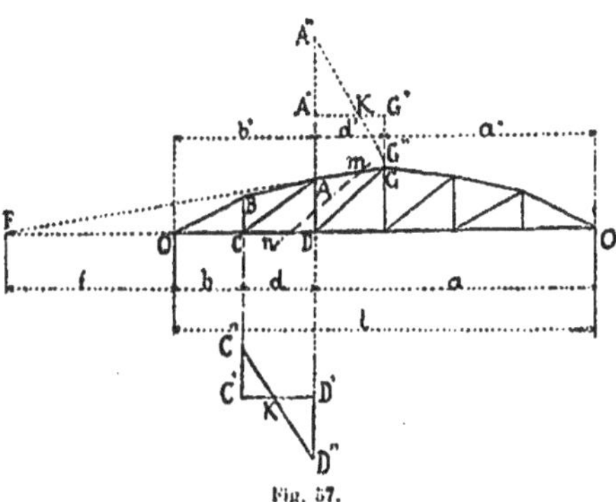

Fig. 57.

Deux cas peuvent se présenter :

1° La charge est portée par les nœuds inférieurs de la poutre ;

2° La charge est portée par les nœuds supérieurs.

Dans le premier cas, le point K, où le passage de la charge produit un changement dans le sens des efforts, est situé entre les points C et D ; il se construit par les formules (1) et (2) données pour les barres de treillis à la page 91, avec cette seule différence que F est le point d'intersection des membrures CD et AG et *f* la distance horizontale du nouveau point F à l'appui O.

Dans le second cas, le point K est situé entre les points A et G. Le point F et la valeur *f* sont les mêmes que dans le cas précédent ; mais *b*, *d* et *a* sont à remplacer par *b'*, *d'*, *a'* et l'on portera

$$A'A'' = - b'\frac{l+l}{l}$$

$$G'G^{\bullet} = \frac{a'f}{l}$$

Les théorèmes 3, 4, 5, 6, relatifs aux barres de treillis, sont vrais pour les montants, mais dans le cas où la charge est portée par les nœuds supérieurs, il faut lire nœuds A et G à la place des nœuds C et D.

Variation des efforts avec la forme des poutres : Nous avons examiné de quelle manière les efforts varient dans une poutre de forme donnée lorsque les charges varient ; mais il est intéressant de connaître aussi, pour une charge donnée, de quelle manière les efforts varient avec la forme de la poutre. Considérons la poutre de la fig. 58.

En supposant que dans le triangle ACB le point C reste fixe, ainsi que les directions AC et CB, et que la membrure AB se déplace, l'effort dans cette membrure est inversement proportionnel à sa distance h au point C, nœud qui lui est opposé.

En supposant que les deux membrures AB et CD restent fixes et que la barre de treillis CB tourne autour du point C, l'effort dans cette barre de treillis est inversement proportionnel à sa distance d au point E d'intersection des membrures AB et CD.

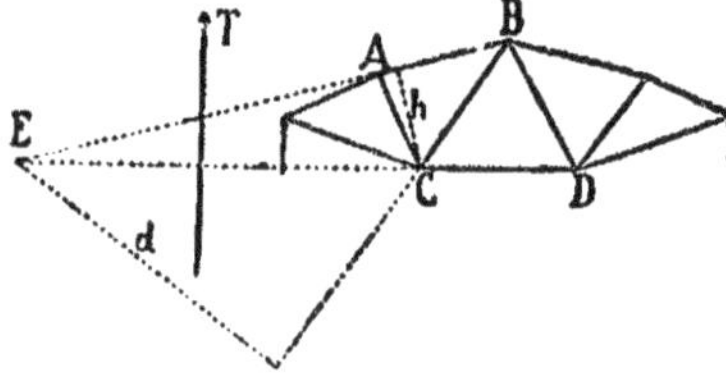

Fig. 58.

Si l'on conserve à la barre de treillis BC son inclinaison et

si l'on change l'inclinaison des membrures en déplaçant le
le point E, l'effort dans la barre de treillis diminue lorsque le
point E s'approche de la force extérieure T, il change de signe
en passant par zéro lorsque le point E passe par la force extérieure T, et il croît en signe contraire lorsque le point s'éloigne
de cette force.

Il résulte de ce qui précède que plus les poutres sont élevées plus les efforts dans les membrures sont faibles.

On peut pour une charge donnée, en inclinant convenablement les membrures de la poutre, annuler complètement les
efforts dans les barres de treillis. Il suffit que les axes des
membrures prolongés se coupent sur la force extérieure T.

Poutre doite : L'inclinaison de treillis la plus économique
dans une poutre droite est celle de 45°. En effet, si nous désignons par α l'inclinaison des barres sur l'horizontale, par T
la force extérieure, le produit de l'effort de la barre par sa
longueur sera pour l'unité de longueur de poutre

$$\frac{T}{\sin \alpha} \times \frac{1}{\cos \alpha} = \frac{2T}{\sin 2\alpha}$$

et le minimum de cette expression se produit pour

$$\alpha = 45°.$$

Dans une poutre à treillis en N on aura un poids de treillis
bien supérieur à celui d'un treillis en V, car tout le poids des
barres verticales est en plus.

Lorsque l'une des membrures est horizontale, en donnant à
l'autre membrure la forme du polygone funiculaire correspondant à la charge donnée, les efforts dans les treillis sont
annulés.

Poutres à treillis simple et poutres à treillis multiple : Tout
ce qui précède s'applique aux poutres qui n'ont qu'un système
de treillis, *poutres à treillis simple.* Nous désignons par cette
expression un système de treillis tel qu'une section verticale
faite en dehors d'un nœud ne rencontre jamais plus d'une
barre de treillis. Le *treillis multiple* se compose de plusieurs
systèmes de barres de treillis. Le nombre des barres rencontrées par une section verticale faite en dehors des nœuds détermine le nombre de systèmes de barres. Un treillis à deux

systèmes est *double* ; un treillis à quatre systèmes est *quadruple* et ainsi de suite.

Treillis double : Nous distinguerons deux cas, suivant qu'il y a des montants ou qu'il n'y en a pas.

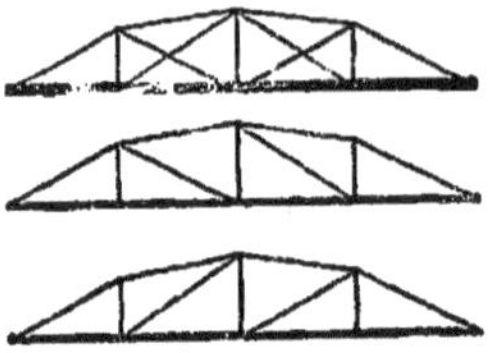

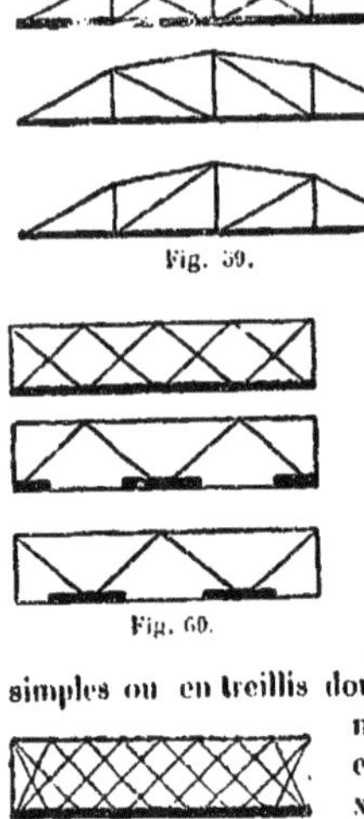
Fig. 59.

Pour calculer une poutre avec montants (fig. 59), on dédouble les systèmes comme cela est fait dans la figure en appliquant à chacun des systèmes la demi charge. On additionne ensuite, pour les membrures et les montants qui sont des pièces communes, les efforts trouvés dans les deux système.

Dans le cas où il n'y a pas de montants, on dédouble aussi les treillis et l'on calcule chacun des systèmes en appliquant à chacun de ses nœuds la partie de la charge qui lui est transmise (fig. 60).

Fig. 60.

Treillis quadruple : Pour les poutres ayant plus de deux systèmes de treillis, on les divise en treillis simples ou en treillis doubles, en appliquant à chacun des nœuds la partie de la charge qui lui est transmise. La fig. 61 donne l'exemple d'une poutre à quadruple treillis divisée en quatre systèmes.

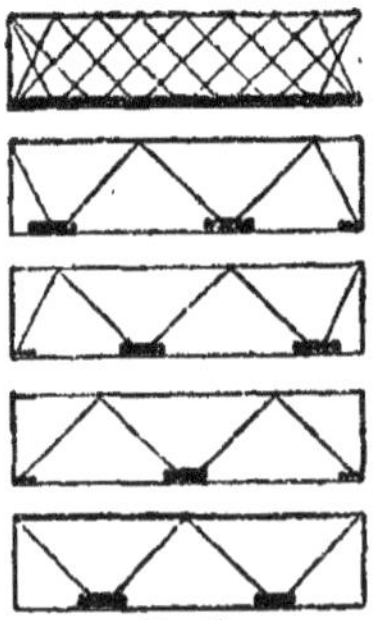

Positions des charges à différentes hauteurs : Dans les fig. 59, 60 et 61 nous avons indiqué les charges au bas des poutres ; si les charges étaient placées au haut des poutres, il suffirait de retourner les figures. Enfin, si une partie de la charge portait sur le haut des poutres et une partie sur le bas, on ferait une répartition pour la charge du haut entre les nœuds su-

Fig. 61.

périeurs, et une répartition de la charge du bas entre les nœuds inférieurs.

Dans le cas où la charge porterait sur la poutre par l'intermédiaire des montants, on diviserait la charge entre le nœud supérieur et le nœud inférieur d'un montant et l'on ajouterait à l'effort obtenu par l'épure dans le montant, pour sa partie inférieure, un effort de compression égal à la demi-charge, et pour sa partie supérieure un effort de tension égal aussi à la demi-charge. Il y a une exception à faire cependant pour les montants extrêmes, lorsqu'ils s'attachent sur une membrure horizontale en un point où n'aboutit aucune barre de treillis ; l'épure ne donne aucun effort dans ces montants qui ne servent qu'à transmettre la charge au nœud.

Dans un système à treillis double avec montant, la décomposition des charges entre le nœud supérieur et le nœud inférieur n'est pas arbitraire. Elle ne pourrait se déterminer exactement que par les lois de l'élasticité ; mais le problème est très compliqué et conduirait, dans les cas que l'on rencontre généralement dans la pratique, à une répartition des efforts très peu différente de celle que nous avons admise.

§ 3

POUTRE DROITE A TREILLIS SIMPLE EN V

(Planche 4)

Dans la Planche 4 nous donnons l'épure de résistance d'une poutre à treillis simple en V d'un pont à deux voies charretières. La fig. 1 représente le diagramme de cette poutre. Celle-ci porte les charges à sa partie supérieure, mais les montants indiqués en pointillé en transmettent la moitié aux nœuds inférieurs.

Les données sont les suivantes :

Portée l de la poutre, 20 mètres ;

Hauteur h de la poutre entre les fibres moyennes des membrures, 3 mètres ;

Charge permanente par mètre courant de poutre, $p = 800$ kilos;

Surcharge roulante composée pour chaque poutre d'une file de chars de 6.000 kilos, traînés chacun par 3 chevaux de 400 kilos.

Charge permanente. — Les efforts engendrés par la charge permanente ont été déterminés en appliquant à chacun des nœuds la charge de $2 \times 800 = 1.600$ k.

Les fig. 2 et 3 sont le polygone des forces et le polygone funiculaire correspondant à la charge permanente.

L'effort dans une membrure s'obtient en divisant le moment fléchissant correspondant au nœud opposé par la hauteur h de la poutre.

Si, comme nous l'avons fait, on prend comme distance polaire la hauteur de la poutre $h = 3$ mètres, les ordonnées du polygone funiculaire, mesurées à l'échelle des forces, représentent au droit de chaque nœud l'effort dans la membrure opposée à ce nœud. Ces ordonnées portent dans la fig. 3 les numéros de la membrure correspondante ; elles sont tracées en trait double lorsqu'elles représentent un effort de compression.

Les efforts dans les barres de treillis sont obtenus dans la fig. 4 en décomposant la force extérieure suivant une horizontale et suivant la direction des barres.

Surcharge. — Nous avons vu que l'effort maximum dans une membrure correspond à la charge qui donne le moment fléchissant maximum au nœud opposé. Le moment fléchissant maximum a été déterminé à tous les nœuds au moyen du polygone des forces (fig. 5) et du polygone funiculaire (fig. 6). La méthode employée est celle qui a été développée pour les poutres pleines reposant sur deux appuis. La distance polaire a été prise égale à $h = 3$ mètres, hauteur de la poutre ; le polygone funiculaire donne par suite directement, comme pour la charge permanente, les efforts maximums dans les membrures.

Les efforts maximums dans les treillis s'obtiennent dans le cas particulier que nous traitons, au passage du dernier essieu E, de 6 tonnes, sur le nœud situé à droite de la barre.

Les forces extérieures correspondant aux différentes positions de ce dernier essieu s'obtiennent par le tracé d'un nouveau polygone funiculaire avec une distance polaire égale à $l = 20$ mètres (fig. 5 et 7). Les ordonnées de ce polygone par rapport au dernier côté horizontal E'A représentent les forces extérieures. Ces ordonnées sont à mesurer à une distance E'A de E', la longueur E'A étant la distance du nœud où se trouve le dernier essieu E à l'appui O'.

Les forces extérieures se décomposent ensuite en deux forces : la première horizontale, la seconde dirigée suivant la direction des barres, et cette dernière force représente l'effort dans la barre.

Efforts totaux. — Dans la fig. 8 on a additionné pour les membrures les efforts dus à la surcharge à ceux qui avaient été trouvés pour la charge permanente.

Dans la fig. 9 on a fait la même addition pour les treillis, en tenant compte des signes.

On remarquera que les barres 9 et 9' sont les seules pour lesquelles la surcharge change le signe de l'effort. Ces barres pourront subir des efforts de compression ou de tension.

Section et coefficient de travail des pièces. — Les sections et les coefficients de travail des pièces sont déterminés dans les tableaux de l'épure. Il n'a pas été tenu compte de l'affaiblissement des sections par les trous de rivets, comme nous le ferons dans d'autres exemples.

Il y a lieu de remarquer aussi que la hauteur h varie avec la section des membrures, mais cette variation qui est faible a été négligée et l'on a pris pour h une hauteur moyenne. Si l'on voulait introduire la vraie hauteur h' il suffirait de multiplier par le rapport $\dfrac{h'}{h}$ les efforts ou les coefficients de travail obtenus pour les membrures avec la hauteur h.

§ 4

POUTRE A TREILLIS SIMPLE EN N

(Planche 5)

Données. — La fig. 1 représente une poutre de 60ᵐ,00 de

portée, d'un pont à platelage en bois, destiné au passage d'une route.

L'écartement des poutres est de $7,^m00$;

Leur hauteur entre semelles est de $6^m,00$;

L'espacement des montants est de $4^m,00$.

La charge permanente par mètre courant de poutre se décompose comme suit :

$$\text{Métal}\dots\dots\dots\dots \left.\begin{array}{c} \dfrac{2705}{2} \\[2mm] \dfrac{1200}{2} \end{array}\right\} \quad \frac{3905}{2} = 1982,\ \text{soit 2000 kilos.}$$
$$\text{Platelage}\dots\dots\dots\dots$$

La surcharge de 300 kilogrammes par mètre carré donne par mètre courant de poutre :

$$\frac{300 \times 7}{2} = 1050 \text{ kilos.}$$

La charge totale par mètre courant de poutre est de 3050^k, ce qui donne au droit de chaque montant $4 \times 3050^k = 12,200^k$.

Cette charge est appliquée à la partie inférieure des poutres.

Membrures. — Le polygone des forces (fig. 3) a servi à tracer le polygone funiculaire de la fig. 4, représentant les moments fléchissants de la charge totale.

Des moments fléchissants on a déduit les efforts dans les membrures ; ils sont donnés dans la fig. 7. Pour calculer l'effort dans une membrure quelconque, on mesure au droit du nœud opposé à cette membrure, à l'échelle des forces de 0,001 pour 2000 kilogrammes, l'ordonnée du polygone funiculaire (fig. 4) ; on multiplie cette ordonnée par 20^m, distance polaire, et on la divise par la hauteur de la poutre entre les centres de gravité des membrures. Le résultat obtenu représente l'effort dans la membrure.

Dans la fig. 10 se trouve représentée une membrure, elle ne diffère d'un panneau de poutre à l'autre que par les épaisseurs des semelles ; ces épaisseurs sont données par le tableau de la planche ainsi que les hauteurs h entre les centres de gravité des semelles, hauteurs qui varient avec l'épaisseur de ces dernières.

Le calcul des coefficients de travail des membrures est donné dans la fig. 7 ; ces coefficients s'obtiennent en divisant l'effort par la section des membrures.

Treillis et montants. — Pour la charge permanente, les efforts dans les treillis et les montants se construisent (fig. 5) en décomposant la force extérieure suivant les directions de ces pièces.

Pour la surcharge nous avons à considérer les charges défavorables donnant les efforts maximums.

Ces charges défavorables varient d'un panneau à l'autre, mais elles sont les mêmes pour la barre de treillis et le montant portant le même numéro.

Elles doivent s'étendre de l'appui O' au point K_n situé au-dessous de la n^{me} barre considérée.

Le point K_n s'obtient en divisant la longueur d'un panneau en 14 divisions (une de moins que le nombre des panneaux de la poutre) et en portant à partir du montant de gauche $n - 1$ de ces divisions (page 91).

Dans la fig. 6 nous avons construit le parabole des efforts tranchants maximums (page 40).

Cette parabole suppose que les charges sont transmises directement à la poutre en chacun de ses points, elle donne sur l'appui O un effort tranchant égal à $\dfrac{1050 \times 60}{2} = 31.500^k$.

Il y a à retrancher de l'effort tranchant donné, par la parabole au-dessous du point K_n, la réaction que la charge située dans le panneau considéré n donne sur le montant n. Or cette réaction est une fraction constante de l'effort tranchant total, elle en est le quinzième, 15 étant le nombre des panneaux de la poutre. On tracera donc une seconde parabole, celle qui est indiquée en pointillé (fig. 7) réduite du quinzième et les ordonnées de cette dernière parabole, mesurées au droit des points K donnent dans chaque panneau la force extérieure maxima.

En décomposant la force extérieure, suivant les directions des montants et des barres de treillis, on obtient les efforts maximums dans ces pièces.

En additionnant les efforts dus à la charge permanente à

ceux que donne la surcharge, on obtient les efforts maximums totaux qui sont donnés dans la fig. 8 pour les montants et dans la fig. 9 pour les barres de treillis.

Il est à remarquer que dans ce système de construction où les barres de treillis sont des fers plats, un certain nombre de panneaux auront un double treillis. Ces panneaux sont tous ceux où la force extérieure peut changer de signe suivant que la charge se trouve d'un côté ou de l'autre du panneau considéré.

Dans notre exemple, le panneau 8 est le seul qui se trouve dans ce cas.

La fig. 11 donne les sections des montants et leur coefficient de travail.

Les sections et les coefficients de travail des barres de treillis sont donnés dans le tableau du bas de la planche; on a introduit dans les calculs la section nette, obtenue en déduisant le trou d'un rivet de 22^{mm} de diamètre.

§ 5

POUTRE PARABOLIQUE SIMPLE A TREILLIS DOUBLE

(Planche 0).

Données. — La fig. 1 représente une poutre d'un pont pour voie ferrée de $l = 30$ mètres de portée.

L'espacement des montants de la poutre est de $3^m,00$.

Sa hauteur en son milieu est de $f = 3m,00$.

La charge permanente par mètre courant de poutre se décompose comme suit :

$$\text{Métal} \dots \quad \frac{1400}{2} = 700 \text{ k.} \left.\begin{array}{c} \\ \\ \end{array}\right\}$$

$$\text{Voie} \dots \quad \frac{300}{2} = 150 \text{ k.} \qquad 850 \text{ kilog.}$$

ce qui donne au droit de chaque montant une charge de

$$850 \times 3 = 2550 \text{ kilog.}$$

La surcharge se compose de locomotives de la C⁰ du Midi dont le diagramme est indiqué (fig. 3).

La ligne des membrures supérieures correspond exactement au polygone funiculaire de la charge permanente.

Pour la tracer on construit d'abord un polygone des forces (fig. 2), avec une distance polaire égale à :

$$h = \frac{pl^2}{8f} = \frac{850 \times \overline{30}^2}{8 \times 3} = 31.875 \text{ kilog.}$$

p étant la charge permanente par mètre courant.

Ce polygone des forces sert à tracer la ligne supérieure des membrures, qui est le polygone funiculaire correspondant. Les rayons obliques du polygone des forces donnent directement les efforts dans les membrures supérieures de la poutre. L'effort dans les membrures inférieures est constant et égal à la distance polaire de 31.885ᵏ.

Les treillis ne subissent aucun effort sous l'action de la charge permanente.

On admet que les montants transmettent chacun à la partie supérieure de la poutre un effort de 2550ᵏ, égal à la charge totale qu'ils portent à leur partie inférieure. Cet effort est transmis en partie par les treillis aux membrures supérieures ; mais la part de cet effort, déjà faible en lui-même, peut être négligée.

Surcharge. — Pour la surcharge, on commence par construire le polygone funiculaire correspondant à un train de locomotives du type le plus lourd (fig. 3).

Ce polygone funiculaire est tracé avec le polygone des forces de la fig. 4, dans lequel on a porté la moitié des charges des essieux.

Les moments fléchissants maximums ont été déterminés au droit de chaque montant par tâtonnement, en amenant successivement le montant au droit de chacun des 6 types de roues d'une locomotive. Les moments maximums sont interceptés sur les ordonnées du polygone funiculaire par les lignes pointillées porta t les nᵒˢ des montants auxquels elles correspondent.

Il est nécessaire, dans la recherche de ces moments maxi-

mums, d'examiner de quelle manière les locomotives doivent
être orientées pour produire le moment maximum. Il suffit
pour cela, en amenant un montant au droit de l'un des essieux,
d'examiner aussi les cas où l'on retourne la poutre.

Les moments maximums ont été portés dans la fig. 5 en
polygone.

Membrures. — La détermination rigoureuse des efforts
maximums dans les membrures dans le cas d'un treillis double, est compliquée, car à chacun des deux systèmes correspond
un autre moment maximum. On arrivera à un moment très
peu supérieur au vrai moment maximum en calculant les moments maximums correspondant aux deux systèmes, et en
adoptant le plus grand des deux.

Les efforts dans les membrures sont calculés par la méthode
de Ritter, en divisant le moment fléchissant par la distance de
la membrure au nœud opposé.

Le calcul des efforts dus aux moments fléchissants est résumé
dans les tableaux suivants.

**Efforts maximums produits par la surcharge dans les membrures
supérieures.**

1° Système de treillis indiqué en traits pointillés :

Numéros des membrures	Moment fléchissant maximum M	Distance du nœud à la membrure r	Effort dans la membrure $V = \dfrac{M}{v}$
1	112.500	1₁ à 1 1 m. 05	107.000 k.
2	197.000	2₁ à 2 1 m. 85	106.500 k.
3	245.000	3₁ à 3 2 m. 45	100.000 k.
4	272.000	4₁ à 4 2 m. 85	95.000 k.
5	267.000	5₁ à 5 2 m. 98	89.000 k.

2° *Système de treillis indiqué en traits pleins :*

Numéros des membrures	Moment fléchissant maximum M	Distance du nœud à la membrure M		Effort dans la membrure $V = \dfrac{M}{v}$
2	112.500	1 à 2	1 m. 08	101.000 k.
3	107.000	2 à 3	1 m. 90	105.000 k.
4	245.000	3 à 4	2 m. 50	98.000 k.
5	272.000	4 à 5	2 m. 88	94.000 k.

Le tableau suivant donne pour les membrures supérieures les efforts dus à la charge permanente, efforts mesurés dans la fig. 2, les efforts maximums de la surcharge pris dans les tableaux précédents, et enfin les efforts totaux.

Efforts totaux dans les membrures supérieures

Numéros des membrures	Efforts dus à la charge permanente	Efforts dus à la surcharge	Efforts totaux
1	34.000 k.	107.000 k.	141.000 k.
2	33.500	106.500	140.000
3	33.000	104.000	137.000
4	33.000	08.000	131.000
5	32.000	04.000	126.000

**Efforts maximums produits par la surcharge dans les membrures
inférieures**

1o Système de treillis indiqué en traits pointillés :

Numéros des membrures	Moment fléchissant maximum M	Distance du nœud à la membrure u	Effort dans la membrure $U = \dfrac{M}{u}$
2₁	112.500	1,10	102.000 k.
3₁	197.000	1,92	103.000
4₁	245.000	2,52	97.000
5₁	272.000	2,90	93.000

2o Système de treillis indiqué en traits pleins :

Numéros des membrures	Moment fléchissant maximum M	Distance du nœud à la membrure u	Effort dans la membrure $U = \dfrac{M}{u}$
1₁	112.500	1,10	102.000
2₁	197.000	1,92	103.000
3₁	245.000	2,52	97.000
4₁	272.000	2,90	93.000
5₁	267.000	3,00	89.000

Efforts totaux dans la membrure inférieure

Numéros des membrures	Efforts dus à la charge permanente	Efforts dus à la surcharge	Efforts totaux
1₁	31.875	102.000	133.875
2₁	»	103.000	134.875
3₁	»	103.000	134.875
4₁	»	97.000	128.875
5₁	»	93.000	124.875

La section des membrures est constante, elle est indiquée fig. 7. Son coefficient de travail maximum se produira dans la membrure supérieure 1, il sera :

$$R = \frac{141.000}{21.012}\ 5^k,8 \text{ par millimètre carré.}$$

La membrure la moins éprouvée sera la membrure supérieure 5 ; son coefficient de travail maximum sera :

$$R = \frac{126.000}{21.012} = 5^k,2.$$

Treillis. — Nous avons vu que les efforts dans les barres de treillis sont dus uniquement à la surcharge. L'effort maximum S dans une barre s'obtient au passage de la première roue de la première locomotive sur le montant qui précède la barre. Il se déduit de l'effort tranchant ou de la force extérieure par la méthode de Ritter (voir page 85) :

$$S = \frac{Td}{s}$$

La force extérieure T passe par l'appui O, s est la distance du point d'appui O à la barre considérée.

Les efforts tranchants maximums sont déterminés dans la fig. 6 par un polygone funiculaire correspondant au polygone des forces de la fig. 4 et à une distance polaire de 30 mètres.

Dans les tableaux suivants sont résumés pour les deux systèmes de barres de treillis le calcul des efforts maximums qu'elles subissent. Dans ces calculs on suppose que chaque système porte une moitié de la charge.

Efforts maximums dans le premier système de barres de treillis indiqué en trait pointillé

Numéros des barres	Effort tranchant maximum $\frac{1}{2}T$	d	s	$S = \frac{Td}{2s}$
		m.	m.	
2'	600 k.	30,80	14,70	1.260 k.
3'	2.000	33,60	15,60	4.300
4'	3.500	42,00	14,50	10.200
5'	5.000	90,00	12,60	35.700
5	7.000	60,00	10,40	40.500
4	9 700	12,00	7,70	15.100
3	12.000	3,60	5,75	8.600
2	15.500	0,86	2,10	6.300

Efforts maximums dans le second système de barres de treillis indiqué en traits pleins

Numéros des barres	Effort tranchant maximum $\frac{1}{2}T$	d	s	$S = \dfrac{Td}{2s}$
		m.	m.	
2'	600 k.	30,80	8,30	— 2.200 k.
3'	2.000	33,60	11,30	— 5.850
4'	3.500	42,00	11,50	— 12.800
5'	5.000	90,00	10,40	— 43.-00
5	7.000	60,00	8,40	— 50.000
4	9.700	12,00	6,20	— 18.800
3	12.000	3,60	3,90	— 11.100
2	15.500	0,86	1,60	— 8.300

Les efforts précédés du signe négatif sont des efforts de compression, les autres efforts sont des efforts de tension.

Efforts dans les montants. — Les montants ne sont à considérer que comme des pièces accessoires et transmettent aux nœuds supérieurs de la poutre une partie de la charge, ils se calculent au moyen de la charge maxima agissant à leur nœud inférieur ou sur la pièce de pont.

—Les calculs qui précèdent supposent que les barres de treillis ont des sections rigides, c'est-à-dire capables de résister au flambage. L'une des barres d'un panneau travaille à la compression tandis que l'autre travaille à la tension. S'il n'en était pas ainsi on doublerait les efforts de tension trouvés pour les barres de treillis indiquées en pointillé, et on donnerait au second système, qui est le symétrique du premier, les mêmes dimensions qu'à celui-ci. L'un des systèmes travaille alors au pas-

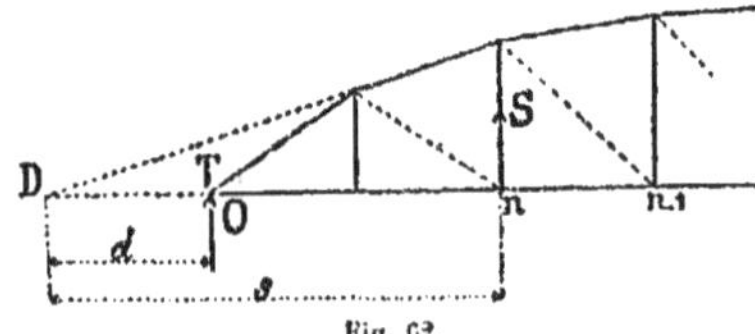

Fig. 62.

sage du train dans une direction et l'autre système travaille quand le train suit la direction opposée.

Dans ce dernier cas les montants ne sont plus des pièces accessoires, ils se calculent comme les barres de treillis par la formule :

$$S = \frac{Td}{S}$$

d et S étant les longueurs indiquées dans la fig. 62 ci-dessus.

Les efforts maximums qui sont toujours des efforts de compression, s'obtiennent pour chaque montant n en considérant le système de treillis indiqué en pointillé, et en plaçant la première roue de la première locomotive sur le montant précédent $(n - 1)$.

§ 6

POUTRE PARABOLIQUE DOUBLE

(Planche 7).

Cette poutre est à double treillis, elle a des montants ; mais les barres de treillis n'ont pas une section rigide, c'est-à-dire capable de résister à la compression[1] ; il sera donc nécessaire pour chaque panneau de ne faire entrer dans les calculs que celle des deux barres qui subit des efforts de tension.

Données. — La poutre a 30 mètres de portée. L'espacement des montants est de 3 mètres.

La charge permanente est de 850 kilos par mètre courant de poutre.

---

1. Il arrive souvent dans les poutres paraboliques que l'on est conduit à des barres de treillis de sections très faibles ; si l'on voulait les faire assez fortes pour résister au flambage, il faudrait leur donner des dimensions bien supérieures à celles auxquelles les calculs conduisent pour la résistance simple a la compression. On préfère alors avoir le double système de treillis ne travaillant qu'à la tension et faire subir aux montants les efforts de compression.

La surcharge est la même que celle de la poutre Pl 6, un train de locomotives de la C⁰ des chemins de fer du Midi.

Charge permanente. — La charge permanente a été répartie entre les nœuds supérieurs et les nœuds inférieurs de la poutre. Cette charge est au droit de chaque montant de $3 \times 850 = 2.550$ kilos dont :

900 kilos pour le nœud inférieur ;

1.650 kilos pour le nœud supérieur.

Le polygone de Cremona (fig. 2) a servi, suivant la méthode développée page 86, à déterminer les efforts dans toutes les pièces de la poutre.

Les réactions sur les appuis sont :

$$T_a = T_p = \frac{9}{2} \times 2550 = 11475 \text{ kil.}$$

La condition de n'introduire dans les calculs que les barres travaillant à la tension conduit au système de treillis indiqué en trait pointillé. Chaque fois que dans la fig. 2 on était conduit à un effort de compression dans une barre de treillis, on rejetait cette barre pour prendre l'autre, et c'est ainsi que l'on a été conduit au système pointillé.

Il résulte du polygone (fig. 2) que les efforts dus à la charge permanente sont presque nuls dans les treillis et dans les montants. Les numéros des efforts dans les treillis ne sont pas indiqués dans la fig. 2 pour ne pas la charger. La figure n'a été tracée que pour la moitié de la poutre, à cause de la symétrie des charges qui donnent des efforts identiques.

Surcharge.— Les efforts dans les membrures se déterminent le plus simplement par la méthode de Ritter, exactement comme cela est fait Pl. 6. Nous nous dispensons de répéter cette construction sur un nouvel exemple ; mais nous déterminerons les efforts dans les treillis et les montants par la méthode de Culmann que nous n'avons pas encore appliquée. La fig. 3 est la courbe des efforts tranchants maximums tracée pour les mêmes surcharges qu'à la Pl. 6. La surcharge se meut de droite à gauche, elle donne les efforts de tension maximums dans les barres de treillis descendant de gauche à droite.

L'effort maximum dans une barre de treillis est obtenu lorsque la première roue atteint le montant qui précède la barre considérée. Ainsi, comme exemple, l'effort maximum dans la barre de treillis 5' allant de *a* en *d*, s'obtient lorsque la première roue de la locomotive arrive au droit du montant *cd*. L'effort tranchant ou la force extérieure est alors égal à CD (fig. 3).

Pour déterminer l'effort dans la barre, on prolonge son axe jusqu'à sa rencontre E avec la verticale de l'appui O ; on joint le point E au point G d'intersection des deux membrures 4 et 6, entre lesquelles est comprise la barre de treillis ; puis (fig. 3) on décompose la force extérieure suivant les deux directions *a*E et EG. L'effort GF ainsi obtenu représente l'effort maximum dans la barre de treillis n° 5'.

Cette même construction est faite pour toutes les barres dans la fig. 3, mais les lignes de construction n'ont pas été conservées dans la fig. 4.

Les efforts maximums dans un montant s'obtiennent en amenant la première roue de la locomotive au droit du montant considéré. Pour obtenir l'effort dans le montant *ef* par exemple, il s'agit de décomposer la force extérieure qui passe par O en deux forces parallèles ; l'une correspond à l'axe du montant, c'est l'effort cherché ; l'autre passe par le point L, intersection des deux membrures *ce* et *fh*.

Cette décomposition peut se faire (fig. 3) en portant la longueur O'L", égale à la projection OL' de OL sur l'horizontale, et en joignant le point L" au point K extrémité de la force extérieure. La longueur S_{ii} interceptée sur la verticale O"O' représente l'effort dans le montant.

La même construction a servi à déterminer les efforts dans tous les montants indiqués sur la fig. 3.

La fig. 4 donne pour les montants et pour les barres de treillis les efforts totaux.

Ces efforts sont obtenus en additionnant ceux de la fig. 2 et de la fig. 3, en tenant compte de l'échelle qui est différente pour les deux figures.

Il est à remarquer aussi que la surcharge produit des efforts dans toutes les barres, tandis que la charge permanente n'en produit que dans celles qui sont indiquées en pointillé.

§ 7

RÉSISTANCE AU FLAMBAGE DES BARRES COMPRIMÉES

Les formules qui donnent la charge P qu'une barre peut porter sans flamber sont données dans le tableau suivant, avec une figure indiquant la manière dont la barre est appuyée à ses extrémités dans chaque cas :

P désigne la charge de rupture ;

$\pi = 3,1416$;

l est la longueur de la barre ;

I le moment d'inertie minimum de la section de la pièce ;

E le coefficient d'élasticité de la pièce.

Support libre à un bout. Une des extrémités est encastrée	Support libre. Les deux extrémités sont maintenues dans la direction de l'axe principal de la pièce.	Pièce encastrée à l'une de ses extrémités, l'autre étant assujettie à se déplacer dans l'axe principal de la pièce.	Pièce encastrée à ses deux extrémités, lesquelles sont maintenues dans la direction de l'axe primitif.
Fig. 63.	Fig. 64.	Fig. 65.	Fig. 66.
(1)	(2)	(3)	(4)
$P = \dfrac{\pi^2}{4}\dfrac{EI}{l^2}$	$P = \pi^2\dfrac{EI}{l^2}$	$P = 2\pi^2\dfrac{EI}{l^2}$	$P = 4\pi^2\dfrac{EI}{l^2}$
$l = \dfrac{\pi}{2}\sqrt{\dfrac{EI}{P}}$	$l = \pi\sqrt{\dfrac{EI}{P}}$	$l = \pi\sqrt{\dfrac{2EI}{P}}$	$l = 2\pi\sqrt{\dfrac{EI}{P}}$

Ces formules résolvent le problème d'une manière générale; elles donnent la charge P qui produit la rupture par flambage d'une pièce de longueur *l*. Elles donnent aussi la longueur maxima *l* que l'on peut donner à une pièce portant une charge P.

En pratique il sera nécessaire d'adopter un coefficient de sécurité.

Pour les pièces qui sont soumises à l'extension ou à la compression simple, on admet un coefficient de sécurité de 2 en rapport avec la limite d'élasticité et de 5 à 6 en rapport avec la limite de rupture. Lorsque les pièces sont exposées au flambage par compression, la même charge fait passer successivement la matière par sa limite d'élasticité et par son point de rupture. Faut-il conclure de là comme le font quelques auteurs que le coefficient de sécurité à admettre doit être de 5 à 6 ; nous ne le pensons pas, et le coefficient de 2 en rapport avec la limite d'élasticité nous semble bien suffisant. Ce coefficient est du reste loin d'être atteint dans un très grand nombre de constructions métalliques existantes.

Quand on se servira des formules précédentes pour déterminer la charge que l'on peut faire porter à la pièce, on divisera donc par 2 la charge P obtenue par les formules.

Si c'est la longueur l qui est cherchée, on introduira dans la formule pour P le double de la charge que la pièce doit porter.

Pour faciliter l'application des formules qui précèdent au calcul de la résistance au flambage des barres de treillis dans les poutres, nous donnons dans un tableau qui se trouve à la fin du volume les moments d'inertie des cornières les plus employées comme treillis.

Quand une cornière est simple, c'est le moment d'inertie I″ suivant la bissectrice, qui est le plus faible.

Lorsque les barres sont constituées par deux cornières accolées, on se servira du moment d'inertie I pris en double pour les deux cornières.

L'emploi des formules qui précèdent n'est nécessaire que lorsque les dimensions transversales d'une pièce sont faibles relativement à sa longueur.

Sans pouvoir fixer d'une manière générale la limite du rapport de la plus faible dimension transversale d'une pièce en fer à sa longueur, on peut cependant pour les formes des sections généralement en usage donner les rapports suivants :

$$\text{Cas n}^\circ\text{ 1 du tableau}\ldots\ldots \quad \frac{1}{10}$$

$$\text{Cas n}^\circ\text{ 2 du tableau}\ldots\ldots \quad \frac{1}{20}$$

$$\text{Cas n}^\circ\text{ 3 du tableau}\ldots\ldots \quad \frac{1}{30}$$

$$\text{Cas n}^\circ\text{ 4 du tableau}\ldots\ldots \quad \frac{1}{40}$$

Ces rapports ont la signification suivante : si pour le cas n° 1, par exemple, le rapport de la plus faible dimension de la pièce à sa longueur est plus grand que $\frac{1}{10}$ il n'y a pas à craindre le flambage, et l'application des formules est inutile. Si au contraire le rapport est plus petit on appliquera les formules.

Nous croyons utile de faire remarquer que les formules (3) et (4) ne sont applicables qu'au cas où l'encastrement est complet. On aurait tort de les employer dans le cas où cet encastrement ne serait pas parfaitement réalisé.

Lorsqu'on s'est assuré de la résistance des barres de treillis entre deux points d'attache, il est nécessaire de considérer le flambage de l'ensemble de la paroi. Le problème ainsi posé est très complexe et n'a pas encore été résolu d'une manière satisfaisante à notre connaissance, mais la pratique montre qu'en donnant à la paroi une épaisseur minima de $\frac{1}{20}$ de sa hauteur lorsque les poutres sont réunies à la partie supérieure, et de $\frac{1}{10}$ lorsqu'elles ne sont pas reliées, il n'y a pas de danger de flambage.

Par épaisseur de la paroi nous entendons la largeur occupée par les barres de treillis des deux faces de la poutre.

Nous donnons ci-dessous quelques exemples de calcul de résistance au flambage, pour les différents cas qui peuvent se présenter.

Exemples de calculs de résistance au flambage :

1ᵉʳ exemple. — Treillis simple (fig. 67).

La première question qui se pose c'est de savoir dans quelle direction la barre est le plus exposée à flamber. Cette direction est, d'après la formule, la direction perpendiculaire à l'axe

Fig. 67.

pour lequel le moment d'inertie est le plus petit. D'autre part, nous supposerons toujours, dans nos calculs, que la barre est encastrée à ses extrémités, lorsqu'il s'agit de flambage dans le plan même de la poutre, tandis qu'au contraire elle est libre dans le plan perpendiculaire. En d'autres termes c'est la formule 4 du tableau :

$$P = 4\,\pi^2\,\frac{EI}{l^2}$$ que nous appliquerons dans le plan de la poutre,

et la formule :

$$P_p = \pi^2\,\frac{EI_p}{l^2}$$ pour le plan perpendiculaire à celui de la poutre.

Lorsque la section est symétrique par rapport à un plan perpendiculaire à celui de la poutre, comme c'est le cas pour des sections en T, en double T et en croix, l'ellipse d'inertie a ses axes placés : l'un dans un plan perpendiculaire à la poutre, l'autre dans un plan parallèle. En général il n'y aura à considérer que le flambage de la barre dans un plan perpendiculaire à la poutre ; mais il y a lieu cependant de vérifier si :

$$I_p < 4\,I$$

car si l'on avait $I_p > 4\,I$ c'est dans

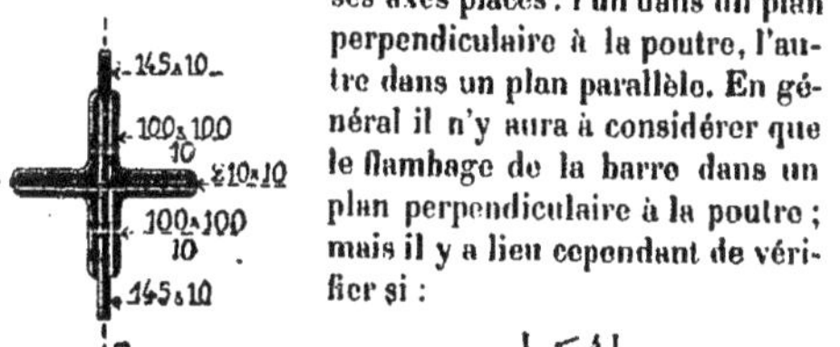

Fig. 68

le plan de la poutre qu'il y aurait le plus de danger de flambage.

Dans l'exemple que nous considérerons, la longueur de la barre :

$$l = 6^m,20.$$

La section est celle de la fig. 68.

On a pour cette section :

$$I = 0,00002356$$
$$I_p = 0,00003833$$

En appliquant les deux formules on trouve :

$$P = \frac{4 \times \overline{3,14}^2 \times 16 \times 10^9 \times 0,00002356}{\overline{6,20}^2} = 385.000$$

$$P_p = \frac{\overline{3,14}^2 \times 16 \times 10^9 \times 0,00003833}{\overline{6,20}^2} = 157.000.$$

En divisant par 2 l'effort maximum obtenu on trouve que la barre peut porter en toute sécurité un effort de :

$$\frac{157.000}{2} = 78.500 \ k.$$

Comme la section de la barre est de :

$$\omega = 12.600^{mm^2}.$$

le coefficient de travail correspondant pour la pièce est de :

$$R = \frac{78.500}{12.600} = 6\ k.20.$$

La résistance au flambage conduit à un coefficient R supérieur à la limite de 6^k fixée pour la résistance à la compression ; on obtiendra donc simplement l'effort que la pièce peut porter en multipliant le coefficient maximum admis par la section.

$$12.600 \times 6 = 75.600 \ kil.$$

Nous avons à examiner le cas où la section a son axe de
symétrie incliné sur le plan de la poutre, comme c'est le cas
par exemple, pour une cornière rivée sur l'âme d'une poutre.
L'ellipse d'inertie a, dans ce cas, le petit axe incliné à 45°.

Si la barre était également libre à ses attaches dans toutes
les directions, elle fléchirait suivant la direction du petit axe. Le
tableau des moments d'inertie de cornières à la fin du volume
montre que pour cette direction le mo-
ment d'inertie est inférieur à la moitié de
ce qu'il est pour la direction des ailes des
cornières.

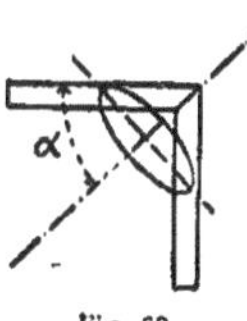

Fig. 69

Nous avons dit que l'on se servirait de
la formule (2) pour le plan perpendiculaire
à la poutre et de la formule (4) dans le plan
de la poutre. Les deux formules ne diffèrent que par le coefficient.

L'encastrement aux extrémités fait passer le coefficient de 1
à 4. Si l'on assimile son influence à celle d'un couple, elle se réduira avec l'angle α ; la formule pour une direction de flambage inclinée de l'angle α sur la poutre pourra s'écrire :

$$P' = (1 + 3\cos\alpha)\,\frac{\pi^2 EI'}{l^2}$$

et pour $\alpha = 45°$:

$$P'' = 3 \times \frac{\pi^2 EI'}{l^2}.$$

C'est cette formule que nous proposons pour les cornières.

2° *exemple*. — Dans le treillis double
(fig. 70) la longueur l est la demi longueur des barres. La flexion de la
barre dans le plan de la poutre est représentée dans la fig. 70 ainsi que celle
dans un plan perpendiculaire.

Les formules à employer sont les
suivantes :

1° Dans le plan de la poutre la formule 3 :

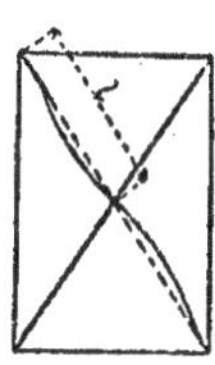

Fig. 70.

$$P = 2\pi^2 \frac{EI}{l^2}$$

2° Dans le plan perpendiculaire :

$$P = \pi^2 \frac{EI}{l^2}.$$

Remarques. — Les formules qui précèdent ne s'appliquent qu'au cas où l'effort dans une barre est transmis exactement dans l'axe ou dans sa fibre moyenne. Lorsque l'effort est desaxé, il se produit des flexions que nous examinerons dans un paragraphe spécial.

§ 8

EFFORTS SECONDAIRES ENGENDRÉS PAR LA RIGIDITÉ DES ATTACHES

La détermination des efforts, telle qu'elle vient d'être décrite, suppose qu'en chaque nœud les pièces sont réunies par des articulations. En Amérique il en est presque toujours ainsi, les pièces sont assemblées par des axes qui permettent une rotation de chacune d'elles par rapport aux autres. En Europe, au contraire, les assemblages se font par des rivets qui s'opposent à toute rotation relative, et comme les déformations auxquelles toute charge de la poutre donne lieu tendent à produire des rotations dans les attaches, les pièces fléchissent légèrement pour conserver aux nœuds les angles d'inclinaison qui sont invariables. Les efforts auxquels ces flexions donnent lieu s'appellent *efforts secondaires.*

La suite de ce paragraphe est la traduction d'un extrait de la note publiée par M. W. Ritter, professeur à l'école polytechnique de Zurich, dans la Schweizerische Bauzeitung, en 1884.

Cette note permet de déterminer l'importance des efforts secondaires, et elle donne des conclusions intéressantes sur les dimensions transversales des barres de treillis.

NOTE DE M. W. RITTER

Division des efforts. — Considérons (fig. 71) une poutre droite à treillis ABCD. Sous l'action d'une charge, la poutre ne fléchira pas seulement dans son ensemble, mais, comme M. E.

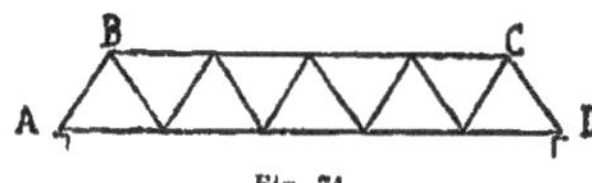

Fig. 71.

Winkler l'a démontré (Deutsche Bauzeitung, 1881), chacune des pièces de la poutre, les membrures et les treillis fléchiront aussi, les unes suivant une courbure simple, les autres suivant des courbures doubles en forme d'S.

Nous diviserons ces flexions en deux sortes :

1° Les premières sont dues à l'allongement ou au raccourcissement des membrures.

Ces flexions sont simples pour les membrures qui fléchissent de la même manière que les poutres.

Elles sont simples aussi pour les barres de treillis (fig. 72), car les angles τ et τ' des attaches M, N, O sont invariables.

2° Les autres déformations sont la conséquence des variations de longueur des barres de treillis, les courbures qui en résultent sont doubles (fig. 73). Au point M, la barre fléchit de

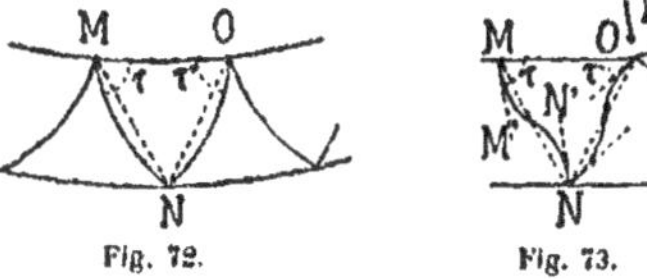

MN à MM' ; au point N, elle fléchit de NM à NN'. La forme que prendra la barre sera donc celle d'un S.

Nous admettrons, pour plus de simplicité, que les efforts par

unité de section sont les mêmes dans les membrures et dans les barres de treillis. C'est une condition que l'on cherche toujours à remplir autant que possible dans toutes les constructions. Il résulte de cette hypothèse que, sous la charge, les longueurs des membrures et celles des barres de treillis dans le triangle MNO varieront uniformément d'une quantité α_0 par unité de longueur.

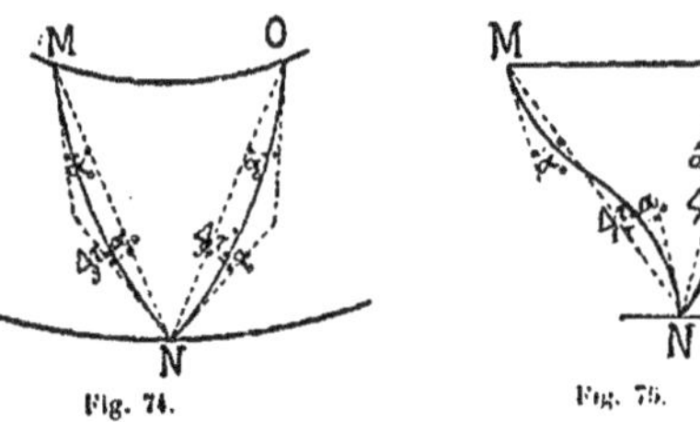

Fig. 74.   Fig. 75.

Désignons par $\Delta_g\tau$ le petit angle de rotation de la barre MN au point M et par $\Delta_g\tau'$ celui de la barre ON au point O, sous l'influence d'une variation de longueur des membrures (fig. 74).

Désignons de plus par $\Delta_f\tau$ et $\Delta_f\tau$, les rotations des mêmes barres lorsque les barres de treillis se raccourcissent ou s'allongent (fig. 75).

Dans le cas où l'inclinaison des barres est de 45° nous aurons :

$$\tau = \tau' = \frac{\pi}{4} = 45°$$

et si l'on admet, à cause de la rigidité relativement grande des membrures comparées à celles des treillis, que toute la flexion se produit dans les barres de treillis sans que les membrures fléchissent, il en résulte que :

$$\Delta_g\tau = \Delta_g\tau' = \alpha_0 \tag{1}$$

et

$$\Delta_f\tau = \Delta_f\tau' = \alpha_0 \tag{3}$$

A cause du parallélisme des membrures, les angles de rota-

tion sont les mêmes aux deux extrémités d'une même barre
MN ou ON.

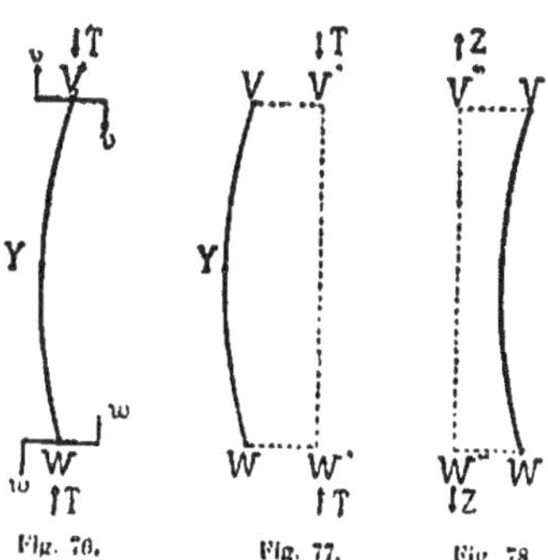

Pour qu'une barre droite, qui n'est fixée qu'à ses extrémités
et qui est soumise à un effort de compression agissant dans sa
direction prenne la forme courbe VYW (fig. 76), il est nécessaire d'adjoindre à l'effort T deux couples vv et ww, ou, ce qui
revient au même, de déplacer la force T parallèlement à elle-
même pour l'amener de la position VW à la position V′W′ du
côté concave de la pièce fléchie (fig. 77).

Dans le cas où la pièce est au contraire soumise à un effort
de tension Z, pour faire fléchir la barre, la force Z doit être
amenée de VW à V′W″ du côté convexe de la pièce fléchie
(fig. 78).

Cas où les barres ont une grande rigidité.

Déformation des membrures : Si la pièce est assez rigide
pour que la flèche qu'elle prendra soit négligeable relativement aux déplacements VV′ et VV″ des efforts, on pourra
admettre que le moment fléchissant est constant sur toute la
longueur de la pièce : dans les deux cas que nous venons

de considérer, la courbure se fera suivant un arc de cercle, à
la condition toutefois que la pièce ait une section constante
ou au moins une section dont le moment d'inertie soit constant.

Dans l'hypothèse que nous avons faite en admettant que
toute la déformation se produisait dans le treillis, à cause de
la raideur relativement grande des membrures, les tangentes
aux deux extrémités d'une même barre font entre elles un
angle

$$2\Delta_s\tau = 2\Delta_s\tau' = 2a_0$$

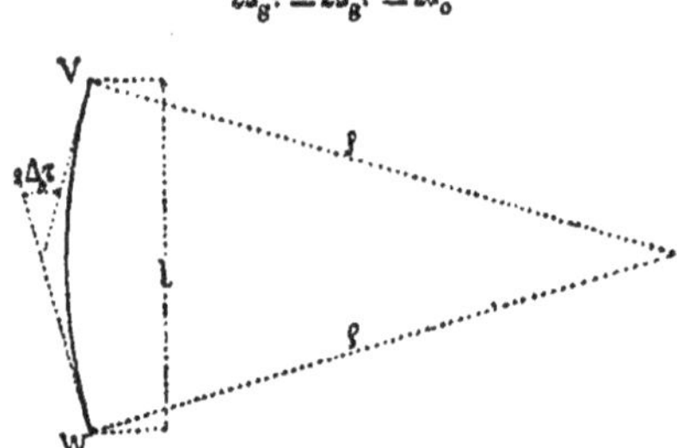

Fig. 79.

Le rayon de courbure des barres comprimées ou tendues
sera (fig. 79).

$$\rho = \frac{l}{2a_0} \qquad (3)$$

l étant la longueur des barres.

Et si la section des barres est une section symétrique d'une
largeur b, les fibres extérieures éprouveront par unité de longueur une variation qui pourra s'exprimer par (fig. 80)

$$a_R = \frac{b}{2\rho} = \frac{b u_0}{l}$$

d'où l'on tire :

$$\frac{a_R}{a_0} = \frac{b}{l} \qquad (4)$$

Nous arrivons donc dans le cas considéré à la conclusion
suivante :

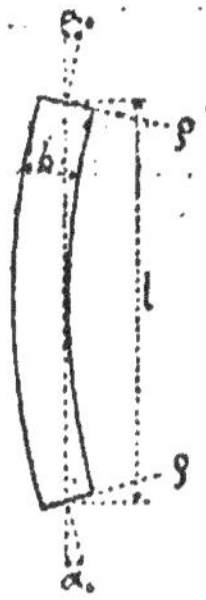

*La déformation que la charge produit dans
les membrures engendre dans les barres tendues
et comprimées des efforts secondaires. Et le
rapport de ces efforts secondaires à l'effort principal est égal à celui de la largeur de la barre
à sa longueur.*

Prenons l'exemple suivant d'une barre dont
la largeur est $\frac{1}{15}$ de sa longueur, c'est un rapport
que l'on rencontre fréquemment. L'effort secon-
daire sera alors $\frac{1}{15}$ de l'effort principal, et la section de la barre sera à renforcer dans le rapport
suivant :

$$\gamma = \frac{\frac{1}{15}}{1 + \gamma} = 0,00$$

Fig. 80.

soit de 6 0/0. Mais ce renforcement doit avoir lieu sans changer la largeur b de la pièce.

Déformation des treillis : Passons maintenant à la déformation résultant des variations de longueur des barres du treillis.
Pour que ces barres puissent prendre la forme en S dont nous
avons parlé plus haut, il faut, comme précédemment, appliquer à leurs extrémités des couples vv et ww ; ou bien, ce
qui revient au même, il suffit de changer la direction de
l'effort de compression en l'amenant de la position VW en
V'W' par simple rotation autour du point Y milieu de la
barre (fig. 81).

Dans le cas où la barre est soumise à un effort de tension Z,
on opère de la même manière en amenant l'effort Z par rotation
de la position VW en V"W" (fig. 82).

Supposons de nouveau comme précédemment, que la rigidité des barres de treillis soit grande : la flèche de la courbure
est alors négligeable par rapport au déplacement VV' et WW'
ou VW' et WW".

Dans cette hypothèse le moment fléchissant, qui est nul au
milieu de la barre aussi bien dans le cas de tension que dans

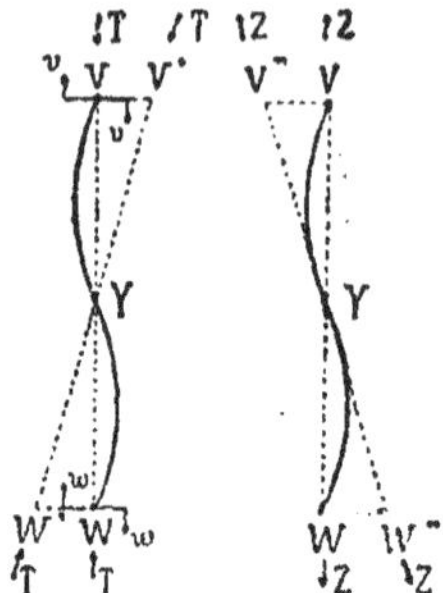

Fig. 81 et 82.

celui d'une compression, croît proportionnellement à sa distance au point Y et il devient maximum aux points d'attache
V et W' (fig. 83).

Dans ces conditions la courbure de chacune des moitiés de
la barre se fera suivant une parabole du troisième degré et
non suivant un arc de cercle.

Mais nous considérerons cependant d'abord le cas où cette
courbure se ferait suivant un arc de cercle (fig. 83), et nous
admettrons comme précédemment que les membrures sont
très raides relativement aux barres du treillis. Nous pourrons
alors exprimer l'angle de courbure pour une demi barre par

$$2\gamma = 2\gamma' = 2u_0$$

et le rayon de courbure qui sera le même pour chacune des
moitiés d'une barre de treillis aura pour expression

$$\rho = \frac{\frac{l}{2}}{2u_0} = \frac{l}{4u_0}.$$

On en déduira, en désignant par b la largeur de la barre à section symétrique, l'effort secondaire de la fibre extérieure

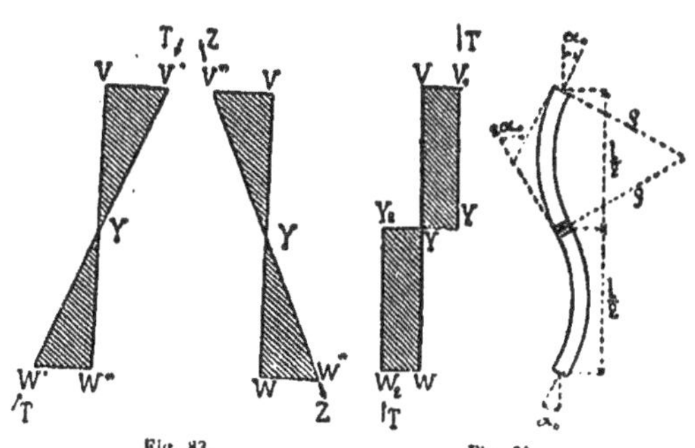

Fig. 83.   Fig. 84.

qui sera

$$\alpha_f = \frac{b}{2\rho} = \frac{2v}{l}\,\alpha_0$$

d'où

$$\frac{\alpha_f}{\alpha_0} = \frac{2b}{l}$$

Revenons maintenant au cas général : de quelque manière que la barre soit composée, la condition suivante devra se trouver remplie : la barre qui a tourné d'un angle $\Delta_f T = \alpha_0$, à son extrémité V, doit fléchir sans que son milieu, le point Y, se déplace.

Nous négligerons les déformations très faibles produites par les efforts tranchants. Il suffira alors, pour que la condition précédente soit remplie, que le moment statique de la surface des moments VV'Y (ombrée dans la fig. 85 et considérée comme force horizontale, par rapport au point Y), soit le même que celui du cas précédent où la courbure était circulaire.

Si nous comparons le triangle VV'Y (fig. 85) au rectangle VV₁YY₁ (fig. 84), nous voyons que la condition précédente peut s'exprimer par la relation

$$\frac{VV'}{3} = \frac{VV_1}{2} \qquad \text{ou} \qquad \frac{VV'}{VV_1} = \frac{3}{2}.$$

Les efforts secondaires maximums de la barre se produiront
aux extrémités V et W où les courbures sont maxima, et nous

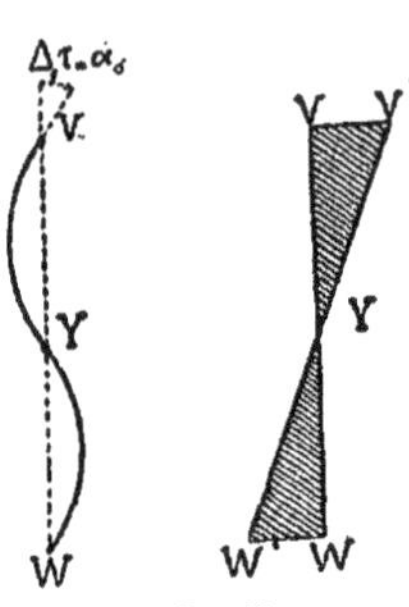

Fig. 85.

aurons pour les barres comprimées aussi bien que pour celles
qui sont tendues

$$\frac{\alpha_1}{\alpha_0} = \frac{3}{2}\, 2\, \frac{b}{l} = 3\, \frac{b}{l} \qquad (6)$$

Cette relation a été donnée sous une forme un peu différente par Engesser (Suddeutsche Bauzeitung, 1880).

Il résulte de cette formule que les efforts secondaires provenant des variations de longueur des barres de treillis sont 3
fois aussi grands que ceux que donnent les membrures.

Dans le cas où les maximums des efforts dans les membrures et dans les treillis d'une poutre, se produisent au
même point de cette poutre comme cela a lieu par exemple,
dans les poutres continues au dessus des piles, le rapport des
efforts secondaires totaux dans les barres de treillis à l'effort
principal pour un rapport

$$\frac{b}{l} = \frac{1}{15}$$

sera

$$(1 + 3)\, \frac{b}{l} = 4\, \frac{b}{l} = 0{,}27$$

et la section des barres devra par suite être renforcée de

$$\gamma = \frac{0{,}27}{1+\gamma} = 22\ 0/0$$

sans toutefois rien changer à la largeur de ces barres.

Influence des efforts secondaires sur l'ensemble de la poutre : Ces flexions, que nous venons de considérer, donnent lieu à une certaine résistance s'opposant à la flexion générale de la poutre; elles soulagent donc celle-ci. Mais cette résistance est très faible, elle serait celle qu'opposeraient les barres de treillis disposées dans le sens de la longueur de la poutre et travaillant en même temps que celle-ci. Or, comme la hauteur des barres est une petite fraction de celle de la poutre, le soulagement qu'elles feront éprouver à cette poutre n'atteindra même pas 1 0/0 dans les conditions ordinaires.

On pourra donc sans inconvénient négliger cette influence.

En résumé, les efforts secondaires engendrés par les barres de treillis dépendent non pas du moment d'inertie de la section des barres, mais du rapport de leur largeur à leur longueur, aussi bien pour les barres tendues que pour les barres comprimées.

Cas où les barres ont une rigidité moyenne.

Courbure simple : Considérons maintenant le cas où les barres n'ont pas la grande rigidité que nous leur avons supposée dans ce qui précède.

Quelle que soit cette rigidité, la somme des angles de déformation d'une barre qui a fléchi suivant une courbure simple est une quantité connue dès que la déformation générale de la poutre à laquelle elle appartient est déterminée.

La surface des moments VV″WW″ de la pièce fléchie de section constante est donc indépendante de la courbure de cette pièce.

Dans le cas examiné précédemment pour les barres très rigides, la surface des moments était limitée par une droite

VYW parallèle à la direction de l'effort ; dans le cas de pièces moins rigides la droite est remplacée par la courbe $V_1Y_1W_1$

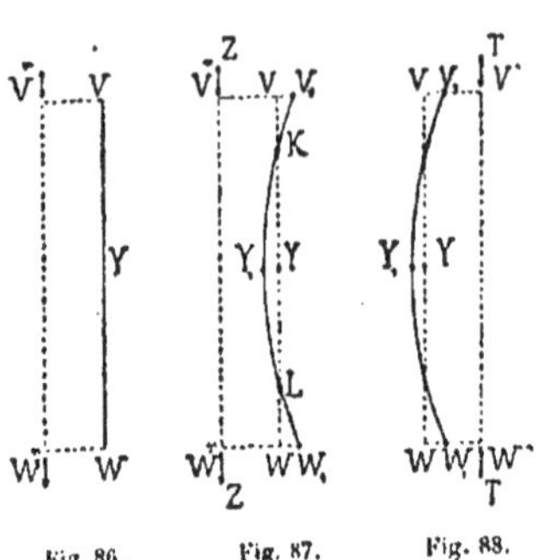

(fig. 87 et 88), et la nouvelle surface des moments $V''V_1Y_1W_1W'''$ ne peut être égale à l'ancienne qu'à la condition que la courbe $V_1Y_1W_1$ coupe la droite VW en deux points K et L.

La courbure de la pièce n'est donc plus uniforme, et le plus grand moment de courbure, par suite aussi l'effort secondaire le plus grand sont un peu supérieurs à ceux d'une pièce parfaitement rigide.

Comme cela ressort des fig. 89 et 90 qui représentent une barre tendue et une barre comprimée, les parties qui fléchissent le plus sont les extrémités V_1 et W_1 pour la pièce tendue, et le milieu Y pour la barre comprimée.

Courbure double : Dans le cas où la flexion de la pièce est double et se fait suivant la forme d'un S (fig. 89 et 90), le produit de la surface des moments de flexion par la distance de son centre de gravité au milieu de la barre Y, est une constante qui est déterminée dès que l'on connaît $\Delta_f \tau$.

La courbe V_1U_1Y de la barre de rigidité moyenne coupe la ligne droite de la barre très rigide en son milieu et en deux autres points M.

Il ressort de la comparaison que l'on peut faire entre les

barres de rigidité moyenne et les barres très rigides, aux en-
droits où la flexion est maxima : que, pour les barres tendues,
les efforts secondaires sont plus grands pour les premières,

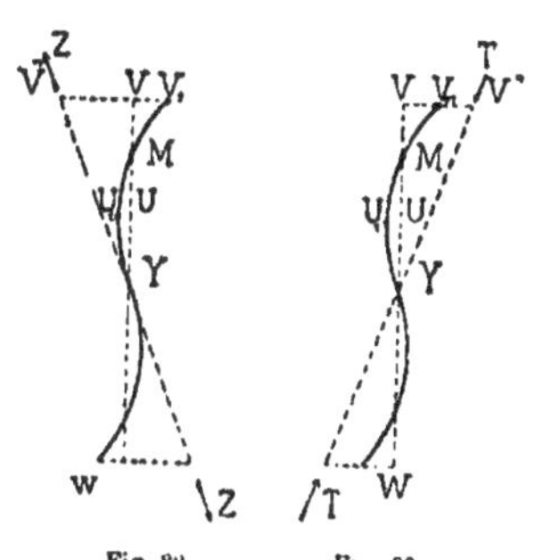

Fig. 89.   Fig. 90.

tandis qu'au contraire, pour les barres comprimées ils sont
plus faibles.

En résumé, nous arrivons à cette conclusion : *c'est que la
somme des efforts secondaires qui sont dus à la déformation des
barres de treillis et des membrures sont maximums aux extrémités des barres, et que : ces efforts diminuent dans les pièces
comprimées quand la rigidité de ces barres diminue, tandis
qu'ils augmentent au contraire dans les pièces tendues* [1].

On peut ajouter de plus que les efforts secondaires dans les
barres comprimées de rigidité moyenne ne sont pas supérieurs
aux efforts secondaires des barres tendues.

Nous remarquerons plus loin que pour les barres comprimées les efforts secondaires varient peu avec la rigidité ; on
pourra donc adopter pour celles-ci les conclusions auxquelles
nous sommes arrivés pour les barres très rigides.

---

[1]. Il va sans dire, d'après ce qui précède, que nous supposons une variation dans la rigidité avec une largeur de la barre invariable.

Cas où les barres sont très peu rigides.

Il nous reste à examiner le cas où les barres sont très peu
rigides. Nous laisserons de côté le cas des barres tendues qui
se déforment peu.

Courbure simple : Dans les barres comprimées, au contraire,
la courbure, quand elle est simple, tend à augmenter de plus

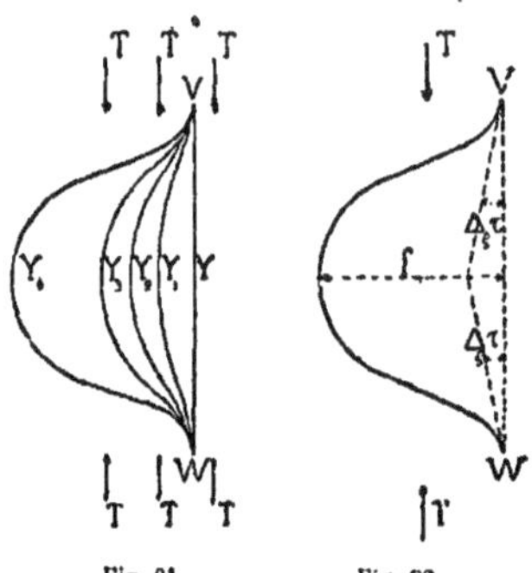

Fig. 91.   Fig. 92.

en plus ; elle prend successivement les formes VY_1W, VY_2W,
etc., de la fig. 91. En même temps l'effort T se déplace de
droite à gauche parallèlement à lui-même.

Lorsque l'angle $\Delta_n\tau$ est très petit par rapport à la flèche f
(fig. 92), la limite de la déformation, au point de rupture, peut
s'exprimer par la formule suivante qui s'applique à une pièce
encastrée à ses deux extrémités.

$$(7) \qquad \left(\frac{2\pi}{l}\right)^2 = \frac{u_0\omega}{I}.$$

Dans cette formule ω est la surface de section de la pièce, I
le moment d'inertie de la section.

Le moindre ébranlement ou la moindre force extérieure dans cette position limite produisent la rupture de la pièce.

Posons dans la formule 7

$$\frac{1}{b^2 m} = m$$

nous aurons alors

$$\left(\frac{2\pi}{l}\right)^2 = \frac{\alpha_0}{b^2 m}$$

ou

$$\left(\frac{b}{l}\right)_{\text{minimum}} = \frac{1}{2\pi}\sqrt{\frac{\alpha_0}{m}}$$

Considérons comme exemple un fer en forme de croix ayant les ailes minces et d'une épaisseur égale à $\frac{1}{24}$ de la largeur ; admettons de plus $\alpha_0 = \frac{1}{3500}$ ce qui correspond à un coefficient de travail de 6 kilogrammes par millimètre carré. Nous aurons alors

$$\left(\frac{b}{l}\right)_{\text{minimum}} = \frac{1}{2\pi}\sqrt{\frac{24}{3500}} = \frac{1}{76}$$

Étudions maintenant la diminution progressive de la largeur d'une barre de la forme en croix, jusqu'à cette limite trouvée.

En tenant compte de la forme sinusoïdale que prend la pièce, en désignant par n_g un facteur dépendant de τ et τ', et en posant

$$\frac{\left(\frac{b}{l}\right)_{\text{min.}}}{\frac{b}{l}} = K$$

le rapport $\frac{\alpha_g}{\alpha_0}$ entre l'effort principal et l'effort secondaire de la pièce a pour expression

1. La valeur de $m = \frac{1}{24}$ est approximative, on l'obtient en posant

$$I = \frac{b}{24} \cdot \frac{b^3}{12} \quad \text{et} \quad \omega = 2b \cdot \frac{b}{24}.$$

$$\frac{\alpha_g}{\alpha_0} = n_g \, \frac{b}{i} \, \frac{\mathrm{K}\pi}{\sin(\mathrm{K}\pi)} = n_g \, \frac{b}{i} \left[1 + \frac{1}{6}\,(\overline{\mathrm{K}\pi})^2 + \frac{3}{360}\,(\overline{\mathrm{K}\pi})^4 + \ldots \right].$$

Dans le cas où $\tau = \tau' = 45°$, pour des membrures parallèles, on a $n_g = 1$, et dans l'exemple pris plus haut ou

$$\left(\frac{b}{i}\right)_{\text{min.}} = \frac{1}{76}$$

on arrive, pour une barre comprimée, aux rapports de l'effort secondaire à l'effort principal qui sont donnés dans le tableau suivant pour différentes valeurs de $\frac{b}{i}$.

Rapport $\dfrac{b}{i}$	Valeur $\dfrac{\alpha_g}{\alpha_0}$ du rapport entre l'effort secondaire et l'effort principal
$\dfrac{1}{0,5}$	0,107
$\dfrac{1}{19}$	0,058
$\dfrac{1}{28,5}$	0,015
$\dfrac{1}{38}$	0,041 minimum
$\dfrac{1}{57}$	0,058
$\dfrac{1}{76}$	∞

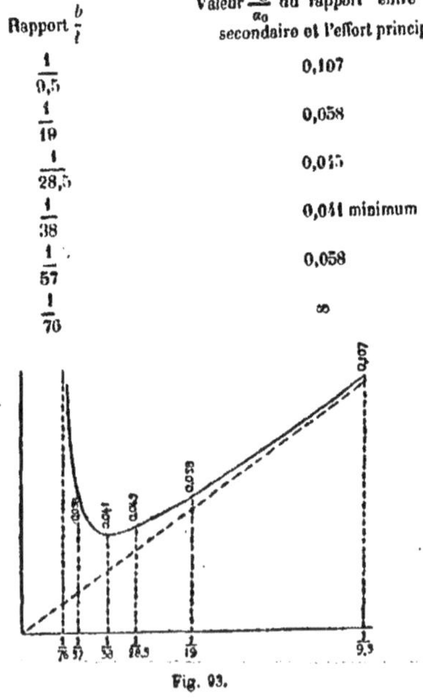

Fig. 93.

Nous avons représenté par une courbe (fig. 93), la variation du rapport $\frac{a_s}{a_0}$ avec le rapport $\frac{b}{l}$.

En examinant la courbe on peut dire que l'effort secondaire diminue presque proportionnellement à la largeur jusqu'au moment où $\frac{b}{l} = \frac{1}{38}$; puis, à partir de ce rapport qui est déjà très faible, l'effort secondaire croît jusqu'au rapport $\frac{1}{78}$ pour lequel se produit la rupture.

Courbure double : Dans le cas où la flexion se fait en forme d'S dans une pièce comprimée, la courbure augmente avec la

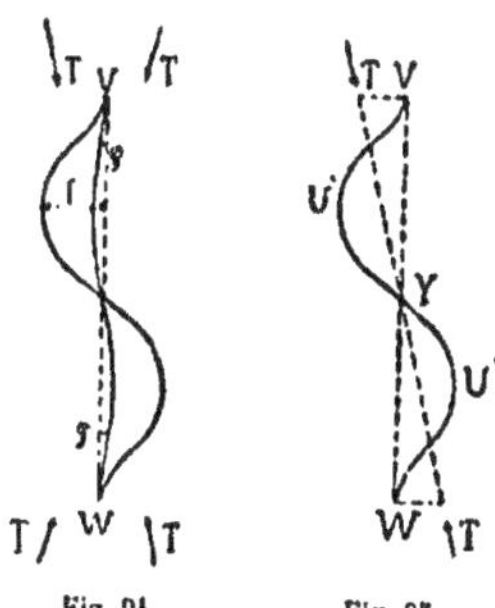

Fig. 94.   Fig. 95.

diminution de la largeur de la barre, et la direction des efforts TT tourne de droite à gauche à mesure que la courbure croît (fig. 94).

A la limite l'angle de rotation $\varphi = \Delta_t \pi$ aux extrémités des barres devient négligeable par rapport à la courbure de la pièce, et la forme VU'YU"W de la pièce (fig. 95) est celle d'une barre encastrée à ses extrémités, maintenue en son milieu et qui fléchit sous une charge verticale.

On sait que pour une même charge et pour une même section de la pièce, la longueur d'une pièce comprimée et maintenue en son milieu peut être prise égale à 1,43 fois celle d'une pièce simplement encastrée à ses deux extrémités, ce dernier cas étant celui que nous avons considéré avec une courbure simple.

On aura par suite :

$$\left(\left(\frac{b}{i}\right)\right)_{\text{min.}} = \frac{1}{1,43} \cdot \frac{1}{2\pi} \cdot \sqrt{\frac{a_0}{m}} \qquad (11)$$

jusqu'à cette limite l'effort secondaire a_f varie avec le rapport $\frac{b}{i}$ que nous faisons diminuer progressivement.

Comme plus haut nous posons :

$$\frac{1,43 \left(\left(\frac{b}{i}\right)\right)_{\text{min.}}}{\frac{b}{i}} = \frac{\left(\frac{b}{i}\right)_{\text{min.}}}{\frac{b}{i}} = K \qquad (12)$$

pour $$K < \frac{1}{2}$$

$$\frac{a_f}{a_0} = n \; \frac{3b}{i} \; \frac{\frac{1}{3}(K\pi)^2}{-K\pi \cot(K\pi) + 1} = n_f \frac{3b}{i} \left(1 - \frac{(K\pi)^2}{15} - \frac{(K\pi)^4}{525} - \dots \right)$$

et pour $$K > \frac{1}{2}$$

$$\frac{a_f}{a_0} = n_f \frac{3b}{i} \; \frac{K\pi}{3 \left(-\cos(K\pi) + \frac{\sin(K\pi)}{K\pi} \right)}$$

Dans ces expressions n_f est, comme n_g précédemment, un coefficient qui dépend des angles τ et τ'. Ce coefficient devient égal à 1 lorsque $\tau = \tau' = 45°$ et lorsqu'en outre les membrures sont parallèles.

Reprenons le même exemple que dans le cas de la courbure simple avec une pression de 6 kilos par millimètre carré.

$$\left(\left(\frac{b}{i}\right)\right)_{\text{min.}} = \frac{1}{70} \times \frac{1}{1,43} = \frac{1}{100}.$$

Pour $n_f = 1$ les rapports $\frac{a_f}{a_0}$ sont donnés dans le tableau suivant, ils correspondent à différentes valeurs de $\frac{b}{i}$:

$\dfrac{b}{l}$	$\dfrac{a_f}{a_0}$ rapport de l'effort secondaire à l'effort principal
$\dfrac{1}{9,5}$	$3 \times 0,104$
$\dfrac{1}{19}$	$3 \times 0,051$
$\dfrac{1}{28,5}$	$3 \times 0,034$
$\dfrac{1}{38}$	$3 \times 0,022$
$\dfrac{1}{57}$	$3 \times 0,014$
$\dfrac{1}{67}$	$3 \times 0,013$ minimum
$\dfrac{1}{76}$	$3 \times 0,014$
$\dfrac{1}{109}$	∞

La figure 96 donne les valeurs de $\dfrac{1}{3}\dfrac{a_f}{a_0}$.

La courbe montre que l'effort secondaire diminue presque

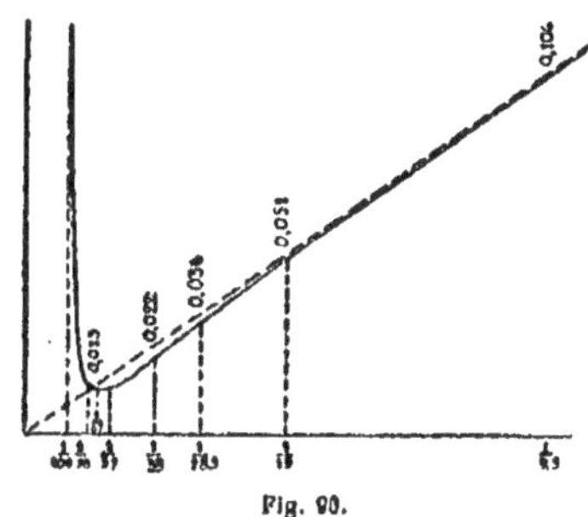

Fig. 96.

en ligne droite jusqu'au rapport $\dfrac{b}{l} = \dfrac{1}{67}$ qui est peu éloigné du point de rupture, puis il croît jusqu'à la rupture.

En résumé, lorsque le rapport $\frac{b}{l}$ de la largeur d'une barre à sa longueur ne s'approche pas trop de la limite de rupture, toutes les conclusions auxquelles on est arrivé pour les barres comprimées très rigides s'appliquent aussi aux barres moins rigides.

Ces conclusions se résument comme suit :

Conclusions

1° *Lorsque le rapport de la largeur des barres à leur longueur ne se rapproche pas trop de la limite de rupture, il n'y a pas de raison pour ne soumettre les barres comprimées qu'à des efforts plus faibles que les barres tendues.*

2° *Les efforts secondaires pour une longueur de barre donnée sont proportionnels à la largeur des barres, aussi bien pour les barres tendues que pour les barres comprimées. Il y a donc avantage à ne pas donner une grande largeur aux barres.*

Nous avons trouvé que pour une barre de section en croix travaillant à 6 kilos par millimètre-carré, le rapport limite minimum de la largeur de la barre à sa longueur est :

dans le cas de courbure simple $\left(\frac{b}{l}\right)_{min} = \frac{1}{70}$;

dans le cas de courbure double $\left(\left(\frac{b}{l}\right)\right)_{min} = \frac{1}{109}.$

Si la barre devait être soumise à l'effort qui produit la rupture, soit $5 \times 6 = 30$ kilos par millimètre carré, le rapport limite $\frac{b}{l}$ diminuerait et deviendrait le suivant :

pour la courbure simple

$$\frac{\sqrt{5}}{70} = \frac{1}{33}$$

pour la courbure double

$$\frac{\sqrt{5}}{109} = \frac{1}{48}$$

Nous concluons de ces chiffres que *dans le cas d'un treillis* *simple, même si l'exécution est soignée, il n'est pas prudent d'admettre un rapport $\frac{b}{l}$ inférieur à $\frac{1}{33}$.*

Si l'on admet ce rapport on déduit de ce qui précède que les efforts secondaires dans les barres inclinées à 45° sont les suivants :

Effort dû à la variation de longueur des membrures $\frac{1}{33}$.

Celui qui est dû à la variation de longueur des treillis $\frac{3}{33}$.

En tout $\frac{4}{33} = 12\ 0/0$ de l'effort principal.

Ceci suppose que le coefficient de travail des barres de treillis est le même que celui des membrures.

Dans le cas que nous venons de considérer où le treillis est en forme de V les conditions de résistance sont relativement meilleures que dans d'autres cas. On le verra par ce qui suit.

Treillis en N

Considérons (fig. 97) un treillis en N dans lequel une des barres seulement est inclinée à 45° tandis que l'autre est verticale ($\tau' = 90°$).

Sous l'influence d'une variation de longueur des membrures, l'angle τ variera comme dans le cas précédent et l'angle τ' ne changera pas. Mais la variation de longueur des barres de treillis donne pour la barre MN une déformation double, $\Delta_f\tau = 2\alpha_0$ au lieu de $\Delta_f\tau = \alpha_0$, et pour la barre NO une déformation triple $\Delta_f\tau = 3\alpha_0$. L'effort secondaire rapporté à l'effort principal donne dans ce cas les rapports suivants :

Pour la barre MN :

$$\frac{1}{33} + \frac{6}{33} = \frac{7}{33} = 21\ \%.$$

Pour la barre NO :

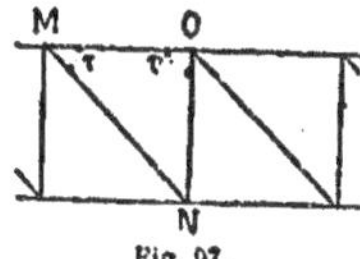

Fig. 97.

$$\frac{9}{33} = 27\,\%.$$

On arrive comme on le voit, dans ce système, à des efforts secondaires qui sont doubles de ceux du système en **V**. Les treillis devront être par conséquent d'environ 10 0/0 plus forts que ceux des treillis en **V**.

Efforts engendrés par les pièces de pont

Lorsque les pièces de pont sont attachées sur les montants elles font fléchir ces derniers sous l'action de la charge (fig. 98).

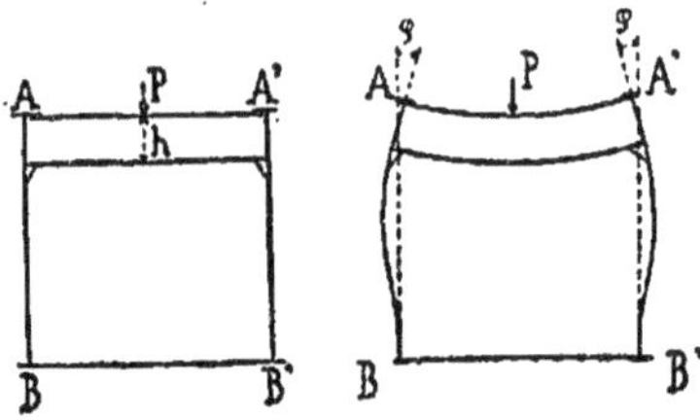

Fig. 98.

Il en résulte que ces montants se trouvent soumis à des efforts secondaires. Ces efforts dépendent d'une part des dimensions de la pièce de pont, et diminuent avec sa hauteur ; d'autre part ils dépendent aussi de la hauteur des montants et diminuent aussi avec elle.

Si l'on vient à se demander quelle est la forme la plus avantageuse de la section d'une barre au point de vue de la résistance aux efforts secondaires, il est à remarquer d'abord que ceux-ci se produisent suivant deux directions perpendiculaires. Considérons, par exemple, un pont constitué par deux poutres CD et C'D' (fig. 99) reliées par des pièces de pont DD'. Sous l'action d'une charge P, outre les efforts secondaires qui se produisent dans le plan des poutres, on aura ceux qui

sont dus à la flexion des parois des poutres dans un plan perpendiculaire. C'est de l'angle de flexion φ que les derniers ef-

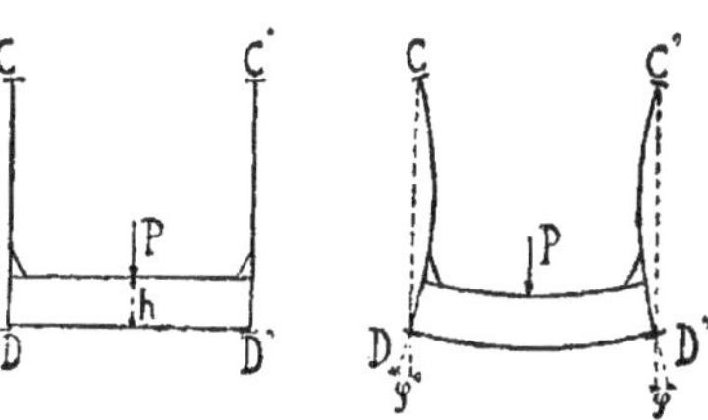

Fig. 99.

forts dépendent ; cet angle et par suite les efforts diminuent
avec la hauteur de la poutre.

Pour toute autre forme que la section en croix, les efforts secondaires dus aux deux directions perpendiculaires, s'ajoutent.
Il en résulte que dans le cas des barres comprimées pour lesquelles la largeur ne peut se réduire au-dessous d'une certaine limite à cause du flambage, la section la plus avantageuse sera, en général, la forme en croix. Les barres à section rectangulaire ou creuse ont, il est vrai, une raideur un
peu plus grande mais les efforts secondaires qu'elles subissent
sont plus considérables. Les barres tendues devront, au contraire, avoir de préférence des sections pleines, rectangulaires
ou rondes afin de réduire leurs dimensions transversales. Ces
règles sont du reste généralement appliquées en pratique.

Les conséquences de ce qui vient d'être développé sont
nombreuses, et il ne sera pas difficile de les appliquer aux cas
qui se présenteront.

Treillis double

Appliquons encore la méthode à un exemple particulier, celui d'un pont de chemin de fer de la ligne Budapest-Fünfkir-
chener-Bahn. La portée de ce pont est de 52 mètres, la hau-

teur des poutres est de 6ᵐ,9. Le treillis est double, en panneaux
de 4 mètres de largeur (fig. 100).

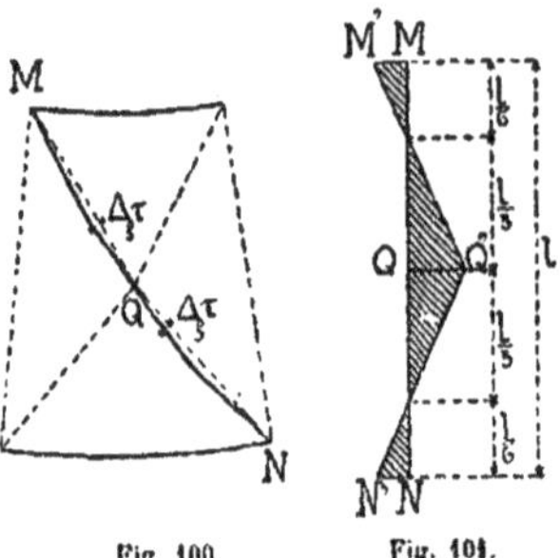

Fig. 100.   Fig. 101.

Les barres de treillis se croisent en leur milieu, les conditions diffèrent donc de celles que nous avons examinées précédemment. C'est en leur milieu Q que les barres MN (fig. 100)
tournent de l'angle $\Delta\tau$, et non plus à leurs extrémités. Cette
déformation est indiquée dans la fig. 100.

Pour une même largeur de barre le moment fléchissant en
M et N serait dans ce système le double de celui du treillis en V
en ce qui concerne l'influence de la variation de longueur des
membrures; mais la largeur des barres peut à cause de leur liaison entre elles se réduire de moitié, elle serait donc, en supposant une section en croix de $\frac{1}{66}$ au lieu de $\frac{1}{33}$ de la longueur.

D'un autre côté cependant la déformation des treillis limite
la largeur des barres à $\frac{1}{48}$ de leur longueur, et l'on pourra réduire la largeur des barres à cette limite. Il résulte de
ce changement de largeur une diminution considérable des
efforts secondaires dus aux treillis, diminution qui fait
plus que compenser l'augmentation que donne la déformation des membrures, et tout calcul fait on trouve que les efforts secondaires totaux descendent de 17 0/0 à 13 0/0 pour

une section en croix. Dans l'exemple considéré la longueur des barres est de 8 mètres, leur largeur de 0^{m}24, soit $\frac{1}{33}$ de la longueur.

Fig. 102.

Les barres tendues sont en fers plats, les barres comprimées ne sont pas en croix mais en cornières assemblées, comme l'indique la fig. 102, cela revient à peu près au même. Les cornières ne se touchent pas, elles sont réunies entre elles à des distances de 1,33 par des fers plats *aa* (fig. 103). Dans ce cas particulier la ligne des moments prend la forme indiquée fig. 104, en escalier, VUU$_1$U$_2$U$_3$U$_4$U$_5$Y ; de plus chaque cornière se trouve soumise à des petits moments représentés par les surfaces de la fig. 104 UXX$_1$, X$_1$U$_1$X$_2$, etc. Il va sans dire que le rapport de 0,24 à 8 mètres, entre la largeur des barres et leur longueur totale, doit être admis aussi comme minimum du rapport de la largeur d'une cornière à la distance entre les plats *a* de liaison.

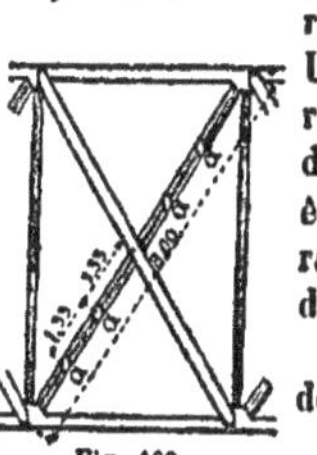
Fig. 103.

Cette disposition des barres (fig. 103) a donné d'excellents résultats aux épreuves.

Enfin nous dirons pour éviter tout

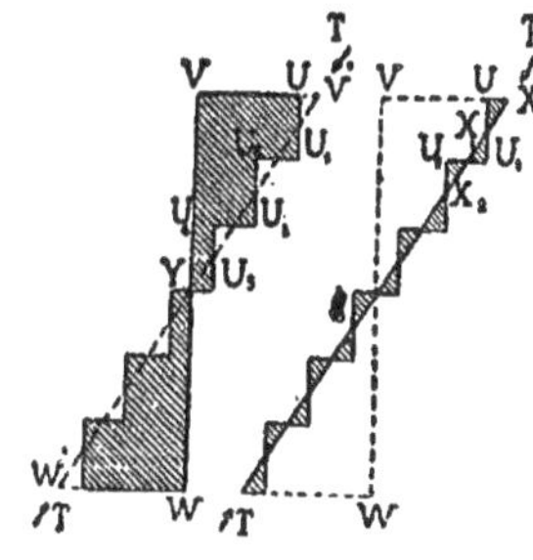
Fig. 104.

malentendu, que si l'on reste dans les limites trouvées pour
les dimensions des pièces, les calculs qui précèdent et qui
se rapportent au treillis rigide, ne conduisent pas à adopter
pour les barres des sections supérieures à celles que l'on a
admises jusqu'ici. Les efforts secondaires se négligent généralement et les constructions ne doivent pas pour cela être
considérées comme manquant de solidité, car le coefficient de
sécurité admis tient compte dans une certaine mesure des
efforts secondaires. Mais on peut dire que si l'on tenait compte
exactement des efforts secondaires le coefficient de travail
admis jusqu'ici pourrait être élevé de 10, 15 et même de 20 0/0.

§ 9

EFFORTS SUPPLÉMENTAIRES ENGENDRÉS PAR DES DISPOSITIONS DÉFECTUEUSES

*Les fibres moyennes des pièces ne se coupent pas en un même
point*

La fibre moyenne d'une pièce est, comme on le sait, la li-

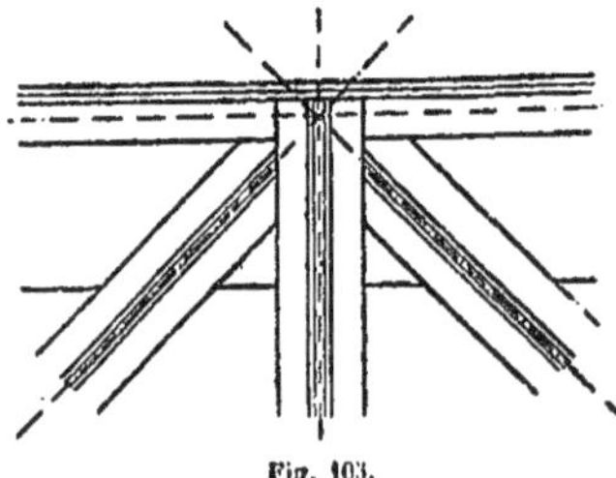

Fig. 103.

gne de jonction des centres de gravité de toutes les sections de
la pièce.

Il est nécessaire de disposer les pièces de manière que, en

chacun des nœuds, les fibres moyennes se coupent en un même point comme cela est indiqué (fig. 105).

Lorsque cette condition n'est pas remplie, on soumet les pièces à des efforts de flexion qui sont d'autant plus grands que l'on s'écarte davantage de cette condition.

Il n'est pas inutile d'insister à ce sujet car on voit très souvent des barres de treillis disposées comme l'indique la fig. 106, et il existe un grand nombre de ponts où le coefficient de travail des membrures se trouve doublé de ce fait.

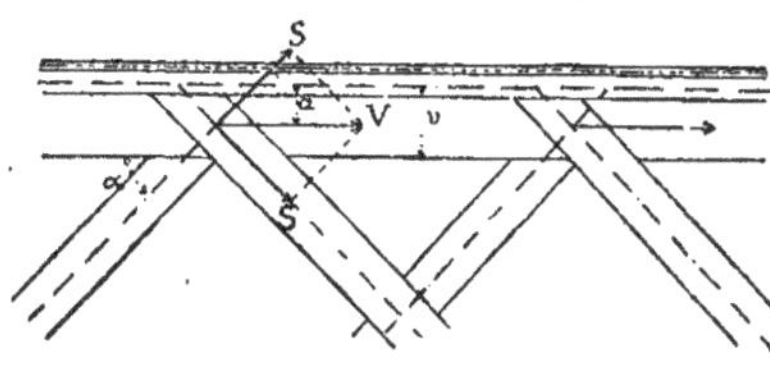

Fig. 106

Si l'on désigne par S l'effort agissant dans chacune des barres d'une même attache d'une poutre droite, et par α l'angle d'une barre avec l'horizontale, la résultante V des efforts des deux barres d'une même attache, est horizontale et égale à :

$$V = 2S\cos\alpha$$

Le couple agissant sur l'attache des barres et de la membrure est égal au produit de l'effort V par sa distance a à la fibre moyenne de la membrure :

$$\mu = Va = 2S.a\cos\alpha$$

On peut admettre à cause de leur rigidité relativement grande, comparée à celle des treillis, que les membrures résistent seules à ce couple. Le moment fléchissant agissant dans une membrure au point d'attache est alors égal à.:

$$M = \frac{\mu}{2} = S\,a\cos\alpha.$$

Dans la fig. 107 nous avons indiqué ce que devient la déformation des membrures et la ligne représentative des moments fléchissants correspondants. Ces moments sont maximums aux attaches, où ils passent brusquement du maximum positif au maximum négatif, puis ils varient suivant une ligne droite d'une attache à l'autre en passant par zéro.

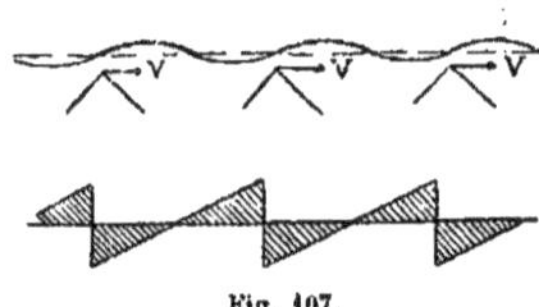

Fig. 107.

Si l'on désigne par R_1 le coefficient de travail général de la membrure, par I son moment d'inertie, par v la distance de la fibre la plus éloignée du centre de gravité de la section ; on aura pour le point le plus fatigué de la membrure un coefficient de travail égal à :

$$R = R_1 + \frac{S.\alpha.\cos\alpha \times v}{I}$$

Lorsque la section des membrures varie d'une attache à l'autre par le nombre de semelles, la fibre moyenne s'élève ou s'abaisse suivant qu'il y a plus ou moins de semelles.

Si l'on voulait observer rigoureusement la règle précédente, on serait conduit à faire varier légèrement l'inclinaison des barres d'un point à l'autre d'une poutre droite ; mais comme les déplacements de la fibre moyenne sont faibles, on pourra se contenter en général de prendre une position moyenne que l'on conservera sur toute la longueur de la poutre.

Les barres de treillis ne sont pas situées dans le plan moyen de la poutre

Pour satisfaire aux conditions théoriques, la fibre moyenne

des barres de treillis devrait être toujours située dans le plan moyen de la poutre.

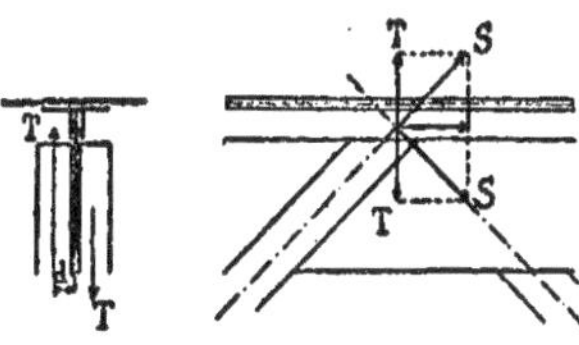

Fig. 108.

Mais il arrive souvent, pour des raisons de construction, que l'on est conduit à écarter cette fibre moyenne de ce plan moyen et plus on s'en écarte plus on développe dans les pièces des efforts considérables. Ces efforts sont de deux natures : des efforts de torsion et des efforts de flexion. Considérons (fig. 108) une attache de barres de treillis sur une membrure, elle est représentée en coupe et en élévation. Désignons, comme précédemment par S l'effort dans une barre de treillis. Les deux composantes horizontales des efforts S sont dirigées dans le même sens et donnent dans la membrure un effort agissant dans l'axe, mais les composantes verticales donnent un couple

$$\mu = 2.\,T.\,d$$

T étant la composante verticale de l'effort S et d la distance de la fibre moyenne d'une barre au plan moyen de la poutre.

Ce couple engendre à la fois une torsion dans les barres de treillis et les membrures, et une flexion dans les barres de treillis seulement.

Pour déterminer la répartition des efforts entre les différentes pièces il faudrait tenir compte de l'élasticité relative des membrures à la torsion et des treillis à la flexion, il faudrait de plus tenir compte aussi des déformations des attaches voisines. Le problème ainsi posé devient des plus compliqués ; recherchons quelle peut être l'importance de ces efforts.

Deux cas peuvent se présenter, suivant que l'on considère la barre tendue ou la barre comprimée.

Barres tendues. — Dans le cas où la barre est soumise à un effort de tension (fig. 109) cette barre fléchit par l'effet du couple vers le plan moyen, et tous les points de sa fibre moyenne se rapprochent du plan moyen de la poutre, à l'exception cependant des points d'attache. A mesure que la barre fléchit les efforts diminuent donc sur toute la longueur de la barre, excepté en ses points d'attache, jusqu'à ce que la barre se trouve dans la position d'équilibre.

Nous considérons deux cas :

1er Cas. La barre n'est pas rigide, elle est constituée par un fer plat rivé sur l'âme de la poutre.

Fig. 109.

Dans ce cas, le couple est faible, il n'a comme bras de levier que la somme des demi-épaisseurs de l'âme de la membrure et de la barre en fer plat. Le montant ou la barre rigide qui aboutissent au même point que la barre considérée, et la membrure par sa résistance à la torsion s'opposeront à la flexion de la barre tendue.

On peut donc dire que l'effort dans la barre de treillis ne se trouve augmenté que d'une quantité très petite, négligeable. Cette conclusion est tout à fait justifiée par la pratique : on peut constater en effet que les barres en fer plat fléchissent peu ; si l'on déduit de leur flexion l'effort correspondant dans les fibres extérieures de la barre, on arrive à des quantités négligeables.

2e cas. La barre est rigide et offre de la résistance à la flexion.

Nous avons dit qu'il y a à considérer des efforts de flexion et de torsion. Les sections généralement employées sont celles d'un T ou d'un U qui offrent très peu de résistance à la torsion et on pourra négliger cette résistance.

Le couple $\mu = 2 \cdot T \cdot d$ donne alors dans chacune des barres un moment fléchissant qui s'obtient en décomposant le couple μ en deux moments agissant dans les barres.

Dans le cas où les barres sont inclinées à 45° on a :

$$M = 2Td \sin \alpha = Sd$$

Si l'on désigne par I le moment d'inertie de la barre et par

10

v la distance de la fibre extérieure la plus éloignée de la fibre moyenne et située du côté de l'âme, on aura pour le coefficient de travail maximum de la barre à la tension :

$$R = R_1 + \frac{S\,d\,v}{I}$$

R_1 étant le coefficient de travail général de la barre.

Considérons par exemple deux cornières de $100 \times 100 \times 12$ rivées sur une âme de 12^{mm} d'épaisseur.

L'effort $S = 22,560^k$

$\qquad v = 0,0294 \qquad I = 0,000.002.10$

$\qquad d = 0,0354$

$\qquad R_1 = 5^k$ par millimètre carré.

On en déduit :

$$R = 5^k + \frac{22.560 \times 0,0354 \times 0,0294}{2.100} = 5 + 11,3 = 16^k,3$$

Le coefficient de travail à la compression dans la fibre opposée serait :

$$R = 5^k - \frac{22.560 \times 0,0354 \times 0,0706}{2.100} = 5 - 27^k = -22^k$$

Ces coefficients sont très grands comme on le voit ; ils sont exagérés, car ils supposent qu'il n'y a dans les attaches ni résistance à la flexion ni moment d'encastrement tandis qu'il y a presque toujours soit des montants soit une entretoise ou une pièce de pont qui maintiennent l'attache. Si l'on déduit de la courbure observée dans des ouvrages construits le coefficient de travail des barres, on arrive à des coefficients plus faibles que ceux que nous avons obtenus.

Le calcul qui précède n'a d'autre but que de montrer qu'il sera prudent d'abaisser le coefficient de travail des barres rigides chaque fois que l'axe d'une barre de treillis ne se trouvera pas dans le plan moyen de la poutre.

Barres comprimées. — Dans le cas où une barre est comprimée (fig. 110) cette barre fléchit en s'éloignant du plan moyen de la poutre, il en résulte que le moment fléchissant croît avec la flèche, et la barre fléchit de plus en plus jusqu'à la position d'équilibre. Si l'on néglige la flèche dans le calcul des moments, on arrive au même moment fléchissant que dans la barre tendue et si l'on reprend l'exemple précédent, les coefficients de travail des fibres extrêmes seront :

$$R = \quad 27 + 5 = 32^k \text{ à l'intérieur, compression}$$

$$R = -11 + 5 = \quad 6^k \text{ à l'extérieur, tension.}$$

Fig. 110.

Ces coefficients, pour les raisons que nous avons déjà données, sont bien supérieurs aux coefficients réels que l'on obtiendrait en tenant compte de la rigidité des attaches. Mais il ressort cependant des chiffres qui précèdent qu'il faut procéder avec beaucoup de prudence dans les dispositions des treillis, et que le moindre écart de la fibre moyenne de la barre du plan moyen de la poutre modifie beaucoup la répartition des efforts.

§ 10.

DÉFORMATION DES POUTRES DROITES A TREILLIS

(Planche 8).

On dispose en général d'une épure de résistance de la poutre dont on se propose de déterminer les déformations. Cette épure de résistance donne la courbe des moments fléchissants correspondant au cas de surcharge pour lequel on recherche les déformations ; elle donne également la courbe des efforts dans les barres de treillis, les moments de résistance de la poutre et la ligne de résistance des barres de treillis.

Voir comme exemple Pl. 8, fig 3.

Au moyen de cette épure on peut très simplement construire la poutre déformée.

Considérons un panneau de poutre (fig. 1), et désignons par :

h la hauteur de la poutre mesurée entre les centres de gravité des membrures.

a la longueur d'un panneau.

R le coefficient de travail des membrures dans le panneau considéré.

r le coefficient de travail des barres de treillis.

E le coefficient d'élasticité de la matière compté pour la même unité de surface que R et *r*.

Les déformations peuvent se diviser en deux parties : la première, celle des membrures ; la deuxième, celle des barres de treillis.

Nous examinerons d'abord séparément ces deux déformations et nous les réunirons ensuite.

Nous supposerons que le système est articulé, ou, en d'autres termes, nous négligerons les efforts secondaires qui ont très peu d'influence sur les déformations d'ensemble. Nous supposerons de plus que les déformations sont faibles relativement aux dimensions de la poutre.

a. Déformation des membrures (fig. 1).

Considérons le panneau de poutre à treillis désigné dans la fig. 1 par *panneau 1*.

La rotation δ_1 d'un montant peut s'exprimer par :

$$\delta_1 = \frac{R_1 a}{Eh}$$

La rotation de la fibre moyenne BC du panneau 2, en supposant que la fibre moyenne AB du panneau 1 reste fixe, peut s'exprimer par :

$$\delta_1 + \delta_2 = \frac{R_1 a}{Eh} + \frac{R_2 a}{Eh} = \frac{a}{Eh}(R_1 + R_2)$$

Le déplacement vertical correspondant d'un point O invariablement lié à la poutre sera :

$$OO' = x_1 \frac{a}{Eh}(R_1 + R_2)$$

La somme de tous les déplacements, ou le déplacement total *f* du point O, lorsque tous les panneaux se déforment, a pour expression :

$$f = \Sigma x_n \frac{a}{Eh}(R_n + R^{n+1})$$

ou x_0 représente la distance du point O aux points de séparation
de deux panneaux n et $n + 1$, et R_n, R_{n+1}, les coefficients de
travail des membrures dans les mêmes panneaux.

Pour construire la fibre moyenne de la poutre déformée, il
suffit de tracer un polygone funiculaire au moyen d'un polygone des forces dans lequel on portera les $(R_n + R_{n+1})$
comme forces, avec une distance polaire égale à $\dfrac{Eh}{a}$. Les sommets du polygone funiculaire se trouveront sur les verticales
des montants. Cette construction a été faite dans les fig. 4 et 5.
Les segments verticaux interceptés entre le polygone funiculaire et sa ligne de fermeture représentent les abaissements
de la poutre aux points considérés.

Dans le cas où la poutre subit des efforts symétriques par
rapport à son milieu, on prendra le pôle O' sur une horizontale menée au milieu de la longueur totale représentant la
somme des $R_n + R_{n+1}$. Dans le cas contraire on prendra un
pôle O situé à une hauteur quelconque, on tracera un premier
polygone AB et on le redressera par le procédé connu, en menant par le point O une parallèle OC à AB puis une horizontale CO'; le point O' situé sur la même verticale que le point O
est le pôle qui correspond au polygone funiculaire AB' ayant
une ligne de fermeture horizontale.

b. Déformation due aux barres de treillis.

Considérons un seul panneau (fig. 2).

La déformation des barres de treillis sera, quel que soit du
reste le nombre de ces barres,

$$KM = \frac{ra}{E\cos\alpha}$$

Le déplacement relatif d'une section extrême de panneau
par rapport à l'autre sera :

$$KL = \frac{ra}{E\cos\alpha\sin\alpha}$$

La déformation totale en un point T de la poutre (fig. 7)
sera :

$$DD' = TD' - TD = \frac{a}{E\cos\alpha\sin\alpha}\left[\sum_0^r r - \frac{OT}{OO_1}\sum_0^{o_1} r\right]$$

La construction de ces déformations peut se faire comme cela est indiqué (fig. 6) en construisant sur une verticale au moyen d'un centre O les expressions $\dfrac{ra}{E\cos\alpha\sin\alpha}$ dans l'ordre voulu, et en menant des horizontales qui déterminent les déformations sur chacune des verticales.

Nous remarquerons que dans la fig. 6 la symétrie des charges de la poutre conduit à une ligne de fermeture AF horizontale pour le polygone; si la symétrie n'existait pas la construction resterait la même, mais la ligne AF sera inclinée.

En ajoutant les ordonnées qui donnent les déformations provenant du treillis à celles qui sont dues aux membrures nous obtenons (fig. 4) la courbe des déformations totales.

Il va sans dire que si l'on conservait pour les déformations l'échelle du dessin, on arriverait à des longueurs inappréciables. On choisit en général les échelles de manière à obtenir les déformations en vraie grandeur. C'est ce qui a été fait pour la poutre de la Pl. 8.

Dans la fig. 5 les R ont été portés à 1^{mm} par kilo.

La distance polaire $\dfrac{E\hbar}{a} = 16.000 \times \dfrac{5,0}{3,7} = 21.600^k$ portée à 21.600^{mm} donnerait les déformations à l'échelle du dessin c'est-à-dire à $\dfrac{1}{500}$. Pour obtenir ces déformations en vraie grandeur nous avons pris comme distance polaire :

$$\frac{21.600}{500} = 43^{mm},2.$$

La méthode qui précède s'applique aussi bien aux poutres continues qu'aux poutres reposant sur deux appuis. L'exemple de la planche est précisément celui d'une poutre continue.

§ 11

DÉFORMATION D'UNE POUTRE A TREILLIS DE FORME QUELCONQUE

1. Exposé de la méthode

Nous étudierons uniquement les déformations verticales,

qui présentent seules un intérêt pratique. Les déplacements
horizontaux sont faibles et peuvent être négligés.

Considérons dans la fig. 111 une poutre à treillis d'une forme

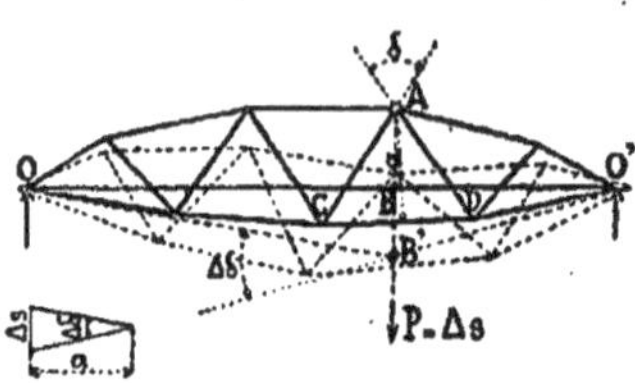

Fig. 111

quelconque et l'une de ses membrures CD de longueur *s*.
Désignons par :

R le coefficient de travail de la membrure ;

a la distance du nœud opposé A à cette membrure ;

E le coefficient d'élasticité du métal.

La variation de longueur Δs de CD peut s'exprimer par :

$$\Delta s = \frac{sR}{E}$$

La variation Δδ de l'angle δ que font entre elles les lignes
AC et AD peut s'exprimer par :

$$\Delta \delta = \frac{sR}{Ea}$$

Toute ligne invariablement liée à la construction se brisera
par suite de cette déformation du même angle Δδ, et la brisure sera située sur la perpendiculaire menée du point de rotation A sur la ligne considérée. La ligne horizontale des appuis
OO', par exemple, se brisera au point B situé sur la verticale
passant par le point A. En même temps les points O et O'
s'écartent légèrement, mais nous négligerons leur déplacement
qui est très petit et nous supposerons que la ligne OBO'
après la déformation passe toujours par les points O et O'.

Pour construire la ligne déformée OB'O' il suffit de mener
deux lignes OB' et O'B' passant par les appuis, se coupant sur
la verticale du point A et faisant entre elles un angle Δδ.

Cette construction peut se faire en considérant $\Delta s = \dfrac{sR}{E}$ comme une force verticale P appliquée au point A, et en construisant le polygone funiculaire correspondant avec une distance polaire égale à a.

Pour déterminer la déformation totale de la ligne OO' sous l'influence des déformations de toutes les membrures, il suffit de tracer le polygone funiculaire correspondant à un polygone des forces dans lequel on prend comme forces les allongements des membrures, et comme distances polaires une longueur variable et égale à la distance a de la membrure au nœud opposé.

Dans le plus grand nombre de cas on peut négliger la déformation des treillis, son influence étant faible relativement à

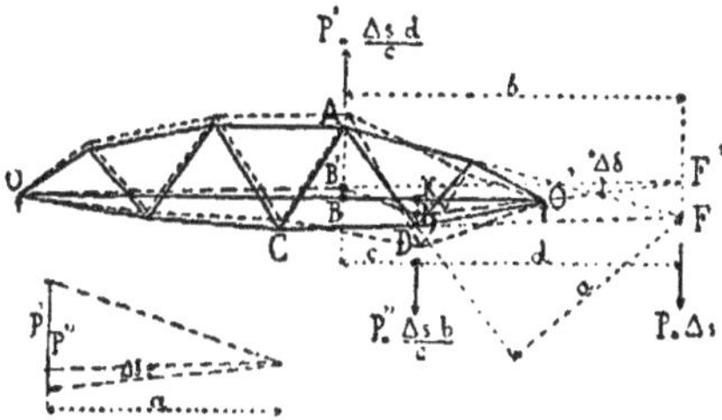

Fig. 112

celle des membrures. Si l'on veut en tenir compte, on peut le faire comme pour les membrures, de la manière suivante :

Considérons la barre AD de la fig. 112 et désignons de nouveau par Δs sa variation de longueur et par R son coefficient de travail. La partie de la construction située à gauche de AC tournera par rapport à celle de droite, supposée fixe, autour du point F, et l'angle de rotation $\Delta\delta$ aura comme précédemment pour expression :

$$\Delta\delta = \frac{sR}{Ea}.$$

La ligne OO' se brise d'un angle $\Delta\delta$, mais la brisure a lieu

au point F' situé sur la perpendiculaire menée du point F sur
la ligne OO'.

Si l'on admet que la ligne OO' soit invariablement reliée
suivant les verticales à chacun des nœuds, elle aura après
la déformation la forme OB'K'O'. Cette ligne brisée doit
remplir les conditions suivantes : les droites OB' et K'O'
font entre elles l'angle $\Delta\delta$, et elles se coupent sur la verticale FF'. Son tracé peut se faire comme précédemment au
moyen d'un polygone funiculaire et d'un polygone des forces. On fait agir verticalement au point F une force $P = \Delta s$ et
l'on prend une distance polaire égale à a.

La construction diffère de celle que nous avons obtenue pour
les membrures en ce que l'intersection des lignes se fait en dehors de la poutre, et il reste pour avoir la ligne déformée à re-
lier les points B' et K', intersections des côtés du polygone funiculaire avec les verticales menées par les points A et D.

Mais il est facile de remarquer que l'on peut substituer à la
force $\Delta s = P$ deux composantes agissant en B ou A et en
K ou D, on arrive ainsi directement au tracé complet. Ces composantes ont les valeurs suivantes :

composante en A :

$$P' = -\frac{\Delta s \times d}{c} = -\frac{s \cdot R \cdot d}{E \cdot c}$$

composante en D :

$$P'' = \frac{\Delta s \times b}{c} = \frac{s \cdot R \cdot b}{E \cdot c}$$

d étant la distance horizontale des points D et F ;
b celle des points A et F ;
et c celle des points A et D.

En appliquant à chacun des nœuds les poids P' et P'' correspondant aux barres de treillis et en construisant le polygone funiculaire correspondant à ces efforts, on obtient la ligne
des appuis OO' telle que la déformerait l'action seule des
treillis.

Il va sans dire qu'il faut tenir compte des signes à donner
aux efforts P, P' et P''.

L'échelle des $P = \Delta s$ devra être beaucoup plus grande que celle des distances polaires a, autrement les déformations seraient inappréciables. On choisit en général un rapport des échelles tel que la ligne déformée reproduise la déformation verticale en vraie grandeur.

Nous disions que les déformations verticales dues aux barres de treillis sont faibles comparées à celles que donnent les membrures; c'est vrai surtout pour les poutres courbes.

Le calcul des déformations se fait en général pour la surcharge totale, surcharge qui donne les plus grandes déformations. Or dans le cas de la surcharge totale, les poutres courbes telles que les poutres paraboliques n'éprouvent que des efforts presque nuls dans les barres de treillis, et par suite ces barres se déforment très peu.

Dans le cas qui se présente assez fréquemment, celui du treillis double, on peut ou bien déterminer séparément la déformation correspondant à chacun des systèmes et prendre ensuite la moyenne entre ces déformations, ou bien encore, lorsque l'on néglige la déformation des barres de treillis, prendre, comme points d'application des efforts P, les points G (fig. 113) situés au milieu des panneaux entre les deux nœuds opposés à la membrure considérée.

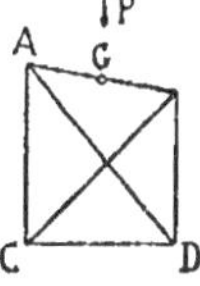

Fig. 113

Nous avons donné dans le paragraphe précédent la construction des flèches dans une poutre droite par une méthode un peu différente et spéciale à ce cas, mais la méthode qui précède pourrait s'y appliquer aussi.

Exemple de la planche 9.

Nous avons construit comme exemple dans la pl. 9 les déformations d'une poutre parabolique de $62^m,4$ mètres de portée et chargée d'un poids uniformément réparti de 1.110 kilos par mètre courant. Les barres de treillis ne subissent que des efforts très petits sous cette charge et leurs déformations ont été négligées. Le travail des membrures est sensiblement constant d'un bout à l'autre de la poutre; il est de 2^k5 par millimètre carré. Nous avons déjà dit que lorsqu'il s'agit des déformations il y a lieu de tenir compte des couvre-joints. Dans le cas qui nous occupe les couvre-joints ont à peu près le $\frac{1}{10}$ du poids des membrures, la raideur de ces membrures se trouve par suite augmentée de $\frac{1}{10}$ et nous introduirons dans nos calculs le coefficient $R = 2{,}5 - \frac{2{,}5}{10} = 2{,}25$.

Le système des treillis est double, et nous prendrons comme point de rotation d'une membrure le milieu de la membrure opposée.

On calcule d'abord pour les membrures supérieures et inférieures de chaque panneau les expressions :

$$\frac{\Delta s' R'}{E}$$

pour la membrure supérieure ;

$$\frac{\Delta s\, R}{E}$$

pour la membrure inférieure.

Puis on applique au milieu de chaque panneau la charge $P = \left(\frac{\Delta s' R'}{E} + \frac{\Delta s R}{E} \right)$. Comme distance polaire, pour le tracé du polygone funiculaire, on prend une valeur moyenne entre a et a'. Ces longueurs diffèrent peu l'une de l'autre, c'est ce qui permet de prendre leur moyenne en réunissant les deux expressions de la membrure supérieure et de la membrure inférieure.

Le polygone funiculaire (fig. 2) tracé avec les forces P donne les déformations verticales. Celles-ci sont obtenues en vraie grandeur, parce que les expressions P qui représentent les déformations ont été portées en vraie grandeur dans le polygone des forces (fig. 2). La flèche prise par la poutre au milieu de la travée est de 27^{mm}.

§ 12

CALCUL DES CONTREVENTEMENTS

Les contreventements sont destinés à constituer avec les membrures de véritables poutres horizontales. Ils donnent la raideur transversale au tablier d'un pont en s'opposant aux mouvements vibratoires que produit le passage d'une charge roulante ; de plus, ils résistent à la flexion horizontale sous l'action du vent.

Les efforts horizontaux développés par le passage d'une charge sont faibles, et le moindre contreventement suffit à raidir un pont, tandis que le vent peut développer des efforts considérables et c'est pour résister à ces efforts que les con·treventements se calculent.

Considérons d'abord d'une manière générale un tablier de pont et une coupe transversale de ce tablier. Nous avons vu dans le chapitre premier, page 16, de quelle manière on détermine les efforts du vent. Soient p', p'', p''' ces efforts sur les différentes pièces de la première paroi (fig. 114) ; ils sont comptés pour l'unité de longueur de tablier. Soient de plus p_1', p_1'' les efforts sur la seconde paroi. On déterminera la résultante p de tous ces efforts par le tracé d'un polygone funiculaire qui donnera en même temps la distance h de cette résultante au niveau de l'appui des poutres. Les efforts p feront fléchir ce tablier dans un plan horizontal et de plus ils soulageront la poutre située du côté du vent, tandis qu'ils chargeront la poutre opposée.

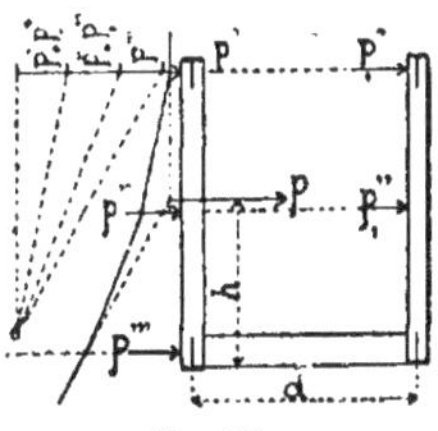

Fig. 114

Il va sans dire que dans le cas où les poutres ne sont pas droites, l'effort p et la hauteur h varient d'un point à un autre des poutres.

Le calcul de la résistance d'un tablier au vent dépend du nombre et de la position de ses contreventements et de la manière dont il est entretoisé. Nous examinerons successivement les cas que l'on rencontre le plus souvent :

Premier cas. — Tablier à voie inférieure, ayant un seul plan de contreventement à la partie inférieure.

Deuxième cas. — Tablier à voie inférieure ayant deux contreventements situés, l'un dans le plan des membrures supérieures, l'autre dans le plan des membrures inférieures.

Troisième cas. — Tablier à voie supérieure contreventé dans le plan des membrures supérieures et dans le plan des membrures inférieures, avec entretoisements.

Le cas où la voie est située dans la partie moyenne du tablier avec un contreventement dans le plan de la voie se ramène au premier cas. Le contreventement qui est situé dans le plan de la voie ne peut être compté dans la résistance générale du tablier à la flexion parce qu'il est dépourvu de membrures ; il a simplement pour but de donner à la voie la rigidité transversale et il peut être très léger.

Pour qu'un contreventement soit bien efficace il faut qu'il puisse agir comme une véritable poutre, c'est-à-dire qu'il se compose de membrures et de treillis, et qu'il rencontre sur les appuis un point solide. On conçoit en effet aisément que si l'on a, par exemple, un contreventement supérieur dans un tablier tubulaire, et si ce contreventement ne rencontre pas sur les appuis un cadre assez résistant pour transmettre à sa partie inférieure les réactions du contreventement supérieur, ce dernier n'agira pas efficacement.

I. — Tablier à voie inférieure ayant un seul plan de contreventement entre les membrures inférieures.

Dans ce cas la poutre horizontale AB constituée par les membrures A et B et par le contreventement du plan AB, résiste seule à la flexion horizontale ; elle sera à calculer pour l'effort p par mètre courant, effort qui, comme nous l'avons dit, peut varier d'un point à un autre de la poutre.

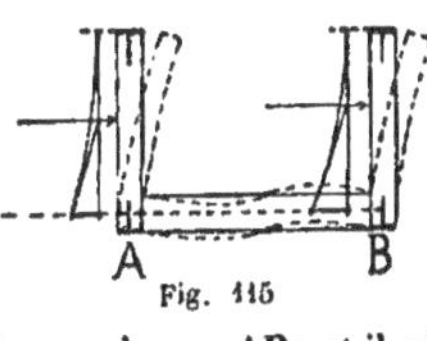

Fig. 115

On pourra cependant, en général, se contenter d'admettre un effort p constant, car cet effort varie relativement peu d'un point à un autre. On pourra de plus négliger, pour des portées moyennes, les efforts développés dans les membrures AB; et il n'y aura à calculer que le treillis du contreventement, exactement comme cela se fait dans une poutre chargée uniformément sur toute sa longueur d'une charge p au mètre courant.

Si l'on considère la manière dont les efforts sont transmis dans le plan AB, on voit qu'ils tendent à faire fléchir les parois verticales et qu'ils donnent en même temps des moments de flexion dans les pièces de pont. Ce sont les montants verticaux ou, à leur défaut, les barres de treillis qui résisteront à ces moments fléchissants. Il n'est pas difficile d'en tenir compte, le polygone funiculaire (fig. 115) les détermine. Les moments maximums se produisent aux points A et B, et ce sont ces moments qui agissent dans les pièces de pont.

Il est bon, en vue de la résistance à la flexion des parois, de munir ces dernières, dans le cas qui nous occupe, de montants verticaux assez larges pour constituer de véritables poutres verticales.

Nous avons dit que l'effort p qui agit au-dessus des appuis soulage la poutre située du côté du vent; il la soulage d'un poids $p_v = \dfrac{ph}{d}$ par mètre courant (fig. 114), tandis que la poutre opposée au vent se charge de la même quantité.

Les calculs de résistance au vent comprendront :

a) Le calcul du contreventement pour une charge p par mètre courant;

b) Le calcul des poutres verticales pour une charge $p_v = \dfrac{ph}{d}$, et le calcul de la poutre AB pour une charge horizontale égale à p par mètre courant.

Si l'on désigne par H la hauteur de la poutre, mesurée entre les centres de gravité des membrures, par d l'écartement des poutres, par l la portée des poutres, l'effort maximum dû au vent au milieu de la poutre sera :

Pour la membrure supérieure, une compression

$$N_s = \frac{phl^2}{8dh}$$

et pour la membrure inférieure, une tension

$$N_i = \frac{phl^2}{8dh} + \frac{pl^2}{8d} = \frac{pl^2}{8d}\left(\frac{h}{h} + 1\right).$$

Pour tenir compte de l'influence des efforts du vent, il suffit d'ajouter à la charge verticale pour la membrure supérieure une charge égale à $p_s = \frac{ph}{d}$ par mètre courant, et une charge $p_i = \frac{ph}{d} + \frac{pll}{d}$ par mètre courant pour la membrure inférieure. On néglige très souvent, pour les portées qui ne dépassent pas 60 à 80^m, les efforts engendrés par le vent dans les membrures.

c) *Le calcul des montants ou de la paroi verticale.* — Chacun des montants se calcule comme une poutre encastrée à sa partie inférieure, les moments fléchissants s'obtiennent par le tracé de polygones funiculaires (fig. 115).

d) *Le calcul des pièces de pont.* — Les pièces de pont sont soumises à des moments fléchissants qui sont maximums aux extrémités où ils sont égaux aux moments d'encastrement μ du montant. Entre ces points ces moments varient suivant une ligne droite, en passant par 0 au milieu de la poutre.

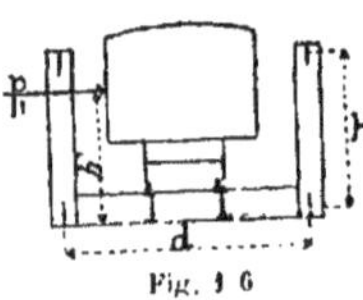

Fig. 116

f) *Action du vent sur le train.* — Il est facile aussi de tenir compte de l'effort p_t du vent sur le train, il s'ajoute à l'effort sur le tablier, pour le calcul du contreventement et des membrures. Cet effort est sans influence sur les montants, mais il change la répartition des charges sur les pièces de pont et les longerons.

II. — Tablier à voie inférieure ayant deux plans de contreventement.

Les deux contreventements sont situés, l'un dans le plan des membrures inférieures, l'autre dans le plan des membrures supérieures.

Nous avons dit qu'il est nécessaire d'avoir sur les appuis un cadre résistant, pour transmettre à ces appuis la réaction du contreventement supérieur. Mais, quoi que l'on fasse, le cadre des appuis présentera toujours dans une poutre tubulaire, à cause de l'absence de croix de St-André, une déformabilité relativement grande et le contreventement supérieur travaillera moins que l'inférieur.

Il résulte de ce qui précède que, dans le cas d'un pont à voie inférieure, c'est à la partie inférieure que sera placé le contreventement le plus résistant parce qu'il est le plus efficace.

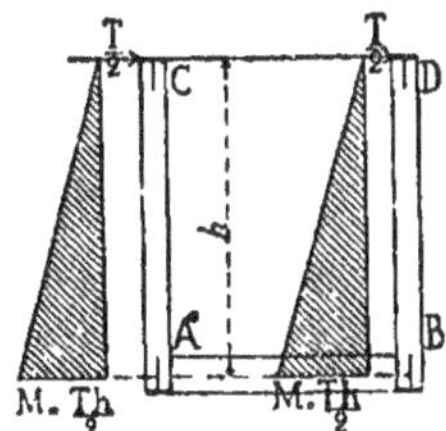

Fig. 117.

Pour rendre le contreventement supérieur efficace, les cadres des appuis devront avoir des montants aussi larges que possible.

Si l'on désigne par T la réaction horizontale du contreventement supérieur, on aura dans chacun des montants sur appuis les moments fléchissants représentés dans la fig. 117 par les surfaces ombrées.

Dans le cas où l'entretoise supérieure n'est pas résistante (fig. 117).

$$M = \frac{Th}{2}.$$

Dans le cas où l'entretoise a une raideur égale à celle de la pièce de pont (fig. 118), le moment au même point est :

$$M = \frac{Th}{4}.$$

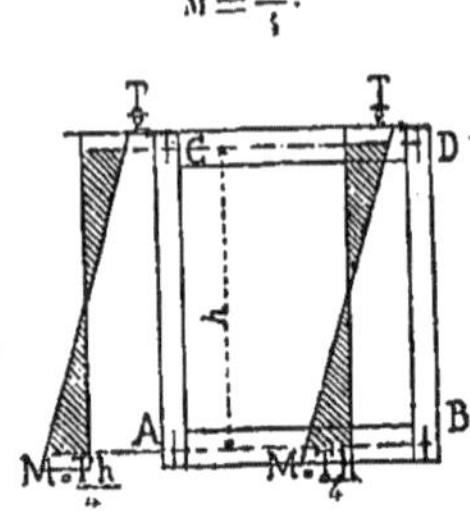

Fig. 118

Le moment dans la pièce de pont aux points A et B est le même que celui des montants en ces mêmes points, il est positif au point A et négatif au point B; il varie suivant une ligne droite en passant par zéro au milieu de la pièce (fig. 119).

Il va sans dire que tous ces résultats ne sont qu'approximatifs. En réalité il y aurait à tenir compte de l'élasticité de toutes les pièces. Le cadre sur appuis ne peut fléchir sans entraîner avec lui toute la paroi, qui offre aussi sa part de résistance ; mais si l'on donne au cadre une grande raideur on se trouvera dans de bonnes conditions de résistance et on soulagera les parois verticales de la plus grande partie des efforts de flexion qu'elles auraient à subir sans l'existence de ce cadre.

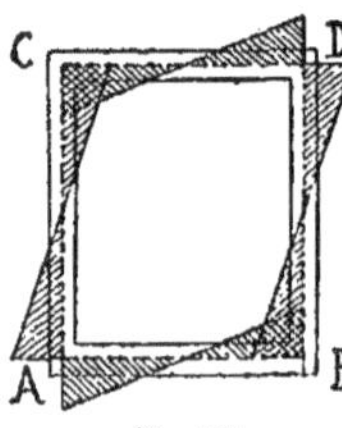

Fig. 119

La répartition de l'effort p entre le plan supérieur et le plan inférieur se fait en décomposant l'effort p en deux efforts situés dans ces plans.

11

Lorsque le cadre sur appuis n'a pas la résistance nécessaire, les parois verticales transmettent une fraction des efforts à la partie inférieure, et il est très difficile de procéder exactement. On peut, soit supposer que le contreventement supérieur n'existe pas, et calculer le tablier comme dans le cas précédent, soit appliquer au contreventement supérieur la partie de l'effort que le cadre lui permet de transmettre et retrancher cette partie de l'effort total, puis appliquer la différence au contreventement inférieur.

L'effort du vent sur le train est transmis entièrement au contreventement inférieur.

III. — Tablier à voie supérieure avec deux plans de contreventement et avec entretoisements sur toute sa longueur

Désignons de nouveau par p la résultante des efforts du vent par mètre courant de tablier, cette résultante pouvant comprendre aussi l'action du vent sur le train. Décomposons cette résultante en un couple pr et une force p' égale à p et appliquée au milieu de la hauteur des poutres.

Nous admettons, comme cela est généralement le cas, que les quatre membrures de la poutre ont la même section et que les deux poutres verticales AC et DB sont semblables, ainsi que les poutres horizontales AB et CD.

L'effort p' donnera dans chacune des deux poutres horizontales AB et CD un effort $\frac{p'}{2}$ par mètre courant.

Fig. 120

Le couple pr peut se décomposer en deux autres couples, l'un $p_v d$ agissant dans les deux plans verticaux AC et BD, l'autre $p_h h$ agissant dans les plans horizontaux AB et CD ; on aura :

$$p_v d + p_h h = p r \qquad (1)$$

Pour déterminer p_v et p_h il faut une seconde relation. La considération des déformations qui se produisent sous l'action de ces couples nous la fournira.

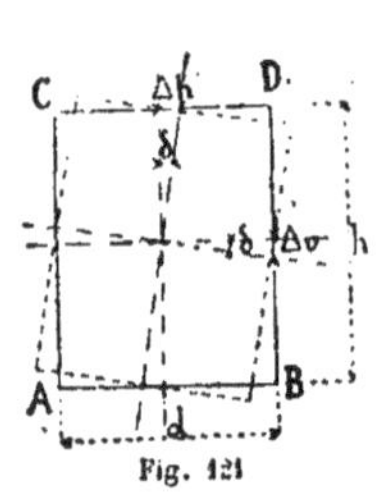

Fig. 121

Nous admettons, à cause des entretoisements, qu'une section rectangulaire reste encore rectangulaire après la déformation.

Il résulte de cette hypothèse que la rotation δ entre deux sections voisines devra être la même pour les 4 faces AB, CD, AC et DB.

Et puisque les rotations sont très petites, le déplacement horizontal des faces AB et CD sera :

$$\Delta h = \frac{\delta.h}{2}$$

et le déplacement vertical des faces AC et BD

$$\Delta v = \frac{\delta.d}{2}$$

le rapport du déplacement horizontal au déplacement vertical

$$\frac{\Delta h}{\Delta v} = \frac{h}{d}. \tag{2}$$

Cherchons à exprimer la relation entre ces déplacements et les efforts p_v et p_h.

La figure 122 représente un panneau du tablier, compris entre deux entretoisements ACDB et A'C'D'B'. Chacun des points A',C',D',B' est relié au cadre ACDB par 3 pièces, une membrure, une barre de treillis et une barre de contreventement ; de plus, ils se déplaceront tous de la même quantité Δv suivant la verticale et Δh suivant l'horizontale.

Considérons le point C' et les trois pièces tracées en traits pleins qui le relient au cadre voisin.

Désignons par Ω la section de la membrure,

ω_r la section de la barre de treillis,

ω_h la section de la barre de contreventement.

Les longueurs et les angles sont désignés dans la figure.

Appliquons au point C' un effort vertical p_v et un effort horizontal p_h, les efforts et les déformations dans les différentes pièces seront les suivants :

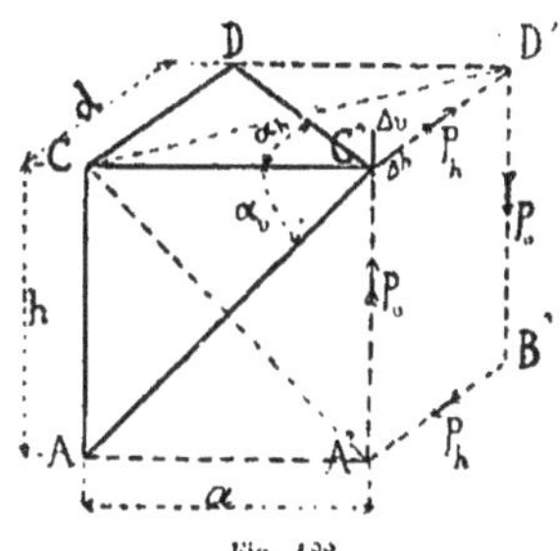

Fig. 122

Membrure de longueur a :

Effort
$$\frac{p_h}{\operatorname{tg} \alpha_h} - \frac{p_v}{\operatorname{tg} \alpha_v}.$$

Déformation
$$\Delta a = \frac{a}{\Omega E}\left(\frac{p_h}{\operatorname{tg} \alpha_h} - \frac{p_v}{\operatorname{tg} \alpha_v}\right) \tag{3}$$

Barre de treillis de longueur $\dfrac{a}{\cos \alpha_v}$:

Effort
$$\frac{p_v}{\sin \alpha_v}.$$

Déformation
$$\Delta t = \frac{a.p_v}{\omega_v\, E \sin \alpha_v \cos \alpha_v}. \tag{4}$$

Barre de contreventement de longueur $\dfrac{a}{\cos \alpha_h}$:

Effort
$$- \frac{p_h}{\sin \alpha_h}.$$

Déformation
$$\Delta c = - \frac{a.p_h}{\omega_h\, E \sin \alpha_h \cos \alpha_h}. \tag{5}$$

De ces déformations on peut déduire les déplacements Δv et Δ.

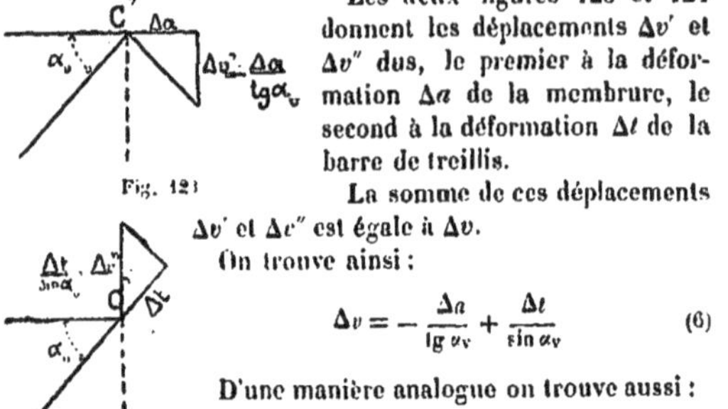

Fig. 123

Fig. 124

Les deux figures 123 et 124 donnent les déplacements $\Delta v'$ et $\Delta v''$ dus, le premier à la déformation Δa de la membrure, le second à la déformation Δt de la barre de treillis.

La somme de ces déplacements $\Delta v'$ et $\Delta v''$ est égale à Δv.

On trouve ainsi :

$$\Delta v = - \frac{\Delta a}{\mathrm{tg}\,\alpha_v} + \frac{\Delta t}{\sin \alpha_v} \qquad (6)$$

D'une manière analogue on trouve aussi :

$$\Delta h = \frac{\Delta a}{\mathrm{tg}\,\alpha_h} - \frac{\Delta c}{\sin \alpha_h} \qquad (7)$$

En introduisant dans ces expressions les valeurs trouvées pour Δa, Δt et Δc, en égalant le rapport $\dfrac{\Delta h}{\Delta v}$ à $\dfrac{h}{d}$, en remplaçant h par sa valeur $a\,\mathrm{tg}\alpha_v$ et d par $a\,\mathrm{tg}\alpha_h$, puis en transformant on trouve :

$$\frac{p_v}{p_h} = \frac{\dfrac{2}{\Omega\,\mathrm{tg}\,\alpha_h} + \dfrac{1}{\omega_h \sin \alpha_h \cos^2\alpha_h}}{\dfrac{2}{\Omega\,\mathrm{tg}\,\alpha_v} + \dfrac{1}{\omega_v \sin \alpha_v \cos^2\alpha_v}} \qquad (8)$$

Pour

$$\alpha_v = \alpha_h = 45°$$

on aurait :

$$\frac{p_v}{p_h} = \frac{\dfrac{2}{\Omega} + \dfrac{1}{0,353\,\omega_h}}{\dfrac{2}{\Omega} + \dfrac{1}{0,353\,\omega_v}}$$

Prenons comme exemple des rapports que l'on rencontre fréquemment

$$\alpha_h = \alpha_v, \quad \omega_v = \frac{1}{3}\,\Omega, \quad \omega_h = \frac{1}{12}\,\Omega$$

la formule (8) donne pour ces valeurs

$$\frac{p_v}{p_h} = 3,1 .$$

En négligeant la déformation Δa des membrures qui donne les termes en Ω, on trouve

$$\frac{p_v}{p_h} = 4{,}0 \text{ au lieu de } 3{,}4.$$

La formule (8) n'est pas rigoureuse, parce que nous avons supposé que les membrures ont une déformation relative, en d'autres termes que le plan ABDC se gauchit sans obstacle. Or les panneaux voisins s'opposent en partie à ce gauchissement, ce qui diminue le Δa. Il est très difficile de tenir compte de cette influence; mais les chiffres qui précèdent montrent que, même en supposant $\Delta a = 0$, le résultat change peu. La formule devient alors :

$$\frac{p_v}{p_h} = \frac{\omega_v \sin \alpha_v \cos^2 \alpha_v}{\omega_h \sin \alpha_h \cos^2 \alpha_h} \qquad (9)$$

En réalité, les formules (8) et (9) donnent deux limites et la vraie valeur se trouve entre les deux, mais comme ces limites sont peu différentes, on pourra employer l'une ou l'autre, et de préférence celle de la formule (9) qui est la plus simple.

En combinant les formules (1) et (9) et en désignant par K le rapport de la formule (9) on trouve

$$p_h = \frac{pr}{d.K + h} \qquad (10)$$

$$p_v = \frac{pr}{d + \dfrac{h}{K}} \qquad (11)$$

Les efforts p_v et p_h étant déterminés, on calculera le contreventement supérieur pour un effort

$$\frac{p}{2} + p_h \text{ au mètre courant ;}$$

le contreventement inférieur pour un effort

$$\frac{p}{2} - p_h$$

et le treillis des poutres verticales pour un effort p_v s'ajoutant à celui des charges.

Les membrures supérieures se calculeront en faisant agir horizontalement un effort $\frac{p}{2} + p_h$ et verticalement un effort $- p_v$ ou ce qui revient au même en chargeant la poutre verticale d'un poids

$$\left(\frac{p}{2} + p_h\right)\frac{h}{d} - p_v$$

Les membrures inférieures se calculeront en chargeant la poutre verticale d'un poids

$$\left(\frac{p}{2} - p_h\right)\frac{h}{d} - + p_v$$

C'est la membrure inférieure opposée au vent qui est la plus fatiguée.

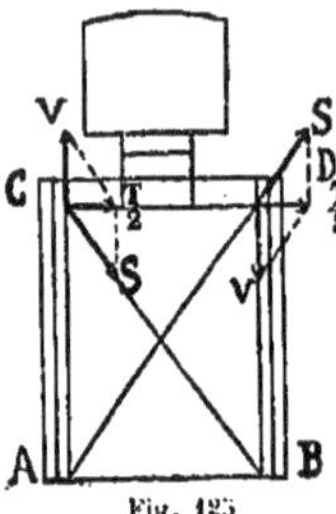

Fig. 125

Le contreventement supérieur est plus fatigué que le contreventement inférieur.

Sur les appuis on dispose un entretoisement robuste (fig. 125), qui est calculé pour transmettre la réaction horizontale du contreventement supérieur aux appuis. Cette réaction est égale à :

$$T = \left(\frac{p}{2} + p_h\right)\frac{l}{2}$$

l étant la portée du tablier.

Les deux barres d'entretoisement **AD** et **CB** seront calculées pour résister à l'effort **S**, obtenu par une simple décomposition de l'effort $\frac{T}{2}$ aux points **C** et **D**, comme l'indique la fig. 125.

Tout ce qui précède s'applique aussi bien à des poutres reposant sur deux appuis qu'à celles qui reposeraient avec continuité sur plusieurs appuis. Dans le dernier cas on tiendrait compte de la continuité comme on le fait dans les poutres verticales.

Pour préciser davantage la méthode nous allons l'appliquer à deux cas, l'un à voie inférieure, l'autre à voie supérieure.

IV. Exemple de calcul d'un pont à voie inférieure. Pl. 10

Les fig. 1 et 2 représentent la coupe transversale et une élévation partielle du pont.

Nous déterminons ci-dessous les surfaces offertes au vent par les différentes parties du tablier. Ces surfaces sont rapportées au mètre courant, et elles ont des valeurs moyennes.

Première paroi :

$$
\begin{array}{lll}
\text{Membrure supérieure} & & 0^{m^2},60 \\[4pt]
\text{Barres de treillis } \dfrac{2\times 7\times 0,300}{5} & = & 0\ ,84 \\[8pt]
\text{Montants } \qquad \dfrac{5,80\times 0,200}{5} & = & 0\ ,23 \\[8pt]
\text{Membrure inférieure} & & 0\ ,60 \\
\hline
\hspace{3cm}\text{Total} & & 2^{m^2},27
\end{array}
\quad\left.\begin{array}{c} \\ \\ \\ \end{array}\right\}1,07
$$

La surface complète de la poutre qui a 7^m de hauteur est de $7^{m^2},00$.

Le rapport des vides à la surface totale sera ;

$$\frac{7-2,27}{7} = 0,675.$$

Seconde paroi :

Surfaces
réduites

Membrure supérieure	$0,675 \times 0^{m^2},60 = 0,40$
Treillis et montants	$0,675 \times 1^{m^2},07 = 0,72$
La membrure inférieure est entièrement cachée par le plancher, mais la saillie du plancher et des rails donne	$0,675 \times 0^{m^2},20 = 0,13$

Pour rechercher le centre d'action du vent nous ferons passer les efforts au centre des surfaces, et nous grouperons toutes les surfaces qui ont leur centre à la même hauteur.

Si nous considérons d'abord un vent de 270^k au mètre

carré sans surcharge, les efforts sur les surfaces seront les suivants :

	Surfaces	Efforts
1. Membrures supérieures $0,60 + 0,40 =$	$1^{m2},00$	270^k
2. Treillis et montants $1,07 + 0,72 =$	$1\ ,79$	483
3. Plancher et rails	$0\ ,13$	35
4. Membrure inférieure	$0\ ,60$	162
Totaux	$3^{m2},52$	950^k

Ces efforts ont servi à déterminer par le polygone des forces et le polygone funiculaire de la fig. 3 la position de la résultante p.

Cette résultante est située à $3^m,65$ au-dessus du niveau des appuis.

La poutre **BD** se trouvera chargée d'une quantité

$$p_r = \frac{ph}{d} = \frac{950 \times 3,65}{5,00} = 693^k.$$

La poutre **AC** sera soulagée du même poids de 693^k.

Nous calculerons le contreventement inférieur de manière qu'il résiste à lui seul à l'effort du vent et nous supposerons que le vent agisse en même temps sur toute la longueur de la poutre.

Le contreventement est à treillis double et l'effort se partagera également entre les deux systèmes.

La force extérieure ou l'effort tranchant est donné, dans chacun des panneaux du contreventement, par l'ordonnée de la ligne KT (fig. 4) mesurée au milieu du panneau.

Cette ligne KT est obtenue en portant OT égal à la moitié de l'effort du vent sur la travée et en joignant le point T au milieu K de l'ouverture.

L'effort dans les barres du treillis de contreventement s'obtient en décomposant les forces extérieures, suivant la direction de la barre et suivant une horizontale.

Les barres sont de deux types, les efforts maximums qu'elles subissent et leur composition sont donnés ci-dessous.

N° de la barre.	Efforts dans une barre.	Section d'une barre.	Coefficient de travail.
1	18.000 ^{k}	2 cornières $100 \times 100 \times 10 = 3800^{mm2}$	4^k,7
2	8.000	2 cornières $70 \times 70 \times 8 = 2112$	3^k,8

Il va sans dire que la résistance des barres du treillis de contreventement au flambage se vérifie comme celle des poutres verticales.

. Recherchons maintenant quel est l'effort que le contreventement supérieur peut porter. A cet effet nous prendrons comme point de départ la résistance des montants sur appuis. La section de ces montants est donnée dans la Pl. 10. Si nous désignons par $\frac{T}{2}$ l'effort horizontal que le contreventement développe à la partie supérieure d'un montant, et si nous supposons à l'entretoise supérieure une rigidité égale à celle de la pièce de pont, nous aurons pour le moment fléchissant maximum dans un montant :

$$M = \frac{Th}{4} = \frac{T \times 6,4}{4}$$

d'où nous tirons :

$$T = \frac{4M}{6,4}.$$

Le rapport du moment d'inertie à la distance v de la fibre extrême est le suivant :

$$\frac{I}{v} = 0,0017.$$

Le coefficient de travail dont on dispose en sus du travail à la compression est :

$$R = 4^k \text{ par mm2.}$$

Le moment fléchissant ne devra donc pas dépasser la valeur suivante :

$$M = 0,0017 \times 4.000.000 = 6800$$

à laquelle correspond :

$$T = \frac{4 \times 6800}{6,4} = 4250^k.$$

La réaction horizontale totale est de :

$$\frac{950 \times 60}{2} = 28.500^k.$$

Le contreventement supérieur est donc capable de soulager de $\frac{1}{7}$ seulement le contreventement inférieur.

On a donné aux sections des barres du contreventement supérieur les mêmes dimensions qu'à celles du type 2 du contreventement inférieur.

Considérons maintenant le cas d'un vent de 150ᵏ avec surcharge.

Les surfaces offertes au vent par la première paroi ne changent pas.

Après la première paroi le vent rencontre le train qui offre une surface de $2^{m2},20$ à multiplier par le rapport 0,675 trouvé précédemment.

Il y a donc à compter pour le train :

$$0,675 \times 2,2 = 1^{m2},48.$$

Les surfaces présentées au vent par la seconde poutre sont à réduire dans le rapport :

$$0,675 \times \frac{7 - 2,2}{7} = 0,46$$

Elles seront les suivantes :

    Membrure supérieure $0,60 \times 0,46 = 0^{m2},27$
    Treillis et montants $1,07 \times 0,46 = 0^{m2},50$

En résumé les efforts que nous compterons pour le vent seront :

1. Membrures supérieures	$(0,60 + 0,27)$ 150	=	130ᵏ
2. Treillis et montants	$(1,07 + 0,50)$ 150	=	235
/ Train	$1,48 \times 150$	=	220
3. Platelage	$0,13 \times 150$	=	20
4. Membrure inférieure	$0,60 \times 150$	=	90
	Effort total		695ᵏ

L'effort étant plus faible que celui du cas de vent sans surcharge il n'y a pas à en tenir compte dans le calcul des contreventements, mais nous allons déterminer l'augmentation de travail des membrures et des barres de treillis des poutres. A cet effet on a construit dans la fig. 1 la position de la résultante p ; elle passe à $3^m,500$ au-dessus du niveau des appuis.

La charge p_v dans la poutre BD sera :

$$p_v = \frac{695 \times 3,5}{5} = 486^k.$$

D'autre part l'effort horizontal du vent développe dans la membrure B un effort qui correspond à une charge verticale égale à :

$$\frac{695 \times 7}{5} = 973^k$$

7^m étant la hauteur des poutres ;
5^m leur écartement.

Résumons ci-dessous de quelle manière on peut tenir compte de l'influence du vent dans les poutres.

Membrure B :
Augmentation de charge verticale égale à $486 + 973 = 1459^k$:
  Membrure D :
Augmentation de charge 486^k
  Treillis :
Augmentation de charge de 486^k

Les membrures A et C sont soulagées, et elles seraient chargées comme les membrures B et D si le vent agissait dans le sens opposé.

V. Exemple de calcul d'un pont à voie supérieure. Pl. 10

Les fig. 7 et 8 représentent la coupe transversale et l'élévation partielle du pont.

Les surfaces offertes au vent par le tablier du pont sont les suivantes ; elles sont rapportées au mètre courant et elles ont des valeurs moyennes.

Première paroi :

Garde-corps	$0^{m2},15$	
Membrures supérieures et plancher	$0 \quad .70$	
Treillis $\dfrac{4 \times 5 \times 0,14}{5}$	$0 \quad ,56$	$\left.\begin{array}{l} \\ \\ \end{array}\right\} 0.70$
Montants $\dfrac{4 \times 0,17}{5}.$	$0 \quad ,14$	
Membrure inférieure	$0 \quad ,54$	
Surface totale	$\overline{2^{m2},09}$	

La surface complète de la première paroi est de $6^{m2},00$ avec
la hauteur des garde-corps.

Le rapport des vides à la surface totale est de :

$$\frac{6,00 - 2,09}{6} = 0,65.$$

Les surfaces à compter pour la seconde paroi sont les suivantes :

Garde-corps	$0,15 \times 0,65 = 0^{m2},10$
Treillis et montants	$0,70 \times 0,65 = 0 \quad ,45$
Membrure inférieure	$0,54 \times 0,65 = 0 \quad ,35$

Vent de 270° sans surcharge.

Considérons d'abord le vent de 270° sans surcharge.

Les efforts sur les différentes parties du tablier groupés pour
l'ensemble des deux parois seront les suivants :

	Surfaces	Efforts
1. Garde-corps	$0,15 + 0,10 = 0^{m2},25$	67^k
2. Membrures supérieures et plancher	$0 \quad ,70$	189
3. Treillis et montants	$0,70 + 0,45 = 1 \quad ,15$	310
4. Membrures inférieures	$0,54 + 0,35 = 0 \quad ,89$	240
	$\overline{2^{m2},99}$	$\overline{806^k}$

Ces efforts ont servi à déterminer dans la figure 9 la position
de la résultante p.

Cette résultante des efforts passe à une hauteur de
$2,45 - 2,25 = 0,20$ au-dessus du plan moyen des contreventements : le moment de torsion pr est par suite égal à :

$$pr = 806 \times 0,20 = 161.$$

moment très faible, qui peut être négligé. On aura alors dans chacun des contreventements le même effort de :

$$\frac{806}{2} = 403^k$$

par mètre courant.

Vent de 150ᵏ avec surcharge.

Dans le cas d'un vent de 150ᵏ avec surcharge. nous avons à considérer, outre les surfaces comptées précédemment, celles du train. Les efforts seront les suivants :

t Effort sur le train	$2,20 \times 150 =$	330^k
1. » Garde-corps	$0,25 \times 150 =$	$37^k,5$
2. Membrures supérieures et plancher	$0,70 \times 150 =$	105
3. Treillis et montants	$1,15 \times 150 =$	$172^k,5$
4. Membrures inférieures	$0,89 \times 150 =$	$133^k,5$
	$5,19$	$778^k,5$ soit 780^k

Dans la fig. 11, le polygone funiculaire tracé au moyen du polygone des forces détermine la position de la résultante p qui se trouve à $4^m,10$ au-dessus des appuis.

Le moment de torsion est égal à :

$$pr = 780\,(4,10 - 2,25) = 1677.$$

Les données pour l'application de la formule (9) sont les suivantes :

$$\alpha_v = 45^o, \qquad \alpha_h = 39^o.$$

Section moyenne du contreventement :

$$\omega_h = 1700^{mm2} \text{ pour une barre ;}$$

Section moyenne du treillis :

$$\omega_v = 7500^{mm2}$$

pour deux barres, le système de treillis étant double.

La formule (9) donne avec ces valeurs :

$$\frac{p_v}{p_h} = 4,1.$$

La formule (10) donne pour $d = 4,0$ et $h = 4,5$:

$$p_h = \frac{1677}{4,0 \times 4,1 \div 4,5} = 80^k.$$

La formule (11) :

$$p_v = \frac{1677}{4,00 + \dfrac{4,5}{4,1}} = 330^k.$$

Le contreventement supérieur est à calculer avec un effort égal à :

$$\frac{780}{2} + 80 = 470^k.$$

Le contreventement inférieur avec un effort égal à :

$$\frac{780}{2} - 80 = 310^k.$$

En comparant ces chiffres avec ceux donnés par le vent sans surcharge, on voit que le contreventement supérieur est le plus fatigué et subira un effort qui est maximum dans le cas du vent avec surcharge et égal à 470^k, tandis que le contreventement inférieur ne subira qu'un effort maximum de 403^k dans le cas du vent sans surcharge.

Le treillis des poutres verticales se calculera en ajoutant à la charge verticale un effort de 330 kilos.

Les membrures se calculeront en négligeant l'influence de la torsion qui est très faible, avec un effort de 403^k par mètre courant agissant horizontalement, ou un effort égal à :

$$403 \times \frac{5,00}{4,00} = 504^k \text{ agissant verticalement.}$$

L'effort dans l'entretoisement sur appuis se calcule pour la réaction horizontale du contreventement supérieur :

$$T = \frac{470 \times 45}{2} = 10.575^k.$$

L'effort $\dfrac{T}{2}$ a été décomposé fig. 12 de la planche, comme cela est indiqué.

§ 13

CALCUL DES APPUIS

Les poutres d'un pont sont portées en général à chacune de leurs extrémités par des appuis en fonte ou en acier. L'un des appuis est *fixe*, l'autre est rendu mobile au moyen de rouleaux qui permettent à la poutre de se dilater sans autre résistance que celle de leur roulement.

Les dispositions les plus employées sont celles de la fig. 126

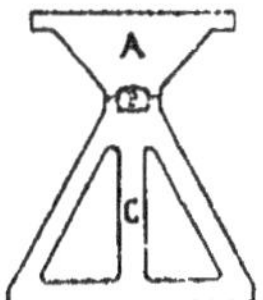
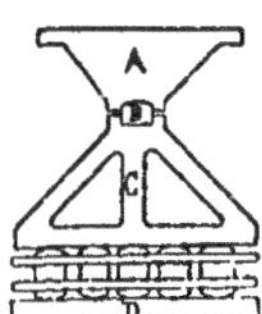

Fig. 126   Fig. 127

pour l'appui fixe, et celles de la fig. 127 pour l'appui mobile. Une clavette B placée entre les pièces A et C permet à la pièce A de tourner légèrement autour d'un axe horizontal et de suivre les déformations de la poutre.

Le calcul des appuis comprend :

1° La détermination des surfaces de contact nécessaires entre les différentes pièces et de la surface d'appui sur les maçonneries ;

2° La résistance des pièces A, B, C et D au point de vue des sections nécessaires et de la flexion ;

3° Enfin il faut que les dimensions des appuis à rouleaux soient suffisantes pour le déplacement maximum des extrémités des poutres.

La détermination des surfaces de contact ne présente aucune difficulté pour les pièces A, B et C. Les surfaces sont bien déterminées et indépendantes des efforts. Il n'en est pas de même

des rouleaux dont le contact avec les pièces C et D augmente
avec la charge.

Calcul des rouleaux. — D'après M. Résal on calcule les rouleaux par la formule :

$$P = \frac{8}{3} r R \sqrt{\frac{R}{E}} \qquad (1)$$

ou

$$r \geqslant \frac{3}{8} \frac{P}{R} \sqrt{\frac{E}{R}} \qquad (2)$$

Dans cette formule P est la charge que peut porter par mètre
courant un rouleau d'une longueur égale à l'unité et d'un
rayon égal à r. E est le coefficient d'élasticité de la matière et
R est le coefficient de travail maximum admis pour le métal.

En général les données sont la charge totale Q sur l'appui
et le rayon des rouleaux qui varie suivant la portée en-
tre 0^m05 et 0^m15. L'inconnue est donc la longueur totale l des
rouleaux ; elle sera d'après les formules précédentes :

$$l = \frac{Q}{\dfrac{8}{3} r R \sqrt{\dfrac{R}{E}}} \qquad (3)$$

Prenons, comme exemple, une réaction Q = 150.000^k;
Les rouleaux sont en fonte, et ont un coefficient d'élasticité
E = 10¹⁰ ;
Le coefficient de travail maximum admis pour la fonte est
R = 6.000.000 par mètre carré ;
Le diamètre des rouleaux $2r$ = 0,200.
En introduisant ces valeurs dans la formule 3 il vient :

$$l = \frac{Q}{392.000 \, r} = \frac{150.000}{392.000 \times 0,1} = 3^m,8.$$

Il ne reste plus qu'à diviser cette longueur par le nombre
des rouleaux pour en avoir la longueur.

Nous avons admis un coefficient de travail R = 6 kilos par
millimètre carré. Ce coefficient peut être élevé sans inconvénient à 10 ou 12 kilos dans les rouleaux en fonte.

Flexion des pièces A et C. — Il est très important de tenir compte dans le calcul des appuis des efforts de flexion. On néglige trop souvent à tort ces derniers efforts et l'on donne aux pièces A et C une hauteur réduite comme dans la fig. 128. Il est évident, par exemple, que dans un appui de cette forme la

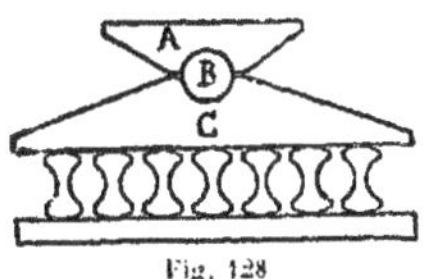

Fig. 128

pièce C est tout à fait incapable de transmettre aux rouleaux extrêmes la charge qu'elle reçoit par l'axe B ; elle est à la fois trop élastique et trop peu résistante, et ce seront les rouleaux du milieu qui porteront toute la charge.

Lorsque les pièces A et C ont une hauteur suffisante pour leur permettre de résister à la flexion on les calcule en faisant les hypothèses suivantes :

La pièce A porte à sa partie supérieure une charge qui peut être considérée comme uniformément répartie sur toute sa longueur, tandis qu'à la partie inférieure la charge est concentrée sur la largeur de l'articulation B.

La pièce C porte à sa partie supérieure une charge concentrée et répartit également cette charge sur tous les rouleaux.

Déplacements. — Le déplacement du tablier, en supposant que le montage du pont ait été fait à la température moyenne et en admettant une variation de $\pm$ 30° est (page 17) de :

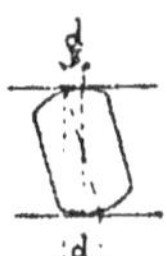

Fig. 129

$$d = \pm l \times 0{,}00036$$

Le déplacement d'un rouleau est la moitié de celui de la poutre, et il y aura lieu de voir par une petite épure (fig. 129), si les rouleaux en forme de fragments de cylindres ne s'inclinent pas trop.

PILES MÉTALLIQUES

CHAPITRE QUATRIÈME

PILES MÉTALLIQUES

§ 1

EFFORTS SUPPORTÉS PAR LES PILES

Les piles métalliques sont soumises à des efforts de deux sortes :

1° Les efforts verticaux ou les charges ;

2° Les efforts horizontaux du vent.

C'est en combinant les forces intérieures engendrées par ces deux effets que l'on calcule la résistance des pièces d'une pile métallique. Une pile métallique se compose en général de quatre membrures ou *arbalétriers* constituant quatre faces planes ou courbes, et telles que toute section horizontale de ces faces soit un rectangle allongé dans le sens transversal au viaduc.

Les arbalétriers sont réunis par des barres de treillis et par des entretoises qui constituent de véritables poutres encastrées à une extrémité, et libres à l'autre.

L'encastrement est réalisé par la charge et par des amarrages lorsque la charge est insuffisante pour s'opposer au renversement.

Les calculs d'une pile comprennent :

Le calcul des arbalétriers ;

Le calcul des barres de treillis ;

La vérification de la stabilité ;

Le calcul des amarrages.

Enfin il peut être intéressant de connaître les déformations d'une pile sous l'action du vent et nous en donnerons également le calcul.

Nous examinerons d'abord l'influence des charges verticales.

§ 2

CHARGES VERTICALES

La charge verticale en une section mn d'une pile métallique est égale à :

$$T + ph'$$

T étant la charge du tablier porté par la pile ;

p le poids par mètre courant de pile ;

h' la hauteur de la partie de la pile située au-dessus de la section.

Considérons une pile (fig. 130) constituée par des arbalétriers, par des barres de treillis et par des entretoises. Lorsqu'il s'agit des efforts de compression le système ainsi constitué peut se diviser en deux (fig. 131 et fig. 132), l'un constitué par les arbalétriers, et l'autre par l'ensemble des barres de treillis et des

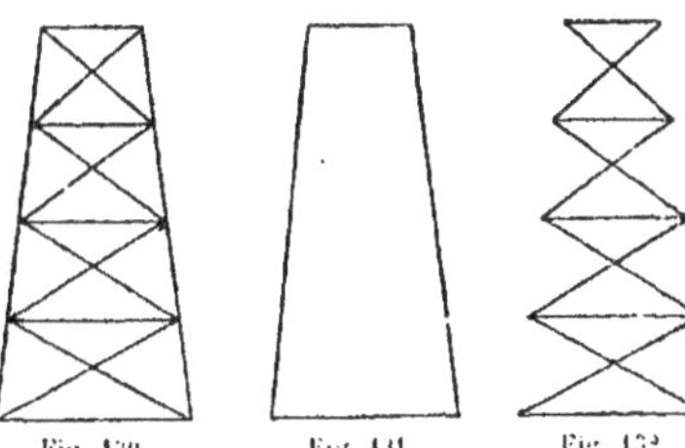

entretoises. Il est nécessaire de connaître quelle est la partie de la charge portée par chacun des systèmes, et cette détermination ne peut se faire que par l'étude des déformations verticales qui doivent être les mêmes dans les deux systèmes.

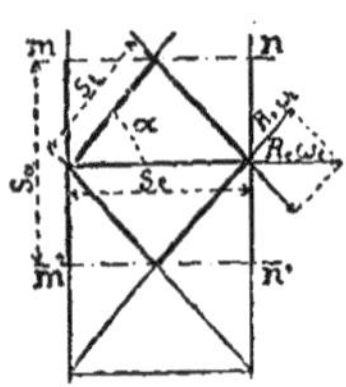

Fig. 133

Supposons que les arbalétriers soient verticaux ; l'étude sera plus simple et les conclusions seront sensiblement les mêmes que si les arbalétriers étaient légèrement inclinés comme c'est généralement le cas.

Considérons (fig. 133) la portion de la pile située entre les sections mn et $m'n'$ menées par deux croisements consécutifs des barres de treillis, et désignons par :

R_0 le coefficient de travail des arbalétriers ;

R_1 »   . »   des barres de treillis ;

R_e »   »   de l'entretoise :

par

ω_0 la section d'un arbalétrier ;

ω_1 »   d'une barre de treillis ;

ω_e »   d'une entretoise ;

par s_0, s_0, s_1, les longueurs des pièces indiquées dans la figure ; par z l'angle des barres de treillis avec l'horizontale.

Le raccourcissement de l'arbalétrier mm' est égal à :

$$\frac{R_0\, s_a}{E}$$

Le raccourcissement d'une demi-barre de treillis :

$$\frac{R_1\, s_1}{E}$$

L'allongement d'une entretoise :

$$\frac{R_e\, s_e}{E}$$

Dans le premier système, le déplacement vertical d'une section mn, par rapport à l'autre section $m'n'$, est égal au raccourcissement des arbalétriers $\frac{R_0\, s_0}{E}$. Dans le second système il se déduit des déformations des treillis et de l'entretoise et est égal à :

$$\frac{2\,R_t\,s_t}{E \sin\alpha} + \frac{R_e\,s_e}{E\,\mathrm{tg}\,\alpha}$$

Egalons les déplacements verticaux dans les deux systèmes ; il vient :

$$R_a\,s_a = \frac{2\,R_t\,s_t}{\sin\alpha} + \frac{R_e\,s_e}{\mathrm{tg}\,\alpha} \tag{1}$$

Nous avons entre les efforts des barres de treillis et celui de l'entretoise la relation

$$R_e\,\omega_e = 2R_t\,\omega_t \cos\alpha \quad (\text{Voir fig. 133})$$

d'où :

$$R_e = \frac{2\,R_t\,\omega_t \cos\alpha}{\omega_e}$$

$$R_t = \frac{R_e\,\omega_e}{2\,\omega_t \cos\alpha}.$$

En introduisant ces valeurs dans la formule (1), ainsi que les valeurs $s_t = \dfrac{s_a}{2\sin\alpha}$, $s_e = \dfrac{s_a}{tg\,\alpha}$, il vient :

$$R_e = \frac{R_a}{\dfrac{\omega_e}{2\,\omega_t \cos\alpha \sin^2\alpha} + \dfrac{1}{tg^2\,\alpha}} \tag{2}$$

$$R_t = \frac{R_a}{\dfrac{2\,\omega_t \cos\alpha}{\omega_e\,tg^2\,\alpha} + \dfrac{1}{\sin^2\alpha}} \tag{3}$$

Pour $\alpha = 45°$ et pour $\omega_e = \omega_t$, ce qui est en général très près de la vérité :

$$R_e = 0,41\,R_a$$
$$R_t = 0,20\,R_a$$

Prenons deux autres angles, qui peuvent être considérés comme limites : $\alpha = 60°$ et $\alpha = 30°$.

On trouve, pour $\alpha = 60°$, $R_e = 0,60\,R_a$ et $R_t = 0,60\,R_a$; et pour $\alpha = 30°$, $R_e = 0,19\,R_a$ et $R_t = 0,11\,R_a$.

Pour ce qui concerne la partie de la charge que chacun des systèmes porte, elle peut se déduire de ces coefficients et du rapport des sections. Un effort vertical P' donne dans les barres de treillis un coefficient de travail :

$$R_t = \frac{P'}{\omega_t \sin \alpha} \quad \text{d'où} \quad P' = R_t \, \omega_t \sin \alpha.$$

Un effort P donne dans les arbalétriers :

$$R_a = \frac{P}{\omega_a} \quad \text{d'où} \quad P = \omega_a R_a .$$

Le rapport des efforts :

$$\frac{P'}{P} = \frac{\omega_t \, R_t \, \sin \alpha}{\omega_a \, R_a}$$

Admettons pour $\dfrac{\omega_t}{\omega_a}$ une valeur moyenne égale à $\dfrac{1}{8}$ (ce rapport est toujours faible), et pour α les trois valeurs admises plus haut. Il vient :

$$\text{pour } \alpha = 45° \quad \frac{P'}{P} = 0.026$$
$$\text{\guillemotright} \quad = 60° \quad \text{\guillemotright} = 0,065$$
$$\text{\guillemotright} \quad = 30° \quad \text{\guillemotright} = 0,007$$

Dans l'exemple de la pile de 50^m que nous considérons, la charge fait travailler les arbalétriers à 3^k par ^{mm2} ; l'inclinaison maxima des treillis étant de $60°$, la formule donne approximativement pour leur coefficient de travail : $R_t = 1^k,8$, sous l'influence de la charge verticale.

Les conclusions que l'on peut tirer de ces calculs sont les suivantes :

1° Les treillis soul'agent très-peu les arbalétriers (de 6 0/0 au maximum). On supposera donc dans le calcul des arbalétriers qu'ils portent toute la charge ;

2° L'influence de la charge sur les treillis se détermine par la formule (3). Cette influence est au maximum de $0.60\,R_a$;

3° Il n'y a pas lieu de tenir compte des efforts dans les entretoises. Leur coefficient de travail est toujours inférieur à celui des arbalétriers. De plus lorsque les arbalétriers sont droits, les entretoises ne subissent pas d'autres efforts que ceux qui sont dus aux charges ;

4° Pour réduire autant que possible les efforts que les charges engendrent dans les treillis, on tiendra compte des considérations suivantes :

L'angle α sera peu différent de 45°.

L'inclinaison de 45° est d'autre part l'inclinaison convenable à la résistance au vent.

La section ω_e des entretoises sera aussi faible que possible relativement à la section ω_t des treillis. Nous avons supposé dans nos calculs $\omega_n = \omega_t$; c'est le maximum de section que l'on donne à ω_e. Dans beaucoup de cas on pourra diminuer la section ω_e et abaisser ainsi la valeur de R_t qui croît avec le rapport $\dfrac{\omega_0}{\omega_t}$.

5° Il y a tout intérêt à réduire autant que possible la partie de l'effort de la charge transmise par les treillis, ils sont moins aptes que les arbalétriers à transmettre des charges.

§ 3

EFFORTS ENGENDRÉS PAR LE VENT.

(Planche 11)

Les efforts du vent sont ceux qui agissent sur le tablier porté par la pile, sur la pile elle-même et sur la surcharge qui passe sur le viaduc.

Nous avons vu que pour les viaducs des chemins de fer on considère en général deux cas, celui d'un vent de 270^k par mètre carré sans surcharge sur le tablier, et celui d'un vent de 150^k avec surcharge sur le tablier.

L'évaluation des surfaces offertes au vent par le tablier se fait comme cela est indiqué page 16. Pour la pile, elle peut se faire de la même manière, en comptant la première face rencontrée par le vent et la seconde face avec une intensité de vent réduite. Mais les deux faces sont en général très écartées à la base, et, pour peu que le vent soit légèrement incliné sur la direction perpendiculaire à l'axe du viaduc, il rencontre les treillis des faces transversales.

Pour tenir compte de ces deux influences, nous admettons en général que les deux faces offrent leur surface complète au vent sans intensité réduite pour la seconde face.

Nous allons développer la méthode de détermination des efforts sur une pile de 50ᵐ, Pl. 11, pour le cas d'un vent de 270ᵏ sans surcharge.

Les efforts du vent sont les suivants : l'effort 1 est celui qui agit sur le tablier. les efforts 2 à 7 ceux qui agissent sur la pile au droit des entretoises horizontales.

Efforts :

$$
\begin{aligned}
N° \ 1 &= 54.000^k \\
2 &= 4.400 \\
3 &= 10.000 \\
4 &= 10.000 \\
5 &= 10.000 \\
6 &= 10.000 \\
7 &= 6.000 \\
\hline
&\ 104.400^k
\end{aligned}
$$

L'épure est faite pour l'ensemble des deux faces.

Le treillis de la pile est double et, pour déterminer les forces intérieures, le système à treillis double est décomposé en deux systèmes simples, fig. 1 et fig. 2, qui, à cause de leur symétrie, résisteront chacun à la moitié des efforts.

L'épure de la planche est faite pour le système de la fig. 2, auquel est appliquée la moitié des efforts.

Nous considérons 5 sections qui coupent les 5 panneaux de la pile et nous déterminons la force extérieure agissant dans chacune de ces sections, c'est-à-dire la somme des efforts agissant au-dessus d'elle.

Le même polygone funiculaire, tracé au moyen du polygone des forces de la fig. 3, donne la position de toutes les forces extérieures. Il suffit de prolonger le côté du polygone funiculaire rencontré par la section jusqu'au dernier côté. Les points d'intersection 1 à 5, ainsi obtenus et entourés d'un cercle, sont les points de passage des forces extérieures. La grandeur de ces forces est donnée par le polygone des forces où l'on mesure la somme des efforts agissant au-dessus de la section.

Les forces intérieures agissant dans les différentes pièces rencontrées par une section se déterminent en décomposant la force extérieure suivant les directions des trois pièces coupées. C'est ainsi que pour la section 5, par exemple, la force extérieure T_5 égale à la somme des efforts 1 à 6, et passant par le point 5, a été décomposée d'abord en un effort S_5 (effort dans la barre de treillis) et une force P_5 passant par le point d'intersection A des arbalétriers. La force P_5 a été décomposée ensuite à son tour en deux efforts Q_5 et Q'_5 agissant dans les arbalétriers.

On détermine ainsi pour les 5 sections les efforts agissant dans toutes les pièces du système. On peut se dispenser de faire les mêmes constructions pour le premier système, car on est conduit à des efforts égaux à ceux du second. Pour les treillis, ils sont de signe contraire, et pour les arbalétriers ils sont renversés, c'est-à-dire que l'effort trouvé pour l'arbalétrier de gauche s'applique à celui de droite, et celui de droite à celui de gauche.

Les efforts dans les deux arbalétriers d'une même section sont égaux chacun à $Q+Q'$ trouvés dans l'épure, mais ils sont de signe contraire : un effort de tension dans l'arbalétrier rencontré le premier par le vent, et un effort de compression dans l'autre.

Le tableau des efforts agissant dans les différentes pièces est donné dans l'épure : $Q + Q'$ pour les arbalétriers, et S pour les barres de treillis. Il est inutile de déterminer les efforts dans les entretoises horizontales ; ceux que l'on trouve dans l'un des systèmes sont annulés par ceux de l'autre.

Il est facile de voir que l'importance des efforts dans les treillis varie avec la direction des arbalétriers.

On peut même constituer des piles dans lesquelles tous les efforts dans les treillis sont nuls. Il suffit de donner aux arbalétriers de chaque panneau une direction convenable, de manière que leurs prolongements se coupent au point de passage de la résultante.

On est conduit ainsi à donner aux arbalétriers une forme polygonale, comme l'indique la fig. 4 de la planche. Cette forme n'est avantageuse que pour les piles de grande hau-leur ; pour les hauteurs ordinaires, jusqu'à 60 mètres, la forme droite des arbalétriers est préférable, parce qu'elle est plus simple au point de vue de l'exécution.

Il est à remarquer que lorsque les arbalétriers ont une forme polygonale, les entretoises et les treillis sont soumis en chacun des nœuds à des efforts de compression résultant du changement de direction des efforts dus aux charges.

<h1 style="text-align:center">§ 4</h1>

<h2 style="text-align:center">STABILITÉ ET CALCUL DES AMARRAGES</h2>

Pour vérifier la stabilité d'une pile, il suffit de composer la résultante de toutes les charges, comprenant le poids du tablier, celui de sa surcharge et le poids de la pile, avec la résultante horizontale des efforts du vent : si cette résultante passe en dehors de la base de la pile, celle-ci n'est pas stable ; dans le cas contraire, elle ne se renversera pas sous l'action du vent.

Dans l'exemple de l'épure, la résultante des efforts du vent n'est autre chose que la force extérieure de la section 5, égale à 104.400^k pour la pile entière. La charge est la suivante :

$$\begin{array}{lr} \text{Tablier.} \ldots & 175.000^k \\ \text{Pile} \ldots\ldots & \underline{148.000} \\ & 323.000^k \end{array}$$

La résultante V des deux efforts est tracée dans l'épure ; elle passe à une distance v' du point B de rotation.

L'effort de traction dans l'arbalétrier opposé est égal à :

$$\frac{V v'}{a} = \frac{340.000 \times 0,5}{13} = 170.000^k.$$

a étant la distance du point B à l'arbalétrier opposé.

L'effort dans un amarrage d'arbalétrier sera de :

$$\frac{170.000}{2} = 85.000^k.$$

La section de l'amarrage doit être à même de résister à cet effort et le cube de maçonnerie intéressé devra être suffisant, c'est-à-dire supérieur à l'effort de traction. Une sécurité de 2 n'est pas exagérée, c'est-à-dire qu'on doublera le cube de maçonnerie auquel conduira le calcul. On trouve ainsi, en admettant pour la maçonnerie une densité de 2,500^k :

$$\frac{2 \times 85.000}{2500} = 68^{m3} \text{ par arbalétrier.}$$

§ 5

DÉFORMATIONS

(Planche 9)

Les piles métalliques se déforment :
1° *Sous l'action des charges verticales ;*
2° *Sous l'influence d'un changement de température ;*
3° *Sous l'influence du vent.*

a. — *Déformations verticales.*

Les déformations qui sont dues aux charges verticales et à la température sont verticales, elles modifient simplement la hauteur de la pile.

Lorsque la pile porte un tablier continu et lorsque les piles voisines ont des hauteurs différentes, les déformations verticales donnent lieu à des dénivellations des appuis. On a beaucoup exagéré l'influence de ces dénivellations qui modifient très peu, comme nous allons le voir, les efforts dans les poutres continues.

Prenons l'exemple d'une pile de 50^m,00 de hauteur, qui porte des travées de 55^m,00 reposant à leurs autres extrémités sur des appuis en maçonnerie.

Le travail des arbalétriers de la pile sous l'action de la surcharge est de 2$^{k \dots}$ en moyenne. L'abaissement des appuis sera donné par la formule

$$\Delta h' = \frac{50 \times 2}{16.000} = 0,0062.$$

16.000 étant le coefficient d'élasticité par millimètre carré.

Un abaissement de température de 30° au-dessous de celle du montage donne un abaissement du sommet de la pile de

$$\Delta h'' = 50 \times 30 \times 0,000.012 = 0,018.$$

0,000012 étant la variation de longueur pour 1 mètre et 1 degré.

L'abaissement total de la pile est :

$$\Delta h = \Delta h' + \Delta h'' = 0,0242.$$

A la section moyenne de la poutre correspondent les valeurs :

$$I = 0,118$$
$$\frac{I}{v} = 0,107.$$

Nous avons à chercher quelle est la charge qui, placée au milieu de la poutre considérée avec sa portée double, de $55 \times 2 = 110^m$, donne un abaissement égal à celui que nous avons trouvé de $0^m,0242$.

La formule approximative qui donne la flèche en fonction de la charge est pour une section constante :

$$f = \frac{Pl^3}{48\,EI}$$

où

$$l = 110, \quad E = 16 \times 10^2, \quad I = 0,118, \quad f = 0,024 ;$$

nous en tirons

$$P = \frac{48 \times 16 \times 10^2 \times 0,118 \times 0,024}{110^3} = 5,800^k$$

Le moment fléchissant correspondant est

$$M = \frac{5800 \times 110}{4} = 159.500$$

Le coefficient de travail correspondant

$$R = \frac{159.500}{107.000} = 0^k.05 \text{ par } ^m/_{m^2}$$

Ce coefficient, relativement faible, peut être considéré

comme un maximum, car dans le plus grand nombre de cas
une pile de 30ᵐ de hauteur n'est pas isolée ; elle est suivie
d'autres piles métalliques, et ce coefficient s'abaisse beaucoup
avec le nombre des piles, comme il est facile de le voir.

Le coefficient est proportionnel à la hauteur de la pile ; pour
une pile de 60ᵐ, il serait de 1ᵏ,1 par millimètre carré.

b. — *Déformations horizontales.*

Le vent donne lieu à des déformations horizontales, et il est
intéressant de calculer de combien le sommet d'une pile se
déplace sous l'action du vent.

Nous nous servirons pour cette détermination de la même
méthode que pour les poutres à treillis.

La rotation $\Delta\delta$, due à la déformation Δs d'une pièce de longueur s, est égale à

$$\Delta\delta = \frac{\Delta s}{a} = \frac{\text{R}s}{\text{E}a}$$

E étant le coefficient d'élasticité, R le coefficient de travail
de la pièce et a la distance de la pièce au nœud opposé ou à
l'intersection des deux pièces coupées par une section (voir
page 151).

Nous séparerons les déformations qui sont dues aux arbalétriers de celles qui sont dues aux barres de treillis.

Reprenons, comme exemple, la pile de 30ᵐ de hauteur,
pl. 9 ; elle se compose de 5 panneaux numérotés en partant
du bas ; son treillis est double. Les deux arbalétriers d'une
face ont la même section et ils subissent sous l'action du vent
des efforts égaux et de signe contraire.

La déformation d'un arbalétrier dans un panneau s'exprime par

$$\Delta s = \frac{\text{R}s}{\text{E}}.$$

Pour l'un des arbalétriers c'est un allongement, pour l'autre un raccourcissement ; la déformation de la pile s'obtient
en considérant ces expressions $\frac{\text{R}s}{\text{E}}$ comme forces, et en cons-

truisant un polygone funiculaire avec la distance polaire variable a de l'arbalétrier considéré au point de rotation. Comme points de rotation nous prendrons (voir page 154 : treillis double) un point moyen situé au milieu de l'arbalétrier opposé à celui qui se déforme.

A cause de la symétrie de la construction, les deux arbalétriers donnent des déplacements identiques, il suffira donc de doubler ceux que donne l'un d'eux ou de doubler les poids $\frac{Rs}{E}$ comme cela a été fait dans la pl. 9. La fig. 5 est le polygone des forces, la fig. 6 le polygone funiculaire donnant les déplacements horizontaux. Les poids sont appliqués aux points de rotation, milieux des panneaux. Nous donnons ci-dessous les valeurs de $\frac{2sR}{E}$ calculées pour les différents panneaux.

Numéros des panneaux	Coefficient de travail R	R par m.m2	$\frac{2sR}{E}$
1	3,2 par m m²	16.000	0,0040
2	3,2	»	0,0040
3	3,0	»	0,00375
4	3,0	»	0,00375
5	3,0	»	0,00375

La valeur de s est constante et égale à 10^5.

Les longueurs a, qui servent de distances polaires, sont mesurées dans la fig. 4.

Le déplacement au sommet de la pile est de 15^{mm} pour la déformation des membrures.

Les déformations sont obtenues en vraie grandeur : il suffit pour cela de porter dans le polygone des forces les $\frac{2sR}{E}$ en vraie grandeur et les a à l'échelle du dessin.

Les déformations engendrées par les barres de treillis sont des rotations autour du point de rencontre A des arbalétriers, et ces rotations ont pour expression :

$$\Delta\varphi = \frac{sR'}{Ea'} \quad \text{(voir page 152)}$$

13

dans laquelle a est la distance du point A au prolongement de la barre de treillis.

Il n'est nécessaire de considérer qu'un système de barres : l'autre donne exactement les mêmes déplacements à cause de la symétrie de la construction et il n'y a pas à doubler les déplacements comme cela est fait pour les membrures, car un treillis suit l'autre dans sa déformation.

Les déplacements horizontaux s'obtiennent dans l'épure en calculant pour la base de la pile les expressions

$$\delta\Delta\varphi = \frac{sR}{Ea}\,h$$

qui représentent les déplacements horizontaux à la base, h étant la hauteur du point A au-dessus de la base.

Le calcul de ces expressions est donné dans le tableau suivant :

Numéros des sections	Longueur des barres s	Coefficient de travail R	Distance a	$\dfrac{sRh}{Ea}$
1	15,50	5,7	59	0,0076
2	11,50	5,8	47	0,0090
3	13,50	5,0	37	0,0092
4	12,50	6,0	26,5	0,0144
5	11,50	5,5	18,00	0,0177

h est constant et égal à 81^m et E = 16.000 par millimètre carré.

Les déplacements à la base sont portés sur l'horizontale à partir du point O', fig. 7, et ils sont désignés par leurs n°. Les extrémités de ces déplacements sont reliées par des rayons au point A. Ces rayons coupent sur les prolongements des entretoises les points 1, 2, 3, 4, 5 et le polygone O' 1, 2, 3, 4, 5, représente la fibre moyenne déformée. Les déplacements horizontaux se trouvent ainsi déterminés et il suffit de les ajouter à ceux que donnent les arbalétriers pour avoir les déplacements horizontaux totaux de la pile. Ces déplacements sont obtenus en vraie grandeur. L'addition des déplacements qui proviennent des arbalétriers et des treillis a été faite dans la fig. 6, et l'on a obtenu ainsi la ligne désignée par les mots : « déformations totales ».

Le sommet de la pile se déplace de 66^{mm} sous l'action d'un vent de 270^{kos} ; et le déplacement est, comme on le sait, proportionnel à l'intensité du vent.

Dans la détermination des déformations il y a lieu de tenir compte de la raideur due aux couvre-joints des arbalétriers ; on peut le faire en tenant compte du rapport entre le poids des couvre-joints et celui des arbalétriers. Ce rapport étant de $\frac{1}{14}$ dans le cas que nous considérons, le déplacement au sommet se réduira à

$$66 - \frac{45}{14} + 21 = 63 \ {}^{m}/_{m} \, .$$

CHAPITRE CINQUIÈME

CENTRES DE GRAVITÉ

MOMENTS DU PREMIER ET DU SECOND DEGRÉ

MOMENTS D'INERTIE. FIBRE NEUTRE. NOYAU CENTRAL

CHAPITRE CINQUIÈME

CENTRES DE GRAVITÉ

MOMENTS DU PREMIER DEGRÉ ET DU SECOND DEGRÉ
MOMENTS D'INERTIE
FIBRE NEUTRE — NOYAU CENTRAL

§ 1.

CENTRES DE GRAVITÉ

Considérons une ligne de longueur l, fig. 134, ou une figure de surface Ω, fig. 135, ou enfin un groupe d'éléments ΔF d'une nature quelconque appliqués en des points déterminés fig. 136.

Divisons la ligne, la surface en éléments infiniment petits, et remplaçons ces éléments par des poids qui leur sont proportionnels. On désigne alors par *centre de gravité* S de l'une des figures le point de passage de la résultante de tous ces poids. Ce point est le même quelle que soit la position de la figure.

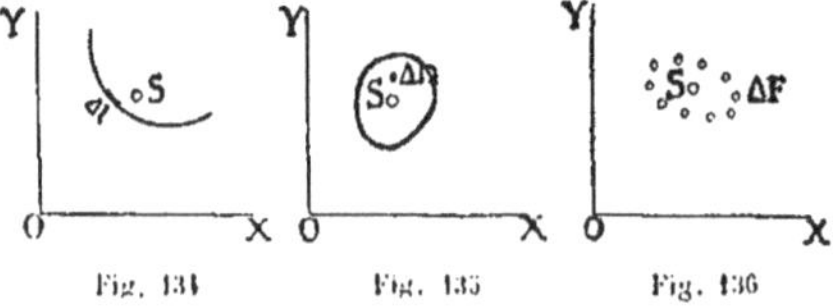

Fig. 134   Fig. 135   Fig. 136

Il ressort de cette définition que le centre de gravité peut se construire en divisant la ligne, la surface ou le groupe d'éléments en petits éléments que l'on remplace par des poids qui leur sont proportionnels, et en déterminant les résultantes de ces poids pour deux directions différentes. Le point d'intersection des deux résultantes est le centre de gravité.

On a ainsi une méthode générale pour la détermination des centres de gravité.

Pour les figures simples la détermination se fait par des constructions spéciales à chaque cas ; en voici quelques-unes :

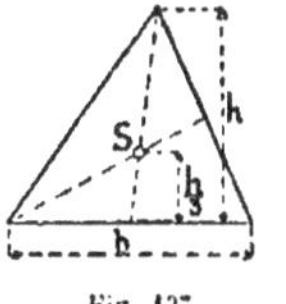

Triangle. — Le centre de gravité d'un triangle se trouve au tiers de sa hauteur, au point d'intersection des médianes.

Sa surface est égale à

$$\Omega = \frac{bh}{2}.$$

Fig. 137

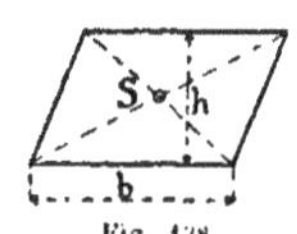

Parallélogramme. — Son centre de gravité se détermine par l'intersection des deux diagonales.

Sa surface est égale à

Fig. 138

$$\Omega = bh$$

Trapèze. — Le centre de gravité d'un trapèze se construit en menant la ligne EF par le milieu des bases, en portant en-

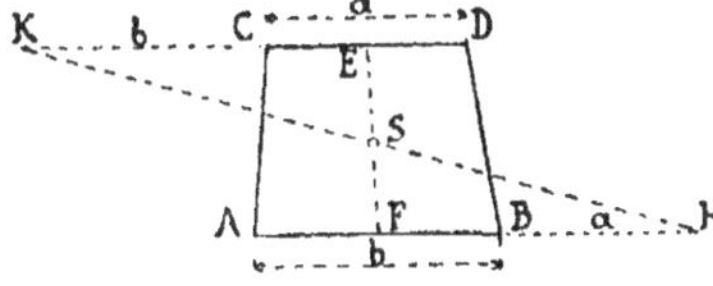

Fig. 139

suite à la suite de la grande base AB une longueur BH égale à la petite base a et à la suite de la petite base CD une longueur

CK égale à la grande base b. La rencontre de KH avec EF donne le centre de gravité S du trapèze.

La hauteur du point S au-dessus de la base b est égale à :

$$y_s = \frac{h}{3} \cdot \frac{2a+b}{a+b}$$

La surface du trapèze est égale à :

$$\Omega = \frac{a+b}{2}\, h.$$

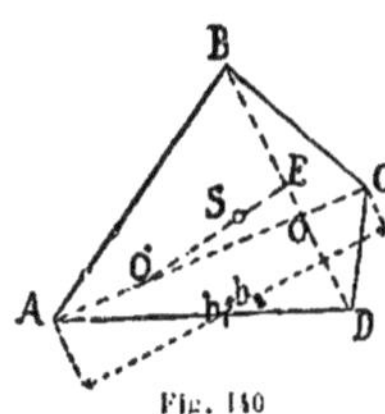

Fig. 140

Quadrilatère. — Le centre de gravité se construit de la manière suivante :

On mène les deux diagonales AC et BD qui se coupent en O.

On prend le milieu E de l'une des diagonales BD et l'on porte AO' égal à CO ; on mène EO'.

Le centre de gravité S se trouve sur la ligne O'E à une distance ES égale à $\frac{1}{3}$O'E du point E. La surface est celle des deux triangles ABD et BCD : $\Omega = \text{BD}\,\dfrac{h_1+h_2}{2}$.

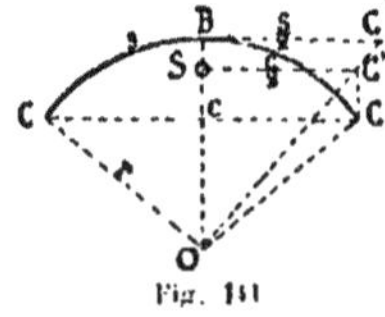

Fig. 141

Arc de cercle. — Le centre de gravité de cette ligne se trouve à une distance du centre O égale à :

$$\text{OS} = r.\frac{c}{s}$$

c étant la longueur de la corde, s la longueur de l'arc et r son rayon.

La distance OS se construit facilement en portant BC' égal au développement BC du demi arc, en joignant les points OC', en menant CC'' parallèle à OB et C''S parallèle à BC'. Cette dernière ligne C''S détermine le centre de gravité S

Secteur de cercle. — Le centre de gravité de la surface d'un secteur est le même que celui d'un arc de cercle ayant le même angle et le même centre que le secteur, mais un rayon égal aux $\frac{2}{3}$ du rayon du secteur.

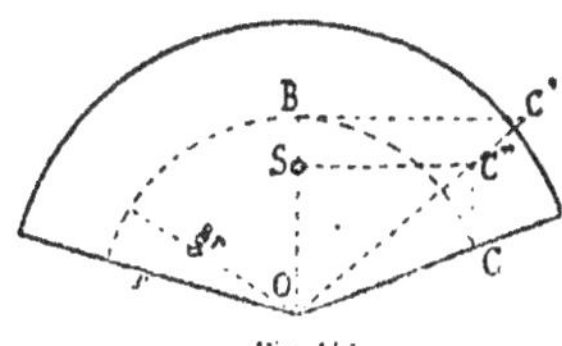

Fig. 142

La surface d'un secteur est égale à :

$$u = \frac{sr}{2}.$$

et la distance du centre de gravité S au centre O est égale à :

$$OS = \frac{2}{3}\frac{rc}{s}$$

Segment de cercle. — Le centre de gravité d'un segment s'obtient en cherchant la résultante de deux forces parallèles de signe contraire, proportionnelles l'une à la surface du sec-

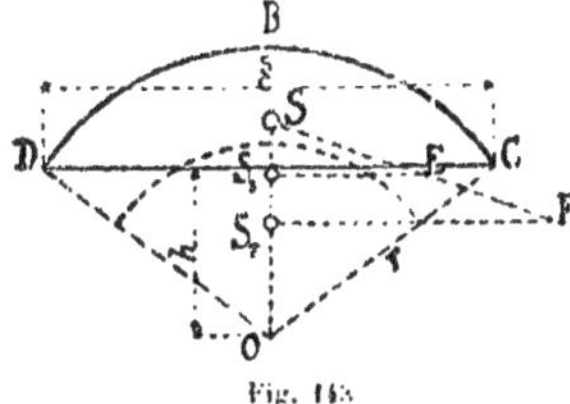

Fig. 143

teur ODBC, l'autre à la surface du triangle ODC. La surface du segment est la différence de ces dernières, elle est égale à :

$$u = \frac{sr}{2} - \frac{ch}{2}.$$

Dans la fig. 143 S_1 est le centre de gravité du triangle ODC,

S, celui du secteur. On a porté les longueurs S_1F et S_2E proportionnelles, la première à la surface du secteur la seconde à celle du triangle. La ligne de jonction FE intercepte sur la ligne OS le centre de gravité cherché.

Pour le demi-cercle la distance du centre de gravité au centre est égale à :

$$OS = \frac{4}{3} \cdot \frac{r}{\pi}.$$

Segment de parabole. — Le centre de gravité s'obtient en menant les tangentes extrêmes AC et BC, puis la ligne CD qui partage la corde en deux parties égales ; il se trouve sur la ligne ED à une distance du point E égale à :

$$ES = \frac{3}{5} f.$$

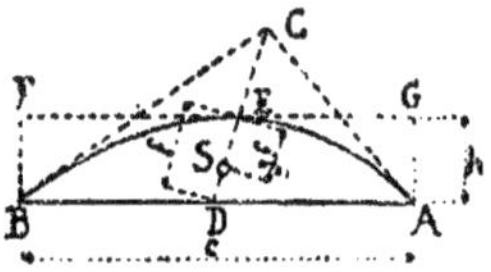

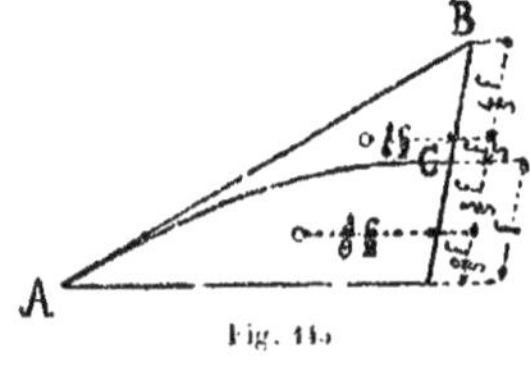

Fig. 114

La surface du segment parabolique est égale aux deux tiers de celle du rectangle ABFG.

$$u = \frac{2}{3} c.h.$$

Le centre de gravité d'un demi-segment parabolique est situé

Fig. 115

comme l'indique la fig. 145. La même figure donne aussi la position du centre de gravité de la surface ABC.

Centre de gravité d'une surface quelconque. — La méthode générale consiste à décomposer la figure pour laquelle on veut déterminer le centre de gravité en éléments simples, pour lesquels on connait la position du centre de gravité ; puis on applique aux centres de gravité de tous ces éléments des poids proportionnels à leurs surfaces et on détermine pour deux directions différentes les résultantes des poids. L'intersection de ces dernières est le centre de gravité cherché.

Lorsqu'il y a un axe de symétrie le centre de gravité se trouve sur cet axe et il suffit de déterminer une seule résultante des poids.

Le contour d'une figure pour laquelle on doit déterminer le centre de gravité pourra toujours, en le divisant en éléments assez petits, se remplacer par des droites, des arcs de cercles et des arcs de paraboles; ces éléments seront ainsi de formes pour lesquelles nous avons donné la position des centres de gravité.

Il va sans dire que le nombre des éléments est d'autant plus grand que le contour est moins régulier.

Nous donnons dans les figures 146 et 147 deux exemples de construction de centres de gravité. Dans la fig. 146, une cornière inégale est décomposée en deux éléments rectangulaires. Les deux forces proportionnelles aux surfaces des éléments ont été portées dans un polygone des forces qui a servi à tracer deux polygones funiculaires ayant, le premier ses côtés perpendiculaires aux rayons du polygone des forces, le second ses côtés parallèles à ces mêmes rayons. Les deux résultantes R et R' se coupent au centre de gravité S.

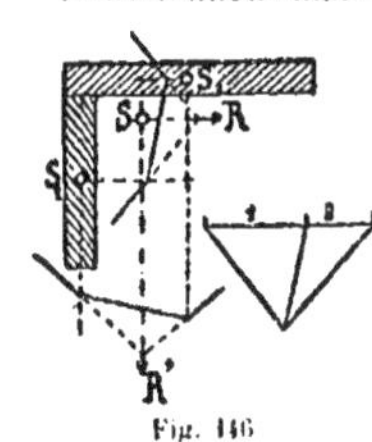
Fig. 146

Dans le second exemple, celui d'une section de rail qui a un axe de symétrie, nous n'avons tracé qu'un polygone funiculaire. La section a été divisée par des lignes horizontales en éléments et le contour courbe du rail a été remplacé par le contour polygonal indiqué en pointillé dans la moitié de droite de la figure,

Cette substitution peut se faire sans erreur sensible quand le
nombre des éléments est grand. Tous les éléments ont la forme
de rectangles ou de trapèzes, l'élément supérieur seul a été décomposé en un rectangle et en deux quarts de cercles.

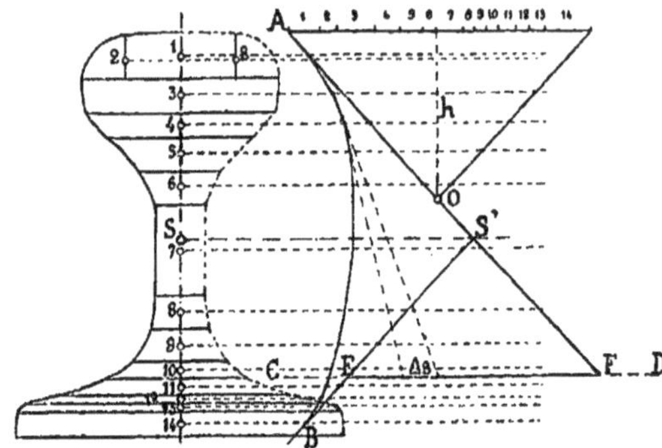

Fig. 117

Les points 1. 2. 3... 14 sont les centres de gravité des éléments. Les segments 1. 2. 3... 14 du polygone des forces sont
proportionnels aux surfaces des éléments. Les côtés extrêmes
AS′ et BS′ du polygone funiculaire se coupent sur la ligne horizontale SS′ passant par le centre de gravité, qui se trouve ainsi
déterminé puisqu'il doit être sur l'axe de symétrie.

§ 2.

MOMENTS DU PREMIER DEGRÉ.

Le moment du premier degré d'une figure relativement à
une ligne OX s'obtient en décomposant la figure en éléments
infiniment petits et en faisant la somme des produits des éléments par leur distance à la ligne OX. Ce moment est aussi

égal au produit de la figure (ligne, surface, ou groupe d'éléments) par la distance de son centre de gravité à la ligne.

Reprenons les trois figures représentant une ligne l, une surface Ω, un groupe F d'éléments, les moments par rapport aux deux axes des x et des y seront :

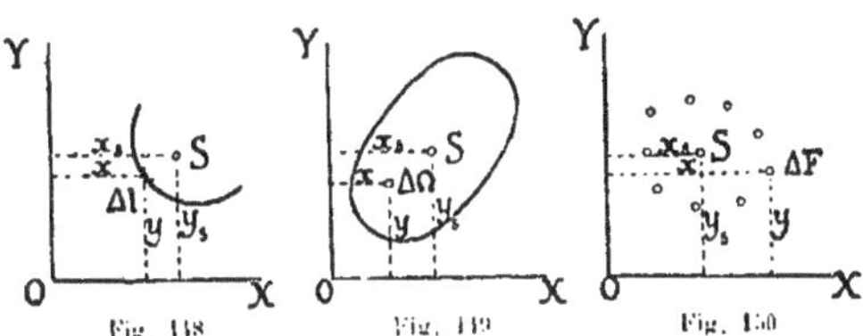

Fig. 148   Fig. 149   Fig. 150

Par rapport à l'axe des x :

pour une ligne. . . . . $\quad M_x = \Sigma \Delta l.y = l.y_s$

pour une surface. . . . . $\quad M_x = \Sigma \Delta\Omega.y = \Omega.y_s$

pour un groupe d'éléments quelconques . . . . $\quad M_x = \Sigma \Delta F.y = F.y_s$

Par rapport à l'axe des y :

pour une ligne. . . . . $\quad M_y = \Sigma \Delta l.x = l.x_s$

pour une surface . . . . $\quad M_y = \Sigma \Delta\Omega.x = \Omega.x$

pour un groupe d'éléments quelconques . . . . $\quad M_y = \Sigma \Delta F.x = F.x_s$

Le polygone funiculaire qui sert à déterminer le centre de gravité donne aussi les moments par rapport à toutes les lignes parallèles aux forces. Ainsi, dans la fig. 147, le moment de la surface du rail par rapport à une ligne CD est proportionnel au segment EF intercepté entre les côtés extrêmes du polygone funiculaire. Si l'on désigne par n le nombre par lequel il faut multiplier les segments du polygone des forces pour obtenir les surfaces des éléments et par h la distance polaire, le moment sera égal à

$$M = n.EF.h$$

Le moment du premier degré est nul par rapport à tout axe qui passe par le centre de gravité.

Les segments Δs interceptés sur la ligne CD, entre deux côtés consécutifs du polygone funiculaire, sont proportionnels aux moments des éléments par rapport à la ligne CD.

$$\Delta M = n . \Delta s . h.$$

§ 3

MOMENTS DU SECOND DEGRÉ. MOMENTS D'INERTIE ET MOMENTS CENTRIFUGES.

Reprenons les trois figures 148 à 150, représentant une ligne, une surface et un groupe d'éléments, et divisons les trois figures en éléments infiniment petits Δl, $\Delta \Omega$, ΔF.

Les moments du second degré sont donnés dans le tableau suivant : on les désigne par *moments d'inertie* quand ils se rapportent à un seul axe, et par *moments centrifuges* [1] quand ils se rapportent à deux axes.

Moments	Ligne	Surface	Groupe d'éléments
Moment d'inertie par rapport à l'axe des x.............	$I_x = \Sigma \Delta l . y^2$	$I_x = \Sigma \Delta \Omega . y^2$	$I_x = \Sigma \Delta F . y^2$
Moment d'inertie par rapport à l'axe des y.............	$I_y = \Sigma \Delta l . x^2$	$I_y = \Sigma \Delta \Omega . x^2$	$I_y = \Sigma \Delta F . x^2$
Moment centrifuge par rapport à deux axes.............	$J = \Sigma \Delta l . x . y$	$J = \Sigma \Delta \Omega . x . y$	$J = \Sigma \Delta F . x . y$

Dans les figures les deux axes sont perpendiculaires l'un à

1. Cette désignation de moments centrifuges est employée en allemand ; nous l'avons adoptée à défaut d'autre.

l'autre, la définition du moment centrifuge s'applique à deux axes formant entre eux un angle quelconque.

I. Déplacement des axes parallèlement à eux-mêmes.

Nous ne considérerons plus dans ce qui va suivre que les éléments $\Delta\Omega$ et la surface $\Omega = \Sigma\Delta\Omega$, mais toutes les formules et les propriétés des moments du second degré s'appliqueront aussi bien à des lignes et à des groupes d'éléments quelconques. Désignons par O_1 l'origine des nouveaux axes déplacés par $-x_1$ et $-y_1$ les coordonnées du point O_1, par I_x'' et I_y'' les nouveaux moments d'inertie, par J'' le nouveau moment centrifuge. On aura (fig. 151) :

$$I_x'' = I_x' + \Omega y_1^2 + 2y_1 y_s \Omega \tag{1}$$

$$I_y'' = I_y' + \Omega x_1^2 + 2x_1 x_s \Omega \tag{2}$$

$$J'' = J' + x_1 y_s \Omega + y_1 x_s \Omega + x_1 y_1 \Omega. \tag{3}$$

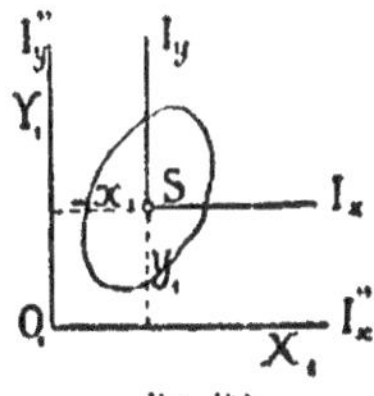

Les moments du second degré les plus employés sont ceux qui se rapportent à des axes passant par le centre de gravité S de la figure ; le point O se confond alors avec le point S et si l'on désigne par I_x, I_y, J les moments du second degré relativement à des axes passant par le centre de gravité les formules (1), (2), (3), deviennent (voir fig. 152) :

$$I_x'' = I_x + \Omega y_1^2 \tag{4}$$

$$I_y'' = I_y + \Omega x_1^2 \tag{5}$$

$$J'' = J + x_1 y_1 \Omega \tag{6}$$

Il ressort des formules précédentes que les moments du second degré sont minimums pour les axes passant par le centre de gravité.

II. Variation des moments du second degré pour une rotation des axes autour d'un point.

Reprenons les moments d'inertie I_x et I_y et le moment centrifuge J' relativement à deux axes perpendiculaires passant par un point quelconque O (tableau page 207 et fig. 153).

Le moment d'inertie relativement à l'axe OZ faisant avec l'axe OX un angle α est égal à :

$$I'_z = I'_x \cos^2\alpha + I'_y \sin^2\alpha - 2I' \sin\alpha \cos\alpha \qquad (7)$$

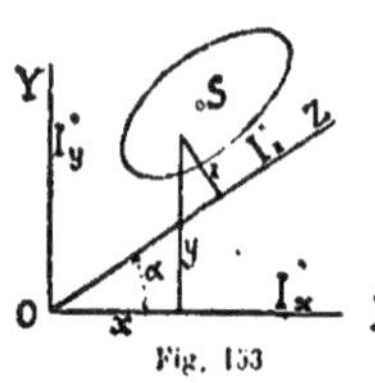

Fig. 153

Ce moment d'inertie varie avec α et il existe pour chaque point O un moment d'inertie maximum et un moment d'inertie minimum[1]. Les axes pour lesquels les moments d'inertie sont maximums et minimums sont les *axes principaux*. Ces deux axes sont perpendiculaires l'un à l'autre et leur position est donnée par la formule :

$$\operatorname{tg} 2\alpha = \frac{2I'}{I'_y - I'_x} \qquad (8)$$

Le moment centrifuge rapporté aux deux axes principaux est nul.

Si l'on désigne par I'_{max} et I'_{min} le moment d'inertie maximum et le moment d'inertie minimum et par β l'angle d'un nouvel axe avec l'axe du moment d'inertie maximum, on aura pour le moment d'inertie I'_z rapporté à ce nouvel axe (fig. 154) :

$$I'_z = I'_{max} \cos^2\beta + I'_{min} \sin^2\beta \qquad (9)$$

1. Il y a un certain nombre de figures pour lesquelles I'_z est constant ; il suffit pour cela que les moments rapportés à deux axes différents quelconques soient égaux. Telles sont le cercle, le carré, une section en croix à branches égales, etc.

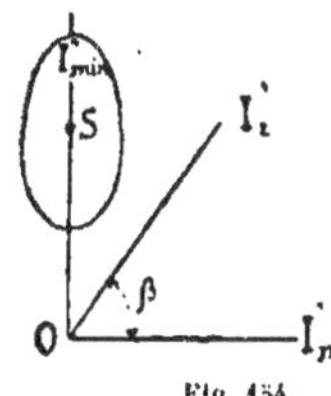

Fig. 154.

On peut aussi écrire :

$$V_x + V_y = I'_{max} + I'_{min} \qquad (10)$$

Tout axe de symétrie comme l'axe OS, par exemple, est un des axes principaux.

III. Rayon de giration. Ellipse d'inertie et ellipse centrale.

Rayon de giration. — Le moment d'inertie s'exprime souvent par le produit :

$$I = \rho^2 \Omega,$$

Ω étant la surface de la figure.

ρ est ce qu'on appelle le *rayon de giration* [1].

Si l'on remplace dans la formule (9) les moments d'inertie par les expressions $\rho^2\Omega$, il vient :

$$\rho^2_\beta = \rho^2_{max} \cos^2\beta + \rho^2_{min} \sin^2\beta \qquad (11)$$

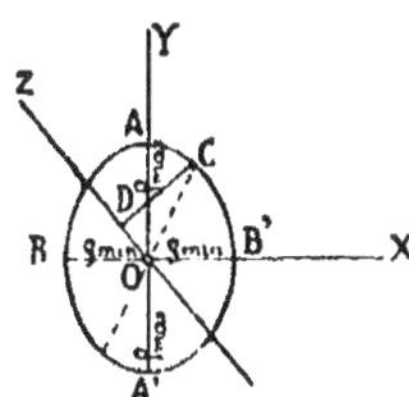

Fig. 155.

Si l'on prend comme axes des x et des y les axes principaux et si l'on porte sur l'axe des y, $OA = OA' = \rho_{max}$ et, sur l'axe des x, $OB = OB' = \rho_{min}$, l'ellipse construite avec AA' et BB' comme axes est l'*ellipse d'inertie* (fig. 155).

1. Nous désignerons aussi le rayon de giration par la lettre r.

Lorsque le point O se confond avec le centre de gravité S de la figure, l'ellipse devient l'*ellipse centrale d'inertie*.

Si l'on fait tourner l'axe du moment d'inertie autour du centre de l'ellipse d'inertie, les diamètres interceptés par l'ellipse sur l'axe sont inversement proportionnels aux rayons de giration.

Le moment d'inertie d'une figure relativement à un axe OZ (fig. 155), est égal au produit de la surface Ω de la figure par le carré de la distance CD du point C à l'axe OZ, le point C étant l'extrémité du diamètre OC conjugué à l'axe OZ.

Le moment d'inertie relativement à un axe, l'axe des x par exemple, et le moment centrifuge relativement à deux axes, celui des x et celui des y, peuvent s'obtenir en concentrant une moitié de la surface totale de la figure à chacune des extrémités du diamètre conjugué à l'axe des x dans l'ellipse centrale.

Dans la figure 156, par exemple, le moment d'inertie relati-

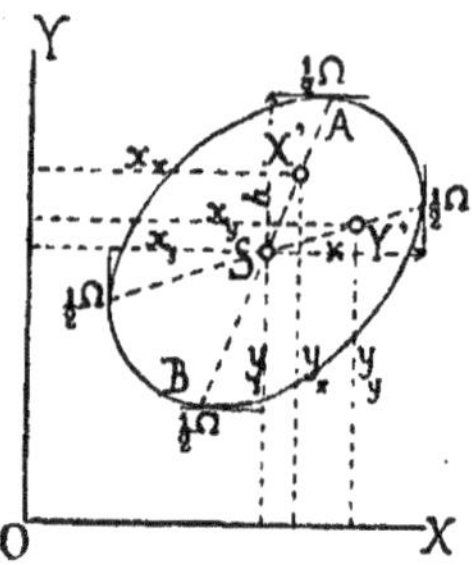

Fig. 156.

vement à l'axe des x et le moment centrifuge relativement aux deux axes peuvent s'obtenir en concentrant $\frac{1}{2}\Omega$ en chacun des points A et B, extrémités du diamètre conjugué à la direction de l'axe des x.

Dans les applications que nous avons en vue, c'est toujours l'ellipse centrale d'inertie qui servira.

IV. Antipôle et antipolaire.

Rappelons d'abord que l'on désigne par *polaire* d'un point, par rapport à une courbe du second degré, le lieu des points de rencontre M des deux tangentes MB, MC à la courbe, aux points B et C où elle est coupée par une transversale quelconque PQ menée par le point P (fig. 157). Ce lieu est une droite MN qui passe par les points de contact de la courbe avec les tangentes issues du point P.

La droite MN et le diamètre PO, passant par le point P, sont parallèles à un système de diamètres conjugués de la courbe.

Le point P est appelé *pôle* de la droite MN.

On appelle *antipolaire* d'un point P, par rapport à une courbe du second degré, la droite M'N', symétrique de la polaire MN du point P par rapport au centre de la courbe; le point P est l'*antipôle* de la droite M'N' [1].

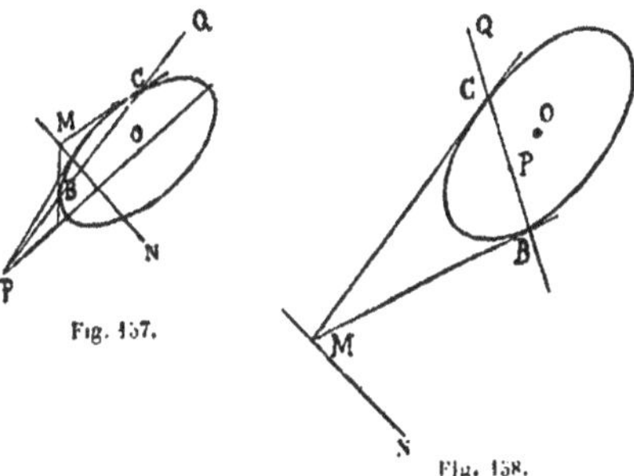

Si l'on désigne par X' l'antipôle de l'axe des x, par Y' celui de l'axe des y, et par :

$x_s\, y_s$ les coordonnées du point S ;

$x_x\, y_x$ celles du point X' ;

$x_y\, y_y$ celles du point Y'.

---

1. Ces définitions sont extraites de la Résistance des Matériaux de M. E. Collignon.

Le moment centrifuge peut s'exprimer par :

$$\Sigma xy.\Delta\Omega = y_s x_s\Omega = x_s y_s\Omega \qquad (12)$$

Le moment centrifuge rapporté à deux axes est égal au double produit de la surface par la distance de son centre de gravité à l'un des axes et par la distance à l'autre axe de l'antipôle de ce même axe relativement à l'ellipse centrale.

Le moment d'inertie d'une figure relativement à un axe, l'axe OX par exemple (Fig. 156), *est égal au double produit de la surface de la figure par la distance y_s de son centre de gravité à l'axe, et par la distance y_x de l'antipole X' à l'axe par rapport à l'ellipse centrale :*

$$I'_x = \Sigma y^2\Delta\Omega = y_s y_x\Omega \qquad (13)$$

Et de même :

$$I'_y = \Sigma x^2\Delta\Omega = x_s x_y\Omega \qquad (14)$$

L'antipôle d'une ligne se trouve sur le diamètre conjugué à sa direction.

La distance de l'antipôle Y' à l'axe des y est égale à :

$$x_y = \frac{k^2}{x_s} + x_s \qquad (15)$$

La distance de l'antipôle X' de l'axe des x à l'axe des x est égale à :

$$y_x = \frac{h^2}{y_s} + y_s \qquad (16)$$

Dans ces formules :

k est la distance de la tangente parallèle à l'axe des y au centre de gravité;

h la distance de la tangente parallèle à l'axe des x au centre de gravité.

La distance horizontale de l'antipôle Y' de l'axe des Y au centre de gravité S est égale à $\dfrac{k^2}{x_s}$;

La distance verticale de l'antipôle X' de l'axe des X au centre de gravité S est égale à $\dfrac{k^2}{y_s}$.

Construction de l'antipôle d'une ligne. — L'antipôle de l'axe des y, par exemple, se construit en se servant de la formule (15) ; on porte sur une verticale à partir du point S une longueur SK égale à k, et l'on construit le triangle rectangle AKB en menant AK, puis KB perpendiculaire à AK.

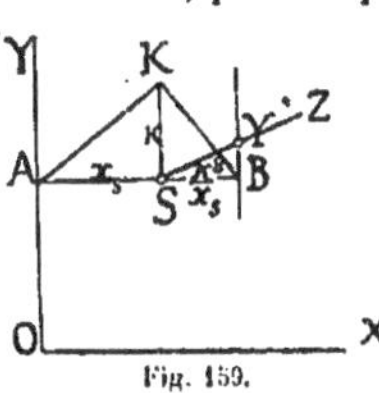

Fig. 159.

La verticale BY' coupe sur la direction SZ du diamètre conjugué à la direction verticale l'antipôle Y' cherché.

Dans le cas où l'axe des x et l'axe des y sont des axes principaux, la construction de l'antipôle se simplifie, car il se confond avec le point B.

Construction de l'antipolaire d'un point. — L'antipolaire d'un point Y' se construit (fig. 159) en menant par le point Y' une ligne $Y'B$ ayant la direction conjuguée à SY', puis la ligne ASB perpendiculaire à $Y'B$, et en traçant enfin le triangle rectangle AKB ayant une hauteur SK égale à k. La ligne AY parallèle à $Y'B$ est l'antipolaire cherchée.

V. Moments d'inertie de quelques figures simples.

Nous donnons ci-dessous dans un tableau les moments d'inertie de quelques figures simples, ainsi que les diamètres de l'ellipse centrale :

Section	Moment d'inertie I	Diamètre de l'ellipse centrale
	$I = \dfrac{bh^3}{12}$ Axe passant par le centre de gravité. $I' = \dfrac{bh^3}{3}$ Axe sur la base.	Diamètre vertical : $2\dfrac{h}{\sqrt{12}} = 0{,}577\,h$ Diamètre horizontal : $2\dfrac{b}{\sqrt{12}} = 0{,}577\,b$
	$I = \dfrac{1}{36}\,bh^3$ Axe passant par le centre de gravité. $I = \dfrac{1}{12}\,bh^3$ Axe sur la base.	Diamètre vertical : $2\dfrac{h}{\sqrt{18}} = 0{,}472h$ Diamètre horizontal : $2\dfrac{b}{\sqrt{24}} = 0{,}408b$
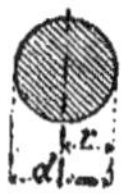	$I = \dfrac{\pi r^4}{4} = 0{,}0491 d^4$ Axe passant par le centre de gravité.	r dans tous les sens.
	$I = \dfrac{\pi}{64}(D^4 - d^4)$ $= \dfrac{\pi}{4}(R^4 - r^4)$ Axe passant par le centre de gravité.	Dans tous les sens : $\sqrt{R^2 + r^2}$

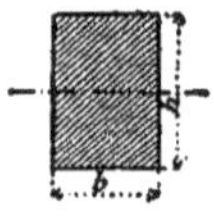

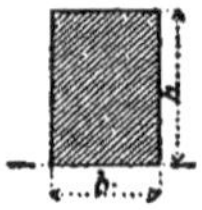

VI. Moment d'inertie d'une section de poutre composée.

Le moment d'inertie d'une figure qui est la différence de deux autres figures est égal à la différence des moments d'inertie de celles-ci. C'est ce qui permet de déterminer par exemple le moment d'inertie d'une poutre composée, comme celle de la fig. 166.

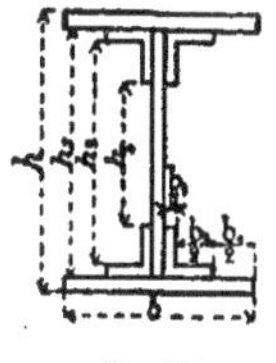

Le moment d'inertie de cette poutre est égal à :

$$I = \frac{bh^3 - b_1 h_1^3 - b_2 h_2^3 - b_3 h_3^3}{12}$$

Fig. 166.

Nous avons indiqué, page 74, une méthode pour déterminer graphiquement le moment d'inertie d'une section de poutre.

VII. Construction des moments d'inertie par la méthode de Culmann. Pl. 12 et fig. 167.

Pour construire le moment d'inertie d'une surface relativement à un axe SS' (Fig. 167), on divise cette surface en éléments de forme simple, on détermine le centre de gravité de tous les éléments et les antipôles de l'axe SS' correspondant aux ellipses centrales de ces éléments. On applique ensuite aux centres de gravité des efforts $\Delta s' = \dfrac{\Delta n}{n}$, proportionnels aux surfaces, et l'on construit un premier polygone funiculaire AB. Ce premier polygone funiculaire intercepte sur l'axe SS' des segments $\Delta s''$ que l'on applique aux antipôles et l'on trace un deuxième polygone funiculaire CD. Si l'on désigne par h' la distance polaire qui sert à tracer le premier polygone funiculaire, par h'' celle qui sert à tracer le second, par s' la somme des $\Delta s'$, par s'' la somme des $\Delta s''$, par s''' la somme des segments interceptés sur l'axe SS' par le deuxième polygone funiculaire :

$s'n$ représente la surface de la section ;

$s''nh'$ le moment du premier degré de cette surface relativement à l'axe SS' :

$I = s''nh'h''$ est le moment d'inertie de la surface relativement au même axe.

On choisit en général pour h', h'', n des nombres ronds pour faciliter les opérations.

Plus la figure est irrégulière, plus le nombre d'éléments sera considérable. Dans toutes les parties où la décomposition en rectangles ne se fait pas facilement, on donne aux éléments une faible hauteur; comme dans le profil de rail (fig. 167) où

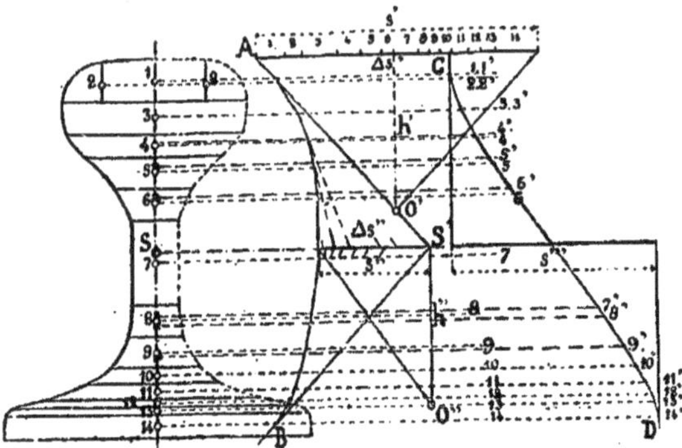

Fig. 167.

tous les éléments, excepté l'élément 7, sont très petits. Dans la section de la pl. 12, au contraire, la décomposition en rectangles est facile et elle se fait en 4 éléments.

Lorsque les éléments ont une faible hauteur et sont situés un peu loin de l'axe, l'antipôle se confond presque avec le centre de gravité et on se dispense de le déterminer. Si au contraire le centre de gravité d'un élément se trouve très près de l'axe, l'antipôle tombe très loin, et il est préférable dans ce cas de concentrer une moitié de la surface à chacune des extrémités du diamètre conjugué (voir page 211).

Exemple de la planche 12. — Dans la planche 12 nous avons construit les moments d'inertie principaux d'une section de

membrure. La section a été divisée en 4 éléments 1, 2, 3, 4
ayant les surfaces suivantes :

$$\begin{array}{llll}
\text{Elément} & 1 & 0,500 \times 0,015 = 0,007500 \\
— & 2 & 0,090 \times 0,035 = 0,003150 \\
— & 3 & 0,215 \times 0,010 = 0,002150 \\
— & 4 & 0,400 \times 0,030 = 0,012000
\end{array}$$

Dans le polygone des forces (fig. 2), on a porté des longueurs proportionnelles à ces surfaces, obtenues en divisant
celles-ci par 0,500. Avec une distance polaire égale à $h' = 0,20$
on a tracé le premier polygone funiculaire, qui détermine la
position du centre de gravité S, puis comme cela est indiqué
plus haut une distance polaire $h'' = 0,10$ et les $\Delta s''$ ont
servi à tracer le deuxième polygone funiculaire.

Les sommets de ce second polygone se trouvent sur les
horizontales menées par les antipôles 1', 2', 3', 4' de l'axe S
par rapport aux ellipses centrales des éléments.

Il va sans dire qu'il n'est pas nécessaire de tracer ces ellipses ; il suffit pour l'élément 1, par exemple, de porter 1 K égal
à 0,29 l, l étant la longueur de l'élément, et de construire le
triangle rectangle SA1' (voir page 214).

Dans les éléments 3 et 4 l'antipôle se confond avec le centre de gravité.

La longueur s'' mesurée entre les côtés extrêmes du 2e polygone funiculaire est égale à 0,0811 ; en la multipliant par
$n = 0,50$, par $h' = 0,20$ et par $h'' = 0,10$ on obtient le moment
d'inertie.

$$I_{max} = s'' n h' h'' = 0,0811 \times 0,5 \times 0,2 \times 0,1 = 0,000811.$$

Le rayon de giration correspondant ρ_{max} est égal à

$$\rho_{max} = \sqrt{\frac{s'' \, h' \, h''}{s'}}$$

Il se construit au moyen d'un arc de cercle AFC ayant un
diamètre égal à $s'' + \dfrac{h' h''}{s'}$ et d'une verticale BG menée entre
les deux segments s'' et $\dfrac{h' h''}{s'}$.

Le moment d'inertie minimum relativement à l'axe vertical
et le rayon de giration correspondant ont été construits de la

même manière, fig. 4, 5 et 6. On a conservé la même division
d'éléments ; mais comme tous les éléments ont leur centre de
gravité sur l'axe, les antipôles sont situés à l'infini, et ne
peuvent servir. Les demi-surfaces ont été concentrées aux
points $4''4''$, $3''3''$, etc., extrémités des axes horizontaux des ellipses centrales. Le reste des constructions ne diffère pas de celles
du moment d'inertie maximum.

. Les deux rayons de giration ρ_{max} et ρ_{min} ont permis de
tracer l'ellipse centrale.

§ 4

FIBRE NEUTRE, NOYAU CENTRAL.

Considérons une section mn d'une pièce soumise à un effort
Q, agissant en dehors du centre de gravité S en un point C.
Cette section éprouve à la fois un déplacement parallèlement à
elle-même, et une rotation autour du point S. Le plan de la

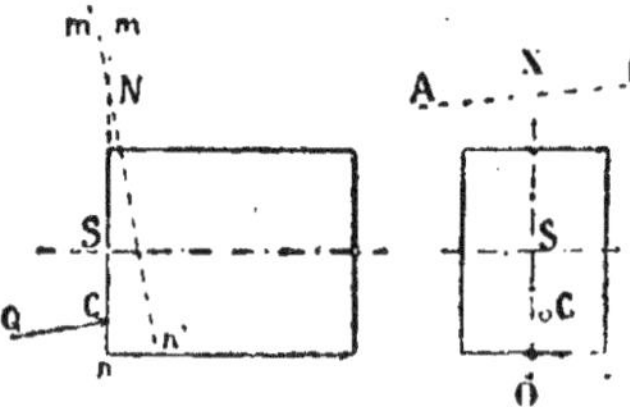

Fig. 168.

section déplacée $m'n'$ coupe celui de la section primitive suivant une ligne AB qui est l'antipolaire du point C relativement
à l'ellipse centrale de la section. Lorsque la ligne AB rencontre
la section, toutes les fibres coupées par cette ligne ne subissent aucun effort et s'appellent *fibres neutres*.

En général l'effort Q agit dans le plan moyen OX et la ligne

AB est perpendiculaire à ce plan qu'elle rencontre en un point N. Le lieu des points N de toutes les sections est alors ce qu'on appelle *la fibre neutre*.

Si l'on déplace la force Q sur une ligne passant par le centre S, l'antipolaire se déplace parallèlement à elle-même ; elle est à l'infini lorsque la force Q agit en S et se rapproche du point S à mesure que la force Q s'en éloigne.

Lorsque la ligne AB ne coupe pas la section, toutes les parties de celle-ci sont soumises à des efforts du même signe ; dans le cas contraire la ligne AB est la ligne de séparation des deux parties de la section qui subissent des efforts de signe contraire.

Supposons que l'on fasse tourner la ligne AB autour de la section de manière à envelopper celle-ci. A chaque position de la ligne AB correspond un point C qui est son antipôle. La surface comprise à l'intérieur de la figure engendrée par le point C est le *noyau central*. Il jouit de la propriété suivante : Toute force qui agit à l'intérieur du noyau central n'engendre dans toutes les parties de la section que des efforts de même signe.

Il ressort de la définition du noyau central qu'il peut se construire à l'aide de l'ellipse centrale au moyen des pôles et des polaires.

Nous nous contenterons de remarquer qu'à chaque angle dans le contour du profil correspond une droite dans le noyau central, et à chaque ligne droite du profil correspond un point dans le noyau ; le profil et son noyau central sont deux figures réciproques.

Nous donnons dans le tableau ci-dessous le noyau central de quelques figures simples.

Ce noyau est la partie ombrée des figures.

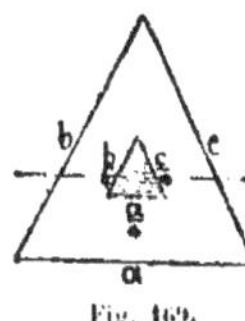

Fig. 169.

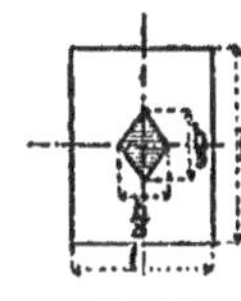

Fig. 170.

Fig. 171.

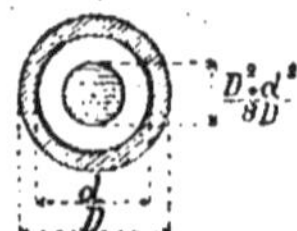

$$\frac{D^2 + d^2}{8D}$$

Fig. 172.

On a presque toujours à considérer des pièces symétriques et des efforts agissant dans le plan de symétrie: il n'est
pas nécessaire dans ce cas de construire le noyau central
complet, mais simplement les deux points où l'axe de symétrie le rencontre.

Reprenons dans la fig. 173 une pièce ABCD, et une force
normale N, agissant sur la section AB dans le plan de symétrie
vertical de la pièce. S est le centre de gravité de la section
AB, n la distance de l'effort N au point S.

Désignons par Ω la surface de la section AB, par I le moment d'inertie de celle-ci relativement à l'axe horizontal, par
K_s et K_i les deux points où l'axe vertical rencontre le noyau
central, par k_s et k_i les distances de ces points au centre S, par
v_s et v_i les distances des fibres extrêmes au centre.

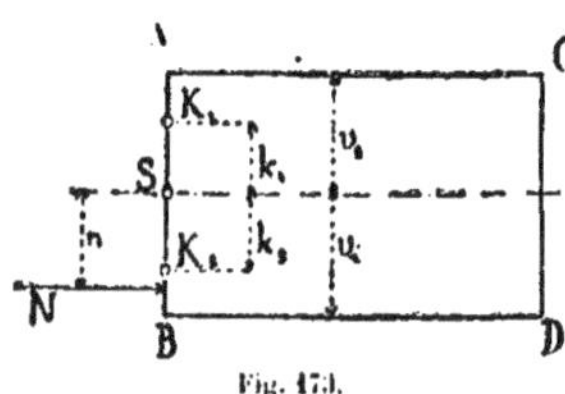

Fig. 173.

Lorsque l'effort N agit au point K_s, le coefficient de travail
est nul dans la fibre extrême supérieure :
d'où

$$k_s = \frac{I}{v_s \Omega}$$

On trouve d'une manière analogue :

$$k_i = \frac{1}{r_i \Omega}$$

Ces deux formules permettent de déterminer les points K_s et K_i.

ARCS MÉTALLIQUES

ARCS MÉTALLIQUES

§ 1

INTRODUCTION

On divise généralement les arcs en trois systèmes, suivant qu'ils sont sans articulation, à deux articulations ou à trois articulations. De plus, les arcs de chacun de ces systèmes affectent des formes variées ; celles qu'on emploie le plus souvent sont représentées dans les figures qui suivent.

Arcs sans articulations. — Les arcs sans articulations reposent sur des surfaces d'appui. En pratique, il est bien difficile de réaliser le contact complet sur ces surfaces, et il y a toujours une grande incertitude dans la répartition des efforts sur les appuis; la moindre déformation reporte tout l'effort sur l'une des extrémités de la surface de contact. De plus, les variations de température développent dans ce système des efforts très considérables, et ces efforts sont d'autant plus grands que la flèche est plus petite. En résumé, nous pensons qu'il est toujours préférable de faire reposer les arcs sur des articulations ; on est plus sûr de la répartition des efforts.

Les arcs sans articulations ont, en général, comme l'indique la fig. 174, une épaisseur plus grande aux naissances qu'à la clef.

15

Fig. 174.

Arcs à deux articulations. — L'appui des arcs se fait à leurs deux extrémités sur ces articulations, par lesquelles passent toujours les réactions.

Les différentes formes d'arcs à deux articulations sont les suivantes :

La figure 175 représente un arc à tympans employé souvent

Fig. 175.

pour des portées qui ne dépassent pas 80ᵐ. Les arcs à tympans ont en général une hauteur très-faible à la clef, ce qui leur donne un aspect de grande légèreté. Les variations de température exigent que l'arc soit élastique ; or, comme toutes les parties voisines des appuis présentent une grande raideur à cause de la hauteur relativement grande de l'arc en ces points, toute la flexion se produit dans la partie centrale où les efforts sont d'autant plus faibles que la hauteur de l'arc est plus petite. La réduction de la hauteur à la clef est cependant limitée par les moments fléchissants engendrés par les charges. Au pont d'Arcole, à Paris, qui a 80ᵐ de portée, la hauteur de l'arc à la clef n'est que de 0,400. On fera bien de se tenir au dessus de cette dimension, et de donner environ le centième de la portée comme hauteur à la clef.

Fig. 176.

Les figures 176, 177, 178 représentent des arcs sans tympans.

Plus l'arc est surbaissé, plus on réduit sa hauteur à la clef. La forme de la figure 176 s'applique avec avantage aux arcs très

Fig. 177.

surbaissés, celle de la figure 177 aux arcs de flèche moyenne et enfin celle de la figure 178 aux arcs de grande flèche.

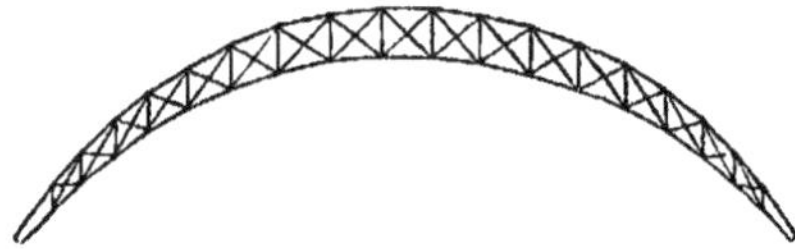

Fig. 178.

Si l'on voulait construire un arc à membrures constantes et subissant partout le même effort maximum, on serait conduit à la forme de la figure 179. Pour toutes les autres formes, la section varie d'un point à un autre de l'arc.

Fig. 179.

Le système d'arc à deux articulations sans tympans se prête à toutes les portées ; il est à paroi pleine ou à treillis suivant que la portée est plus ou moins grande. Lorsque les parois sont pleines, ce sont les formes des figures 176 et 177 qui sont généralement adoptées.

Arcs à trois articulations. — Les figures 180 et 181 représentent des arcs à trois articulations. Ce système est.

Fig. 180.

entre tous, celui qui laisse subsister le moins d'incertitude sur la répartition des efforts. Les changements de température et les variations de longueur de la corde auxquelles pourrait donner lieu un mouvement des maçonneries n'engendrent aucun effort supplémentaire dans la construction.

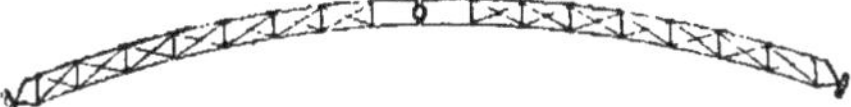

Fig. 181

Dans les ponts pour routes, la hauteur des arcs pourra être plus faible que dans les ponts de chemins de fer, parce que la surcharge y joue un rôle moins important et donne des moments fléchissants plus faibles. Cette hauteur varie entre $\frac{1}{70}$ et $\frac{1}{30}$, elle est plus faible dans les arcs à paroi pleine que dans les arcs à treillis.

D'une manière générale, on peut dire que les arcs se prêtent mieux aux ponts pour routes qu'aux ponts de chemins de fer, surtout pour les petites portées.

La forme qui convient le mieux aux arcs est la forme parabolique. Si l'on suppose un arc complètement chargé et la charge uniformément répartie, c'est pour cette forme que les efforts sont les plus faibles.

L'avantage des ponts en arcs sur les autres systèmes de ponts s'accentue surtout pour les grandes portées. Pour les petites portées, les arcs ne se justifient que par la question d'aspect; l'économie de poids qui pourrait résulter de ce système de construction est compensée par la main-d'œuvre, qui est plus coûteuse que dans les poutres droites, et par la plus grande importance des culées.

Plus le rapport de la flèche à la portée de l'arc est faible, plus les arcs sont élastiques et plus les déplacements verticaux sont grands, tant sous l'action des charges que sous l'influence de la température. Nous considérons $\frac{1}{15}$ comme la dernière limite de ce rapport, qui ne descend en général qu'à $\frac{1}{12}$. Nous mesurons la flèche de la ligne des appuis à la fibre moyenne.

Les deux premiers systèmes se calculent par la théorie de l'élasticité. Cette théorie, développée dans les § 2 à 18, est la traduction de l'ouvrage de M. W. Ritter, professeur à l'école polytechnique de Zurich (der elastische Bogen), *L'arc élastique*. Nous y avons ajouté une épure complète des efforts et des déformations d'un arc à paroi pleine (§ 19).

§ 2

DÉFORMATION ÉLASTIQUE

Le calcul des arcs ne peut se faire seulement par la statique ; il faut avoir recours aux lois de l'élasticité. L'arc à trois articulations fait seul exception ; sa ligne de pression passe par trois points fixes et les réactions qui correspondent à une charge donnée se déterminent facilement par les lois de l'équilibre.

Dès que le nombre des articulations est inférieur à trois, les conditions qui résultent de l'équilibre de la construction ne suffisent plus, et il faut alors étudier les déformations. Le point de départ dans cette étude (comme dans la poutre continue) c'est la fixité des appuis pendant l'action des forces extérieures. En d'autres termes, la position relative des surfaces des appuis est invariable.

En général, on commence par admettre que l'une des ex-

trémités de l'arc est fixe, et l'on détermine le déplacement de
l'autre extrémité sous l'influence d'une charge donnée ; puis
on applique à cette extrémité déplacée une réaction qui la
ramène dans sa position primitive.

Lorsque l'arc n'a aucune articulation, son extrémité doit
être ramenée parfaitement dans sa position primitive et il est
nécessaire d'opérer, au moyen de la réaction, non seulement
un déplacement mais encore une rotation. Si, au contraire,
l'appui déplacé est à articulation, un déplacement sans rotation suffit ; la rotation que le point d'appui a subie peut être
maintenue.

Enfin, lorsque les deux appuis sont à articulation, la réaction qui doit ramener l'appui dans sa position primitive est
horizontale. Les déplacements sont toujours très petits relativement à la portée de l'arc et le déplacement vertical, que l'appui mobile aura éprouvé, sera annulé en faisant tourner l'ensemble de la construction autour de l'appui opposé.

Nous ne traiterons que les deux cas *d'arcs sans articulations*
et *d'arcs à deux articulations*. On rencontre rarement le cas
d'arcs ayant une seule articulation.

§ 3

DÉFORMATION D'UN ÉLÉMENT D'ARC A PAROI PLEINE

Tout d'abord il est nécessaire d'établir de quelle manière
un élément d'arc se déforme sous l'action de forces données,
et nous aurons à distinguer deux cas, suivant que l'arc sera à
paroi pleine ou à treillis.

Nous commençons par le premier cas, celui d'un élément à
paroi pleine.

La fig. 182 représente un élément d'arc situé entre deux
sections C et C' infiniment rapprochées. La longueur de l'élément dans la direction de l'axe de l'arc est désignée par Δs. La
surface de la section sera désignée par ω et le moment d'inertie

relativement à l'axe horizontal du centre de gravité par I ;
nous admettrons que sur la longueur très petite Δs, ω et I
sont constants.

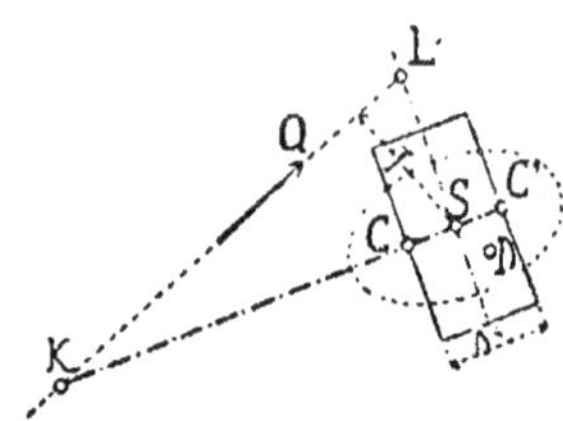

Fig. 182.

La déformation qu'éprouvera l'élément sous l'influence
d'une force extérieure Q peut se déterminer simplement en
décomposant d'abord cette force Q en un couple ou moment et
en une force parallèle à Q et passant par le centre S de l'élément ; puis en décomposant à son tour la force qui passe par
le point S en deux composantes, l'une située dans l'axe de l'élément, *normale*, et l'autre perpendiculaire à cet axe, *transversale*

Le moment est égal à :

$$M = Q.q$$

La composante normale est **N** :

La composante transversale, *effort tranchant*, est **T**.

Chacun de ces efforts et le moment auront sur l'élément une
influence différente.

Le moment fera fléchir l'axe CC' qui, de droit qu'il était
avant la déformation, prendra la forme d'un arc de cercle

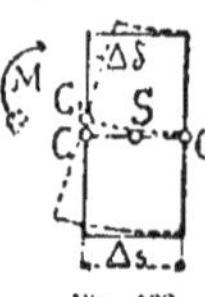

C₁C' (fig. 183). En même temps la section
C tournera d'un angle $\Delta\delta$ qu'il est facile
de calculer. En effet : désignons par e la
distance de la fibre extrême supérieure
de la section au centre de gravité. Le raccourcissement de cette fibre $\Delta\delta$ étant
très petit sera $e\Delta\delta$, et l'on aura, en dési-

Fig. 183

gnant par E le coefficient d'élasticité et par R le coefficient
de travail :

$$\frac{r.\Delta\vartheta}{\Delta s} = \frac{R}{E}$$

En introduisant la valeur :

$$M = \frac{R}{r}$$

il vient :

$$\Delta\vartheta = \frac{M.\Delta s}{E.I} = \frac{Q.q.\Delta s}{E.I} \qquad (1)$$

Le point C s'élève par suite de cette rotation d'une quantité :

$$CC_1 = \frac{1}{2}\Delta c.\Delta\vartheta \qquad (2)$$

La composante N agit perpendiculairement à la section en son centre de gravité (fig. 184); elle comprime l'élément et diminue sa longueur d'une quantité CC_2 qui peut s'exprimer en fonction du coefficient d'élasticité E, du rapport $\frac{N}{\omega}$ et de Δs :

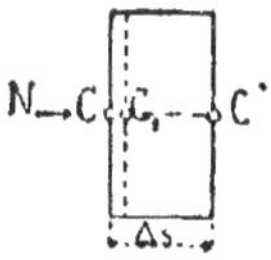

$$CC_2 = \frac{N.\Delta s}{\omega E} \qquad (3)$$

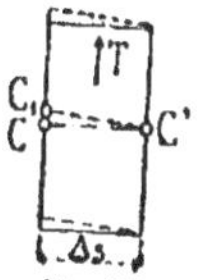

Fig. 184

Enfin l'effort tranchant T produit un déplacement transversal d'une section par rapport à l'autre, comme l'indique la fig. 185. Ce déplacement est fonction du coefficient d'élasticité transversale G, coefficient qu'il est très difficile de déterminer expérimentalement, mais qui, d'après des considérations théoriques, peut être admis égal à $\frac{2}{5}$ E.

Fig. 185

Le déplacement transversal pourra alors s'exprimer par :

$$CC_3 = \frac{T.\Delta s}{G.\omega} \qquad (4)$$

En combinant tous ces déplacements de la section C et en supposant que la section C' soit fixe, on arrive au *déplacement total* qui n'est autre chose qu'une rotation autour du point **D** (fig. 182). Ce point **D** est l'antipôle de la force extérieure **Q**, relativement à une ellipse ayant comme petit axe le double du rayon de giration r de la section et comme grand axe

$$2.r\sqrt{\frac{E}{G}}.$$

Désignons dans la fig. 182 les coordonnées du point **D**, rapportées au point **S**, par x_d et y_d, et par **K** et **L** les points d'intersection de la force **Q** avec les axes menés par le point **S**. Les propriétés des pôles et des polaires, en faisant abstraction des signes, donnent : [1]

$$x_d . KS = r^3 \frac{E}{G} = \frac{E}{G} . \frac{1}{\omega}$$

et

$$y_d . LS = r^3 = \frac{1}{\omega}$$

Supposons que la force **Q** soit décomposée au point **K** en deux composantes **N** et **T**, et égalons le moment de la force **Q** autour du point **S** à la somme des moments des composantes **N** et **T**, nous aurons :

$$Q\eta = N. 0 + T.KS$$

$$KS = \frac{Q\eta}{T}$$

De même la décomposition de la force **Q** au point **L** donne :

$$Q\eta = N.LS + T.0$$

ou

$$LS = \frac{Q\eta}{N}$$

---

1. Comparer avec les formules 13 et 14, page 213, $2r\sqrt{\frac{E}{G}}$ étant le grand axe de l'ellipse.

Introduisant ces valeurs dans les expressions trouvées plus haut, il vient :

$$x_d = \frac{E.I.T}{G.\omega.Q.q} \qquad y_d = \frac{I.N}{\omega.Q.q}$$

et en tenant compte de la formule (1)

$$x_d = \frac{T.\Delta s}{G.\omega.\Delta\sigma} \qquad y_d = \frac{N.\Delta s}{E.\omega.\Delta\sigma}$$

Une rotation du point C autour du point D donne un déplacement horizontal du point C égal à

$$y_d \cdot \Delta\sigma = \frac{N.\Delta s}{E.\omega}$$

et un déplacement vertical

$$\left(\tfrac{1}{2}\Delta s + x_d\right)\Delta\sigma = \tfrac{1}{2}\Delta s.\Delta\sigma + \frac{T.\Delta s}{G.\omega}$$

La comparaison avec les formules (2), (3), (4) montre que la rotation autour du point D donne les mêmes déplacements que ceux que nous avons trouvés pour les composantes de la force extérieure Q.

L'ellipse de la figure 182 est facile à dessiner, son petit axe est le même que l'axe vertical de l'ellipse centrale de la section, et le grand axe est au petit axe dans le rapport de $\sqrt{\dfrac{E}{G}}$

à 1, ou approximativement dans le rapport de $\dfrac{1.6}{1}$.

Si l'on néglige, comme on le fait souvent, l'influence de l'effort tranchant T, G devient ∞, l'axe horizontal devient nul, et l'ellipse s'aplatit pour devenir une droite d'une longueur égale à $2r$. Le point D se trouve alors sur cette ligne.

§ 4

DÉPLACEMENT D'UN POINT INVARIABLEMENT LIE
A L'ÉLÉMENT

Un point W invariablement lié à la section C et situé dans le plan de la figure, fig. 186, se meut en même temps que la

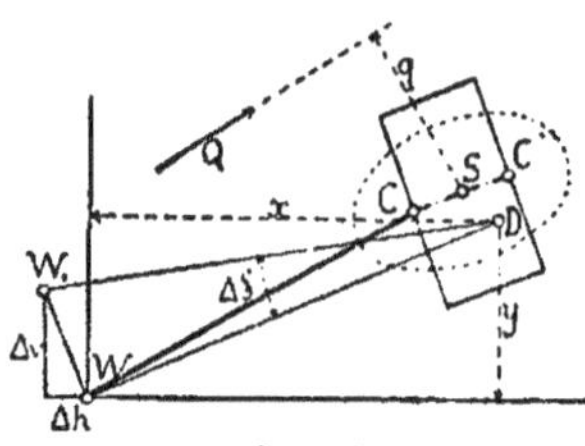

Fig. 186

section et décrit un arc de cercle WW_1 ayant son centre au point D. L'angle de rotation est comme précédemment

$$\Delta \varphi = Q.q \frac{\Delta s}{E.I}$$

Prenons le point W comme origine, en faisant passer par ce point l'axe des y et l'axe des x. Les coordonnées du point D seront désignées par x et y, celles du point W, par Δh et Δv. Nous aurons la relation

$$x : y : DW = \Delta v : - \Delta h : WW_1 ;$$

et puisque

$$WW_1 = DW . \Delta \varphi$$

on aura

$$\Delta v = x . \Delta \varphi = Q.q.x . \frac{\Delta s}{E.I} \qquad (5)$$

et

$$\Delta h = - y . \Delta \varphi = - Q.q.y . \frac{\Delta s}{E.I} \qquad (6)$$

Ces deux expressions seront, avec la formule (1), le point de départ des développements qui suivent; elles ont une signification statique qu'il est facile de déterminer en se servant du théorème suivant, tiré de la théorie de l'ellipse d'inertie.

Le moment centrifuge d'une figure plane, pris par rapport à deux axes quelconques, est égal au double produit de la surface de cette figure par la distance de son centre de gravité à l'un des axes et par la distance de l'antipôle de ce même axe au second axe.

Si l'on a une figure d'une surface ou d'un poids égal à $\frac{\Delta s}{E.I}$ et ayant pour ellipse centrale l'ellipse des fig. 182 et 186.

$q.\frac{\Delta s}{E.I}$ est le moment statique de la figure, relativement à la direction Q.

$q.x.\frac{\Delta s}{E.I}$ est le moment centrifuge de cette même figure relativement à la direction Q et à l'axe des y.

$q.y.\frac{\Delta s}{E.I}$ est le moment centrifuge relativement à la ligne Q et à l'axe des x.

On peut dire que la déformation de l'élément sous l'action d'une force extérieure Q fait tourner le point W invariablement lié à cet élément, et le déplace verticalement et horizontalement. Si l'on suppose l'élément chargé d'un poids $\frac{\Delta s}{E.I}$ l'angle de rotation a pour expression le produit de la force Q par le moment statique de l'élément autour de l'axe de la force. Les déplacements verticaux et horizontaux peuvent s'exprimer par le produit de la force Q et du moment centrifuge relativement à la force et à l'axe vertical ou horizontal.

Il est à peine nécessaire de dire que, par le poids, il faut entendre ici non une expression physique, mais une expression mathématique. Il en sera souvent ainsi dans la suite.

§ 5

DÉFORMATION D'UN ÉLÉMENT DE TREILLIS

Lorsque l'arc est à treillis, chaque allongement ou raccourcissement de l'une des pièces produit aussi une rotation; cette rotation se fait ou bien autour d'un nœud unique, ou bien autour de deux nœuds.

Si l'on fait dans la figure 187 une section CC' dans l'arc et

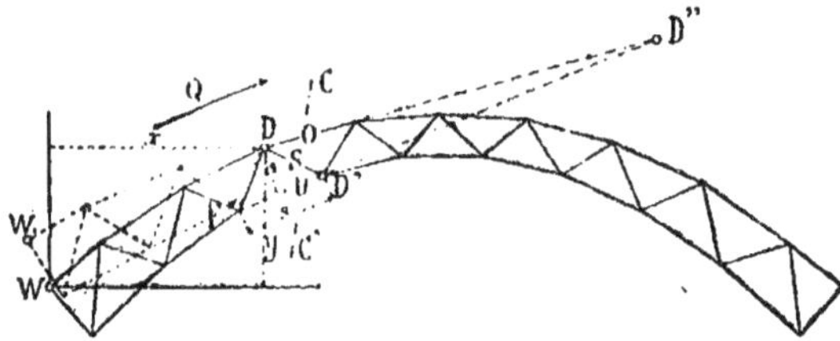

Fig. 187.

si l'on désigne de nouveau par Q la force extérieure, cette force extérieure se décompose en trois composantes suivant les directions des trois pièces coupées.

Considérons d'abord le nœud D où les pièces U et S se rencontrent. On sait que, pour un point quelconque, le moment de la force Q est égal à la somme des moments des composantes, et puisque au point D deux des moments sont nuls, nous aurons

$$Q.q = U.a$$

q désignant la distance normale du point D à la force Q.
a la distance de la pièce U au point D.
Désignons de plus par
s la longueur de la pièce U ;
ω la section de cette pièce ;
R le coefficient du travail de cette pièce.

Nous aurons :

$$R = \frac{F}{\omega}$$

et l'allongement Δs de la pièce sera

$$\Delta s = \frac{s.R}{E} = \frac{s.U}{E.\omega} = \frac{Q.q.s}{E.\omega.a}$$

Si la partie de la construction qui est située à droite de la section CC' est fixe, la partie de gauche se déplacera lorsque la pièce U se déformera ; elle tournera autour du point D, voir fig. 188, et prendra la position indiquée en pointillé. L'angle de rotation $\Delta\delta$ de la pièce DF, et par suite aussi l'angle de ro-

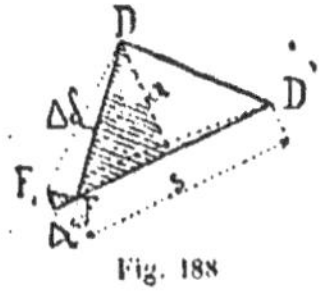

Fig. 188

tation de toute la partie mobile de la construction se déterminera comme suit :

La projection du déplacement FF_1 du point F sur la direction de la pièce D'F donne un petit triangle ombré dans la fig. 188. Ce petit triangle est semblable au grand triangle ombré compris entre DF et la perpendiculaire a.

La similitude des deux triangles donne la proportion suivante :

$$\frac{FF_1}{\Delta s} = \frac{DF}{a}$$

Et, les déformations étant très petites, en posant :

$$FF_1 = DF.\Delta\delta$$

il vient :

$$\Delta\delta = \frac{\Delta s}{a}$$

Introduisant la valeur trouvée plus haut pour Δs nous aurons :

$$\Delta\delta = Qq.\frac{s}{E.\omega.a^2} \qquad (7)$$

On arrive à un résultat analogue pour la pièce O de la fig. 187, la rotation se fait autour du point D' où les deux autres pièces coupées par la section se rencontrent.

La même formule s'applique également à un allongement
ou à un raccourcissement de la barre de treillis ; si le point **D'** et
toute la partie de la construction située à droite de ce point
sont fixes, un allongement de la pièce **DD'** produit à la fois un
déplacement des points **D** et **F**. Le premier déplacement du
point **D** est indiqué par **DD₁** dans la fig. 189 ; c'est une rotation infiniment petite autour du point **F'** qui peut être considérée comme un déplacement perpendiculaire à **DF'**. Le second déplacement, celui du point **F**, se fait aussi suivant un
arc de cercle, autour du point **D'** ; il est donc perpendiculaire à
FD'. Ces deux rotations ne peuvent se produire en même
temps que dans le cas où la pièce **DF**, et avec elle toute la
partie de la construction située à sa gauche, tournent autour
du point **D''** intersection des pièces **F** et **O**. Le point **D''** est
donc le centre de rotation, et la rotation autour de ce point
s'obtient comme précédemment. Projetons la petite longueur
DD₁ sur la ligne **DD'** : le petit triangle ombré dans la fig. 189

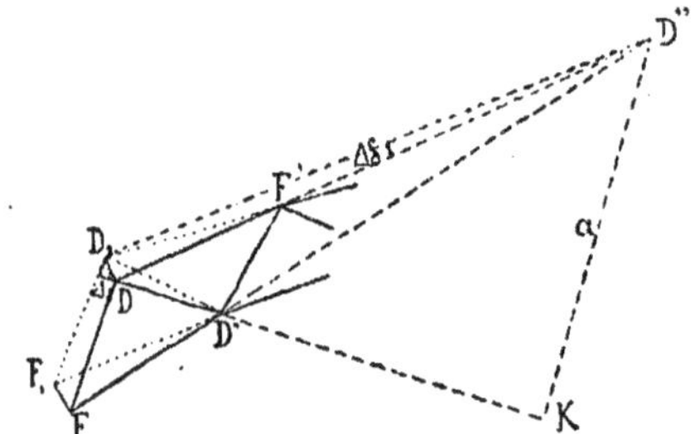

Fig. 189.

est semblable au grand triangle compris entre la ligne **DD''** et
la perpendiculaire *a* menée du point **D''** sur la ligne **DD'**. La
similitude des triangles donne la proportion suivante :

$$\frac{DD_1}{\Delta s} = \frac{DD''}{a}$$

En posant comme précédemment $DD_1 = DD''.\Delta\delta$, il vient :

$$\Delta s = \frac{\Delta s}{a}$$

L'expression (7) s'applique donc à toutes les pièces de l'arc, à la condition, cela va sans dire, de donner à q, s, ω et a les valeurs correspondant à la pièce considérée.

En comparant la formule (7) à celle que nous avons obtenue pour les poutres pleines, formule (1), on voit qu'elles ont des analogies. La longueur Δs de l'élément est remplacée par la longueur s de la pièce, et le moment d'inertie fait place au produit de la section de la pièce par le carré de sa distance a au point de rotation. Quant aux autres termes, les deux formules sont identiques. Il en résulte que les théorèmes que nous avons trouvés pour un point invariablement lié à un élément s'appliquent aussi aux arcs à treillis. En d'autres termes : lorsqu'une pièce se déforme, un point W (fig. 187), invariablement lié à la construction, décrit un arc de cercle WW, dont le centre D correspond au centre de rotation de la pièce. L'angle de rotation $\Delta\delta$ se détermine par la formule (7). En désignant par x et y les ordonnées du point de rotation, les déplacements verticaux et horizontaux du point W s'exprimeront comme pour les poutres pleines par :

$$\Delta v = x.\Delta\delta = Q.q.x.\frac{s}{E\omega a^2} \qquad (8)$$

$$\Delta h = -y.\Delta\delta = -Q.q.y.\frac{s}{E\omega a^2} \qquad (9)$$

Le théorème de la fin du § 4, page 236, est encore exact à la condition d'y remplacer le centre de gravité de l'élément par le *point de rotation de la pièce qui se déforme*, et de substituer à l'expression des poids la nouvelle expression

$$\frac{s}{E\omega a^2}.$$

§ 6

ELLIPSE CENTRALE DE L'ARC ÉLASTIQUE

Nous n'avons examiné jusqu'ici que la déformation d'un élément de la construction, mais il est facile de passer à celle de la construction toute entière ; car si l'on a déterminé la dé-

formation de tous les éléments de l'arc, il suffira pour obtenir
la déformation totale d'additionner les déformations, parce
qu'elles sont toujours très faibles relativement à la portée et à
la flèche de l'arc.

Si l'on soumet tous les éléments de l'arc à une force extérieure Q et si l'on maintient l'extrémité de droite de l'arc,
l'autre extrémité et tout point qui lui sera invariablement lié
éprouvera une rotation δ, un déplacement vertical v et un déplacement horizontal h. Ces déformations s'obtiendront sim-
plement par sommation des expressions $\Delta\delta$, Δv, et Δh, et l'on
aura :

$$\delta = \Sigma\Delta\delta.$$
$$v = \Sigma\Delta v$$
$$h = \Sigma\Delta h$$

Dans le cas des arcs à paroi pleine, on introduira dans ces
formules les expressions (1), (5) et (6). Dans le cas d'arcs à
treillis on se servira des formules (7), (8) et (9). Comme nous
l'avons vu, les expressions de $\Delta\delta$ peuvent être considérées
comme les moments statiques des éléments $\dfrac{\Delta s}{EI}$ ou $\dfrac{s}{E.\omega.a^2}$ appliqués aux centres de rotation, relativement à la direction de
l'effort. Les Δv et les Δh sont les moments centrifuges des
mêmes éléments relativement à l'axe vertical ou horizontal du
point W et à la direction de l'effort.

On déduit de ces propriétés le théorème suivant :

*Si l'on suppose un arc à paroi pleine chargé en chacun de
ses éléments d'un poids $\dfrac{\Delta s}{EI}$, ou un arc à treillis chargé en ses
nœuds des poids $\dfrac{s}{E.\omega.a^2}$, la rotation d'un point W de l'arc sous
l'influence d'une force extérieure Q aura pour expression le
produit de cette force Q par le moment statique de l'arc ainsi
chargé, relativement à cette force.*

*Le déplacement vertical de ce point W sera égal au produit
de la force Q par le moment centrifuge de l'arc ainsi chargé,
relativement à la direction de la force Q et à l'axe vertical des y.*

16

Le déplacement horizontal du point W est égal au produit de la force Q par le moment centrifuge de l'arc chargé des mêmes poids relativement à la direction Q et à l'axe horizontal des x.

On construira pour l'ensemble de ces poids $\frac{\Delta s}{EI}$ ou $\frac{s}{E\omega a^2}$, exactement comme on le fait pour les surfaces planes, le centre de gravité et l'ellipse centrale, et cette dernière servira à calculer les moments pour des axes quelconques. Aux éléments de surface se trouvent tout simplement substitués les poids.

Nous désignons l'ellipse ainsi construite par l'expression : *Ellipse centrale de l'arc.*

Cette ellipse a été tracée dans la fig. 190 pour l'arc AB. Son centre S est appelé *centre de gravité de l'arc.*

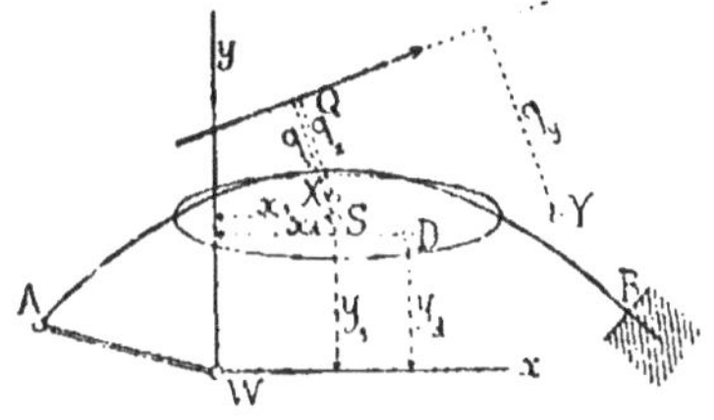

Fig. 190.

Le moment statique de l'arc chargé des poids $\frac{\Delta s}{EI}$ ou $\frac{s}{E\omega a^2}$ est égal, comme on le sait, à la somme des moments de chacun des poids ou au produit du poids total par la distance du centre de gravité.

La rotation du point A et par suite aussi celle au point W, lorsque l'arc est maintenu à son extrémité B, pourra s'exprimer par

$$\vartheta = Q.q.\Sigma\frac{\Delta s}{EI},\qquad\qquad (10)$$

q_s étant la distance du point S à la force Q.

La théorie de l'ellipse centrale établit que le moment centrifuge rapporté à deux axes est égal au double produit de la somme des poids par la distance du centre de gravité à l'un des axes et par la distance de l'antipôle de cet axe au second axe.

Si l'on désigne par D l'antipôle de la ligne Q, on aura pour le déplacement vertical du point W

$$v = Q.q_s.x_d.\Sigma \frac{\Delta s}{EI} \qquad (11)$$

et pour le déplacement horizontal de ce point W

$$h = - Q.q_s.y_d.\Sigma \frac{\Delta s}{EI} \qquad (12)$$

Ces mêmes expressions sont applicables aux arcs à treillis en remplaçant $\Sigma \dfrac{\Delta s}{EI}$ par $\Sigma \dfrac{s}{E.\omega.a^2}$.

On peut aussi, au lieu de considérer l'antipôle D de la ligne Q, considérer les points X et Y, antipôles de l'axe des x et de l'axe des y ; on arrive alors aux expressions

$$v = Q.x_s.q_y \Sigma \frac{\Delta s}{EI} \qquad (13)$$

$$h = - Q.y_s.q_x \Sigma \frac{\Delta s}{EI} \qquad (14)$$

Suivant le besoin, nous nous servirons de ces dernières formules ou des précédentes.

Nous avons jusqu'ici tracé les axes du point W verticalement et horizontalement, mais rien ne s'oppose à ce qu'on leur donne une direction quelconque. Faisons donc passer l'axe des x par le point D, en conservant l'axe des y perpendiculaire au premier : y_d et h deviennent nuls, ce qui signifie que le point W se meut dans la direction de l'axe des y, par conséquent perpendiculairement à WD : il en est de même de tout point W invariablement lié au point A. On peut donc énoncer le théorème suivant :

Sous l'influence d'une force extérieure Q, le mouvement d'un point invariablement lié à l'extrémité mobile de l'arc, tandis que l'autre extrémité est supposée fixe, est une rotation autour de l'antipôle de cette force.

Nous avons supposé que la force Q est connue, et nous en avons déduit les déformations, mais on peut aussi bien résoudre le problème inverse, et déterminer la direction de la force Q qui produit une rotation donnée. Il suffit de déterminer la ligne à laquelle correspond l'antipôle, ligne que l'on désigne par *antipolaire*. De plus, la grandeur de la force Q se détermine par la formule (10) en fonction de l'angle de rotation δ.

§ 7

CONSTRUCTION DE L'ELLIPSE CENTRALE D'UN ARC A PAROI PLEINE

La construction de l'ellipse centrale se fait par la même méthode que celle employée pour les surfaces planes. Au moyen de deux polygones funiculaires on détermine, dans deux directions différentes, deux lignes passant par le centre de gravité et par suite le centre de gravité ; puis on se sert des segments coupés par les polygones funiculaires sur les lignes des centres de gravité, comme forces, et au moyen de nouveaux polygones funiculaires, on détermine les moments d'inertie et les moments centrifuges.

Il y a cependant quelques remarques à faire dans le cas particulier de l'arc à paroi pleine.

On détermine d'abord pour différentes sections de l'arc les moments d'inertie, soit par le calcul quand les sections sont simples, soit graphiquement quand les sections sont compliquées. Pour ce qui est du nombre des sections à considérer, cela dépendra de l'importance de la variation de section : plus les variations seront grandes, plus on considérera de sections, tandis que si la variation est faible, ce nombre pourra être très réduit.

Il est à remarquer que, dans la détermination des moments d'inertie, la section toute entière est à considérer, sans déduction des trous de rivets, et il est plus exact aussi de tenir compte des renforcements des couvre-joints, en augmentant convenablement ces moments.

Les moments d'inertie étant calculés pour un certain nombre de sections, on tracera la courbe représentative de leurs valeurs, ce qui permettra de mesurer le moment d'inertie en un point quelconque.

Lorsque le moment d'inertie est calculé par la méthode de Culmann, il est égal à un produit $s'''.n.h'.h''$, dans lequel $n,h'h''$ sont des constantes et ce sont les valeurs s''' que l'on portera comme ordonnées (Voir page 216).

Outre les valeurs de I et du rayon de giration r, nous aurons besoin plus loin de la surface ω de la section et de la distance k du point extrême du noyau central au centre de gravité. Cette dernière quantité k se détermine soit par le calcul, soit graphiquement, en divisant r^2 par la distance v de la fibre extrême. Dans le cas où la section est dissymétrique, il y a deux valeurs de v : l'une pour le haut, l'autre pour le bas, et par suite deux valeurs de k, k_1 et k_2.

Les valeurs ω et k calculées en certains points, serviront à tracer des courbes représentatives qui permettront de les mesurer pour un point quelconque.

L'arc se divise en un certain nombre d'éléments dans lesquels on trace les ellipses centrales (comme cela est indiqué fig. 182 et 186).

Les points où les sections sont le mieux placées sont les points d'application des charges, c'est-à-dire les points correspondant aux montants ou aux pièces de pont. Si l'on est conduit par cette division à des éléments trop longs on les subdivisera davantage ; si, au contraire, le moment d'inertie varie peu dans l'un des éléments, on pourra lui adjoindre l'élément suivant.

Lorsque la longueur Δs, fig. 191, est trop grande pour être assimilée à une infiniment petite longueur, on peut la supposer divisée à son tour en petits éléments et déterminer l'ellipse centrale et les moments d'inertie de ces petits éléments comme on le fait pour les surfaces planes ; puis, par sommation des moments d'inertie de ces éléments de second ordre, on déter-

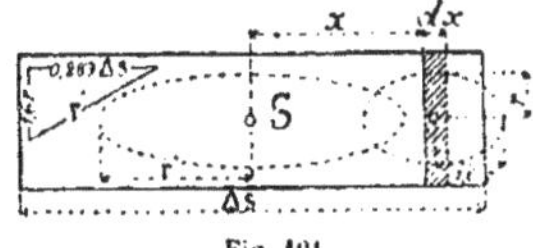

Fig. 191

minera le moment d'inertie de l'élément entier. Nous avons vu que l'ellipse d'un élément de longueur dx, dont le petit axe est égal à r, a pour grand axe très approximativement $1,6 \cdot r$; et si, sur la longueur Δs du grand élément, le moment d'inertie varie peu, le petit axe de son ellipse sera aussi égal à r.

Si l'on désigne par x la distance d'un élément de second ordre à l'axe vertical du centre de gravité S, son moment d'inertie par rapport à cet axe sera :

$$\frac{dx}{EI}\left\{ x^2 + (1,6r)^2 \right\}$$

l'intégrale prise de $-\frac{1}{2}\Delta s$ à $+\frac{1}{2}\Delta s$ divisée par le poids total $\frac{\Delta s}{EI}$, donne le carré du grand axe

$$r'^2 = \frac{1}{12}\overline{\Delta s}^2 + (1,6r)^2$$

Construisons, fig. 191, un triangle rectangle ayant pour côtés de l'angle droit $0,289\,\Delta s$ et $1,6r$, l'hypothénuse représentera la valeur de r'.

Cette petite construction secondaire permet de décomposer l'arc en éléments de grande longueur, il suffit que, sur la longueur de l'élément, l'axe de l'arc soit droit ou à peu près droit, et que les valeurs de I et de r ne soient pas trop variables. Il va sans dire que pour I et r, on admet dans un élément la valeur moyenne.

Lorsque les valeurs Δs et I, sont déterminées pour tous les éléments, ainsi que les ellipses, on détermine les poids de ces éléments et on les porte verticalement à une échelle quelconque dans un polygone des forces. Le facteur E, qui est constant pour tous les éléments, est laissé de côté, et l'on considère simplement les expressions $\frac{\Delta s}{I}$ (ou $\frac{\Delta s}{s^m}$ dans le cas de la détermination graphique des moments d'inertie). Nous désignerons la somme de tous ces poids par F et un élément de ces poids par ΔF.

La distance polaire H du polygone des forces peut être quelconque mais il y a cependant un avantage à la prendre égale à F ou $\frac{1}{2}$ F.

On construit après cela cinq polygones funiculaires. Dans le tracé du premier on applique les éléments ΔF aux centres de gravité des éléments et on fait agir les poids verticalement. Pour le second polygone funiculaire, on fait agir les forces aux mêmes points mais horizontalement, et on mène les côtés du polygone perpendiculairement aux rayons du polygone des forces. Ces deux premiers polygones déterminent le centre de gravité S de l'arc. Les segments coupés par les rayons de ces deux polygones funiculaires sur les axes du centre de gravité sont à leur tour considérés comme forces pour servir à tracer deux nouveaux polygones funiculaires. Les distances polaires c_1 et c_2 qui servent à tracer ces derniers polygones sont tout à fait quelconques, mais au lieu d'appliquer les forces aux centres de gravité des éléments, on les applique aux antipôles des deux axes passant par S. Dans le cas spécial où l'antipôle est très éloigné ou tombe à l'infini, on décompose le poids ΔF en deux, et l'on applique chacune des moitiés à l'une des extrémités du diamètre conjugué de la direction de l'axe S.

Désignons par t_1 et t_2 les segments interceptés entre les côtés extrêmes de ces deux derniers polygones funiculaires sur les axes ; on aura alors pour le moment d'inertie de l'arc entier :

$$I_1 = Hc_1 t_1 \text{ pour l'axe vertical}$$

et

$$I_2 = Hc_2 t_2 \text{ pour l'axe horizontal.}$$

En divisant ces moments d'inertie par le poids total F de l'arc et en extrayant la racine carrée du quotient, on obtient les demi-axes de l'ellipse centrale :

$$r_1 = \sqrt{\frac{H.c_1.t_1}{F}}$$

$$r_2 = \sqrt{\frac{H.c_2.t_2}{F}}$$

Menons ensuite aux extrémités de t_1 des parallèles aux rayons extrêmes du polygone des forces, ces deux lignes se coupent à une distance de t_1 égale à $t_1' = \dfrac{t_1.H}{F}$: de même aussi on trouve $t_2' = \dfrac{t_2.H}{F}$ et l'on peut écrire :

$$r_1 = \sqrt{c_1 t_1'}$$

et

$$(15)$$

$$r_2 = \sqrt{c_2 t_2'}$$

Ces expressions peuvent se construire très simplement au moyen de demi-cercles.

Lorsque l'on a pris H égal à F ou $\frac{1}{2}$ F, les t' deviennent égaux à t ou $\frac{1}{2}$ t.

Enfin il reste à construire le cinquième polygone funiculaire, en portant les segments coupés par le deuxième polygone funiculaire sur l'axe des x comme des forces verticales agissant aux antipôles de l'axe des x. Ce cinquième polygone funiculaire coupe sur l'axe vertical un segment qui représente le moment centrifuge de l'arc. Il va sans dire que pour un arc symétrique ce segment est nul, mais cela ne dispense pas de tracer le polygone qui sera utilisé dans la suite.

Pour faciliter l'ensemble des constructions, nous résumons dans le tableau qui suit, les efforts, les points d'application et

les directions qui servent à construire les cinq polygones funiculaires :

	FORCES	DIRECTION	POINTS D'APPLICATION
1	Poids ΔF	verticalement	Centre de gravité
2	Poids ΔF	horizontalement	— —
3	Segments sur l'axe des y	verticalement	Antipôle de l'axe des y
4	— — x	horizontalement	— — x
5	— — x	verticalement	— — x

§ 8

CONSTRUCTION DE L'ELLIPSE CENTRALE D'UN ARC A TREILLIS

Planche 13

L'analogie qu'il y a entre les constructions qui précèdent et
celles qui vont suivre nous permettra d'abréger. L'arc à treillis ne diffère de l'arc à paroi pleine, comme nous l'avons déjà
vu, qu'en ce que les poids sont à appliquer aux points de rotation des barres, au lieu d'être appliqués aux centres de gravité. Les ellipses des éléments disparaissent, les poids ont
pour valeur $\dfrac{s}{E\omega a^2}$, expression dans laquelle s est la longueur
des pièces de l'élément, ω la surface de section, a la distance
des pièces aux points de rotation.

Ces poids sont en général à calculer pour chaque élément.
On numérote à cet effet les pièces par ordre, et on constitue un
tableau des valeurs de s, de ω, de a et de l'expression $\dfrac{s}{\omega a^2}$. Le
calcul de cette expression peut se faire à la règle à calcul. Les
longueurs s et a se mesurent sur l'épure. On peut également

déterminer graphiquement ces expressions, mais c'est plus
compliqué. On opère dans ce cas de la manière suivante :

On détermine, fig. 192, sur la ligne DD' les deux points K

Fig. 192.

et L, le premier de ces points étant à une distance ω de la ligne D'F, le second point L à une distance n de la même ligne.
L'échelle de ω se choisit convenablement. n est une constante
quelconque. On mène ensuite LM parallèle à KF, puis LN parallèle à DM, enfin LO parallèle à DN. La longueur D'O re-
présente alors l'expression $\dfrac{s}{\omega a^2}$ multipliée par n^3. On a, en
effet :

$$\frac{D'M}{D'F} = \frac{D'L}{D'K} = \frac{n}{\omega}$$

$$\frac{D'N}{D'M} = \frac{D'L}{D'D} = \frac{n}{a}$$

$$\frac{D'O}{D'N} = \frac{D'L}{D'D} = \frac{n}{a}$$

où D'F est égal à s. La multiplication des trois proportions
donne le résultat trouvé plus haut. Quoique cette construction
soit simple elle nécessite un grand nombre de lignes qui com-
pliquent l'épure, et nous lui préférons la détermination analytique.

Comme précédemment, la section ω représente la section
complète de la pièce, sans déduction des trous de rivets.

L'expression $\dfrac{s}{\omega a^2}$ diminue avec le carré de la distance a de la
pièce considérée à son point de rotation, et elle devient nulle
quand ce point est à l'infini. En général, pour les barres de
treillis des arcs, la distance a est grande et l'on peut, sans inconvénient, négliger les poids qui correspondent à ces barres ;

la construction des cinq polygones funiculaires se trouve beaucoup simplifiée de ce fait, car on ne considère plus que les poids correspondant aux membrures.

Dans le cas où le treillis est double, on procède comme dans le calcul des poutres à treillis double, en décomposant le système en deux systèmes superposés. On a par suite, pour chaque élément de membrure, deux points de rotation, suivant que l'on considère la barre de l'un ou de l'autre système.

On détermine les poids $\frac{s}{\omega a^2}$, pour chacun des deux points, en appliquant à chacun la moitié du poids trouvé. On peut aussi, dans le plus grand nombre de cas, sans erreur sensible, réunir les deux moitiés en considérant comme point de rotation le point situé au milieu de la ligne de jonction des deux points de rotation. C'est pour ce point moyen qu'on détermine alors le poids, et on le lui applique tout entier. Dans le cas où l'on tiendrait compte des barres de treillis, on procéderait d'une manière analogue.

Pour rendre plus claires les constructions dont nous venons de parler, nous renvoyons à la planche 13, qui contient l'épure d'un arc sans articulation.

L'échelle de l'épure est de $\frac{1}{200}$, l'ouverture de l'arc est de 39^m, sa flèche de 7^m8, la largeur de la chaussée et du trottoir est de 4^m00 pour chaque arc. Les 10 montants qui reportent la charge sur l'arc sont espacés de 4 mètres.

Les poids ont été calculés pour toutes les pièces et portés à la suite les uns des autres, fig. 2, sur la verticale désignée par les mots : *ligne verticale des poids*. Les sections ont été comptées sans déduction des trous de rivets, en millimètres carrés; les longueurs s et a en mètres, et le résultat a été porté à l'échelle de 1^{mm} pour 0,0001. Pour la pièce 21 par exemple, de 9400^{mm2} de section, d'une longueur $s = 4^m9$, située à une distance du point de rotation $a = 0,66$, on trouve $\frac{s}{\omega a^2} = 0,00046$, portés à l'échelle $4^{mm}6$. L'arc est symétrique par rapport à son sommet, ce qui a permis de ne faire le calcul des poids que pour la moitié de l'arc, et de donner aux pièces symétriques les mêmes numéros.

Les poids très petits correspondant aux barres de treillis ont été négligés. La somme F des ΔF est égale à 0,01017. Le pôle O_1 du premier polygone, fig, 2, a une distance polaire égale à la somme des poids, la distance du pôle O_2, fig. 2, du second polygone est égale à la moitié de cette somme.

Nous n'avons pas d'autre observation à faire sur la construction du premier polygone, fig. 3. Pour le second, les distances verticales ont été portées en triple grandeur, afin d'obtenir sur la ligne horizontale du centre S qui vient en S' des intersections bien déterminées. Les efforts horizontaux portent chacun leur numéro. Les côtés du deuxième polygone funiculaire, fig. 4, sont perpendiculaires aux rayons qui partent du pôle O_2, fig. 2, et ce polygone est une ligne en zigzag. Il était difficile à cause de la petite échelle de la planche de tracer complètement ce polygone sans embrouiller l'épure, et chaque côté n'a été représenté que par un petit trait au point d'intersection avec la force. Les côtés extrêmes se coupent au point S' qui détermine la hauteur du point S. Il est reporté à l'échelle dans la fig. 4. Les constructions et les numérotations qui exigent le plus de soin sont celles des segments coupés par le premier polygone funiculaire sur la verticale du centre de gravité S, et celles des segments interceptés sur l'horizontale S' par le second polygone funiculaire. Ces segments, en général très petits, servent comme forces à la construction du troisième et du quatrième polygone funiculaire, fig. 5 et 7. Le troisième polygone funiculaire est tracé avec le pôle O_3 et une distance polaire $c_1 = 50^{mm}$, le quatrième avec le pôle O_4 et une distance polaire $c_2 = 15^{mm}$. La forme du troisième polygone est celle d'un S, et la distance verticale entre ses côtés extrêmes représente t_1.

Le quatrième polygone se compose de deux courbes à double courbure, et la distance horizontale entre les côtés extrêmes représente t_2.

Les longueurs t_1 et t_2 servent à la détermination des axes de l'ellipse centrale, le demi-axe horizontal est égal à

$$r_1 = \sqrt{c_1 t_1}$$

le demi-axe vertical est égal à

$$r_2 = \sqrt{\frac{1}{18}\, c_2\, l_2}$$

Le coefficient $\frac{1}{18}$ vient de ce que la distance polaire du pôle O_2 a été prise égale à $\frac{1}{2}$ F, et non égale à F, et de ce que le polygone a été dessiné à une triple grandeur.

La construction de ces deux expressions est connue, elle est faite au moyen de demi-cercles qui n'ont pas été conservés sur l'épure. Le tracé de l'ellipse au moyen de ses deux axes ne présente aucune difficulté.

Malgré la symétrie des charges, nous avons tracé, en vue de constructions à venir, le cinquième polygone funiculaire et les moments centrifuges, fig. 6. Les forces qui ont servi à ce tracé sont les segments du deuxième polygone, fig. 4. On s'est servi du pôle O_2, et on a fait agir les forces verticalement.

§ 9

LIGNE D'INTERSECTION DES RÉACTIONS ET LIGNE ENVELOPPE DES RÉACTIONS

Pour déterminer les charges défavorables de l'une des pièces de la construction, il est nécessaire de pouvoir construire rapidement les réactions des appuis qui correspondent à une charge unique. On construit à cet effet, avant de calculer les forces extérieures, la courbe sur laquelle les réactions correspondantes des deux appuis se coupent ; de plus, dans le cas de l'arc sans articulation, on construit également la courbe enveloppe des réactions.

Nous désignerons, pour abréger, ces deux courbes par les expressions : *ligne ou courbe d'intersection* et *ligne ou courbe enveloppe*.

Chaque charge P se décompose en deux réactions obliques des appuis qui se coupent sur la force P ; leur grandeur se dé-

termine par simple décomposition de P, dès que l'on connaît
leur direction. Les deux réactions constituent ensemble la
ligne de pression correspondant à la charge. Cette ligne de
pression dépend uniquement de la position de la charge P et
est indépendante de sa grandeur. Les réactions sont proportionnelles à la charge.

Lorsqu'on déplace la charge, de gauche à droite par exemple, les réactions se déplacent avec elle; la réaction de gauche s'incline davantage, celle de droite se relève. Dans ce
déplacement, qui se fait d'une manière continue, les réactions
engendrent la *courbe enveloppe* dont elles sont les tangentes,
et en même temps elles engendrent par leurs points d'intersection sur la charge la *courbe des intersections*.

La construction de ces deux courbes fait l'objet des deux
paragraphes suivants. Lorsqu'elles sont tracées, les réactions
correspondant à une charge s'obtiennent très simplement,
en menant par le point d'intersection de la charge avec la
courbe des intersections, deux tangentes à la courbe enveloppe, et en décomposant la charge suivant les directions de
ces deux tangentes.

Ce qui précède s'applique aux arcs sans articulations ; mais
si l'arc a deux articulations aux appuis, les réactions passent
forcément par ces articulations. Dans ce dernier cas les réactions constituent, avec les appuis comme sommets, deux faisceaux simples. La courbe enveloppe disparaît tandis que la
courbe des intersections subsiste. Les réactions correspondant à une charge s'obtiennent en joignant le point d'intersection de la charge et de la courbe des intersections avec les
appuis, et en décomposant la charge suivant les deux directions ainsi obtenues.

§ 10

**CONSTRUCTION DE LA COURBE D'INTERSECTION ET DE
LA COURBE ENVELOPPE D'UN ARC
SANS ARTICULATIONS**

Nous passons à la construction des deux courbes pour le
cas de l'arc sans articulations.

A cet effet revenons aux résultats du § 6. Nous avons vu que la rotation d'un point W (fig. 190) invariablement lié à l'appui A, sous l'influence d'une force extérieure Q, peut être considéré comme un moment statique, tandis que les déplacements verticaux et horizontaux ont une expression analogue à celle du moment centrifuge. Cela suppose que la force extérieure agit en même temps sur tous les éléments de l'arc. Supposons maintenant que cette force n'agisse que sur une partie de celui-ci, comme par exemple la charge au point P, fig. 193. Le déplacement du point W se détermine en ne con-

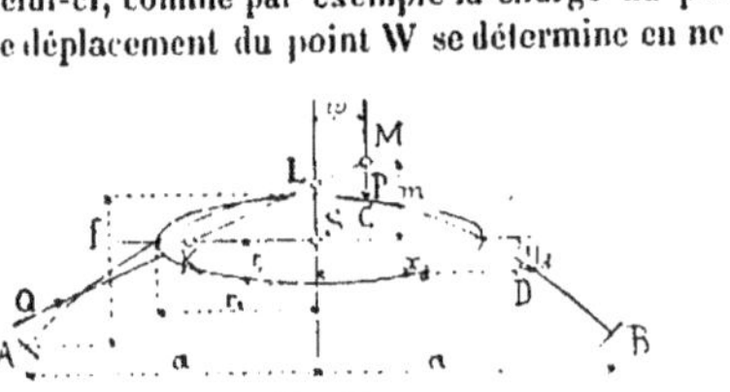

Fig. 193.

sidérant que la partie CB de l'arc pour ce qui se rapporte aux moments.

En ce qui concerne le point W, il peut être quelconque; mais nous préférons le faire coïncider avec le point S, centre de l'ellipse centrale de l'arc. Le déplacement du point S sous l'influence de la force P se déduit des polygones funiculaires qui ont servi à la construction de l'ellipse centrale [1]. La rotation δ du point S est égale au produit de la force P par le moment statique de la partie CB de l'arc, relativement à la direction de la force. Cette rotation est égale (en vertu des propriétés connues des moments des forces parallèles) au segment intercepté, pl. 13, fig. 3, sur la force P, entre le premier polygone funiculaire et son dernier côté. Désignant ce segment par u_1, nous pourrons écrire

$$\delta = \mathrm{P.H.}\,u_1$$

Dans la planche 13, nous avons indiqué u_1 au cinquième point d'application des charges.

---

1. Nous remarquerons que jusqu'ici on a toujours pris comme point W l'appui A, Culmann en a déduit la construction connue rapportée à 3 axes.

Le déplacement vertical v du point S se détermine au moyen du moment centrifuge rapporté à l'axe vertical du point S et à la force. Ce moment centrifuge est proportionnel au segment u_2 intercepté, fig. 5, sur la force P, entre le troisième polygone funiculaire et son dernier côté. On aura :

$$v = \text{P.H.}c_1.u_2$$

Enfin le déplacement horizontal du point S se déduit du moment centrifuge de la partie CB de l'arc, rapporté à l'axe horizontal du point S et à la force, fig. 193. Le second polygone funiculaire donne le moment statique des poids de l'arc par rapport à l'axe horizontal S, les segments qu'il intercepte servent à tracer le cinquième polygone funiculaire, fig. 6. Les segments interceptés entre le cinquième polygone funiculaire et son dernier côté sont désignés par u_3 et le déplacement horizontal sera

$$h = \text{P.H.}c_2.u_3$$

u_2 et u_3 sont indiqués, pl. 13, pour la cinquième charge.

Les déplacements du point S peuvent être considérés, ainsi que nous l'avons fait plus haut, comme une rotation autour d'un point D, fig. 193. Soient x_d et y_d les coordonnées de ce point D, on aura

$$v = x_d\,\delta \qquad h = y_d\,\delta$$

et en introduisant la valeur trouvée pour δ

$$x_d = \frac{c_1\,u_2}{u} \quad , \quad y_d = \frac{c_2\,u_3}{u}$$

Ces deux expressions déterminent le point D.

La réaction Q des appuis doit avoir pour effet de ramener le point S en place ; elle agit sur l'arc entier, et il résulte du théorème du § 6 qu'elle doit être l'antipolaire du point D

Si l'on désigne par K et L les points d'intersection de l'antipolaire avec l'axe des x et l'axe des y, on aura

$$\text{KS}.x_d = -r_1^2$$
$$\text{LS}.y_d = -r_2^2$$

et en introduisant les valeurs trouvées pour x_3 et y_3

$$KS = -\frac{r_1^2 . a'}{c_1 . u_2}$$

$$LS = -\frac{r_2^2 . m}{c_2 . u_3} \qquad (16)$$

enfin en utilisant les formules (15), page **248**

$$KS = -\frac{h_1' . m}{u_2}$$

$$LS = -\frac{t_2' . u}{u_3}$$

Ces formules permettent de déterminer très facilement les réactions de gauche, pour des charges isolées. C'est ce qui a été fait dans la pl. 13 pour les 10 efforts agissant aux montants. La distance polaire du point O, étant égale à F, nous aurons $t_1' = t_1$. Les u_3 sont six fois trop grands ; les t_2, 18 fois.

Il en résulte que pour obtenir LS en grandeur réelle, nous remplacerons t_2' par $\frac{1}{3} t_2$. Il n'y a pas à tenir compte des signes, car les points K se trouvent toujours à gauche et les points L toujours au-dessus du point S. (Dans nos formules, toutes les valeurs sont positives à l'exception de u_3 ; il en résulte que KS est toujours négatif, tandis que LS est positif.)

Les points K et L s'obtiennent en portant successivement, à partir du point S, la longueur u_1 mesurée sous l'effort, horizontalement à gauche, la longueur u_2 verticalement par le bas, puis u_3 horizontalement vers la droite et enfin les constantes t_1 et $\frac{1}{3} t_2$ verticalement par en bas. On réunit ensuite, par une droite, les extrémités de u_1 et de u_2, on mène par l'extrémité de t_1 une parallèle à cette droite, qui détermine le point K. En réunissant par une droite les extrémités de u_2 et de $\frac{1}{3} t_2$ et en menant par l'extrémité de u_1 une parallèle à cette droite, on obtient le point L. Ces constructions sont indiquées en partie dans la planche 13 pour la cinquième charge.

En réunissant les points K et L, correspondant aux 5 points d'application des charges, on obtient 5 tangentes à la courbe enveloppe et en même temps 5 points de la courbe des intersections.

En reportant les points K à droite symétriquement, on obtient les tangentes de la courbe enveloppe de droite et en même temps une vérification des points de la ligne des intersections. Les points de la courbe des intersections permettent de tracer cette courbe. On pourrait aussi, au moyen des tangentes, tracer la courbe enveloppe, mais cela n'a aucune utilité pour la suite et l'on s'est dispensé de le faire sur la planche.

La construction des réactions correspondant à des charges isolées, montre que le calcul graphique de l'arc sans articulation présente un inconvénient. Les constructions des réactions sont satisfaisantes pour le milieu de l'arc, mais leur exactitude est bien moins grande dans les environs des appuis. Pour la dernière charge les valeurs des u sont presque nulles et la détermination des réactions est pour ainsi dire impossible.

Nous remarquerons toutefois que cet inconvénient ne tient nullement à la méthode; s'il ne frappe pas autant dans la méthode analytique, c'est parce qu'on peut introduire dans les calculs un nombre illimité de décimales. En réalité, cette inexactitude dans les constructions graphiques est plutôt apparente que réelle; les forces intérieures, déterminées au moyen de la ligne des intersections et de la courbe enveloppe, dépendent très peu des charges voisines des appuis, et les résultats sont peu altérés par l'inexactitude dans la détermination des courbes dans le voisinage des appuis.

On peut du reste remédier en grande partie à ce manque d'exactitude par les considérations suivantes :

Supposons de nouveau l'arc maintenu à son extrémité de droite, tandis que l'autre extrémité est libre de se mouvoir et faisons agir la dernière charge, n° 10.

En négligeant la dernière barre de treillis, les deux membrures 1 et 2 sont les seules pièces qui se déforment.

Le point de rotation correspondant à la membrure 2 est situé (sans erreur sensible) dans la direction de l'effort 10, il en résulte que δ, v, h sont nuls pour cette pièce; la partie de la

construction située à gauche de la charge tourne autour du
nœud opposé à la membrure 1, qui n'est autre chose que le
point d'appui de la membrure supérieure. Comme la réaction
correspondant à la charge doit annuler cette rotation, et
comme toute force fait tourner l'appui de gauche autour de
l'antipôle de cette force rapporté à l'ellipse centrale, la réaction cherchée tombe sur l'antipolaire du point d'appui de la
membrure supérieure.

Cette réaction peut donc se construire au moyen de l'ellipse
centrale de l'arc.

Les mêmes considérations nous conduisent à une construction des réactions correspondant à la charge 9. La construction, bien que n'étant pas aussi simple que la précédente, est
pratique dans un grand nombre de cas.

Cette charge 9 influe sur les 6 dernières membrures de l'arc,
6 à 1 ; les points de rotation de ces membrures sont très rapprochés. Les charges, qui sont à appliquer à ces points de rotation, sont données dans le polygone des forces, et l'on pourra
tracer rapidement, sans qu'il soit nécessaire d'y apporter
beaucoup de soin, la petite ellipse centrale pour les 6 points
de rotation et l'antipôle D, de la charge 9 rapporté à cette
petite ellipse.

La réaction de la charge 9 est l'antipolaire du point D,
rapporté à l'ellipse centrale de l'ensemble de l'arc.

Ces dernières constructions permettent de corriger, avec
une exactitude suffisante, les réactions correspondant aux deux
dernières charges. Pour les autres charges l'incertitude disparaît, et la méthode générale donne des résultats satisfai-
sants.

En terminant ce paragraphe, nous remarquerons que dans
les arcs symétriques on peut se contenter de construire la
moitié des polygones et de l'arc lui-même : le travail se trouve
beaucoup simplifié, et cela permet de faire l'épure à une
échelle double.

La construction subira quelques légers changements dans la
manière de mesurer et de reporter les u, mais chacun sera à
même de les imaginer.

Dans la pl. 13, les constructions ont été faites sur l'arc en-

tier, pour deux motifs : En premier lieu, les constructions sont
plus claires, et en second lieu, nous aurons besoin de l'arc entier et des courbes complètes pour la détermination des forces
intérieures.

En pratique il sera souvent avantageux de faire l'épure sur
deux feuilles. La première servira à la détermination de la
courbe enveloppe et de la courbe des intersections, en se servant de la moitié de l'arc seulement ; la seconde feuille, sur
laquelle l'arc entier sera tracé, servira à la détermination des
forces intérieures.

§ 11

CONSTRUCTION DE LA LIGNE DES INTERSECTIONS D'UN ARC A DEUX ARTICULATIONS

Lorsque l'arc repose sur les appuis au moyen de deux articulations, les constructions diffèrent en plusieurs points de
celles du paragraphe précédent. On peut se dispenser de déterminer les rayons de giration r_1 et r_2, et le nombre des polygones funiculaires se réduit à trois.

Comme nous l'avons déjà dit, l'arc à deux articulations doit
satisfaire aux lois de l'équilibre, et de plus l'écartement de
ses appuis est invariable. Seul le déplacement h, fig. 190, du
point W invariablement lié au point A, nous intéresse ; les
déplacements δ et v sont laissés de côté. Nous aurons alors la
seule condition :

$$h = \Sigma \Delta h = 0$$

et, comme cela a été dit, les réactions passent par les articulations des appuis ; c'est pour cela que la condition précédente
suffit à déterminer ces réactions.

Pour résoudre le problème simplement, on fait tomber le
point W sur l'appui A ; et nous avons vu au § 6 que pour ce
point le déplacement horizontal est proportionnel au moment
centrifuge des éléments d'arc, relativement à la direction de la
force et à la ligne horizontale menée par le point A.

Nous choisirons cette dernière horizontale comme axe des x et nous construirons les moments statiques rapportés à cette ligne, puis nous appliquerons ces moments aux éléments comme forces verticales pour construire le moment centrifuge. Comme on le verra dans la suite, nous aurons besoin de l'antipôle de l'axe AB par rapport à l'ellipse centrale de l'arc ; nous construirons donc encore un troisième polygone au moyen des moments statiques considérés comme forces horizontales.

Résumons, comme nous l'avons fait au § 7, les constructions des polygones d'un arc à paroi pleine, en remarquant que pour l'arc à treillis les centres de gravité et les antipôles sont remplacés par les nœuds.

POLYGONES FUNICULAIRES	POIDS	DIRECTION DES POIDS	POINTS D'APPLICATION DES POIDS
1	Poids ΔF	horizontalement	Centre de gravité
2	Seg. coup. s. l'axe AB	verticalement	Antipôle de l'axe AB
3	Seg. coup. s. l'axe AB	horizontalement	Antipôle de l'axe AB

Pour compléter ce qui précède, nous renvoyons à la pl. 14, qui représente l'épure d'un pont de Francfort-sur-le-Mein (1).

La membrure inférieure de cet arc est circulaire et repose sur ses appuis par des surfaces et non des articulations, mais les surfaces d'appui sont si petites dans ce système de construction qu'on peut les considérer comme des points. C'est dans cette hypothèse que l'auteur de ce projet a fait le calcul de l'arc.

L'ouverture de l'arc est de $36^m 75$, sa flèche de $3^m 664$.

Chaque arc porte une largeur de chaussée de $1^m 45$.

L'espacement des pières de pont est de $1^m 75$.

L'arc est en partie à treillis et en partie à paroi pleine : les poids ΔF sont par conséquent en partie égaux à $\dfrac{s}{s_0\,n^3}$ et en

1. Voir « Zeitschrift für Baukunde », 1879, et « Heinzerling Brücken der Gegenwart ».

partie à $\frac{\Delta s}{I}$. Nous avons essayé de tenir compte des treillis et des montants, mais nous avons dû y renoncer, les éléments ΔF étant trop petits. Seuls les montants extrèmes ont été considérés ; pour ces derniers le point de rotation se trouve à l'intersection des pièces de 2 et 4, et la distance a est relativement faible.

Il est à remarquer qu'en réalité ces deux montants extrèmes sont plutôt des membrures que des treillis.

Le nombre des pièces considérées pour chaque moitié d'arc, est de 15. La partie pleine de l'arc a été divisée en 7 éléments. La détermination graphique des moments d'inertie n'est pas donnée dans la planche ; elle ne présente aucune difficulté.

Tous les poids ΔF, cela va sans dire, sont à porter à la même échelle. Si l'on détermine par la formule $\frac{s}{\omega r^2}$ les poids correspondant à la partie en treillis, on remplace dans le calcul des poids de la partie pleine le moment d'inertie I par ωr^2, et il ne reste plus alors qu'à prendre pour les ω la même échelle et pour s, a, Δs et r aussi la même échelle. Dans la pl. 14, on a pris comme unité des surfaces le millimètre carré et comme unité de longueur le mètre. Si l'on détermine les poids graphiquement, suivant la méthode de la fig. 192, on construit les poids $\frac{\Delta s}{\omega r^2}$ de la même manière, ou bien on calcule une constante $n' = \frac{n^3}{n_1 . h' h''}$, dans laquelle n est la constante de la fig. 192 et n_1, h', h'' sont les constantes du moment d'inertie $n_1 . h' . h'' . s''$ déterminé par la méthode de Culmann ; on construit alors $\frac{n' \Delta s}{s'''}$ graphiquement.

Si l'arc est tout entier à paroi pleine, ces précautions deviennent inutiles ; les constantes n_1, h', h'' sont négligées, et les poids dont on se sert se réduisent à $\frac{\Delta s}{s'''}$.

Dans la planche 14 les poids ont été calculés. Pour la pièce 1, par exemple, on a : $\omega = 5200^{mm2}$, $s = 3°89$, $a = 1^m 75$, $\Delta F = 0,00024$. Pour le premier élément à paroi pleine 16, on a : $\omega = 34700^{mm2}$, $\Delta s = 1.75$, $r = 0.29$. On en déduit $\Delta F = 0,00060$.

Les poids ont été portés sur une horizontale pour plus de commodité ; chaque millimètre représente 0,005 unités. La distance polaire du point O_1 est égale à la somme de tous les poids, ce qui donne 0,00918.

Dans les 7 éléments pleins, nous avons tracé les ellipses, les points extrèmes du noyau central et les antipôles de l'axe AB. Ces antipôles servent dans la construction du deuxième et du troisième polygone funiculaire ; mais ces points se rapprochent tellement des centres de gravité, à l'échelle de la planche, qu'on ne les distingue plus.

Il n'y a que peu de chose à dire sur la construction des trois polygones funiculaires. Dans le premier et le troisième les forces agissent horizontalement et, pour arriver à une plus grande exactitude, les distances verticales ont été portées à une échelle quadruple, comme cela avait été fait aussi dans la planche 13. Les lignes horizontales suivant lesquelles les forces agissent portent leurs numéros ; de 1 à 15 elles passent par les nœuds des treillis et de 16 à 19 par les centres de gravité et les antipôles des éléments. Dans le troisième polygone, les lignes horizontales des forces 16 à 19 sont situées un peu plus haut que dans le premier. Les côtés du premier polygone sont parallèles aux rayons qui partent du point O_1, et comme les points d'application des forces se trouvent alternativement sur la membrure supérieure et sur la membrure inférieure, le polygone est en zigzag. Le premier et le dernier côté de ce polygone déterminent par leur intersection S' la hauteur du centre de gravité de l'arc. Les segments interceptés par ce même polygone sur l'axe $A'B'$ servent de forces pour tracer le second et le troisième polygone funiculaire. On a pris à cet effet comme pôle le point d'intersection S', de sorte que la distance polaire est égale à y_s, ordonnée du centre de gravité (comparer avec figure 194, page 264).

Les côtés du deuxième polygone funiculaire sont perpendiculaires aux rayons qui partent du pôle S' et ceux du troisième leur sont parallèles. Les segments coupés par le dernier polygone sur l'axe $A''B''$ sont proportionnels aux moments d'inertie des poids ΔF. En multipliant leur somme par les deux distances polaires, on obtient le moment d'inertie pour l'arc

entier ; il est égal à $H. y_s. A''B''$; d'autre part il est égal aussi
à $F. y_r$, y_x, y_r étant l'ordonnée de l'antipôle X de l'axe AB. Il
en résulte que $H = F$ et $y_x = A''B''$. Or comme les côtés extrêmes du troisième polygone funiculaire sont parallèles aux
rayons extrêmes du point O_1, le triangle $A''B''X'$ a sa base
égale à sa hauteur ; cela signifie que le point d'intersection
X'' donne (en tenant compte de l'échelle des longueurs) la position en hauteur du point X.

Ce point X permet de tracer l'axe vertical de l'ellipse centrale ;
le demi-axe est égal à $r_s = \sqrt{y_s(y_x - y_s)}$.

N'ayant pas besoin dans la suite de cette quantité, sa détermination n'a pas été faite ; on n'a pas déterminé non plus
l'axe horizontal qui nécessiterait le tracé d'un quatrième polygone.

Supposons maintenant l'arc chargé au 9ᵉ montant d'un
poids isolé P ; en prolongeant la force P, le segment u_2 intercepté par le deuxième polygone funiculaire sur cette force, représente le déplacement horizontal de l'appui A sous l'influence
de cette charge.

Le double produit de ce segment par la distance polaire H
et par y_s représente le moment centrifuge des poids situés à
droite de la force, relativement à la ligne P et à la ligne AB. Le
déplacement horizontal du point A aura donc pour expression
(voir page 241) :

$$h = P.H.u_2.u$$

La réaction Q agissant sur l'appui A doit ramener le point
A en place. Cette réaction agit comme force extérieure sur

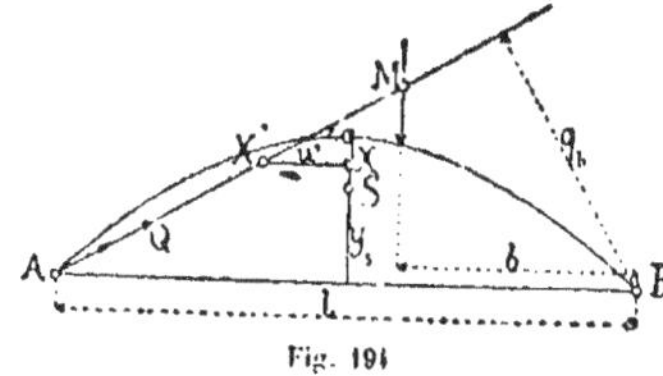

Fig. 191

l'arc entier : il y aura donc à considérer le moment centrifuge de l'arc complet rapporté à l'axe AB et à la ligne Q ; ce moment est égal à $F.y_c.q$, fig. 194. Le déplacement horizontal dû à la réaction Q aura pour expression :

$$h = Q.F.y_c.q$$

Égalant les deux valeurs trouvées pour h, il vient, en tenant compte de ce que $H = F$:

$$P.u = Q.q$$

Pour construire facilement la réaction Q, il est nécessaire de transformer cette expression. A cet effet, menons une horizontale par le point X, fig. 194, jusqu'à la réaction et désignons la distance XX' par u' ; puis menons du point B une perpendiculaire sur Q, perpendiculaire que nous désignerons par q_b ; nous pourrons écrire :

$$\frac{u'}{q} = \frac{l}{q_b}$$

et

$$u' = \frac{q.l}{q_b} = \frac{P.u.l}{Q.q_b}$$

et puisque la résultante des forces Q et P passe par l'appui B, nous aurons, en désignant par b la distance de la charge P au point B :

$$Q.q_b = P.b$$

et

$$u' = \frac{u.l}{b}$$

En projetant, Pl. 14, dans le 2ᵉ polygone funiculaire le segment u du point B, sur la verticale de l'appui de gauche, on obtient sur cette verticale le segment u'. En portant ce segment sur l'horizontale X, on obtient X' et par suite la direction de la réaction Q.

Cette construction a été faite dans la Pl. 14 pour 20 charges isolées, correspondant aux pièces de pont. Les points d'intersection des réactions et des charges ont permis de tracer la courbe des intersections. Cette courbe doit être, cela va sans dire, symétrique relativement à l'axe du pont.

Lorsqu'on déplace la charge P vers la droite, u et u' diminuent et deviennent presque nuls au droit du dernier montant ; il en résulte que, pour cette position de P, la réaction Q passe par le point X, ou du moins s'en écarte peu.

Les points extrêmes de la courbe d'intersection peuvent par suite se déterminer très exactement, et servir à rectifier au besoin les points voisins.

Toute la construction qui précède peut se faire sans difficulté pour une moitié de l'arc seulement, à une plus grande échelle ; mais nous avons préféré donner l'épure de l'arc complet, pour faciliter les explications.

De plus, nous aurons besoin dans la suite, de l'arc complet ; mais, comme nous l'avons déjà dit pour l'arc sans articulation, il est très avantageux de diviser l'épure en deux, en construisant sur une première planche la courbe des intersections pour la moitié de l'arc dessiné à plus grande échelle.

§ 12.

CHARGES DÉFAVORABLES DES ARCS A PAROI PLEINE

Lorsque la courbe des intersections des réactions et la courbe enveloppe ont été construites, il est facile de déterminer les charges défavorables, c'est-à-dire les parties de l'arc dont le chargement produit l'effort maximum dans la section ou la pièce considérée. Mais il est nécessaire de distinguer comme précédemment les arcs à paroi pleine des arcs à treillis.

On sait que lorsqu'une section de poutre est soumise à l'action d'une force extérieure, la fibre neutre est l'antipolaire du point d'application de la force, par rapport à l'ellipse centrale. Dans le cas où la force agit au centre de gravité, l'axe neutre est à l'infini et l'effort se répartit également sur toute la section. Dans le cas contraire où l'effort est situé à l'infini, c'est-à-dire lorsque la poutre est soumise à un moment fléchissant, c'est l'axe neutre qui passe par le centre de gravité. Si l'on fait parcourir au point d'application de la force le contour de la section, l'antipolaire se déplacera en enveloppant le noyau central.

Si la force extérieure est un effort de compression et si son point d'application se trouve à l'intérieur du noyau central, toute la section sera soumise à la compression.

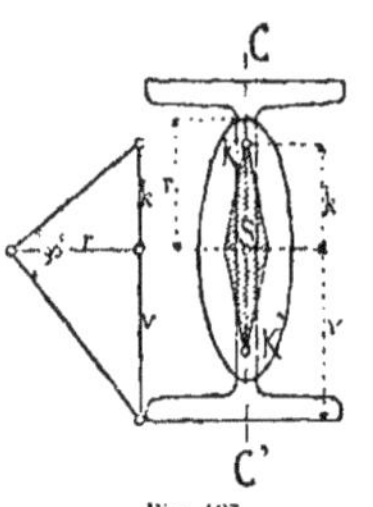

Fig. 195

Dans la fig. 195, l'ellipse centrale et le noyau central ont été dessinés pour une section en double T.

Nous désignerons à l'avenir les points K et K' par l'expression *extrémités du noyau central*. La construction de ces points est indiquée dans la figure. On construit le triangle rectangle de la figure avec une hauteur égale au demi-diamètre de l'ellipse d'inertie ; l'un des segments coupés par la perpendiculaire r sur l'hypothénuse du triangle est la distance r de la fibre extrême au centre de gravité, l'autre est k la distance cherchée du point K au même point.

Supposons que la force extérieure exerce une compression et déplaçons le point d'application de la force extérieure sur l'axe CC' vers le bas ; la fibre neutre se déplacera aussi vers le bas. Tant que le point d'application de la force se trouve au-dessus de K, l'axe neutre coupe la section et la fibre extrême inférieure est tendue. Au moment où le point d'application passe en K, la fibre neutre se confond avec la fibre extrême inférieure, et il n'y a plus dans cette fibre ni tension ni compression. Enfin, lorsque le point d'application de la force descend au-dessous du point K, toute la section est comprimée. En résumé, toute force extérieure située au-dessus du point K produit de la tension dans la fibre extrême inférieure, et toute force située au-dessous du point K donne de la compression dans cette fibre.

La charge défavorable pour cette fibre extrême inférieure ou, en d'autres termes, la charge qui donne les efforts de compression maximum, s'obtiendra en faisant agir toutes les charges pour lesquelles la force extérieure passe en dessous du point K. La charge complémentaire sera celle qui donne l'effort maximum de tension.

On obtient de la même manière la charge défavorable de la fibre extrême supérieure en considérant le point K'.

Lorsqu'il s'agit de déterminer les charges défavorables d'une section d'arc à paroi pleine, on mène par les points K et K' des tangentes aux courbes enveloppes des réactions et l'on prolonge ces tangentes jusqu'à la courbe des intersections. Dans la fig. 196, par exemple, le point K est le point extrême supérieur du noyau central de la section CC'; les tangentes menées par ce point aux courbes des intersections coupent la ligne d'intersection en E et F. Toutes les charges qui se trouvent à gauche de E et à droite de F donnent de la compression dans la fibre extrême inférieure, tandis que toutes les charges qui sont situées entre E et F produisent de la tension dans cette fibre. En effet, la ligne de pression d'une charge située en dehors de EF passe au-dessous du point K, tandis que la ligne de pression d'une charge située entre E et F passe au-dessus du point K.

Pour produire dans la fibre extrême inférieure l'effort de

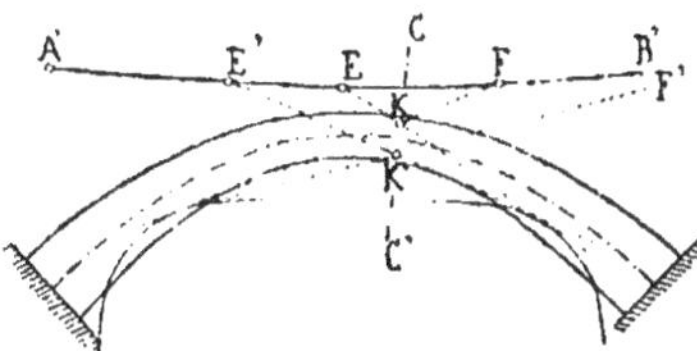

Fig. 196

compression maximum, il faudra donc charger l'arc de A' en E et de F en B'; tandis que l'effort de tension maximum s'obtiendra en chargeant de E en F. En menant les tangentes par le point K' à la courbe enveloppe, on trouve d'une manière analogue les charges défavorables pour la fibre extrême supérieure de la section CC'. Mais, dans la figure, l'un des points d'intersection F' tombe en dehors de la portée de l'arc, et il n'est par suite pas à considérer. En chargeant de A' en E', on obtient l'effort de tension maximum, et en chargeant de E' en B' l'effort de compression maximum.

Il est à remarquer que pour les sections voisines des appuis on peut parfois mener par les points K, à la courbe enveloppe, deux tangentes qui coupent toutes les deux la courbe des intersections entre les points A' et B'.

Il peut arriver aussi qu'il n'y ait pas de tangentes réelles lorsque le point K tombe à l'intérieur de la courbe : dans ce dernier cas, c'est la charge totale qui est la charge défavorable.

Dans le cas des arcs à articulations sur les appuis, les courbes enveloppes disparaissent et sont remplacées par les points d'appui, tandis que les tangentes deviennent des lignes qui passent par les points K et par les appuis ; pour tout le reste, il n'y a pas de différence.

Lorsque l'étendue de la charge défavorable a été déterminée par la méthode précédente pour une série de sections, on construit par une méthode que nous développerons dans la suite les forces extérieures correspondant à ces charges défavorables. Le coefficient de travail R de la fibre extrême, correspondant à la charge défavorable, s'obtient le plus simplement par la méthode suivante :

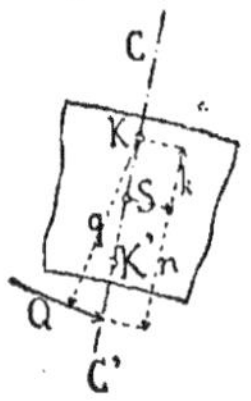

Si l'on désigne par Q la force extérieure correspondant à la charge défavorable de la fibre extrême inférieure de la section CC', fig. 197, le coefficient de travail sera donné par la formule connue

$$R = \frac{N}{\omega} + \frac{N.u.r}{I}$$

N étant la composante normale de la force extérieure, u la distance de la force N au point S, r la distance de la fibre extrême au point S, ω la surface de section, I le moment d'inertie de la section. On a $I = \omega r^2$ et (fig. 197) $r^2 = r.h$. On peut par suite écrire

$$R = \frac{N}{\omega} + \frac{N.u.r}{\omega.r.h} = \frac{N(h + u)}{\omega.h}$$

Le dénominateur représente le moment de résistance $\frac{1}{c}$ et le numérateur le moment de la force N par rapport au point K. Et puisque l'effort tranchant T passe par le point K, on a

$$N(k+n) = Q.q$$

il en résulte que

$$R = \frac{Qq}{\omega.k} = \frac{M_k}{\frac{1}{v}} \qquad (17)$$

On peut très facilement construire par cette formule le produit $R.\omega$; mais cette construction est peu exacte, parce que k est très-petit, et il sera préférable en général de calculer la valeur de R.

§ 13

CHARGES DÉFAVORABLES DES ARCS A TREILLIS

La détermination des charges défavorables des arcs à treillis se fait d'une manière analogue à celle des arcs à paroi pleine ; mais les points extrêmes du noyau central sont à remplacer par les nœuds.

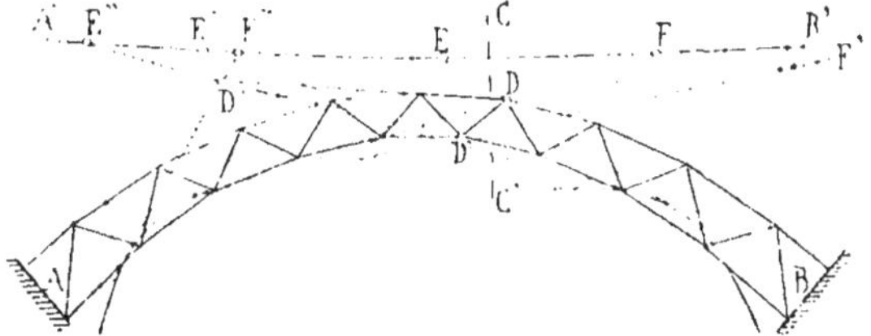

Fig. 198.

Dans la fig. 198, nous avons représenté un arc sans articulations avec la courbe enveloppe et la courbe des intersections. Considérons une section CC' qui coupe trois pièces, deux membrures et une barre de treillis. Désignons par U, O, S les efforts agissant dans ces trois pièces, et par D, D', D″ les nœuds opposés à ces pièces. Menons par le point D deux tangentes à la courbe enveloppe. Ces tangentes coupent la ligne des intersections A'B' en E et F et ces derniers points limitent les charges défavorables.

Chaque charge placée à gauche du point E a une ligne de pression qui passe en dessous de D. A gauche de la section, la force extérieure est la résultante de la charge et de la réaction de gauche, elle n'est autre chose que la réaction de droite prise en signe contraire. Cette force, dirigée de gauche à droite, donne relativement au point D un moment négatif ; si on la décompose suivant les trois pièces U, O, S, (comparer fig. 187) les moments des forces O et S sont nuls.

Le moment de la force U par rapport au point D sera par suite aussi négatif et la force U agira comme effort de compression. Une charge située entre les points E et F a une ligne de pression passant au-dessus du point D et donne de la tension dans la pièce U. Enfin une charge agissant à droite de F donne dans la pièce U des efforts de même sens qu'une charge située à gauche de E.

La plus grande compression, dans la membrure inférieure, se produira lorsque les charges s'étendront de A' en E et de F en B', tandis que la tension maxima s'obtiendra en chargeant de E en F.

Pour déterminer les efforts dans la membrure supérieure de la section CC″, on considère le nœud D'. En menant par ce dernier point des tangentes à la courbe enveloppe, on intercepte sur la ligne des intersections les points E' et F' ; mais le dernier de ces points n'est pas à considérer, car il tombe en dehors de la portée A'B' de l'arc. On trouve, comme précédemment, qu'en chargeant la partie A'E' de l'arc, on développe l'effort de tension maximum dans la membrure considérée ; tandis que la charge E'B' produit l'effort de compression maximum.

L'effort maximum dans les barres de treillis se détermine aussi de la même manière. En menant par le point D″ des tangentes à la courbe enveloppe, on intercepte sur la courbe des

intersections les points E″ et F″, mais il est à remarquer que
le dernier de ces points ne limite pas la charge défavorable, c'est
la section CC′ qui la limite. Pour toutes les charges situées à
gauche de la section, les forces extérieures sont égales aux
réactions de droite prises en signe contraire, tandis que pour
les charges placées à droite de la section les réactions de gauche sont les forces extérieures. Ces forces extérieures tournent
dans le sens négatif autour du point D″ tant que la charge se
trouve entre les points A′ et E″, puis elles tournent dans le
sens positif lorsque la charge a passé le point E″ jusqu'à la
section CC′. Dès que la charge passe à droite de la section
CC′, la force extérieure (réaction de gauche) donne de nouveau
un moment négatif autour du point D″.

Un moment négatif engendre dans la barre de treillis un
effort de compression, tandis qu'un moment positif donne un
effort de tension. Il résulte de ce qui précède que l'effort de
compression maximum s'obtiendra en chargeant les parties
A′E″ et CB′, et l'effort de tension maximum en chargeant la
partie E″C.

Il arrive toujours pour les barres de treillis que l'un des
points E″ ou F″ n'est pas à considérer, et on aura à vérifier
lequel de ces deux points est nécessaire. Ce n'est que dans le
cas où l'un des points tombe à droite et l'autre à gauche de la
section CC′ que ces deux points limitent la charge défavorable;
la section ne la limite plus alors.

Comme dans le cas de l'arc à paroi pleine, il peut arriver
que l'on puisse mener par un nœud deux tangentes à la courbe
enveloppe et que ces deux tangentes rencontrent la courbe
d'intersection entre les points A′ et B′ (c'est ce qui arrive, Pl.
13, pour une série de membrures voisines des appuis).

Il peut arriver aussi que les tangentes soient imaginaires.
Dans la fig. 198, par exemple, le nœud opposé à la 2ᵉ membrure supérieure tombe à l'intérieur de la courbe, et toute
charge placée sur l'arc produit une compression dans cette
membrure.

Il va sans dire que dans les arcs à articulations les courbes
enveloppes sont remplacées par les points d'appui.

Lorsque les charges défavorables ont été déterminées, on

compose, par une méthode développée plus loin, les réactions
et les charges à gauche des sections et on décompose la force
extérieure suivant les pièces de la construction. La décomposition graphique est dans ce cas préférable au calcul.

§ 14

INFLUENCE D'UN CHANGEMENT DE TEMPÉRATURE

Dans tous les arcs, à l'exception des arcs à trois articulations, les forces intérieures se modifient lorsque le métal
s'échauffe ou se refroidit. L'influence des variations de température est plus grande dans les arcs sans articulations que
dans les autres. Les articulations diminuent cette influence,
qui disparaît même tout à fait, comme nous venons de le dire,
si elles sont au nombre de trois.

Il est facile de voir qu'un arc maintenu à ses extrémités ne
peut se dilater également dans tous les sens ; quand la température s'élève, l'arc se soulève, tout en conservant la même
portée. Cette déformation de l'arc ne peut se produire que
sous l'action de deux poussées horizontales, et ce sont ces
poussées que nous allons déterminer.

Nous admettrons que toutes les parties de la construction
s'échauffent également, parce qu'un échauffement inégal com-
pliquerait trop le problème.

Examinons d'abord le cas d'un arc sans articulation, et supposons, comme précédemment, qu'il soit fixé à droite et libre à
gauche : il prendra une forme semblable à sa forme primitive,
puisqu'il est libre de se dilater dans toutes les directions, et
puisque nous admettons une variation de température uniforme dans toutes les parties de la construction.

Désignons par τ le coefficient de dilatation, ou, en d'autres
termes, la dilatation de l'unité de longueur pour un degré centi-
grade, et par t le nombre des degrés d'augmentation de température. L'allongement de l'arc et celui de chacune de ses
parties se fera dans le rapport de 1 à $1 + \tau t$. Si la portée de

l'arc est égale à l, elle sera après l'augmentation de température $l(1+\tau t)$.

L'appui A se déplacera donc horizontalement, si l'appui B est fixe, d'une quantité

$$h = \tau . t . l.$$

Ce déplacement doit être annulé par une poussée horizontale Q, qui ramène l'appui A exactement dans sa position primitive. Il faut donc non seulement que la poussée Q déplace l'appui d'une quantité h, mais de plus que ce déplacement s'opère sans que l'appui éprouve ni rotation ni mouvement vertical. Un déplacement horizontal remplissant les conditions précédentes équivaut à une rotation autour du point situé à l'infini sur la verticale. Or, d'après le § 6, chaque force produit une rotation autour de son antipôle par rapport à l'ellipse centrale de l'arc : il en résulte que *la poussée Q sera horizontale et passera par le centre de gravité S de l'arc.*

La position de la poussée Q se trouvant ainsi déterminée, il n'y a plus que sa grandeur à calculer.

D'après ce que l'on a vu précédemment, le déplacement horizontal de l'appui A est égal au produit de la poussée Q par le moment centrifuge des éléments $\frac{\Delta s}{EI}$ et $\frac{s}{E \omega n}$, par rapport à la force et à l'axe horizontal mené par A.

Le moment centrifuge est le double produit du poids total de l'arc par la distance du centre de gravité à l'un des axes et par la distance de l'antipôle de celui-ci au second axe. Si l'on considère la corde AB de l'arc comme un des axes et l'horizontale menée par S comme second axe, et si l'on détermine l'antipôle X de la ligne AB (voir fig.194), on aura pour le moment centrifuge, en désignant par y_s la distance du point S à la ligne AB :

$$\left(\Sigma \frac{\Delta s}{EI} \right) . y_s . SX$$

Remplaçons le produit $y_s . SX$ par sa valeur r_s^2, carré du rayon de l'ellipse centrale, et remplaçons aussi $\frac{\Delta s}{l}$ par ΔF comme précédemment, le moment centrifuge aura pour expression

$$\frac{(\Sigma \Delta F) r_2^2}{E} = \frac{F.r_2^2}{E}$$

et le déplacement horizontal dû à la poussée Q sera

$$h = \frac{Q.F.r_2^2}{E}$$

En égalant les deux valeurs trouvées pour h, on arrive, pour la poussée horizontale due à la variation de température, à

$$Q = \frac{E.\varepsilon.t.l}{F.r_2^2} \qquad (18)$$

L'expression de la poussée est un peu différente pour les arcs à articulations. Sa position est connue, puisqu'elle passe par les appuis ; elle agit par conséquent suivant la corde AB de l'arc. Sa grandeur se détermine par la condition d'invariabilité de la distance des appuis. Si l'appui B est fixe et si l'arc peut se dilater librement, l'appui A se déplacera horizontalement, vers la gauche, d'une quantité

$$h = \varepsilon.t.l$$

La poussée Q doit produire ce même déplacement en sens inverse. Or le déplacement horizontal du point A sous l'action d'une force quelconque est égal, comme nous l'avons vu, au produit de la force par le moment centrifuge de l'arc relativement à la ligne AB et à la force. Dans le cas qui nous occupe, le moment centrifuge est égal à $\left(\Sigma \frac{\Delta s}{EI}\right) y_s . y_x$, où y_s est l'ordonnée du centre de gravité S, y_x celle de l'antipôle X par rapport à l'axe AB.

Le déplacement horizontal du point A sera par suite

$$h = Q\left(\Sigma \frac{\Delta s}{EI}\right) y_s . y_x = Q\frac{1}{E}\left(\Sigma \frac{\Delta s}{I}\right) y_s . y_x = \frac{Q.F.y_s.y_x}{E}$$

En égalant les valeurs de h, on trouve que la poussée dans un arc à articulations, pour un changement de température t, est égale à

$$Q = \frac{E.\varepsilon.t.l}{F.y_s.y_x} \qquad (19)$$

La valeur de Q se déterminera par le calcul, de manière à obtenir des kilogrammes ou des tonnes.

Si, comme on l'a déjà fait précédemment, l'on a exprimé les surfaces ω en millimètres carrés dans le calcul des ΔF, et les longueurs en mètres, il suffira de rapporter le coefficient d'élasticité E au millimètre carré et d'exprimer la portée l, les longueurs x_2, y, y_1 en mètres : τ et t sont des coefficients.

Lorsque la poussée Q due à la température est déterminée, il est facile de calculer les efforts intérieurs de l'arc.

Pour l'arc à paroi pleine, on utilise la formule (17, page 270 : pour les arcs à treillis, on décompose les efforts graphiquement.

La valeur de t dépend des variations locales de la température. On admet en général que le montage se fait à une température moyenne et on donne à t deux valeurs égales, positive et négative. On est ainsi conduit pour la poussée Q à deux valeurs égales positive ou négative, qui produisent, dans les différentes pièces, de la tension ou de la compression.

§ 15

ÉPURE D'UN ARC SANS ARTICULATIONS

Planche 13

Après avoir développé ce qui est nécessaire à l'épure d'un arc, nous pouvons passer à la détermination des forces intérieures : nous développerons les constructions sur l'exemple de la planche 13.

Dans les § 8 et 10, tout ce qui se rapporte aux cinq polygones funiculaires, à l'ellipse centrale, aux courbes enveloppes et aux courbes des intersections a été expliqué, et il ne reste plus qu'à indiquer comment on peut, au moyen de ces courbes, déterminer les efforts maximums dans les pièces.

L'arc a été calculé avec un poids propre de 2.600 k^{os} et une surcharge de 1.400 k^{os} par mètre courant. L'effort sur un montant est par suite de 10.400 k^{os} pour la charge permanente et de

5.600 k^os pour la surcharge. Cette dernière charge a été décomposée pour les 10 montants, à l'échelle de 3^mm pour 2.000 k^os, suivant les directions des réactions. La somme de ces réactions est faite dans deux polygones des forces, fig. 8 et fig. 9, pour les réactions de gauche et pour celles de droite. La construction de ces polygones ne nécessite aucune autre explication : pour opérer le plus simplement possible, on commence par les montants extrêmes et on dispose les triangles les uns à la suite des autres. Il va sans dire que les deux polygones sont symétriques.

En se servant de ces polygones, il est facile de déterminer en grandeur les réactions qui correspondent aux charges d'une série de montants consécutifs. La position de ces réactions s'obtient par des polygones funiculaires, en composant les réactions isolées. Ces polygones ont été tracés dans la planche, au-dessus des arcs, avec les pôles O et O'. La position de la réaction totale, pour une série de charges, s'obtient en prolongeant les côtés extrêmes correspondants du polygone funiculaire, elle passe par l'intersection de ces lignes et sa direction est donnée dans le polygone des forces. Les réactions Q, correspondant à la surcharge totale s'obtiennent de cette manière ; elles sont égales à 41.700^k. On les a indiquées sur la planche par des flèches.

Considérons maintenant la charge permanente : les réactions ont la direction et la position de celles que nous venons de déterminer pour la surcharge totale, leur grandeur se détermine par une simple proportion. Elles sont toutes les deux égales à :

$$\frac{2.600}{1.500}\ 41.700 = 77.400^k$$

La réaction de gauche a été portée dans la planche en grandeur et en direction, fig. 10, à l'échelle de 1^mm par 1.000^k, ainsi que les poids agissant aux montants 1 à 5. Une décomposition successive par la méthode de Cremona donne les efforts correspondants dans les pièces de l'arc.

La réaction est à décomposer d'abord en trois composantes, agissant dans les deux premières membrures et dans la première barre de treillis ; puis on va de nœud en nœud, en utilisant les forces déterminées précédemment. L'arc étant symétrique, la détermination des efforts n'a été faite que pour la moitié de gauche. Les efforts dans les membrures portent à leurs extrémités les numéros de ces dernières, les efforts dans les treillis ont deux numéros.

Tous les efforts dans les membrures sont des compressions, tandis que dans les treillis ce sont alternativement des tensions et des compressions.

Dans les barres 1-2, 5-6, 9-10, 13-14, 16-17, 17-18, 20-21, il y a tension ; dans les autres, il y a compression.

Dans les membrures 13 et 14, par exemple (sur lesquelles nous reviendrons plus tard), et dans la barre de treillis intermédiaire, les efforts sont de 29.900^k, de 37.100^k et de 6.800^k.

L'addition des efforts dus au poids propre à ceux de la surcharge montre si ce sont les efforts de compression ou les efforts de tension qui l'emportent.

L'effort maximum en valeur absolue, dans une pièce, sera l'effort de compression quand la charge permanente donne de la compression dans la pièce, il sera un effort de tension dans le cas contraire.

Au moyen du pôle O' et des efforts dans les montants 1 à 5, on a tracé la ligne de pression correspondant à la charge totale. Cette ligne de pression passe, comme cela arrive presque toujours, au-dessus de la fibre moyenne de l'arc vers la clef, et en dessous aux naissances.

Les forces intérieures dues à la surcharge ne se déterminent pas aussi facilement que celles de la charge permanente. Il y a à déterminer d'abord la charge défavorable d'une pièce donnée. Nous avons vu § 13 comment on procède.

Dans la planche 13, les constructions ont été faites pour les pièces coupées par la section CC', c'est-à-dire pour les membrures 13, 14 et pour la barre de treillis située entre ces deux membrures. A cet effet, on a mené par les nœuds entourés d'un cercle, des tangentes à la courbe enveloppe, et les intersections de ces tangentes avec la courbe des intersections ont été désignées par les n° 13, 14 et 13-14. Cette construction montre que la membrure inférieure 13 subit l'effort de compression maximum lorsque la charge s'étend du montant 5 au montant 10. La section CC' étant située à gauche de cette charge, la force extérieure est égale à la résultante de toutes les réactions de gauche des charges 5 à 10. La position de cette résultante est indiquée dans la planche par une flèche et par 5-10. Elle a été décomposée en deux composantes, fig. 8, l'une dirigée suivant la membrure 13, l'autre passant par le nœud opposé à cette membrure. L'effort de compression maximum cherché est tracé en trait fort dans le polygone des forces ; il porte le n° 13 et est égal à 25.800^k.

Si l'on veut déterminer l'effort de tension maximum dans la pièce 13, on peut suivre deux méthodes. Ou bien, on charge l'arc du point 1 au point 4, comme nous venons de le faire ; ou bien on multiplie par le rapport $\frac{1.400}{2.600}$ l'effort engendré par le poids propre et l'on retranche du résultat l'effort maximum de compression. Le second procédé est le plus rapide ; mais le premier a l'avantage de donner une vérification par l'addition des deux efforts maximums trouvés pour la compression et la tension : leur somme doit être égale au produit de l'effort dû à la charge permanente par le rapport $\frac{2.600}{1.400}$.

On détermine de la même manière les efforts qui agissent dans la membrure supérieure 14. Pour celle-ci, la charge défavorable s'étend de 1 à 5.

La section CC' étant située dans la partie chargée, la force extérieure s'obtiendra en déterminant la réaction de gauche des charges 1 à 5 et en composant cette réaction avec les charges 1 à 3. On arrive au même résultat en composant la réaction de droite des charges 1 à 3 avec la réaction de gauche des charges 4 à 5. Cette dernière composition est indiquée sur la planche, fig. 9. La grandeur et la direction des réactions se déterminent dans le polygone des forces, leurs positions se construisent par les deux polygones funiculaires.

Pour composer les deux réactions, celle des charges 4 et 5 a été mesurée dans le polygone des réactions de gauche et a été composée dans le polygone des réactions de droite (fig. 9) avec la réaction des charges 1-3. La composante des deux réactions se trouve ainsi déterminée en grandeur et en direction. La position des réactions et de leur composante est donnée par des flèches qui portent les numéros correspondants. Comme précédemment, la force extérieure a été décomposée suivant la direction de la membrure 14 et suivant une force passant par le nœud opposé à cette membrure. L'effort dans la membrure 14 se trouve ainsi déterminé (25.300^k) et il est tracé en trait plein dans le polygone des forces.

En troisième lieu, l'effort de tension maximum dans la barre de treillis 13-14 s'obtient en chargeant les montants 4 et 5 (le point intercepté à gauche sur la ligne des intersections est seul à considérer). La réaction de gauche des charges 4 et 5 est la force extérieure ; sa position a été déterminée dans le calcul de la membrure 14. La décomposition des forces a été faite dans le polygone des réactions de gauche ; elle donne l'effort désigné par 13-14 et ayant une valeur de 7.900^k.

On déterminerait de la même manière, comme nous venons de le faire pour la section CC', l'effort intérieur de toutes les autres pièces de l'arc ; ce travail ne présente aucune difficulté, mais il demande beaucoup de soin.

Il est bon de déterminer tout d'abord pour toutes les membrures et pour les treillis un diagramme des charges défavorables, sur lequel on indiquera par des traits forts l'étendue des charges. Puis on déterminera successivement les efforts dans les membrures inférieures, ceux des membrures supérieures et enfin ceux des barres de treillis.

Toutes les constructions se feront de la même manière que celles que nous avons données pour l'une des sections. Les compositions et les décompositions des efforts peuvent se faire dans les polygones des réactions comme nous l'avons déjà fait précédemment : mais on peut aussi construire séparément un polygone des forces spécial à chaque cas, ce qui est préférable lorsqu'on a un grand nombre de pièces à considérer.

Quand le nombre des pièces sera trop grand, il sera permis de ne calculer les efforts que de 2 en 2 ou de 3 en 3 pièces et d'en déduire ceux des autres pièces par interpolation.

Il reste à déterminer l'influence des variations de température.

Nous avons vu que la poussée horizontale due à la température passe par le point S; elle se calcule par la formule (18).

En posant $E = 20.000$, $\tau = 0,000012$, $t = \pm 30°$, $l = 39^m$, $F = 0,01017$ (voir pages 251 et 252) et $r_i = 1^m.88$, on trouve :

$$Q = \pm 7800^k.$$

Cette poussée est donnée à la partie inférieure de la planche, fig. 11, son influence sur les différentes pièces de la construction se détermine par des décompositions successives, exactement comme pour la charge permanente. Les efforts qu'elle engendre sont aussi numérotés de la même manière que ceux de la charge permanente. Une augmentation de température produit une compression dans les membrures supérieures, 2 à 12, et dans les membrures inférieures, 11 à 21, tandis que toutes les autres membrures sont tendues. Dans les barres de treillis, il y a alternativement compression et tension, excepté cependant à la clef. Les efforts les plus grands se produisent dans les membrures voisines des appuis.

Les membrures 13 et 14 subissent des efforts de 6.000^k et de 2.300^k: la barre de treillis 13 14 un effort de 4.800^k.

Il est bon de grouper séparément les résultats obtenus avec le poids propre, la surchage et la température, pour la membrure supérieure, pour la membrure inférieure et pour les barres de treillis. On peut le faire par le tracé de courbes, en portant les efforts comme ordonnées : on découvre ainsi aisément les fautes de construction. En traçant aussi la courbe correspondant aux efforts que les pièces sont à même de porter, on verra quelles sont celles qui sont trop fortes ou trop faibles. Nous n'avons pas indiqué ces courbes dans la planche ; notre but n'était pas de vérifier la résistance de l'arc considéré, mais de développer les constructions de l'épure de résistance.

Il reste à faire la somme des efforts obtenus. Pour la membrure inférieure, 13 par exemple, l'effort total est égal à

$$29.900 + 25.800 + 6.000 = 61.700^k$$

La section nette de cette membrure étant de 7.900^{mm2} le coefficient de travail correspondant est de

$$\frac{61.700}{7.900} = 7^k,8 \text{ por }^m/_{m^2}$$

L'effort total dans la membrure supérieure 14 est de

$$37.100 + 25.300 + 2.300 = 64.700^k$$

le coefficient de travail est de

$$\frac{64.700}{9.000} = 7^k,2 \text{ par }^m/_{m^2}$$

L'effort dans la barre de treillis 13-14 est de

$$6.800 + 7.900 + 4.800 = 19.500 \text{ k.}$$

le coefficient de travail

$$\frac{19.500}{3.000} = 6^k,5 \text{ par }^m/_{m^2}$$

Comme nous l'avons vu, les efforts minimums peuvent se déterminer directement ou par différence. En les déterminant indirectement au moyen des nombres trouvés précédemment, on arrive aux résultats suivants :

La surcharge totale donne dans la membrure 13 un effort de compression de $\frac{1.400}{2.600} \times 29.900 = 16.100^k$.

Dans la membrure 14, un effort de 20.000^k.

Dans la barre de treillis 13-14, un effort de tension de 3.700^k.

En retranchant ces efforts des efforts maximums obtenus, on trouve les efforts suivants :

        Membrure inférieure,   13 : une tension de   9.700 k.
        Membrure supérieure,   14 : une tension de   5.300 k.
        Barre de treillis,   13 — 14 : une compression de 4.200 k.

En additionnant ces efforts, ceux de la charge permanente et ceux de la température, on trouve :

        Membrure 13, pression minima : 29.900 — 9.700 — 6.000 = 14.200k.
        Membrure 14,   »   : 37.100 — 5.300 — 2.300 = 29.500
Barre de treillis 13-14,   »   : — 6.800 + 4.200 + 4.800 = 2.200

Lorsqu'on fait les calculs pour toutes les pièces de l'arc, on a soin de les disposer en tableau, en donnant aux efforts de tension le signe + et aux efforts de compression le signe —.

§ 16

ÉPURE D'UN ARC A DEUX ARTICULATIONS SUR LES APPUIS

Planche 14

Dans la planche 14, se trouvent développées les constructions et les calculs des forces intérieures d'un arc à articulations sur les appuis.

L'arc porte une charge permanente de 1.750^k et une surcharge de 550^k par mètre courant. Les pièces de pont ont un espacement de 1^m,75, la charge en chacun des nœuds est par suite de 3.060^k et la surcharge de 960^k.

Au § 11, nous avons vu de quelle manière la ligne des intersections des réactions a été tracée ; au moyen de cette ligne, on détermine facilement les réactions correspondant à une charge donnée.

Comme dans la Pl. 13, on a construit les deux polygones des réactions de droite et des réactions de gauche pour les 22 montants, fig. 6 et 7, (les charges des montants extrêmes sont la moitié des autres). L'échelle des forces est de 1^{mm} pour 200^k (c'est par hasard que les extrémités des polygones se confondent). Toutes les réactions passent par les appuis ; leur position est par suite déterminée lorsqu'on connaît leur grandeur et leur direction.

La réaction de la surcharge totale est égale à 26.000^k, celle de la charge permanente à $\dfrac{1.750}{550} \times 26.000 = 82.700^k$.

Cette dernière a été portée au bas de la planche à droite, fig. 8, avec les 11 efforts sur les montants, à l'échelle de 1^{mm} pour 500^k. En faisant la décomposition des efforts successivement de nœud en nœud, on détermine les efforts engendrés par la charge permanente dans toutes les pièces de l'arc. Les efforts sont désignés, quand la place le permet, par les numéros des pièces correspondantes. Les membrures et les montants sont comprimés, les treillis sont tendus. En tenant compte de la surcharge défavorable, les membrures et les montants sont encore comprimés par l'effort maximum, et les barres de treillis sont tendues.

Dans la section CC, par exemple, les membrures 10 et 11 sont soumises à des efforts de compression de 74.700^k et de 6.500^k, et la barre de treillis 10-11 à un effort de tension de 4.000^k.

Comme dans la Pl. 13, nous avons tracé la ligne de pression correspondant à la charge totale ; elle s'obtient au moyen du polygone funiculaire des charges permanentes agissant sur les montants, avec le point O' comme pôle. Cette ligne des pressions passe à la clef, au-dessus de la ligne des centres de gravité ; c'est ce qui est généralement le cas, mais en aucun point elle ne sort du noyau central ; dans la partie à paroi pleine, la charge permanente ne développe donc que des efforts de compression ; de plus, l'effort de compression maximum est plus grand en valeur absolue dans toute cette partie que l'effort de tension maxima, aussi bien pour la partie supérieure que pour la partie inférieure des sections.

S'il ne s'agit que de trouver le plus grand effort en valeur absolue, sans tenir compte des variations de l'effort intérieur, on pourra donc se contenter de calculer l'effort de compression maxima.

La compression produite par le poids propre dans la partie à paroi pleine de l'arc, se calcule comme nous l'avons fait pour la section 16 par exemple : on mesure les distances des points extrêmes du noyau central à la ligne de pression (ces distances ne sont pas très exactes, l'échelle du dessin étant très petite) ; elles sont de $y = 22^{mm}$ pour le point supérieur et $y' = 130^{mm}$ pour le point inférieur ; puis dans la figure des poids propres on mesure la longueur du rayon correspondant, qui part de O' : il représente un effort de 76.600^k.

En introduisant cette valeur dans la formule (17), page 270, avec les valeurs $\omega = 27.500^{mm2}$, $h = 0^m,19$ et $h' = 0^m,18$, on trouve les coefficients de travail suivants :

Pour la fibre extrême inférieure,

$$R = \frac{76.600 \times 0,22}{27.500 \times 0,19} = 34,2 \text{ par m/m}^2$$

et pour la fibre extrême supérieure,

$$K' = \frac{76.600 \times 0,15}{27.500 \times 0,18} = 26,3 \text{ par mm.}^2$$

Les produits ωk et ωk peuvent se remplacer par les moments de résistance de la section, mais il faut, lorsque cette dernière est dissymétrique, prendre deux valeurs différentes, l'une pour le haut, l'autre pour le bas.

L'influence de la surcharge se détermine très simplement : prenons par exemple une section CC qui rencontre trois pièces. Par la méthode du § 13, on détermine les charges défavorables de ces pièces : la charge défavorable de la membrure 10 s'étend du montant 1 au montant 16 ; celle de la membrure 11 du montant 14 au montant 22 ; celle de la barre de treillis 10-11 du montant 13 au montant 22.

Ces charges donnent les efforts de compression maximum dans les membrures et l'effort de tension maximum dans la barre de treillis.

La réaction de droite des charges 1 à 16 représente la force extérieure pour la membrure 10 ; la position de cette force est indiquée aux environs de la section. En décomposant celle-ci suivant les directions des trois pièces coupées, on obtient l'effort dans la membrure; cet effort est tracé en trait plein dans le polygone des réactions de droite, il porte le n° 10 et est égal à 26.700*. Nous avons déterminé de la même manière les efforts dans la membrure 11 et dans la barre de treillis 10-11 : le premier de ces efforts s'obtient en divisant la charge en deux parties, l'une à droite et l'autre à gauche de la section CC, en déterminant la réaction de droite correspondant aux charges 11 à 17 et celle de gauche des charges 18 à 22, puis en composant ces deux réactions en une seule résultante qui est la force extérieure. Celle-ci se décompose, comme nous l'avons déjà fait, suivant les trois directions; l'une de ces forces est l'effort 11, il est de 11.200*.

La charge qui sert au calcul de la barre de treillis a été aussi décomposée en deux parties, 13 à 17 et 18 à 22; la réaction de droite de la première de ces parties et la réaction de gauche de la seconde ont été composées comme cela est indiqué par 3 flèches au-dessus de la membrure 15 ; puis la décomposition suivant trois directions nous a donné l'effort 10-11 égal à 4.100^{k}.

Dans la partie pleine de l'arc, les charges défavorables s'obtiennent au moyen des points extrêmes du noyau central. Pour la membrure inférieure de l'élément 16, cette charge s'étend du montant 11 au montant 22, pour la membrure supérieure, du montant 1 au montant 11.

La force extérieure se détermine comme précédemment ; on la mesure à l'échelle et on calcule les coefficients de travail au moyen de la formule (17).

On trouve pour la membrure inférieure

$$R = \frac{11.200 \times 0,01}{27.500 \times 0,19} = 2,5 \text{ par } ^{m}/_{m}^{2}$$

pour la membrure supérieure :

$$R' = \frac{11.900 \times 0,01}{27.500 \times 0,18} = 2,3 \text{ par } ^{m}/_{m}^{2}$$

Il nous reste à parler de l'influence de la température. La poussée se calcule par la formule (19) ; en faisant E = 20.000, τ = 0,000012, t = ±30°, l = 36,75, F = 0,00918, y_1 = 3^{m},33, y_2 = 3^{m},54, on trouve Q = 2.450^{k}. Cette poussée agit suivant la corde de l'arc ; nous l'avons décomposée à la partie inférieure, fig. 9, par la méthode connue. Son influence sur les éléments de la partie pleine se détermine en mesurant le bras de levier q et en se servant de la formule (17). On trouve de cette manière les efforts suivants :

Membrure   10   6.200 k.
"   11   5.500 k.
Barre de treillis 10-11 2.400 k.

Dans l'élément 16

$$R = \pm 1^{k},7$$

En réunissant les efforts dus à la charge permanente, à la surcharge et à la température, on obtient les efforts suivants :

Membrure 10   compression   74.700 + 26.700 + 6.200 = 107.600 k.
" 11   "   6.500 + 11.200 + 5.500 = 23.200
Barre de treillis 10-11   tension.   4.000 + 4.400 + 2.400 = 10.500

Les sections de ces pièces et les coefficients de travail sont les suivants :

Membrure 10,   section 17.300 $^m/m^2$, coefficient de travail, $6^k,2$ par $^m/m^2$
    »   11,   »   8.300   » $2^k,8$
Barre de tr. 10-11,   »   4.400   » $2^k,4$

Pour l'élément 16, le moment rapporté au point extrême supérieur du noyau central (en tenant compte de la charge permanente, de la surcharge et de la température) est égal à

$$16.900 + 12.900 + 9.100 = 38.900$$

et le moment rapporté au point extrême inférieur du noyau central est égal à

$$11.500 + 11.200 + 8.200 = 30.900$$

La section étant de 27 500$^{mm^2}$ et les distances des points extrêmes du noyau central de $k = 0,19$ et $k' = 0,18$, on trouve pour le coefficient de travail total :

Dans la fibre extrême inférieure,

$$R = \frac{38.900}{27.500 \times 0,19} = 7^k,4 \text{ par } ^m/m^2$$

Dans la fibre extrême supérieure,

$$R = \frac{30.900}{27.500 \times 0,18} = 6^k,3 \text{ par } ^m/m^2$$

La détermination des efforts minimums se fait comme nous l'avons indiqué dans le paragraphe précédent.

Les efforts dus à la température sont toujours à ajouter aux autres.

§ 17.

CALCUL APPROXIMATIF D'UN ARC SANS ARTICULATION

Dans tout ce qui précède, les calculs s'appliquent à un arc dont les dimensions sont supposées connues. La détermination des poids ΔF, et par suite aussi la construction des polygones funiculaires, des lignes enveloppes des réactions et de la ligne des intersections des réactions, ne peut avoir lieu qu'en se basant sur des sections données. Les méthodes qui précèdent suffisent à la vérification de résistance d'un projet défini, mais elles sont insuffisantes pour l'établissement d'un projet. Il faudrait déterminer d'abord, par une méthode approximative, les sections des pièces et appliquer ensuite la méthode exacte. On sera conduit ainsi, suivant les besoins, à augmenter ou à réduire les sections.

La méthode approximative pour la détermination des sections est la suivante. Nous la développerons d'abord pour un arc à paroi pleine.

Dans la plupart des arcs à paroi pleine, la section croît de la clef aux naissances. Nous admettrons que le moment d'inertie des sections croît, en allant de la clef aux appuis, dans le rapport $\dfrac{\Delta s}{\Delta x}$, Δs étant la longueur d'un élément, Δx la longueur de sa projection horizontale. Nous admettrons de plus que le rayon de giration r est constant, et que l'axe de l'arc est une parabole.

On arrive, en faisant ces hypothèses, à des formules simples pour la courbe enveloppe et pour la courbe des intersections des réactions. Ces courbes peuvent se tracer sans qu'il soit nécessaire de connaître les sections.

Le moment d'inertie I en un point de l'arc s'exprime par

$$I = I' \frac{\Delta s}{\Delta x} \qquad (20)$$

I' étant le moment d'inertie de l'arc à la clef.

Le poids d'un élément est égal à

$$\Delta F = \frac{\Delta s}{I} = \frac{\Delta x}{I'} \qquad (21)$$

Le poids total ou la somme des ΔF a pour expression

$$F = \Sigma \Delta F = \frac{l}{I'} = \frac{2a}{I'} \qquad (22)$$

l désignant la corde de l'arc et a la demi-corde.

En faisant passer par le point S deux axes perpendiculaires

(fig. 193, page 255), comme précédemment, et en désignant par f la flèche de l'arc, par s l'ordonnée du sommet de l'arc, l'équation de l'axe de l'arc est

$$y = s - \frac{f x^2}{a^2}$$

Pour déterminer la valeur de s, nous calculons les moments statiques des éléments ΔF autour de l'axe des x et nous égalons leur somme à zéro :

$$\Sigma \Delta F . y = \Sigma \frac{\Delta x}{V} \left(s - \frac{f x^2}{a^2} \right) = 0$$

Remplaçant Δx par dx, la sommation par l'intégration, nous aurons en tenant compte de V constant

$$\int \left(s - \frac{f x^2}{a^2} \right) dx = 0$$

l'intégration doit se faire de $-a$ à $+a$ et donne

$$s = \frac{1}{3} f.$$

L'équation de l'axe de l'arc devient

$$y = \frac{f (a^2 - 3 x^2)}{3 a^2} \tag{23}$$

Calculons de la même manière les demi-diamètres r_1 et r_2 de l'ellipse centrale. Comme la flèche de l'arc est faible, on pourra admettre pour les éléments de l'arc (voir fig. 182, page 231) que le petit axe de leur ellipse r est vertical au lieu d'être normal à l'axe de l'arc, et que le grand axe $\left(\sqrt{\frac{E}{G}} \, r \right)$ est horizontal.

Dans cette hypothèse, le moment d'inertie d'un élément rapporté à l'axe des y est égal à

$$\Delta F \left(x^2 + \frac{E}{G} r^2 \right)$$

et le moment d'inertie rapporté à l'axe des x est

$$\Delta F (y^2 + r^2)$$

En introduisant pour ΔF et y les valeurs des formules (21) et (23) et en faisant la somme des éléments, on trouve

$$F \cdot r_1^2 = \Sigma \frac{\Delta x}{I} \left(x^2 + \frac{E}{6} r^2 \right)$$

et

$$F \cdot r_2^2 = \Sigma \frac{\Delta x}{I} \left\{ I^2 \frac{(a^2 - 3x^2)^2}{9a^4} + r^2 \right\}$$

l'intégrale de $- a$ à $+ a$, en tenant compte de la formule (22),
donne

$$r_1^2 = \frac{1}{3} a^2 + \frac{E}{6} r^2 \qquad (24)$$

et

$$r_2^2 = \frac{4}{45} I^2 + r^2 \qquad (25)$$

Il s'agit maintenant de calculer les valeurs de u_1, u_2, u_3 de
la Pl. 13. En désignant par w l'abscisse des charges isolées
par rapport à l'axe S, fig. 193, page 255, le moment statique
d'un élément est égal à

$$\Delta F (x - w) = \frac{\Delta x}{I} (x - w)$$

u, Il est le moment statique des éléments situés à droite
de P.

En intégrant de w à a, il vient :

$$H \cdot w = \frac{1}{I} \left(\frac{1}{2} a^2 - aw + \frac{1}{2} w^2 \right) = \frac{(a - w)^2}{2I}$$

L'ordonnée u_1 du troisième polygone funiculaire représente
le moment statique des segments coupés par le premier polygone sur l'axe des ordonnées. Ces segments considérés comme
forces sont appliqués aux antipôles de l'axe des ordonnées,
c'est-à-dire à une distance $\frac{Er^2}{6x}$ en dessous du centre de gravité.
On détermine donc le produit $u_2 . H . \varepsilon_1$ en faisant la somme des
expressions

$$\Delta F \cdot x \cdot \left(x - w + \frac{Er^2}{6x} \right) = \frac{\Delta x}{I} \cdot x \left(x - w + \frac{Er^2}{6x} \right)$$

de w à a, et l'on trouve

$$H \cdot r_1 \cdot u_2 = \frac{(a - w)^2 (2a + w)}{6I} + \frac{a - w}{I} \frac{E}{6} \cdot r^2$$

Enfin u_3 représente le moment centrifuge des éléments par rapport aux deux axes coordonnés. Ce moment pour un élément est égal à

$$\Delta F . y (r - w) = \frac{\Delta x}{F} . y (r - w)$$

en se servant de la formule (23), on trouve

$$H . c_2 . u_3 = - \frac{(a^2 - w^2)^2 f}{12 a^3 . F}$$

En désignant par K, fig. 193, page 255, le point d'intersection de la réaction de la charge P avec l'axe des x, on trouve pour la distance KS au moyen de la formule (16), page 257.

$$KS = - \frac{r_1^2 . u_1}{c_1 . u_3} = \ldots \frac{\left(a^3 + 3 \frac{E}{G} r^2\right) (a - w)}{(a - w) (2a + w) + 6 \frac{E}{G} r^2} \qquad (26)$$

Dans cette expression, $\frac{E}{G} r^2$ est dans la plupart des cas très petit par rapport à a^2 et peut être négligé au numérateur. L'influence de r^2 au dénominateur n'est pas petite au montant extrême où $w = a$, mais elle diminue rapidement vers la clef ; de plus, la direction de la réaction de gauche, pour une charge voisine de l'appui de droite, a peu d'influence sur le calcul de l'arc, et l'on peut aussi négliger ce terme au dénominateur. On aura ainsi :

$$KS = - \frac{a^2}{2a + w} \qquad (27)$$

Si l'on néglige l'influence des efforts tranchants dans le calcul de KS, ce qui revient à supposer à G une valeur infiniment grande, la formule (26) se transforme et l'on retombe sur la formule (27) ; on voit donc que, même dans un calcul exact de l'arc, les termes que nous avons supprimés pourraient l'être aussi. Ce n'est que dans le cas où r serait très grand relativement à a ou à l que les termes négligés pourraient avoir une influence.

Le segment sur l'axe des y se détermine d'après la formule (16) page 257

$$LS = \frac{\varepsilon_2 u_1}{\varepsilon_2 u_2} = \frac{6a^2}{(a^2 + u^2)f}\left(\frac{1}{15}f^2 + r^2\right) \qquad (28)$$

Dans cette formule, le terme en r^2 représente l'influence de la compression suivant l'axe de l'arc. Cette influence ne peut

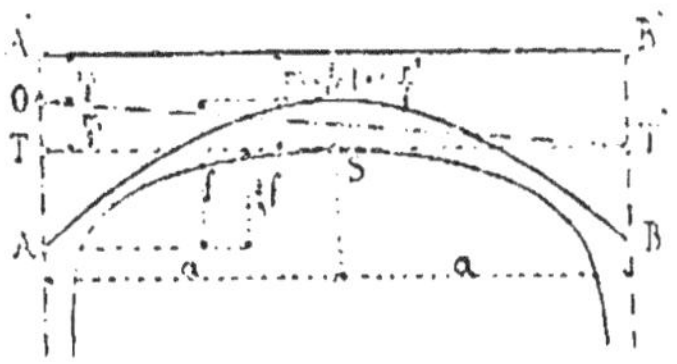

Fig. 199.

se négliger que dans le cas où r est très petit par rapport à f, ce qui est très rare.

Si l'on prolonge la ligne KL, fig. 193, page 255, jusqu'à son intersection M avec la force P, M est un point de la ligne d'intersection des réactions ; en désignant par m l'ordonnée de ce point, on a le rapport

$$\frac{-KS}{LS} = \frac{u}{m - LS}$$

d'où

$$m = LS\left(1 - \frac{u}{KS}\right)$$

En introduisant les valeurs des formules (27) et (28), on a

$$m = \frac{8}{15}f + \frac{6r^2}{f} \qquad (29)$$

m est une constante, ce qui signifie que la ligne des intersections des réactions est horizontale.

La courbe enveloppe des réactions s'obtient en posant l'équation de la ligne KL :

$$\frac{x}{KS} + \frac{y}{LS} = 1$$

introduisant les valeurs de KS et LS, tirées des formules (27) et (28), et en remplaçant $\frac{4}{15}f^2+e^2$ par $\frac{1}{4}fm$ (formule 29), il vient :

$$-(2a+w)mx+(a+w)^2y=a^2m.$$

Si l'on considère w comme le paramètre variable et si l'on prend la différentielle, on peut éliminer w des deux formules et l'on obtient l'équation de la courbe enveloppe de KL.

La différentiation donne

$$-mx+2(a+w)y=0$$

en éliminant w on trouve

$$mx^2+4axy+4a^2y=0 \tag{30}$$

ou

$$(x+a)(mx+4ay-am)+a^2m=0. \tag{31}$$

Cette équation représente une hyperbole qui passe par le point S et qui a comme asymptotes les lignes

$$x+a=0 \qquad \text{et} \qquad mx+4ay-am=0$$

La ligne des intersections et la courbe enveloppe sont représentées dans la fig. 199. La première est une droite horizontale AB situé à une distance $m=\frac{8}{15}f+\frac{6e^2}{f}$ du centre de gravité S. La verticale du point A est une des asymptotes de la courbe enveloppe de gauche, l'autre asymptote se détermine par les deux points $x=-a$ et $y=\frac{1}{2}m$ et $x=+a$, $y=0$. Cette asymptote divise la distance TA' en deux partie égales. TT' est une horizontale menée par le point S, de plus elle passe par le point T'. Le point O est le centre de l'hyperbole et TT' est une tangente.

On sait que les hyperboles coupent sur des sécantes des segments égaux, cette propriété permet de tracer rapidement la courbe. On détermine d'abord le point S situé à une hauteur $\frac{2}{3}f$ au-dessus de la corde de l'arc ; puis on trace TT' et AB' à une distance m de TT' ; on divise TA' en deux parties égales.

on trace OT', et au moyen de la propriété énoncée plus haut, on construit autant de points qu'il en faut pour tracer la courbe.

Il est inutile de tracer complètement l'hyperbole, on se contente de la partie située à gauche et en dessous du point S. En reportant la courbe symétriquement à droite, on a la courbe enveloppe complète.

Il nous reste à déterminer la poussée due à la température. Sa valeur est donnée, page 275, formule (18). En introduisant dans cette formule, d'après les formules (22) et (25), $F = \frac{I}{I'}$ et $r_1^2 = \frac{4}{15} f^2 + r^2$, on trouve

$$Q = \frac{E \alpha \cdot t \cdot I'}{\frac{4}{15} f^2 + r^2} \tag{32}$$

Tout ce que nous venons de déterminer se rapporte à des arcs à paroi pleine ; mais les résultats peuvent facilement s'appliquer aux arcs à treillis, en remplaçant le demi-axe de l'ellipse d'inertie r par le demi-espacement des deux membrures.

L'hypothèse que nous avons faite (demi-axe de l'ellipse constant ou écartement des membrures constant) ne se réalise que rarement, et l'on est conduit en général à prendre une valeur moyenne.

Le calcul complet d'un projet d'arc se ferait de la manière suivante :

Après avoir fait choix des dispositions générales de la construction, de la charge permanente et de la surcharge, on fait un premier calcul approximatif des dimensions des sections par la méthode que nous venons d'indiquer. Il suffit pour ce calcul de connaître les charges. Lorsqu'il s'agit d'arcs à treillis, on néglige les barres de treillis. On détermine les efforts en un petit nombre de points seulement et pour les autres points on fait des interpolations.

Dans les arcs à paroi pleine, la distance de l'extrémité du noyau central à la fibre moyenne peut être prise égale aux $\frac{7}{20}$ de la hauteur de l'arc.

Pour déterminer l'influence de la température qui exige un renforcement de section, on commence par adopter un renforcement de 15 à 25 °/₀ à la clef et l'on calcule le moment d'inertie I' en ce point, sans déduire les trous de rivets. En introduisant cette valeur de I' dans la formule (32), on trouve la valeur approximative de Q. On peut ensuite déterminer les efforts engendrés par cette force et modifier la section admise à la clef, s'il y a lieu.

Enfin, les sections obtenues serviront à faire l'épure définitive.

Le degré d'exactitude de notre méthode approchée n'est pas le même dans tous les cas, cela va sans dire. Les résultats sont d'autant plus exacts que la variation des moments d'inertie se rapproche plus de l'hypothèse qui a été faite. Un grand nombre d'exemples calculés par cette méthode ont donné une exactitude très suffisante, et les sections calculées par la méthode approchée n'ont eu à subir que de très faibles modifications à la suite du calcul exact. S'il n'en était pas ainsi, on serait conduit à refaire une troisième épure.

§ 18

CALCUL APPROXIMATIF D'UN ARC A ARTICULATIONS SUR LES APPUIS

Les arcs à articulations sur les appuis se calculent approximativement d'une manière analogue à celle des arcs sans articulation, et l'on détermine ainsi les éléments du calcul définitif. Il y a deux cas à distinguer.

L'hypothèse de la variation du moment d'inertie dans le rapport $\dfrac{\Delta s}{\Delta x}$, qui correspond à une légère augmentation de section vers les appuis, n'est pas exacte pour les arcs à tympans comme celui de la Pl. 11; le moment d'inertie varie entre deux limites très différentes, et le calcul approché est

plus exact en faisant l'hypothèse d'une troisième articulation
à la clef. Mais l'articulation à la clef se placera dans le voisinage de l'axe de la membrure supérieure ou dans la fibre
moyenne. Dans cette hypothèse, toutes les lignes de pression
passent par les trois articulations, celle d'une charge isolée
également ; il en résulte que la ligne des intersections des
réactions se compose de deux droites passant par l'articulation à la clef et par les deux articulations des appuis.

Une autre méthode consiste à admettre pour les membrures
supérieures et inférieures une section constante et à faire le
calcul dans cette hypothèse. Cette méthode s'applique à toutes
les formes d'arcs, mais elle est plus longue que l'autre.

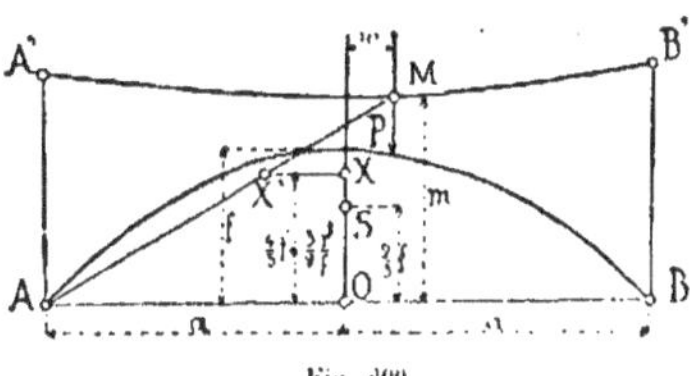

Fig. 200.

Dans le cas où l'arc a une section d'une hauteur à peu près
constante, avec la voie portée par de simples montants,
on conservera la méthode du paragraphe précédent et l'on
posera

$$I = I' \frac{\Delta x}{\Delta r}$$

Les éléments de poids seront

$$\Delta F = \frac{\Delta s}{I} = \frac{\Delta r}{I'}$$

On prendra comme axe de l'arc une parabole et on supposera que le demi-axe r de l'ellipse d'inertie est constant.
La forme de la courbe des intersections peut alors se calculer.

Tout d'abord, en désignant par l la portée, par a la demi-portée, on trouve comme au § 17, page 288 :

$$\Sigma \Delta F = F = \frac{l}{P} = \frac{2a}{P}$$

En menant par le milieu de la corde AB deux axes coordonnés, l'équation de l'axe de l'arc sera

$$y = f - \frac{f x^2}{a^2}$$

L'ordonnée du centre de gravité (en vertu du calcul du § précédent) sera

$$y_s = \frac{2}{3} f$$

La moitié du petit axe vertical de l'ellipse centrale

$$r_z^2 = \frac{4}{15} f^2 + r^2$$

Désignant par y_x l'ordonnée de l'antipôle de l'axe AB, on aura

$$r_z^2 = y_s (y_x - y_s)$$

et

$$y_x = \frac{4}{5} f + \frac{3}{2} \frac{r^2}{f} \qquad\qquad (33)$$

Le calcul des segments u du deuxième polygone funiculaire, Pl. 14, se fait en considérant u comme le moment centrifuge des éléments situés à droite de la charge par rapport à l'axe AB et à la force. On trouve, en fonction des distances polaires H et y_s :

$$H . y_s . u = \Sigma \Delta F . y (x - x)$$

Remplaçant ΔF par $\frac{dx}{P}$ et le signe Σ par le signe d'intégration et intégrant de w à a, on trouve

$$H . y_s . u = \frac{(a - w)^2 (3a + w) f}{12 a^2 P}$$

et en posant $H = F = \frac{2a}{P}$ et $y_s = \frac{2}{3} f$

$$u = \frac{(a - w)^2 (3a + w)}{16 a^3}$$

La distance XX' (fig. 194, page 264 et 200), est, d'après le § 11, page 265 :

$$u' = \frac{l}{b} \cdot u$$

où b est la distance de la charge à l'appui de droite, égale à $a - w$ d'après nos nouvelles désignations. On aura par suite :

$$u' = \frac{2a}{a - w} \cdot u = \frac{(a - w)^2 (3a + w)}{8a^2}$$

Désignons de plus, fig. 200, l'intersection de la réaction de gauche et de la charge par M et l'ordonnée de ce point par m, nous aurons

$$\frac{a - u'}{y_0} = \frac{a + w}{m}$$

en introduisant cette valeur et en transformant la formule précédente, on trouve :

$$(34) \qquad m = \frac{8a^2 y_0}{5a^2 - w^2} = \frac{4a^3 (8f^2 + 15r^2)}{5 (5a^2 - w^2) f}$$

Au moyen de cette formule, on peut déterminer les ordonnées m correspondant à plusieurs abscisses w.

La courbe que l'on obtient est du 3ᵉ degré.

L'effort dû à la température s'obtient par la formule (19), page 275 :

$$(35) \qquad Q = \frac{E \cdot \tau \cdot t \cdot l'}{\dfrac{8}{15} f^2 + r^2}$$

Comparant cette formule à celle de l'arc sans articulation, formule (32), on reconnait que l'effort est environ 6 fois plus petit que dans le cas précédent ; la poussée des arcs sans articulations agit il est vrai plus haut, avec un bras de levier plus petit ; mais néanmoins, comme nous l'avons déjà remarqué, l'influence de la température est plus grande dans les arcs sans articulations que dans les arcs à articulations. D'une manière générale, l'influence de la température diminue à mesure que la flèche augmente, et l'inconvénient de cette influence sur les arcs sans articulation diminue quand la flèche est grande. La question de savoir quel est le système d'arc le plus économique avec ou sans articulations ne peut se résoudre d'une manière générale ; elle dépend du cas considéré.

Les formules que nous venons de trouver pour des arcs à paroi pleine s'appliquent aux arcs à treillis, en remplaçant r par le demi-écartement des membrures.

Lorsque r ou l'écartement des membrures est variable, on adopte dans les formules (34) et (35) une valeur moyenne.

Quant au calcul d'un arc à articulations, la marche à suivre est la même que celle indiquée, page 294, pour un arc sans articulations ; mais l'influence de la température se réduit à 5 ou 10 0/0.

§ 19

CALCUL APPROXIMATIF D'UN ARC
A DEUX ARTICULATIONS ET A PAROI PLEINE

(Planches 15 et 16)

Dans les planches 15 et 16, nous donnons l'épure complète d'un arc à paroi pleine, de forme parabolique, et supportant une demi-voie de chemin de fer.

L'épure de la planche 15 est l'épure de résistance : elle comprend l'étude des charges défavorables, c'est-à-dire du nombre et de la position des essieux qui développent les efforts maximums dans les différentes parties de l'arc.

Nous résumerons dans un tableau, page 308, tous les coefficients de travail : ils établissent l'influence relative de la charge permanente, de la surcharge et de la température.

La planche 16 est l'épure des déformations ; nous y avons construit les déformations verticales de l'arc pour les charges et pour une variation de température de 30°.

I. Données

Portée de l'arc, 50^m,00.

Flèche mesurée jusqu'à la fibre moyenne $\frac{1}{10}$ de la portée, soit 5^m,00.

Espacement des points d'appui de la voie sur l'arc, 2^m,50.

Charge permanente par mètre courant : métal, 1000^k ; voie, 200^k. En tout, 1.200 kilogrammes.

La surcharge se compose de locomotives du type de la (fig. 2) page 5.

La charge permanente par montant est de

$$1200 \times 2,5 = 3000 \text{ kil.}$$

II. Détermination approximative des sections

Il est nécessaire, pour appliquer la méthode exacte qui n'est qu'une méthode de vérification des dimensions des sections, de déterminer par une méthode approchée ces dimensions en différents points de l'arc. Cette détermination se fait comme cela est indiqué au § 18, page 295, en calculant les ordonnées de la courbe des intersections des réactions par la formule (34) et la poussée due à la température par la formule (35).

Pour tout le reste, on procède comme dans le calcul définitif : nous pensons qu'il est inutile de donner l'épure qui a servi à cette première détermination des efforts. Il suffit, en général, d'examiner les cas de la demi-surcharge et de la charge totale. Une grande partie des calculs peut se faire à la règle à calcul, et l'on arrive vite à terminer la première épure.

III. Eléments du calcul de l'arc

Numéros des éléments	Hauteur de l'âme.	Section de l'arc ω	Épaisseur des semelles.	v	I	$r=\sqrt{\dfrac{I}{\omega}}$	Longueur des éléments Δs	$\dfrac{\Delta s}{I}$	$\dfrac{\Delta s}{\omega}$
	m		mm				m		
1	1,275	0,070225	40	0,6775	0,023.990	0,585	2,67	111	38
2	1,225	0,069475	40	0,6525	0,022.087	0,561	2,64	120	38
3	1,175	0,072725	44	0,6345	0,021.845	0,548	2,64	119	36
4	1,125	0,071975	44	0,6065	0,019.982	0,527	2,57	128,5	35,7
5	1,075	0,081225	54	0,5915	0,021.636	0,515	2,55	118	31,5
6	1,025	0,080475	54	0,5665	0,019.666	0,494	2,54	129,5	31,5
7	0,975	0,081725	56	0,5435	0,018.372	0,471	2,53	138	31
8	0,925	0,080975	56	0,5185	0,016.549	0,451	2,52	152	31,2
9	0,875	0,080225	56	0,4935	0,014.827	0,428	2,51	169	31,2
10	0,825	0,079475	56	0,4685	0,013.213	0,408	2,50	189	31,5
							25,64	1374,0	335,4

Les surfaces des sections sont exprimées en mètres carrés, contrairement à ce qui a été fait dans les épures 13 et 14, où elles étaient exprimées en millimètres carrés.

L'arc a été divisé en 20 éléments numérotés dans l'épure et compris entre les points d'appui des charges. Les valeurs données dans le tableau pour les moments d'inertie I, les sections ω, la distance v de la fibre extrême au centre de gravité, se rapportent à la section moyenne des éléments. Les longueurs des éléments mesurées dans la fibre moyenne sont désignées par Δs.

Nous déterminerons les efforts dans les 5 sections indiquées par des chiffres romains dans la fig. 1.

IV. Construction de la ligne des intersections des réactions

La construction de cette ligne se fait au moyen des polygones des forces (fig. 2) et des 3 polygones funiculaires 1, 2, 3 (fig. 4, 5, 11) (voir § 11, page 260).

Dans les polygones 1 et 3, on a pris pour les hauteurs une échelle double de celle de la fig. 1.

La construction du point 6 de la ligne des intersections des réactions est la seule qui soit indiquée complètement sur l'épure.

Le troisième polygone funiculaire détermine le point X, antipôle de la ligne OO' des appuis relativement à l'ellipse centrale; il est situé à une distance $y_x = 4,13$ de la ligne OO'.

V. Charge permanente

Dans la fig. 6, on a déterminé, à la suite les unes des autres, dans leur ordre, toutes les réactions de l'appui de gauche correspondant à une charge de 10.000 k. placée successivement en chacun des points d'appui sur l'arc; il suffit, pour cela, de décomposer la charge au point F, où elle rencontre la ligne des intersections des réactions, en deux forces passant par les points O et O'.

La réaction correspondant à la charge totale est la somme des réactions du polygone (fig. 6) et elle est égale à Q_{1-15}. En multipliant cette réaction par le rapport de $\dfrac{3.000}{10.000}$ de la charge permanente à la charge admise, on obtient la réaction de la charge permanente.

A cause du grand nombre de réactions que l'on construit dans le polygone des réactions, les unes à la suite des autres, les erreurs peuvent se propager et il est utile de pouvoir procéder à des vérifications.

Les ordonnées du polygone peuvent se vérifier en chaque point; elles ne sont autre chose que les réactions verticales des charges au point O. L'ordonnée de l'extrémité du polygone est égale à la moitié de la charge totale de la travée.

La poussée horizontale de l'appui peut se vérifier très simplement pour la charge totale, dans le cas d'un arc parabolique. Supposons d'abord que la ligne de pression se confonde exactement avec la fibre moyenne, ce qui est possible, puisque les deux lignes ont la forme parabolique ; la poussée horizontale serait dans ce cas égale à

$$Q'_h = - \frac{p l^2}{8 f} \qquad (1)$$

p étant la charge uniformément répartie par mètre courant, f la flèche de l'arc et l sa corde.

Toutes les parties de l'arc ne sont soumises qu'à des efforts de compression, et la corde de l'arc se réduira d'une longueur :

$$\Delta h = - \frac{Q'_h}{E} \Sigma \frac{\Delta s}{\omega} \qquad (2)$$

Pour rétablir l'écartement primitif des appuis, il sera nécessaire d'exercer une poussée qui a pour expression (comparer avec formules (19) page 275) :

$$\Delta Q_h = - \frac{E . \Delta h}{y_b . y_x \Sigma \frac{\Delta s}{I}} = - \frac{Q'_h . \Sigma \frac{\Delta s}{\omega}}{y_b y_x \Sigma \frac{\Delta s}{I}} \qquad (3)$$

Le tableau donne pour le demi-arc :

$$\Sigma \frac{\Delta s}{\omega} = 335,1 \quad \text{et} \quad \Sigma \frac{\Delta s}{I} = 1374,0.$$

L'épure donne :

$$y_b = 3^m,5 \quad \text{et} \quad y_x = 4^m,13.$$

La charge p par mètre courant correspondant aux efforts de 10.000 k. pour lesquels le polygone des réactions a été tracé, est de $\frac{10.000}{2,50} = 4.000$ k.

En introduisant toutes ces valeurs dans les formules (1) et (3), on trouve :

$$Q'_h = 250.000^k$$
$$\Delta Q_h = - 4.200^k$$
$$Q_h = Q'_h + \Delta Q_h = 245\cdot800^k, \text{ poussée horizontale vraie.}$$

L'extrémité du polygone des réactions (fig. 6) se trouve

ainsi déterminée par ses coordonnées rapportées à son origine O : l'abscisse représente 245.800 k. et l'ordonnée

$$\frac{10,000 \times 19}{2} = 95,000^{k}.$$

La poussée horizontale correspondant à la charge permanente se déduit de la précédente par proportion.

On a, dans ce cas :

$$Q'_h = 250,000 \times \frac{3,000}{10,000} = 75,000^{k}$$

$$\Delta Q_h = -4,200 \times \frac{3,000}{10,000} = -1,260^{k}$$

$$Q_h = Q'_h + \Delta Q_h = 73,740^{k}.$$

Dans la fig. 3, la poussée horizontale $Q'_h + \Delta Q_h$ a été combinée avec les charges sous la forme d'un polygone des forces.

Le coefficient de travail des fibres extrêmes d'une section quelconque se calcule au moyen de la composante normale N due à la force extérieure et du moment fléchissant $\Delta Q_h . y$, y étant l'ordonnée du centre de l'élément.

La force N se détermine dans le polygone des forces et le moment $\Delta Q_h . y$ se calcule.

Le coefficient de travail de la fibre extrême de l'extrados est égal à

$$R_e = \frac{N}{\omega} - \frac{\Delta Q_h . y . v}{I} .$$

Le coefficient de travail de la fibre extrême de l'intrados est égal à

$$R_i = \frac{N}{\omega} + \frac{\Delta Q_h . y . v'}{I} .$$

Le calcul de ces coefficients est résumé dans le tableau suivant pour les cinq sections considérées :

Numéros des sections.	N	ω	$\dfrac{1}{r}$	$\Delta\Omega$	y	R_e par m/m^2	R_i par m/m^2
		m/m^2		k		k	k
I	78.000	69.175	0,031	— 1260	1,35	1,17	1,07
II	76.200	71.975	0,033	•	2,85	1,17	0,95
III	71.800	80.175	0,035	● •	3,00	1,07	0,79
IV	71.000	80.075	0,032	•	1,65	1,10	0,71
V	73.800	79.475	0.028	»	5,00	1,15	0,71

Il résulte de la comparaison de R_e et R_i que l'influence des moments fléchissants est très faible pour la charge permanente.

Le coefficient de travail dû à l'effort tranchant est tout à fait négligeable et nous n'en avons pas tenu compte.

VI. Surcharges

Nous avons déterminé tout d'abord les diagrammes des charges défavorables pour les fibres extrêmes supérieures et inférieures des cinq sections considérées ; cette détermination se fait par la méthode développée au § 12, page 266. Les parties indiquées par un trait double sont celles où la charge engendre un effort de compression.

Dans ces mêmes diagrammes nous avons tracé *les lignes d'influence*. Ces lignes sont obtenues en appliquant une charge de 10.000 k. successivement aux dix-neuf points d'application des charges, et en calculant, pour toutes ces positions, les coefficients de travail dans les cinq sections. Ces coefficients sont portés comme ordonnées au droit de la charge qui les produit ; $0^m,01$ correspond à un travail de 1 k. par millimètre carré.

Ces coefficients de travail sont calculés par les formules :

$$R = \frac{N}{\omega} + \frac{Mr}{I} \quad \text{pour l'estrados}$$

et

$$R = \frac{N}{\omega} - \frac{Mr}{I} \quad \text{pour l'intrados}$$

où l'on tient compte du signe des moments.

Le moment M est le produit de la force extérieure Q par sa distance q à la section. La force extérieure n'est autre chose que la réaction de gauche quand la charge agit à droite de la section, et la réaction de droite prise en signe contraire quand la charge se trouve à gauche. Les réactions sont données dans la fig. 6 pour toutes les positions de la charge ; le calcul de M ne présente donc aucune difficulté. L'effort de compression N s'obtient en projetant dans la fig. 6 la force extérieure sur la direction de la fibre moyenne, à l'emplacement de la section considérée.

La surcharge se compose d'un train de locomotives du type indiqué dans la fig. 2, page 5, train dont la moitié est portée par un arc.

Nous ne déterminerons que les efforts de compression, qui sont plus grands que les efforts de tension. De plus, les efforts de compression dus à la charge permanente se retranchent des efforts de tension et viennent diminuer encore considérablement ceux-ci.

Pour déterminer les efforts maximums dus à la surcharge dans une des cinq sections considérées, on charge toute la partie indiquée comme charge défavorable dans le diagramme, en ayant soin de placer les quatre essieux d'une locomotive dans la partie qui correspond au sommet de la ligne d'influence[1], comme cela est indiqué aux diagrammes (fig. 7 et 8) pour la section III. On multiplie ensuite toutes les ordonnées de la ligne d'influence, mesurées au droit des charges, par le rapport de la charge à l'effort de 10.000 k. pour lequel la ligne d'influence est tracée ; la somme de ces produits représente le coefficient de travail maximum dû à la surcharge.

Les coefficients qui ont été ainsi obtenus sont donnés dans le tableau suivant :

---

[1] La position exacte des essieux donnant l'effort maximum ne peut se déterminer que par tâtonnement ; mais on se contente de les placer approximativement, les efforts variant très peu avec un faible déplacement. On placera par exemple un des essieux du milieu au point correspondant au sommet de la ligne d'influence.

Coefficients de travail maximums dus à la surcharge

Numéros des sections.	Coefficient de travail à l'extrados.	Coefficient de travail à l'intrados.
	k	k
I	3,20	3,21
II	3,98	3,08
III	3,80	3,70
IV	3,73	2,86
V	2,95	2,20

VII. Influence de la température.

Nous avons vu au § 14, page 275, que la poussée horizontale due à la température se calcule par la formule

$$Q = \frac{E.\tau.t.l}{F.y_a.y_x}$$

où

$$y_a = 3,5, \quad y_x = 4,13, \quad E = 16 \times 10^3, \quad \tau = 0,000012, \quad t = \pm 30,$$
$$l = 50, \quad F = 2 \times 1.374.$$

En introduisant ces valeurs dans la formule, on trouve :
$$Q = 7.300^k.$$

Le coefficient de travail à la compression dans une section est donné par les formules suivantes :

A l'extrados pour un abaissement de température :

$$R_e = \frac{Q.y.v}{I} - \frac{N}{\omega};$$

A l'intrados pour un accroissement de température :

$$R_i = \frac{Q.y.v}{I} + \frac{N}{\omega}$$

Dans ces formules l'effort normal N se détermine sur l'épure (fig. 10); c'est un effort de tension à l'extrados et un effort de compression à l'intrados. L'extrados est moins fatigué que l'intrados par les variations de température.

Le tableau suivant résume le calcul des coefficients dans les différentes sections :

Numéros des sections	N	ω	$\dfrac{1}{r}$	$\dfrac{N}{\omega}$	y	$\dfrac{Q.y.v}{I}$	R_e	R_i
	k	m/m²						
I	6.000	69.475	0,031	0,10	1,35	0,20	0,10	0,39
II	7.100	71.975	0,033	0,10	2,85	0,63	0,53	0,73
III	7.200	80.175	0,035	0,09	3,90	0,81	0,72	0,00
IV	7.250	80.075	0,032	0,09	4,65	1,06	0,97	1,15
V	7.300	70.475	0,028	0,09	5,00	1,30	1,21	1,39

VIII. Coefficients de travail totaux;

En additionnant les coefficients dus à la charge permanente, ceux dus à la surcharge et ceux de la température, on obtient les coefficients de travail maximums totaux. Ces coefficients sont groupés dans le tableau suivant, pour l'extrados et pour l'intrados :

Numéros des sections	Charge permanente		Surcharge		Température		Totaux	
	Extrados	Intrados	Extrados	Intrados	Extrados	Intrados	Extrados	Intrados
I	1,17	1,07	3,20	3,21	0,19	0,39	1,56	4,67
II	1,17	0,95	3,08	3,08	0,53	0,73	5,68	5,66
III	1,07	0,79	3,80	3,70	0,72	0,00	5,59	5,39
IV	1,10	0,74	3,73	2,80	0,07	1,15	5,80	4,75
V	1,15	0,71	2,93	2,20	1,21	1,39	5.31	4,30

IX. Déformations

(Planche 10)

Les seules déformations qui aient un intérêt pratique sont les déformations verticales ; elles peuvent se construire très

simplement pour une charge quelconque au moyen de polygones funiculaires, dès que l'on connaît les efforts qui agissent dans les différentes parties de l'arc.

Les variations de température donnent aussi des déplacements verticaux, souvent encore plus grands que ceux dus aux
charges et qu'il est intéressant de déterminer.

Dans notre exemple d'arc à paroi pleine, nous construirons
les déformations dues à la charge permanente, celles que donne
la surcharge s'étendant sur la moitié de la travée et enfin celles
qui proviennent d'une variation de température de 30°.

En se reportant aux § 4 et 5, on voit que dans les arcs à paroi pleine les rotations s'accomplissent autour d'un point D,
antipôle de la force extérieure Q, tandis que dans les arcs à
treillis les nœuds D, D', D″ sont les centres de rotation. Les
déformations verticales pourront, par conséquent, s'obtenir
par le tracé de polygones funiculaires ayant leurs sommets sur
des verticales menées par les points D. Mais on pourra généralement, dans les arcs à paroi pleine, négliger les déformations dues aux efforts normaux N et aux efforts tranchants T,
ce qui revient à mener les verticales des sommets du polygone
des déformations par les centres des éléments.

Dans l'exemple que nous traitons, nous séparerons toutes
les déformations : celles qui sont dues aux moments fléchissants, celles que donnent les efforts normaux et enfin celles
qu'engendrent les efforts tranchants. Nous verrons que ces
deux dernières sont très faibles relativement à la première et
qu'on peut les négliger complètement.

D'après le § 3 (fig. 182, 183, 184 et 185) un moment fléchissant agissant sur un élément produit une rotation (page 232) :

$$\Delta \vartheta = \frac{Q.q.\Delta s}{EI}$$

et cette rotation se fait autour du centre S de l'élément.

Le déplacement vertical $\Delta v'$ d'un point invariablement lié à
l'élément, et situé à une distance horizontale x du centre S de
cet élément, est égal à

$$\Delta v' = \Delta \vartheta . x = \frac{Q.q.\Delta s}{EI} . x \qquad (1)$$

Un effort normal N agissant sur le même élément donne un déplacement parallèle à l'axe de l'élément et égal à

$$\frac{N\Delta s}{\omega E}.$$

Le déplacement vertical $\Delta v''$ correspondant, en désignant par Δy la projection verticale de Δs, est

$$\Delta v'' = \frac{N.\Delta y}{\omega E} \tag{5}$$

Un effort tranchant T produit un déplacement perpendiculaire à l'axe de l'élément et égal à

$$\frac{T.\Delta s}{G\omega}.$$

Le déplacement vertical $\Delta v'''$ correspondant est

$$\Delta v''' = \frac{T.\Delta x}{G\omega}. \tag{6}$$

Le déplacement vertical total d'un point W invariablement lié à un élément qui se déforme est égal à

$$\Delta v = \Delta v' + \Delta v'' + \Delta v''' = \frac{Q.q.\Delta s}{EI}x + \frac{N.\Delta y}{\omega E} + \frac{T.\Delta x}{G\omega} \tag{7}$$

Il y a lieu de tenir compte des signes des efforts : on considèrera comme positifs les moments qui tournent dans le sens des aiguilles d'une montre et les efforts normaux et tranchants dirigés de bas en haut, comme cela est indiqué dans la figure 201, par exemple. Les déplacements positifs seront alors ceux qui élèvent le point W considéré.

Lorsque les déformations sont dues aux efforts engendrés par les changements de température, il y a à ajouter un terme, celui de la dilatation

$$\Delta v^{\mathrm{IV}} = \Delta y \cdot t \cdot \tau$$

t étant le nombre de degrés et τ la variation de l'unité de longueur pour un degré. Le déplacement total d'un point sous l'influence de n éléments s'obtiendra en faisant la somme des déplacements dus aux n éléments.

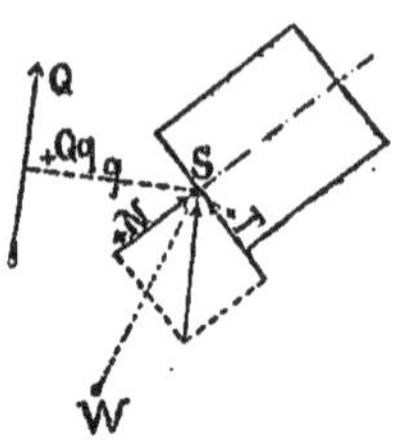

Fig. 201.

Avant de construire les déformations pour l'exemple qui nous occupe, il est nécessaire de calculer les éléments qui entrent dans les formules. Le tableau suivant contient les éléments fixes, communs à tous les cas de charge.

Données générales

Numéros des éléments	$\dfrac{EI}{\Delta s}$	Δy	$\dfrac{\Delta y}{\omega E} \times 10^9$	$\dfrac{\Delta x}{\omega G} \times 10^9$	Observations
1	144.000.000	0,95	0,845	5,52	$t = 30^0$
2	133.000.000	0,85	0,765	5,62	$\tau = 0,000012$
3	131.000.000	0,75	0,645	5,39	$E = 16 \times 10^9$
4	124.000.000	0,65	0,563	5,42	$G = 6,4 \times 10^9$
5	135.000.000	0,55	0,422	4,80	$\Delta x = 2,5$
6	124.000.000	0,45	0,350	4,85	
7	116.000.000	0,35	0,267	4,79	
8	105.000.000	0,25	0,193	4,82	
9	94.000.000	0,15	0,117	4,85	
10	84.000.000	0,05	0,039	4,92	

Nous ne reviendrons pas sur la méthode qui a servi à calculer les moments Qq et les efforts N et T ; elle a été indiquée dans ce qui précède. Les constructions correspondantes n'ont pas été conservées dans l'épure, pour ne pas la surcharger.

Les tableaux suivants donnent les éléments variables du

calcul des déformations. Pour la charge permanente, les efforts tranchants (presque nuls) ont été négligés. La construction des déformations dues aux moments est faite dans la figure 3, au moyen du polygone des forces de la figure 2, par la méthode que nous avons déjà développée pour les poutres à treillis (planche 9); ces déformations sont obtenues en vraie grandeur. Au milieu de l'arc, l'abaissement est de 6 millimètres. En faisant la somme des $\frac{N\Delta y}{\omega E}$ de la quatrième colonne du tableau, on obtient l'abaissement dû à la compression au milieu de l'arc; il est de 0,3 millimètres seulement. Nous remarquerons que, dans le cas de la charge permanente, les efforts de compression sont cependant grands relativement aux moments; mais ils ne produisent malgré cela qu'une déformation tout à fait négligeable.

Données pour la charge permanente

Numéros des éléments	Q_q	N	$\dfrac{N\Delta y}{\omega E}$	Observations
1	580	79,000	0,000.067.0	Les efforts
2	1.700	78.000	0,000.060.0	tranchants T
3	2.050	77.100	0,000.049.7	sont presque
4	3.600	76.200	0,000.043.0	nuls
5	4.250	75.500	0,000.032.0	
6	4.900	74.800	0,000.026.2	
7	5.400	74.400	0,000.019.9	
8	5.900	74.000	0,000.014.3	
9	6.100	73.900	0,000.008.7	
10	6.300	73.800	0,000.002.9	
			0,000.323.7	

Pour la demi-surcharge nous avons négligé les efforts de compression N, qui sont faibles; mais nous avons tenu compte des efforts tranchants. Ceux-ci donnent les déformations $\frac{T\Delta x}{\omega G}$ de la quatrième colonne; elles n'atteignent même pas 1 10 de millimètre et disparaissent relativement à celles des moments. La disposition des essieux dans le cas de demi-surcharge est indiquée dans la fig. 5, pl. 16 ; l'abaissement maximum trouvé dans la figure 5 est de 26 millimètres du côté de l'arc chargé, tandis que du côté non chargé l'arc se relève de 18 millimètres. C'est le polygone des forces de la figure 4 qui a servi à tracer le polygone des déformations de la figure 5. Le premier rayon du polygone des forces a été tracé dans une direction quelconque ; aussi la ligne OO, de fermeture du polygone funiculaire (fig. 5), n'est-elle pas horizontale. Les déformations sont à mesurer verticalement, entre le polygone et la ligne OO_1.

Données pour la demi-surcharge

Numéros des éléments	Qq	T	$\dfrac{T\Delta x}{\delta i}$	Observations
1	23.000	14.500	0,000.080	
2	65.000	13.000	0,000.073	
3	89.000	1.000	0,000.021	
4	97.000	1.500	0,000.008	
5	105.000	4.500	0,000.022	Côté chargé
6	105.000	0	0	
7	93.000	— 3.500	—0,000.017	
8	89.000	— 6.500	—0,000.031	
9	65.000	—13.000	—0,000.063	
10	20.000	—18.500	—0,000.084	
10'	—20.000	—15.500	—0,000.077	
9'	—40.000	—12.000	—0,000.058	
8'	—73.000	— 9.000	—0,000.044	
7'	—89.000	— 5.500	—0,000.026	
6'	—97.000	— 2.500	—0,000.012	Côté non chargé
5'	—97.000	500	0,000.002	
4'	—89.000	3.500	0,000.010	
3'	—73.000	7.000	0,000.038	
2'	—48.000	10.000	0,000.050	
1'	—16.000	13.000	0,000.072	

Pour une variation de température de 30°, les moments Qq sont donnés dans le tableau suivant. L'influence des efforts de compression et des efforts tranchants est encore plus faible que dans le cas des charges ; elle peut donc être négligée. La déformation due aux moments représentée par l'expression $\sum \dfrac{Qq\,\Delta s}{EI}\,x$ a été construite comme pour les charges, au moyen d'un polygone des forces (fig. 6) et d'un polygone funiculaire (fig. 7). Le déplacement à la clef est de $34^{mm},2$. Le déplacement dû à la dilatation, représenté par l'expression $\Sigma \Delta y.t.\tau$, se construit en calculant la dilatation à la clef, $f.t.\tau$, f étant la flèche ($5^m,00$) ; elle est égale à

$$5,00 \times 30 \times 0,000012 = 0,0018^m.$$

Avec cette dilatation on construit une parabole qui donne en tout point de l'arc sa dilatation verticale. Il suffit d'ajouter les ordonnées de cette parabole à celles du polygone des déformations dues aux moments, pour avoir les déplacements verticaux totaux. Le déplacement total à la clef est de 36^{mm}.

Données pour une variation de température de 30°.

Numéros des éléments.	Qq
1	3.100
2	9.900
3	15.500
4	21.000
5	25.000
6	28.500
7	31.500
8	34.000
9	36.000
10	36.500

En général, on construit encore les déformations verticales pour la charge totale. Nous ne donnons pas cette construction dans l'épure ; elle se fait d'une manière analogue à celle de la charge permanente. Le déplacement correspondant à cette surcharge totale, au milieu de l'arc, est de 15 millimètres.

§ 20

ARCS A TROIS ARTICULATIONS

(Planche 17)

Le calcul des arcs à trois articulations se fait sans qu'il y ait
à recourir à la théorie de l'élasticité.

Les réactions des appuis se déterminent directement, par
une simple décomposition de forces. A une charge P (fig. 202)
correspondent les deux réactions Q_g et Q_d. L'une des deux
réactions passe par les deux articulations O' et S et l'autre par
l'articulation O. La ligne des intersections des réactions, ou
le lieu des points d'intersection des deux réactions des appuis
correspondant à une charge mobile P, se compose des deux
droites SD et SD', obtenues en prolongeant les lignes O'S
et OS.

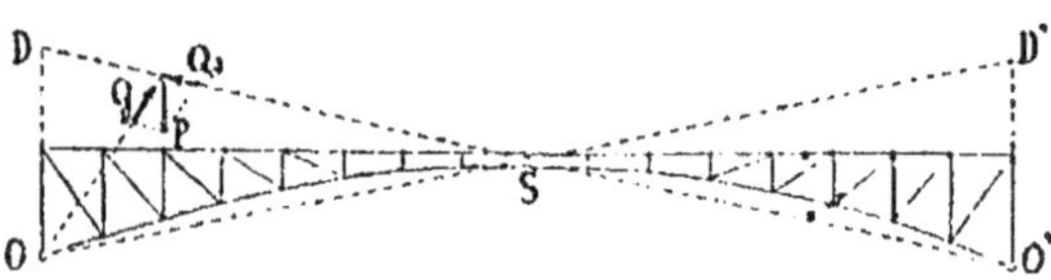

Fig. 202.

Dans la Pl. 17, nous donnons l'épure d'un arc de 40m,00 de
portée, et nous allons développer sur cet exemple la méthode
de détermination des efforts.

Les données sont les suivantes :

    Charge permanente par mètre courant. 2.000 k.

    Surcharge par mètre courant . . . . . 900 k.

L'espacement des montants est de 2m,50 ; on aura par suite,
au droit de chaque montant, une charge permanente de
5.000 k. et une surcharge de 2.250 k.

La courbe de la fibre moyenne de la membrure inférieure
de l'arc est une parabole, qui passe par l'articulation au som-

met ; nous verrons plus loin quels sont les avantages de cette courbe.

Commençons par la détermination des efforts dus à la surcharge.

I. Surcharges

Les surcharges verticales sont portées à la suite les unes des autres (fig. 2) dans un polygone des forces, pour la moitié de gauche de l'arc.

Les réactions correspondant aux charges de chacun des montants peuvent se déterminer par une décomposition de forces comme cela est indiqué au point A_2 (fig. 1) pour la charge du montant 2 ; mais il est préférable de les construire dans le polygone des forces, en menant, aux points de séparation des forces, une série de parallèles à la ligne SD, puis en traçant entre ces parallèles un polygone funiculaire 1_g, 2_g, 3_g, etc., dans lequel les lignes 1_g, 2_g, 3_g sont parallèles aux directions OA_1, OA_2, etc., des réactions.

Ce polygone 1_g, 2_g... donne à la suite les unes des autres, dans l'ordre voulu, les réactions de l'appui de gauche pour les charges 1 à 8. Les réactions de l'appui de droite 1_d, 2_d, 3_d s'obtiennent (fig. 2) sur la ligne N'C' parallèle à DS, en menant les verticales pointillées. En rabattant la ligne C'N' autour de la verticale C', on obtient les réactions $8'_d$, $7'_d$..... $1'_g$ de l'appui de gauche correspondant aux charges 8' 7' 6', etc. Le polygone O_a O_t des réactions de l'appui O de gauche se trouve ainsi complété. La ligne droite O_a O_t représente la réaction de la charge totale.

II. Charges défavorables

La *charge défavorable*, correspondant à une pièce de l'arc, est la charge qui produit l'effort maximum dans cette pièce. Elle s'obtient en combinant toutes les charges qui donnent dans la pièce des efforts de même signe.

Supposons que la détermination des efforts se fasse au moyen de la force extérieure par la méthode de Ritter, indiquée page 85, pour les poutres à treillis, et considérons une section mn qui coupe (fig. 1, Pl. 1) la membrure supérieure, la membrure inférieure et la barre de treillis du panneau IV. Appliquons successivement la charge aux points 1, 2, 3..... 1'. — Aux charges 1, 2, 3, situées à gauche de la section, correspondent des forces extérieures égales aux réactions de droite, mais de signe contraire, comme la force Q'_2 (fig. 203) tandis qu'aux charges 4, 5, 6, ... 1', situées à droite, correspondent des forces extérieures égales aux réactions de gauche, comme la force Q_6 (fig. 203). Toutes les forces extérieures qui tournent dans le même sens autour du nœud X, fig. 1 de la Pl. 17, donnent des efforts de même signe dans la membrure inférieure.

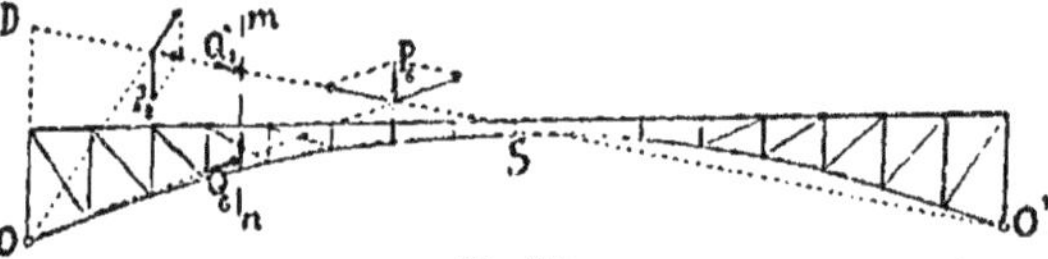

Fig. 203.

Toutes celles qui tournent dans le même sens autour du nœud Y donnent des efforts de même signe dans la membrure supérieure. Enfin les forces extérieures qui tournent dans le même sens autour du point Z donnent des efforts du même signe dans la barre de treillis. Les diagrammes de la figure 3 indiquent la charge défavorable, c'est-à-dire les parties du tablier que la surcharge devra occuper pour produire l'effort maximum dans chaque pièce.

Les doubles traits indiquent les parties qu'il faut charger pour obtenir la compression maxima, les simples traits indiquent au contraire les parties qu'il faut charger pour produire l'effort de tension maximum.

Les charges défavorables dans les montants s'obtiennent en faisant des sections obliques $m'n'$ (fig. 1). Pour le montant n° 3, par exemple, on considère le point Z comme point de rotation.

Dans les parties de l'arc qui sont pleines, il n'y a plus à s'occuper que des fibres extrêmes supérieures et inférieures ; à cet effet, on détermine dans les sections que l'on considère, les points K_s et K_i du noyau central (page 221 et fig. 173). Toute force extérieure passant au-dessus du point K_s produit de la compression dans la fibre extrême supérieure, toute charge passant au-dessous du point K_i produit de la compression dans la fibre extrême inférieure.

III. Efforts maximums dans les pièces

Les charges défavorables étant déterminées, on calcule les efforts maximums correspondants. Ce calcul est fait dans l'épure pour les pièces du panneau IV et pour le montant 3. Les diagrammes (fig. 3) indiquent les charges qui sont à considérer. Le polygone des forces (fig. 2) permet de déterminer la grandeur et la direction des forces extérieures. La position de ces forces extérieures se construit simplement dans la fig. 1, la force extérieure étant toujours la résultante de deux forces connues passant par les points O et O'.

Pour la membrure inférieure, les charges défavorables sont les charges 5 à 1' et la force extérieure correspondant à la section mn est désignée par Q_{mn} dans le polygone des forces. La distance de Q_{mn} au nœud X, mesurée à l'échelle (fig. 1) est de $2^m,2$; la distance de la fibre moyenne de la membrure inférieure au même point est de $1^m,60$. La force Q_{mn} mesurée dans la fig. 2, est de 38.000 k.

L'effort maximum de compression dans la membrure inférieure pour la surcharge se déduit de ces chiffres ; il est égal à

$$\frac{38.000 \times 2,2}{1,0} = 62.000^k.$$

L'effort maximum de tension dans la membrure supérieure

est donné par Q_{7-r}, agissant autour du nœud Y; il est égal à

$$\frac{30.000 \times 0,90}{1,10} = 24.500^k.$$

L'effort maximum de tension dans la barre de treillis est donné par $Q_{1\,6}$, agissant autour du point Z; il est égal à

$$\frac{15.000 \times 2,00}{2,60} = 11.500^k.$$

L'effort maximum de compression dans le montant 3 s'obtient au moyen de la force extérieure $Q'_{1\cdot6}$, correspondant à la section $m'n'$; il est égal à

$$\frac{15.500 \times 2,60}{6,70} = 6.000^k.$$

On obtiendrait d'une manière analogue les efforts maximums de signe contraire; nous nous dispensons de les calculer, pour ne pas compliquer davantage la figure.

Il va sans dire que la méthode de Culmann, page 83, pourrait remplacer celle de Ritter pour la détermination des efforts dans les pièces.

Dans les parties où le treillis est remplacé par une paroi pleine, les efforts se déterminent au moyen des moments fléchissants. de l'effort normal et de l'effort tranchant.

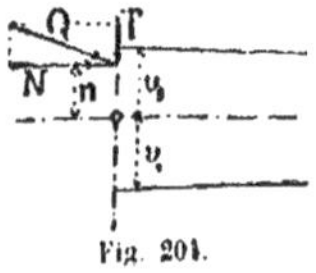

La force extérieure Q (fig. 204) se décompose en un effort N normal à la section et un effort tranchant T.

Désignons par n la distance de l'effort N au centre de gravité de la section, par Ω la surface de la section, par I son moment d'inertie, par v_s et v_i les distances des fibres extrêmes supérieures et inférieures au centre de gravité.

Fig. 204.

Le cooflicient de travail de la fibre supérieure sera

$$R_s = \frac{N}{\Omega} + \frac{N.n.v_s}{I}.$$

Le coefficient de travail de la fibre extrême inférieure sera

$$R_i = \frac{N}{n} - \frac{N.n.r_i}{.1}.$$

L'effort tranchant **T** sert à calculer la section de l'âme ; mais cet effort est toujours très faible, et il est inutile, en général, de faire le calcul des âmes.

IV. Variation des réactions avec la position des charges

Les réactions varient avec la position des charges ; elles sont maximums lorsque la charge est au milieu de la travée. Considérons la réaction de gauche, par exemple, et déplaçons la charge du point O au point O'; si nous portons aux points de passage des charges des ordonnées proportionnelles à leurs réactions (fig. 5) la ligne que l'on obtient est une branche d'hyperbole de l'appui O au point S, milieu de la travée, et du point S au point O' c'est une droite.

L'hyperbole a un axe vertical passant par le point U, qui s'obtient en menant du point O une perpendiculaire OU à la ligne SD. Sur l'appui O, la réaction est égale à la charge. La ligne représentative des réactions (fig. 5) donne en chaque point de l'arc la réaction correspondant à une charge. La ligne représentative des réactions de droite est la symétrique de celle de gauche: on ne l'a pas tracée.

V. Charges roulantes

Nous avons vu de quelle manière une charge uniformément répartie doit être placée pour engendrer l'effort maximum dans une pièce ; il est intéressant de déterminer aussi la position que doit occuper une charge roulante pour produire l'effort maximum. A cet effet, nous considérerons de nouveau la section mn et la section $m'n'$, et nous tracerons pour chacune des pièces coupées la ligne d'influence (fig. 4). Chaque ligne d'influence s'obtient en portant au droit des charges des ordonnées proportionnelles aux efforts qu'elles engendrent. Les efforts de compression sont portés au-dessus de l'horizontale, les efforts de tension en dessous. On voit dans la fig. 4 que les lignes d'influence se composent toutes de lignes droites, et qu'elles ont un sommet au milieu de l'arc. En plaçant les charges les plus lourdes au milieu de l'arc, on obtiendra donc dans toutes les pièces, soit un effort maximum, soit un effort minimum. De plus, chacune des lignes a un autre sommet situé sur l'un des montants voisins de la section, et à ce sommet correspond également un maximum ou un minimum. ·

Pour obtenir l'effort maximum à la compression ou à la tension, on chargera toutes les parties indiquées par le diagramme de la fig. 3 et l'on aura soin de placer les charges les plus lourdes aux points correspondant aux sommets des lignes d'influence de la fig. 4.

Les efforts dus aux charges défavorables se détermineront exactement comme ceux qui sont dus à la surcharge uniformément répartie, au moyen des forces extérieures.

VI. Charge permanente

Nous avons dit que la fibre moyenne de la membrure inférieure avait la forme parabolique et que l'articulation de la clef se trouve sur cette fibre moyenne. Grâce à cette disposition, la ligne de pression correspondant à la charge permanente, supposée uniformément répartie sur la longueur de l'arc, se confond avec la fibre moyenne : en d'autres termes, la force extérieure passe en tout point par le centre de gravité de la section de la membrure inférieure. Les forces extérieures se déduisent facilement du polygone de la surcharge (fig. 2) et il n'est pas nécessaire de tracer un nouveau polygone pour la charge permanente. Il suffit de multiplier les efforts dus à la surcharge par le rapport $\frac{2000}{1000}$ de la charge permanente à la surcharge. S'agit-il par exemple de déterminer l'effort dans la membrure inférieure du panneau IV, on mesure à l'échelle, (fig. 2), la force extérieure O,N égale à 45.000 k. et on la multiplie par $\frac{2000}{1000}$, ce qui donne 100.000 k. Dans le cas où les dispositions ne seraient pas celles du cas considéré, la force

extérieure ne passerait pas par le centre de gravité de la
section des membrures inférieures, et les efforts dans les différentes pièces s'obtiendraient par l'une des trois méthodes de
Culmann, de Ritter ou de Cremona (page 83).

Remarquons qu'il est préférable de commencer, comme nous
l'avons fait, les calculs par la surcharge; elle est connue d'a-
vance; tandis que la charge permanente admise dans les calculs peut se trouver modifiée par les résultats des calculs.
C'est pour cette raison aussi que le polygone des forces est
tracé pour la surcharge.

VII. Influence de la température

Nous avons déjà dit que les changements de température ne
donnent lieu à aucun effort supplémentaire dans les arcs à trois
articulations. Les deux moitiés d'arc tournent librement autour de leurs appuis O et O', sans se déformer, et le point S
s'élève ou s'abaisse avec une élévation ou un abaissement de
la température. Le déplacement vertical du point S, correspondant à la rotation, se détermine très simplement. Soit (fig.
205) A'S' l'allongement et AS le raccourcissement de la demi-
corde de l'arc, pour les limites extrêmes de la température. En

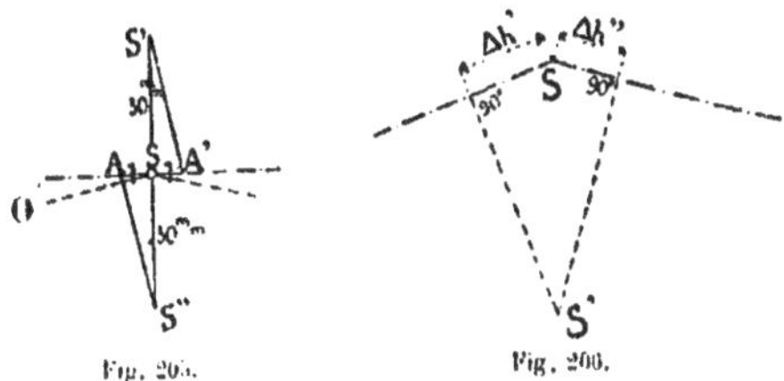

Fig. 205.   Fig. 206.

menant les lignes A'S' et AS" perpendiculaires à la direction
OS, on obtient sur la verticale les déplacements SS' et SS" du
point S.

Dans l'arc de 40ᵐ de la planche, la variation de longueur de la demi-corde, pour un changement de température de $\pm 30°$ sera. (voir page 17) :

$$\frac{10}{2} \times 0,00036 = 0,0072.$$

Le déplacement vertical du point S est de $\pm 30^{mm}$; il a pour expression :

$$\Delta f = \frac{t\tau l}{2\,\mathrm{tg}\,\alpha} + f\tau t,$$

t étant la variation de température ;
τ la dilatation linéaire pour un degré ;
l la portée de l'arc ;
f la flèche de l'arc ;
α l'angle de la ligne OS avec l'horizontale.

Dans la formule précédente le premier terme est dû à la dilatation horizontale, le deuxième à la dilatation verticale.

VIII. Déformation de l'arc

La déformation d'un arc à trois articulations se déduit de celle de chacune de ses moitiés.

On peut à cet effet déterminer la variation de longueur $\Delta h'$ et $\Delta h''$ (fig. 206) des lignes OS et O'S, puis le déplacement du point S et enfin les déformations des demi-arcs relativement à ces lignes.

Reprenons les formules (5) et (6), page 235, pour un élément à paroi pleine et (8) et (9), page 240, pour un élément à treillis.

Si nous prenons la ligne OS comme axe des x (fig. 207), le déplacement du point S par rapport au point O, suivant la direction OS, aura pour expression :

$$\Delta h' = - \sum_{o}^{A} Q\eta . y . \frac{s}{E\omega^2} - \sum_{A}^{S} Q\eta . y . \frac{\Delta s}{EI}$$

Le premier terme du second membre s'appliquant à toutes les pièces, membrures supérieures, membrures inférieures et barres de treillis. le second terme, aux éléments de la partie

pleine. Le second terme du second membre disparaît quand
l'arc est entièrement à treillis et la Σ du premier s'étend alors
de O à S.

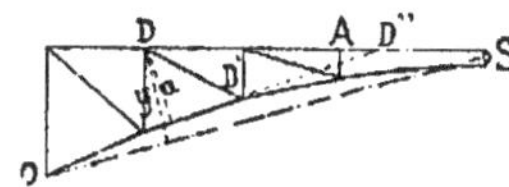

Fig. 207.

L'expression $\Delta h'$ se construit au moyen d'un polygone funiculaire, dans lequel les $\dfrac{Qqs}{E_{sm}}$ et $Qq\Delta s$ sont considérées comme
forces agissant dans la direction OS et appliquées aux points
de rotation D, D' et D" (fig. 207 et 208). La distance polaire
est variable et égale à a ou EI.

La longueur interceptée entre les côtés extrèmes du polygone
funiculaire sur la ligne OS représente la déformation $\Delta h'$. On
détermine d'une manière analogue la déformation $\Delta h''$ de la seconde moitié de l'arc.

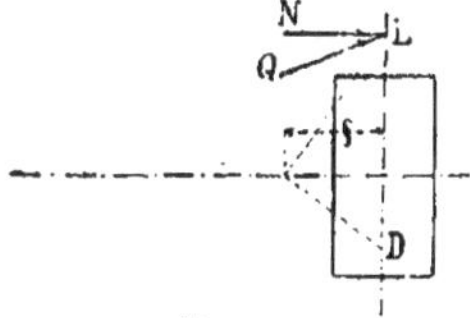

Fig. 208.

Lorsque les déformations $\Delta h'$ et $\Delta h''$ sont déterminées pour
les deux moitiés de l'arc, l'abaissement du point S s'en déduit
facilement (voir la fig. 206); le point S vient en S'. Il ne reste
plus ensuite qu'à déterminer les déplacements verticaux pour
les deux moitiés de l'arc, par la méthode que nous avons employée pour les poutres à treillis, page 150, et pour l'arc à paroi pleine, page 308.

§ 21

INFLUENCE DU VENT SUR LES ARCS

Les calculs de la résistance des arcs à l'action du vent sont très compliqués si l'on veut employer une méthode rigoureusement exacte ; mais il suffira, en général, de faire un calcul approximatif.

L'intensité des efforts du vent et la répartition de ces efforts sur une construction ne sont pas exactement connus, comme le sont les charges verticales ; ils se déduisent d'hypothèses douteuses et, par suite, les résultats d'une méthode rigoureuse ne seraient toujours qu'approximatifs.

Nous commencerons par la méthode générale et nous verrons ensuite quelles sont les simplifications que l'on peut faire suivant les cas.

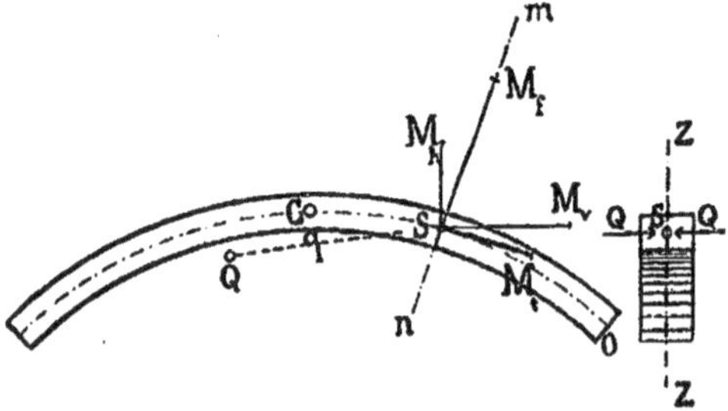

Fig. 209.

Considérons d'abord (fig. 209) un arc ou l'ensemble de deux arcs réunis par deux contreventements, situés l'un à l'extrados, l'autre à l'intrados, et faisons une section *mn* normale à la fibre moyenne des arcs.

Désignons par Q la force extérieure résultante de tous les efforts du vent agissant sur la construction à gauche de la section. En appliquant au centre S de la section deux forces égales à Q et de signe contraire, nous aurons remplacé l'effort Q par un couple Qq et par un effort tranchant Q.

Décomposons ensuite le couple Qq en deux autres, situés l'un dans le plan de la section, qui donnera *un moment de torsion*, l'autre dans un plan perpendiculaire à la section, qui donnera un *moment fléchissant*.

Le vent produira dans la section :

1° Un moment de torsion :

2° Un moment fléchissant :

3° Un effort tranchant.

Nous désignerons par le nom de *plan moyen* le plan vertical ZZ situé à égale distance des deux arcs, et nous supposerons que le vent agisse perpendiculairement à ce plan avec une intensité constante sur toutes les parties de la construction. Nous ne considérerons que le cas d'arcs symétriques et symétriquement chargés par le vent.

La force Q et le plan du couple Qq seront perpendiculaires au plan moyen ; mais la direction du plan du couple Qq change d'une section à l'autre, et il sera plus commode de le remplacer par deux autres couples équivalents: l'un M_v situé dans un plan vertical, l'autre M_h situé dans un plan horizontal.

Les axes représentatifs de ces couples se trouvent dans le plan moyen (fig. 210) et ces axes se composent comme des forces. L'axe représentatif est à élever du côté où il faut se placer, par rapport au plan du couple, pour voir ce dernier tourner dans le sens inverse des aiguilles d'une montre.

Quant aux signes des moments, nous considérerons comme positifs tous ceux dont les axes sont situés au-dessus de l'horizontale menée par le centre S de la section, origine des axes représentatifs (voir fig. 210). Il sera permis de supposer que les arcs sont coupés à la clef, à la condition de tenir compte du moment horizontal M_t à la clef, seule action d'une moitié de l'arc sur l'autre.

Reprenons (fig. 210) une section mn, et désignons par β l'angle de la fibre moyenne en cette section avec l'horizontale.

Si nous négligeons d'abord le moment M_t, nous aurons dans cette section :

Un moment vertical M'_v ;
—   horizontal M'_h ;
—   fléchissant M'_f ;
—   de torsion M'_t.

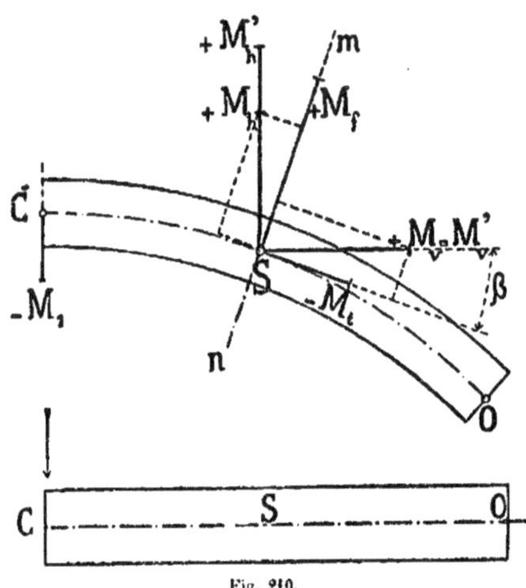

Fig. 210.

Si nous tenons compte du moment à la clef M_1, les moments
précédents deviendront :

$$M_v = M'_v \tag{1}$$

$$M_h = M'_h - M_1 \tag{2}$$

$$M_f = M'_f - M_1 \cos \beta \tag{3}$$

$$M_t = M'_t - M_1 \sin \beta \tag{4}$$

Les moments M'_v, M'_h, M'_f, M'_t sont faciles à déterminer.
Les deux premiers se construisent au moyen de polygones funiculaires, et les deux autres se déduisent des premiers par projection des axes. Dans la détermination des moments M'_v et M'_h

dans une section, il faut faire entrer tous les efforts qui agissent, soit directement, soit indirectement par le moyen de montants, sur les parties de l'arc situées entre la clef et la section considérée.

On a :

$$M'_l = M'_h \cos \beta + M'_v \sin \beta \qquad (5)$$
$$M'_t = M'_h \sin \beta - M'_v \cos \beta \qquad (6)$$

Le moment M_l à la clef est inconnu ; il serait facile de le déterminer si les arcs étaient libres aux naissances ; mais les poussées exercées par les charges produisent un encastrement. Dans les arcs surbaissés et situés dans des plans verticaux, le moment M_l pourra se déterminer comme on le fait pour une pièce à section constante. Dans le cas où le vent exerce un effort constant p par mètre courant de tablier, il sera :

$$\frac{p d^2}{24}$$

c'est-à-dire le tiers du moment total obtenu lorsqu'il n'y a pas d'encastrement.

Dans le cas contraire, où les arcs ont une grande flèche et se trouvent plus écartés aux naissances qu'à la clef, la détermination du moment M_l à la clef ne peut se faire qu'au moyen de la théorie de l'élasticité. On exprimera à cet effet que la somme des rotations, de la naissance O de l'arc à la clef C, autour de l'axe vertical y doit être nulle [1].

Exprimons la rotation d'un élément :

Le moment fléchissant M_f, agissant dans un plan tangent à la fibre moyenne, produit sur la longueur Δs de l'élément sur lequel il agit une rotation

$$\delta = \frac{M_f . \Delta s}{E . I} .$$

I étant le moment d'inertie relativement à l'axe Z, fig. 211.

<hr>

[1]. En effet, la section aux naissances étant fixe, et la section à la clef ne pouvant tourner autour de l'axe des y à cause de la symétrie, la somme de ces rotations doit être nulle.

La rotation autour de l'axe des y sera

$$\delta'_y = \frac{M_f.\Delta s.\cos\beta}{E.I} \qquad (7)$$

La théorie de la torsion donne pour la rotation d'une section extrême d'un élément relativement à l'autre :

$$\delta'' = \frac{M_t.\Delta s}{G.I_p},$$

G étant le coefficient d'élasticité transversale et I_p le moment d'inertie polaire de la section.

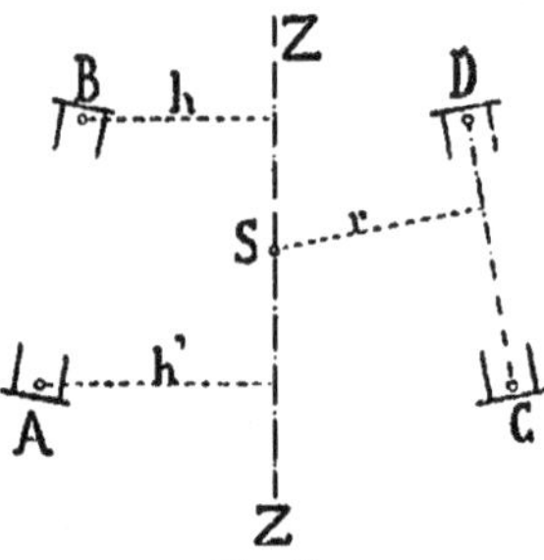

Fig. 211.

La rotation correspondante autour de l'axe des y sera :

$$\delta''_y = \frac{M_t.\Delta s.\sin\beta}{G.I_p}. \qquad (8)$$

Les formules (7) et (8) ne s'appliquent qu'aux arcs à paroi pleine ; dans le cas d'arcs à treillis, ces formules sont à modifier. Nous remarquerons, du reste, que ce n'est que pour des arcs à grande portée, qui seront toujours à treillis, que nous aurons à appliquer ces calculs relatifs au vent, et nous ne développerons les formules que pour ce cas.

Si, pour la flexion, l'on néglige la rotation due à la déformation des barres de treillis, qui est relativement faible, la formule (7) est encore applicable ; on remplacera Δs par a la longueur d'un panneau et le moment d'inertie sera (voir fig. 211) :

$$I = \Sigma \Omega h^2 \tag{9}$$

Ω étant la section des membrures et h la distance de leur centre de gravité à l'axe ZZ.

Pour ce qui est de la rotation due aux moments de torsion, nous négligerons, comme nous l'avons déjà fait dans les tabliers droits (voir page 166), les efforts dans les membrures. Nous pourrons aussi nous servir des formules (4) et (6) des pages 164 et 165. En combinant ces formules on trouve pour le déplacement dans une face, Δu étant négligé :

$$\Delta v = \frac{a p_v}{\omega_v . E . \sin^2 \alpha_v . \cos \alpha_v}$$

En désignant par r la distance de la face considérée au centre de la section, la rotation correspondante de la section est égale à

$$\delta = \frac{\Delta v}{r} = \frac{a p_v}{r . \omega_v . E . \sin^2 \alpha_v . \cos \alpha_v} = \frac{a . p_v . r}{r^2 . \omega_v . E . \sin^2 \alpha_v . \cos \alpha_v} \tag{10}$$

On trouverait une expression analogue en considérant chacun des sommets A, B, C, D dans ses deux faces ; on pourra donc écrire, puisque toutes les valeurs de δ sont égales :

$$\delta = \frac{\Sigma a . p . r}{\Sigma (r^2 . \omega . E . \sin^2 \alpha . \cos \alpha)} = \frac{a \Sigma p . r}{E \Sigma (r^2 . \omega . \sin^2 \alpha . \cos \alpha)}$$

Or, $\Sigma p r$ n'est autre chose que le moment de torsion M_t et nous aurons :

$$\delta = \frac{M_t . a}{E . \Sigma (r^2 . \omega . \sin^2 \alpha . \cos \alpha)} \tag{11}$$

La somme du dénominateur comprend une expression pour chacune des barres de treillis, et comme nous avons supposé un treillis double dans toutes les faces, il y aura 8 expressions.

Rappelons que ω est la section d'une barre de treillis, α son inclinaison sur la fibre moyenne et r la distance du plan de sa face au centre S de la section.

La rotation autour de l'axe des y sera

$$\partial''_y = \frac{M_t.a.\sin\beta}{E\Sigma\,(r^2.\omega.\sin^2\alpha.\cos\alpha)} \qquad (12)$$

La somme de toutes les rotations autour de l'axe des y, du point O au point C, est, comme nous l'avons vu, égale à 0 et nous aurons d'après les formules (7) et (12) :

$$\Sigma_0^c \frac{M_f.a.\cos\beta}{EI} + \Sigma_0^c \frac{M_t.a.\sin\beta}{E.\Sigma(r^2.\omega.\sin^2\alpha.\cos\alpha)} = 0$$

En remplaçant M_f et M_t par leurs valeurs des formules (3) et (4) et $a\cos\beta$ par Δx, projection de a sur l'axe des x, puis en tirant la valeur de M_t, il vient :

$$M_t = \frac{\Sigma_0^c\left[\left(\dfrac{M'_f}{I} + \dfrac{M'_t.\operatorname{tg}\beta}{\Sigma(r^2.\omega.\sin^2\alpha.\cos\alpha)}\right)\Delta x\right]}{\Sigma_0^c\left[\left(\dfrac{\cos\beta}{I} + \dfrac{\operatorname{tg}\beta.\sin\beta}{\Sigma(r^2.\omega.\sin^2\alpha.\cos\alpha)}\right)\Delta x\right]} \qquad (13)$$

Quant aux signes à donner aux différents moments, M'_f est toujours positif, tandis que M'_t n'est positif que dans le cas où $M'_h \sin\beta$ est plus grand que $M'_v \cos\beta$ (voir formule 6).

La formule donne M_t en valeur absolue.

Dans les arcs qui n'ont pas une grande flèche, et pour les portées habituelles, on pourra négliger l'inclinaison β et faire $\beta = 0$, il sera permis aussi de supposer un moment d'inertie constant ; la formule (13) devient alors, en désignant par l la corde de l'arc :

$$M_t = \frac{\Sigma_0^c M'_h.\Delta x}{\dfrac{l}{2}} \qquad (14)$$

Enfin dans le cas où l'effort du vent est sensiblement constant par mètre courant et égal à p, on aura

$$M_t = \frac{pl^2}{2\,\mathsf{1}} \qquad (15)$$

Les expressions des formules (13), (14) et (15) peuvent se cal-

culer ou se construire graphiquement ; leur construction ne
présente aucune difficulté.

Connaissant le moment M_1, il devient facile de déterminer
les moments dans les différentes sections des arcs ; cette construction a été faite dans la figure 212 pour l'une des sections.

Les efforts du vent ont été projetés à la partie inférieure de
la figure sur un plan horizontal, et à droite sur un plan vertical
perpendiculaire au plan moyen. A l'aide de ces efforts on a
construit le polygone des moments horizontaux M_h' et celui des
moments verticaux M_v. [1]

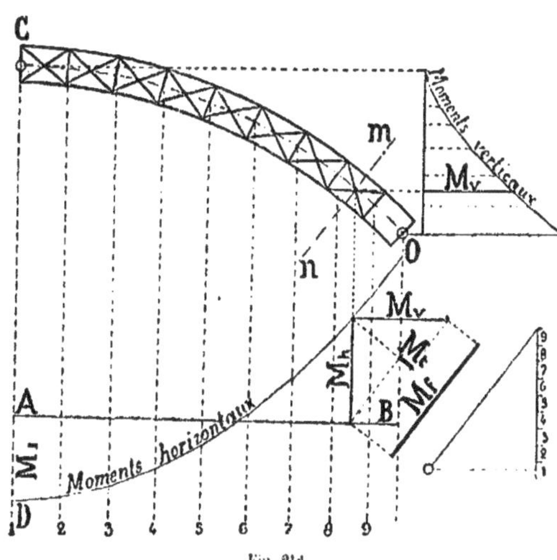

Fig. 212.

Le polygone des moments verticaux donne directement les

1. Nous remarquerons que pour les moments horizontaux le même polygone funiculaire donne tous les moments fléchissants, tandis qu'il n'en est
pas ainsi pour les moments verticaux : en passant d'une section à l'autre,
on introduit en général de nouveaux efforts situés au-dessus de la section.

moments réels, tandis que les moments horizontaux M_h sont à
mesurer à partir de la ligne horizontale AB, obtenue en portant
$AD = M_t$.

En composant les moments M_h et M_v et en les projetant sur
les directions correspondantes, on obtient les moments M_f et M_t.
Il nous reste à voir comment on déduit de ces moments les efforts dans les arcs.

Le moment M_f fait travailler les membrures ; leur coefficient de travail s'obtient par la formule

$$R_9 = \frac{M_f}{\dfrac{I}{h}} \cdot$$

Dans cette expression, I a la valeur de la formule (9).

Le moment de torsion, d'après l'hypothèse que nous avons
faite, n'engendre des efforts que dans les treillis et les contreventements ; il donne dans chacune des quatre faces, et en chacun des sommets A, B, C, D, un effort p ; cet effort peut s'obtenir
au moyen des formules (10) et (11). En égalant les valeurs de
δ, on trouve :

$$p_v = \frac{r_v \omega_v \cdot \sin^2 z_v \cdot \cos z_v \cdot M_t}{\Sigma\,(r_v^2 \omega_v \cdot \sin^2 z \cdot \cos z)} \tag{10}$$

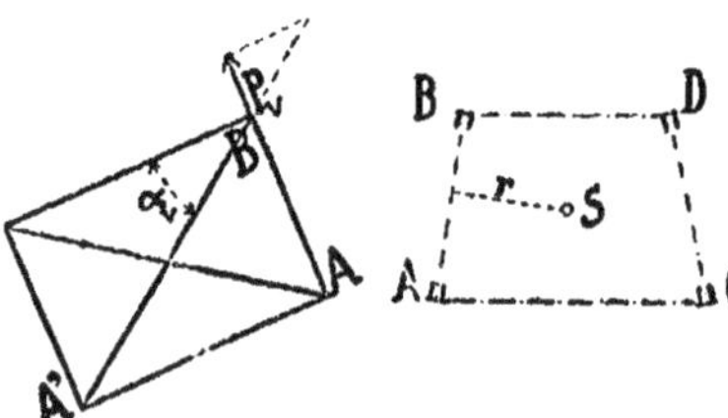

Dans cette formule ω_v est la section d'une barre quelconque
A'B, r la distance du plan AB au centre S, z_v l'angle de la barre
A'B avec la fibre moyenne.

La Σ du dénominateur comprend les 8 barres des 4 faces. L'effort dans la barre de treillis est égal à

$$T = \frac{p_c}{\sin \alpha_{\varphi}} \qquad (17)$$

L'effort tranchant, qui est égal à la force extérieure, se décompose en deux efforts égaux agissant l'un dans le contreventement de l'extrados et l'autre dans celui de l'intrados.

La méthode qui précède s'applique au cas de deux arcs à treillis double, réunis par deux contreventements ; elle suppose de plus que les membrures d'un même arc sont parallèles ou de directions peu différentes. Il va sans dire qu'il y a un grand nombre d'autres cas, pour lesquels les formules seraient à modifier. Les deux arcs peuvent, par exemple, être remplacés par un plus grand nombre d'arcs ; ils peuvent de plus être à tympan ; toutefois ces derniers cas ne se présentent guère que pour des portées moyennes ne dépassant pas 100 mètres ; il suffira alors de tenir compte du moment fléchissant et de l'effort tranchant, en négligeant la torsion.

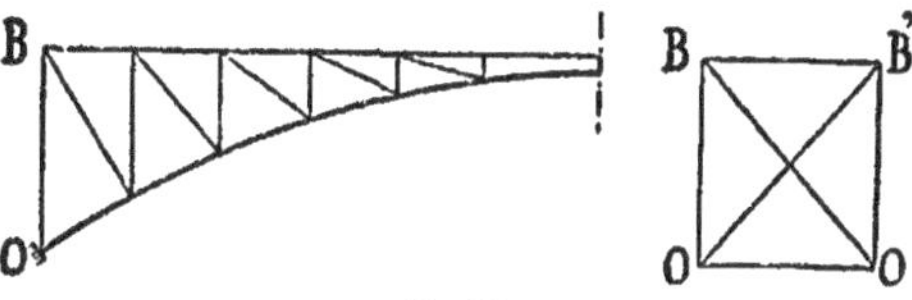

Fig. 214.

Dans le cas où les membrures supérieures des arcs sont horizontales et réunies par un contreventement, le cadre sur appuis OBB'O se calculera comme celui du tablier d'un pont droit (voir page 167).

CHAPITRE SEPTIÉME

POUTRES CONTINUES

On qualifie de *poutres continues* celles qui reposent sur plus de deux appuis. Pour déterminer la manière dont les charges se répartissent sur les différents appuis, on est obligé d'étudier les déformations de la poutre considérée et d'introduire dans les calculs la condition de la fixité des appuis suivant la verticale.

On suppose, en général, pour simplifier les recherches, que la section de la poutre est constante sur toute sa longueur et l'on se sert de la méthode de *Mohr*. Cette hypothèse se justifie par des calculs comparatifs qui montrent qu'on altère peu les résultats d'un calcul exact en introduisant dans les constructions une section constante.

Il peut être intéressant, cependant, lorsque la section varie d'une manière anormale, soit dans le cas de très grandes portées, soit lorsqu'on fait varier la hauteur des poutres, de contrôler les résultats en tenant compte, pour chaque élément de poutre, de sa section réelle.

La méthode qui s'applique au cas général, celui d'une section variable, ne peut conduire à des déterminations directes, car les réactions sur les appuis et par suite aussi les moments fléchissants dépendent des sections. Cette méthode ne peut donc servir que comme vérification, et les dimensions de la poutre se calculeront d'abord par la méthode de Mohr.

Nous commencerons cependant par le cas d'une section variable, et nous passerons ensuite au cas particulier d'une section constante.

§ 1

POUTRE A SECTION VARIABLE .

La méthode[1] comprend trois parties.

a) Détermination de l'abaissement de la poutre au droit des appuis sur piles, sous l'influence des charges, en supposant que la poutre ait une résistance infinie et ne repose que sur ses appuis extrèmes.

b) Détermination du mouvement vertical engendré au droit des appuis par des réactions connues agissant en ces points.

c) Au moyen des déformations précédentes, calculer les vraies réactions qui ramènent les points d'appui déplacés par les charges dans la position qu'ils doivent occuper.

Dans tous les calculs des déplacements, nous négligerons, comme on le fait en général, l'influence de la déformation des treillis qui est relativement faible.

Nous développerons la méthode sur une poutre à trois travées de 72^m,70, de 104^m.55 et de 72^m,70, donnant entre les appuis extrèmes une ouverture totale de 249^m,95 (voir Pl. 18).

Les charges sont appliquées aux montants 1 à 25.

Un polygone des forces (fig. 2) avec distance polaire de 20 m. et pôle O, a servi à tracer le polygone funiculaire AEK, correspondant à une portée de 249^m,95 et à une charge de 1.600 k. par mètre courant de poutre.

Ce polygone funiculaire donne à la fois :

1° En AEK, la surface des moments fléchissants pour la charge totale sur 249^m,95 ;

2° En ABC, la surface des moments fléchissants, pour le cas d'une charge, sur les 72^m,70 de la première travée ;

3° En DEF la surface des moments fléchissants pour la charge sur les 104^m,55 de la travée centrale.

Le même polygone des forces (fig. 2) avec le pôle O′, a servi à tracer la ligne DGF, donnant la surface des moments correspondant à une réaction de 100.000 k. exercée par l'appui de la pile 2.

1. Cette méthode a été publiée par M. Bertrand de Fontviolant, ingénieur civil.

Les trois dernières surfaces des moments fléchissants ont été divisées en triangles indiqués en pointillé. La division en triangles est telle que sur la longueur de l'un d'eux le moment d'inertie de la poutre est constant. Les moments d'inertie I sont inscrits dans un tableau sur l'épure ; ils varient de 1,24 à 2,75.

Les éléments triangulaires des surfaces des moments ont été concentrés en leurs centres de gravité et considérés comme forces. Ces forces ont été portées dans les fig. 3, 4 et 5 sur des verticales, et, au moyen de distances polaires proportionnelles à EI (produit du coefficient d'élasticité par le moment d'inertie), on a construit les polygones des forces à distances polaires variables.

Le polygone des forces (fig. 3) correspond à la surface des moments ABC de la charge sur la première travée ; il a servi à tracer le polygone funiculaire (5).

Les ordonnées de ce polygone funiculaire sont proportionnelles aux déformations verticales de la poutre ; elles sont égales :

Sous la pile 1, à. . . . .   36 millimètres;
Sous la pile 2, à. . . . .   29 millimètres.

Le polygone des forces (fig. 5) correspond à la surface des moments DEF de la charge sur la travée centrale, il a servi à tracer le polygone funiculaire (4). A cause de la symétrie des charges, ce polygone n'a été tracé que pour une moitié de la poutre ; il donne les déformations de la poutre. Au droit des piles, les ordonnées sont égales à 104^{mm}.

Le polygone des forces (fig. 4) correspond à la surface des moments DGF de la réaction de 100.000 k. sous la pile 2. Ce polygone des forces a servi à tracer le polygone funiculaire (6), dont les ordonnées sont proportionnelles aux déformations verticales de la poutre ; elles sont égales à :

Sous la pile 1. . . . . $46^{mm},5$;
Sous la pile 2. . . . . 56^{mm}.

Les échelles des forces, celles des surfaces des moments et celles des EI peuvent être quelconques ; mais elles doivent être les mêmes pour tous les tracés des polygones ; il ne s'agit en effet que de déterminer des rapports entre les déformations et non les déformations elles-mêmes.

Nous verrons cependant que ces mêmes polygones, en tenant compte des échelles, peuvent servir au calcul des déformations.

Détermination des réactions pour une charge donnée. — Lorsqu'une poutre porte une charge uniformément répartie sur une certaine longueur, ou une charge concentrée en un de ses points, ses déformations verticales sont proportionnelles à cette charge. De plus, la déformation verticale, due à plusieurs charges ou forces agissant simultanément, est en chaque point de la poutre égale à la somme des déformations produites par les charges ou forces agissant séparément.

Lorsque les appuis sont situés sur une même horizontale, leurs réactions se déterminent en égalant les abaissements que les charges produisent sur les appuis aux relèvements donnés par les réactions.

Désignons par :

a_1 et a_2 les abaissements de la poutre au droit des appuis 1 et 2 sous l'action des charges.

b'_1 et b'_2 les relèvements des appuis 1 et 2 produits par une réaction de 100.000 k. de l'appui 1.

b''_1 et b''_2 les relèvements des appuis 1 et 2 produits par une réaction de 100.000 k. de l'appui 2.

R_1 et R_2 les réactions cherchées aux appuis 1 et 2.

Nous aurons :

$$a_1 = \frac{b'_1 \times R_1}{100.000} + \frac{b''_1 \times R_2}{100.000} \qquad (1)$$

$$a_2 = \frac{b'_2 \times R_1}{100.000} + \frac{b''_2 \times R_2}{100.000} \qquad (2)$$

Dans ces formules, a_1, a_2, b'_1, b'_2, b''_1, b''_2 sont déterminés dans l'épure ; R_1 et R_2 sont inconnus.

Dans le cas que nous considérons, à cause de la symétrie des travées :

$$b'_1 = b''_2 = 56$$
$$b''_1 = b'_2 = 40,5.$$

Les formules (1) et (2) deviennent :

$$a_1 = 0,000560\ R_1 + 0,000405\ R_2, \qquad (3)$$
$$a_2 = 0,000405\ R_1 + 0,000560\ R_2. \qquad (4)$$

Les quatre cas de surcharge que nous considérons sont les suivants :

1°. 1re travée seule chargée ;

2°. 2e travée chargée ;

3°. 1re et 2e travées chargées ;

4°. Les 3 travées chargées.

On a pour ces différents cas :

Premier cas	$a_1 = 36$	$a_2 = 29$
Deuxième cas	$a_1 = 101$	$a_2 = 101$
Troisième cas	$a_1 = 36 + 101 = 137$	$a_2 = 29 + 101 = 130$
Quatrième cas	$a_1 = 36 + 101 + 29 = 166$	$a_2 = 29 + 101 + 36 = 166$

En introduisant ces valeurs dans les formules (3) et (4), on trouve pour R_1 et R_2 les valeurs données dans le tableau suivant.

Les réactions R_0 et R_3 sur les culées se déduisent des réactions sur piles ; elles font équilibre à toutes les autres forces. Pour la charge sur la 1re travée, par exemple, on a (fig. 205) :

$$R_0 = \frac{P_1 \left(\frac{l_1}{2} + l_2 + l_3\right) - R_1 (l_2 + l_3) - R_2 l_3}{l_1 + l_2 + l_3} \qquad (5)$$

$$R_3 = P_1 - R_0 - R_1 - R_2 \qquad (6)$$

P_1 étant la charge sur la première travée.

Les réactions R_0 et R_3 sont calculées d'une manière analogue pour les 4 cas de charges considérés ; elles sont inscrites avec les réactions R_1 et R_2 dans le tableau suivant :

Cas de charge	R_0	R_1	R_2	R_3
Premier cas............. Première travée seule chargée.	52.300	68.550	— 5.150	620
Deuxième cas............. Deuxième travée seule chargée.	— 11.100	98.540	98.540	— 11.900
Troisième cas............. Première et deuxième travées chargées.	37.100	167.090	93.300	— 11.280
Quatrième cas............. 3 travées chargées.	38.020	161.950	161.950	38.020

Moments fléchissants et efforts tranchants. — Connaissant les réactions qui viennent d'être déterminées, il est facile de tracer la courbe des moments fléchissants des 4 cas considérés. Ces 4 cas correspondent à la surcharge de 1.600 k. par mètre courant de poutre. Pour ce qui est des réactions de la charge permanente, il suffit de remarquer que les réactions étant proportionnelles aux charges, elles se déduisent facilement de celles du 4e cas de surcharge en multipliant ces dernières par le rapport de la charge permanente à la surcharge.

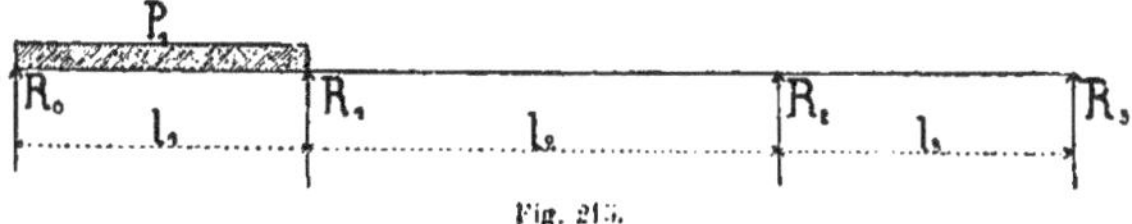

Fig. 215.

Les efforts tranchants se calculent aussi très facilement au moyen des charges et des réactions, soit analytiquement, soit graphiquement dans le polygone des forces.

Déformations. — Les polygones funiculaires tracés sur l'épure peuvent servir à déterminer, en un point quelconque de la poutre, l'abaissement vertical de ce point correspondant à un des cas de surcharge considérés.

Les échelles de cette épure sont les suivantes :

Pour les longueurs, $\dfrac{1}{1.000}$

Pour les forces,   0,001 pour 10.000 k.

Pour les moments, 0,001 pour 200.000

Les surfaces des moments représentées par $\varphi \Delta x$ ont été portées à l'échelle de 0^m,001 pour 8.000.000.

Les distances polaires EI ont été portées à l'échelle de 0.001 pour 500.000.000. et pour E nous avons pris la valeur de 16×10^9.

L'échelle des déplacements verticaux se déduit des précédentes, elle est de

$$\frac{500.000.000}{1.000 \times 8.000.000} = \frac{5}{80}.$$

S'agit-il de déterminer la flèche prise au milieu de la tra-

vée centrale, dans le cas où cette travée est seule chargée à
1.600 k. par mètre courant de poutre ? On procédera comme
suit :

La flèche, prise par la poutre (polygone (4)), lorsqu'on supprime les réactions, est de :

$$128,5^{mm} \times \frac{80}{5}$$

Les réactions de 98.540 k. sous les deux piles donnent chacune une flèche négative (polygone (6)) :

$$64^{mm} \times \frac{98.540}{100.000} \times \frac{80}{5} = 63 \times \frac{80}{5}.$$

La flèche cherchée sera :

$$f = (128,5 - 2 \times 63) \times \frac{80}{5} = 40^{mm}.$$

Les flèches sont proportionnelles aux charges, il est donc
facile de passer d'une charge à une autre sans refaire un nouveau tracé de polygones.

*Comparaison entre la méthode exacte et la méthode appro-
chée.* — Il est intéressant de connaître l'erreur que l'on
commet en supposant que la section de la poutre est constante.

Prenons le cas où les deux premières travées sont chargées : l'épure donne une réaction

$$R_0 = 37.400^k.$$

Le moment fléchissant sur la pile 1 est égal à

$$\mu_1 = \frac{1.600 \times \overline{72,70}^2}{2} - 37.400 \times 72,70 = 1.500.252$$

Les formules de Clapeyron, pour une section constante,
donnent, voir Ch. XII, § 2 :

$$\mu_1 = \frac{2p_1 (l_1^4 + l_1^3 l_2) + p_2 (l_2^4 + 2l_1 l_2^3) - p_3 (l_1^3 l_2)}{4 (3l_1^2 + 8l_1 l_2 + 3l_2^2)} = 1.470.500.$$

Dans le cas que nous considérons, la différence entre les
deux moments n'est pas très importante : cela vient de ce que

le renforcement de la poutre par des semelles supplémentaires
n'existe que sur une faible longueur.

Abaissement des appuis. — L'abaissement d'un ou de
plusieurs des appuis modifie, comme on le sait, la répartition
des efforts, et par suite aussi les réactions des appuis.

On peut dire aussi, pour mieux séparer l'influence de l'abaissement de celle des charges, que l'abaissement des appuis donne
de nouvelles réactions positives et négatives qui viennent s'a-
jouter à celles des charges.

Reprenons notre poutre à trois travées : une réaction de
100.000 k. sous l'appui 2 donne les déplacements verticaux
suivants :

$$\text{Sur la pile 1} \qquad 16,5 \times \frac{80}{5} = 744^{mm}$$

$$\text{Sur la pile 2} \qquad 56 \times \frac{80}{5} = 896^{mm}$$

Désignons par R_1 et R_2 les réactions qui produisent un abaissement de 1^{mm} sur la pile 1 et un abaissement nul sur la
pile 2. Ces réactions peuvent se déterminer par les formules :

$$1 = \frac{896 \times R_1}{100.000} + \frac{744 \times R_2}{100.000} \qquad (7)$$

$$0 = \frac{744 \times R_1}{100.000} + \frac{896 \times R_2}{100.000} \qquad (8)$$

d'où l'on tire :

$$R_1 = -359,4 \text{ k.}$$
$$R_2 = +298,5 \text{ k.}$$

Les réactions sont proportionnelles aux abaissements.

Prenons un exemple :

L'appui de la pile 1 s'abaisse de 50^{mm} ; la réaction sur cet
appui sera — $359,4 \times 50 = -17.970$ k. La réaction sur l'appui de la pile 2 sera $298,5 \times 50 = 14.925$ k.

Les réactions sur les culées font équilibre à celles des piles.
Sur la culée 0, la réaction R_0 est égale à :

$$R_0 = -\frac{-17.970 \times (72,70 + 104,55) + 14.925 \times 72,70}{2 \times 72,70 + 104,55} = 8.400.$$

La réaction R_3 sur la culée 3 est donnée par la formule

$$R_3 - 17.970 + 11.925 + 8.400 = 0,$$

d'où

$$R_3 = -5.355.$$

Le moment fléchissant engendré par l'abaissement de $50^m/^m$ de l'appui 1 est égal à $8.400 \times 72,70 = 610.680$, au-dessus de l'appui 1.

Si l'autre pile s'abaisse aussi, on procédera d'une manière analogue pour déterminer les réactions et on les ajoutera aux précédentes.

L'abaissement des appuis des culées peut se remplacer par un relèvement correspondant des appuis sur piles, il n'est donc pas nécessaire de traiter spécialement ce cas.

§ 2

POUTRE A SECTION CONSTANTE

I. Ligne élastique. points d'inflexion, lignes d'inflexion

Supposons d'abord que la poutre soit coupée sur tous ses appuis; il est facile de tracer dans cette hypothèse, pour chaque travée, le polygone funiculaire dont les ordonnées sont proportionnelles aux moments fléchissants correspondant à des charges données.

La continuité des appuis ne modifie pas le contour du polygone funiculaire, mais elle a simplement pour effet de déplacer la ligne à partir de laquelle les ordonnées sont à mesurer. En d'autres termes, elle engendre des moments négatifs ; la ligne représentative de ces moments est une droite, qui est la nouvelle ligne de fermeture du polygone.

Dans la figure 216 les polygones funiculaires des moments positifs sont représentés par les lignes ASB. BS'C. CS''D pour une poutre à trois travées. La ligne AB_1C_1D est la ligne des moments négatifs.

La combinaison des moments positifs et des moments négatifs donne les moments réels qui sont en général positifs vers
le milieu des travées et négatifs dans le voisinage des appuis.
Les surfaces des moments positifs sont indiquées par des hachures pleines et celles des moments négatifs par des points.

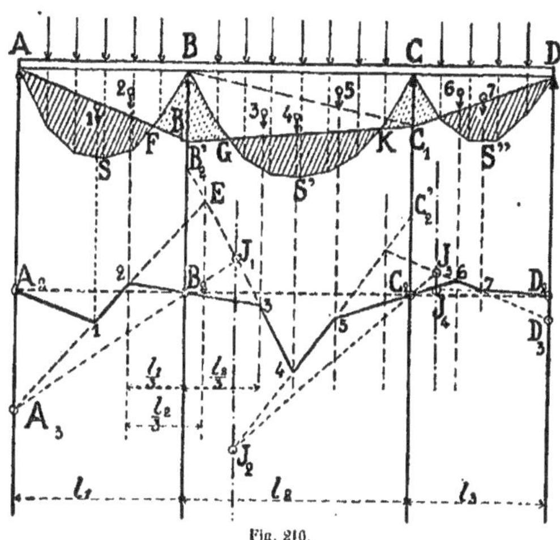

Fig. 210.

Il ressort de ce qui précède, qu'au moyen des polygones funiculaires et des moments sur piles BB_1 et CC_1, on détermine
facilement les moments fléchissants en chaque point de la
poutre.

Les polygones funiculaires se tracent aisément comme nous
l'avons indiqué à la page 26 ; mais les moments sur piles ne
peuvent se construire qu'au moyen de la théorie de l'élasticité,
en introduisant la condition que la ligne élastique, quelles
que soient les charges, passera toujours par les points d'appui
qui sont des points fixes.

Nous avons donné à la page 28 le tracé de la ligne élastique
au moyen de la surface des moments. On décompose cette surface en éléments, puis on divise les éléments de surface par une
base de réduction a et on se sert des longueurs ainsi obtenues
comme forces fictives pour le tracé d'un deuxième polygone
funiculaire.

Quand il s'agit seulement d'avoir la déformation, ou le point
de passage de la ligne élastique en un point déterminé de la
poutre, la division de la surface des moments en éléments peut
être quelconque, pourvu qu'il y ait une division au point considéré. Il est permis aussi de grouper les éléments à volonté en
moments positifs et négatifs.

Dans le cas qui nous occupe nous considérons 2 éléments
dans les travées de rive, l'élément positif ASB et l'élément
négatif ABB$_1$. Dans chaque travée intermédiaire il y aura 3
éléments : un positif BS'C et deux négatifs BB$_1$C$_1$ et BC$_1$C. Les
centres de gravité des surfaces portent, dans l'ordre où on les
rencontre, en allant de gauche à droite, les numéros 1, 2, 3, 4,
5.... qui sont inscrits dans la figure.

Les avantages de ce mode de décomposition sont les suivants :

*Les surfaces des moments positifs sont indépendantes des mo-
ments sur piles.*

*Tous les éléments négatifs sont des triangles ayant pour hau-
teur la portée des travées ; leurs centres de gravité se trouvent
toujours sur les mêmes verticales, qui divisent les travées en trois
parties égales.*

La ligne élastique ou le polygone funiculaire tracé avec les
éléments dont il vient d'être question, et considérés comme forces, sera de la forme indiquée en trait plein dans la figure, elle passera par les appuis A$_1$, B$_1$, C$_1$, D$_1$ et elle aura autant de sommets
qu'il y a d'éléments. Ces sommets se trouvent sur les verticales
passant par les centres de gravité des éléments et la position
de toutes ces verticales, est indépendante des moments sur
piles.

*Les surfaces des deux éléments négatifs situés à gauche et à
droite d'une même pile, comme par exemple les éléments 2 et 3*

*ou 5 et 6, sont proportionnelles au moment sur pile ; la position
de leur résultante est donc fixe.*

Si l'on désigne par l_1, l_2, l_3, les portées des travées, la résultante des éléments 2 et 3 sera située à une distance $\frac{1}{3} l_2$ du point 2 et à une distance $\frac{1}{3} l_1$ du point 3. Les points 2 et 3 sont situés à une distance $\frac{1}{3} l_1 + \frac{1}{3} l_2$ l'un de l'autre, et il suffit d'intervertir les segments $\frac{1}{3} l_1$ et $\frac{1}{3} l_2$ pour déterminer la position de la verticale sur laquelle se trouve la résultante des forces 2 et 3. Nous désignerons pour ce motif cette verticale par l'expression : *verticale des tiers intervertis.*

*Les segments coupés sur une verticale fixe entre deux côtés
quelconques de la ligne élastique correspondant à une surface
positive, tels que les côtés $A_2 — 1$ et $1 — 2$ ou $3 — 4$ et $4 — 5$,
sont indépendants des moments sur piles.*

En effet, ils représentent les moments d'une surface positive, également indépendante des moments sur piles, relativement à la verticale considérée. Tels sont les segments A_1A_3, D_2D_3 qui pourront se déterminer d'avance et donneront les points A_3 et D_3.

Supposons que l'on trace plusieurs lignes élastiques ayant les propriétés que nous venons d'énumérer, en faisant passer toujours le deuxième côté $1 — 2$ par un même point A_3. Nous n'avons tracé qu'une de ces lignes dans la fig. 216 pour ne pas la compliquer. Tous les triangles $2 E 3$ formés par le prolongement des côtés $1 — 2$ et $3 — 4$, et par le côté $2 — 3$, dans chacune des lignes élastiques, auront leurs sommets sur des verticales fixes.

Le côté $2 — 3$ passe toujours par un point fixe B_4 ; le côté $1 — 2$ passe aussi par un point fixe A_3.

D'après un théorème de géométrie de position, *lorsqu'une
série de triangles ont leurs sommets correspondants sur trois
rayons d'un faisceau de premier ordre et lorsque deux séries
de leurs côtés correspondants convergent chacune en un même
point, la série des troisièmes côtés converge aussi en un même
point.*

Dans le cas que nous considérons, les triangles 2E3 de toutes les lignes élastiques remplissent les conditions de ce théorème, le sommet du faisceau étant à l'infini. Tous les côtés 3 — 4 passent par suite par un point fixe J_1.

La géométrie de position nous enseigne de plus que les trois points fixes A_3, B_2, J_1 sont en ligne droite, et que si l'on déplace le point A_3 sur une verticale, le point J_1 se déplace aussi sur une verticale fixe.

Nous avons vu que tout segment, tel que $J_1 J_2$, intercepté sur une verticale entre les côtés 3 — 4 et 4 — 5, correspondant à un élément ou à une force positive, est indépendant des moments sur piles et peut se déterminer d'avance. La fixité du point J_1 entraîne donc celle du point J_2.

En partant du point J_2 et en opérant dans la 2e et la 3e travée, exactement comme nous venons de le faire dans la 1re et la 2e avec le point A_3, on trouve dans la 3e travée le point fixe J_3. Dans le cas où il y aurait plus de trois travées, en continuant de la même manière on arriverait à déterminer, à droite de chaque pile, deux points fixes J situés sur une verticale fixe.

De plus, les mêmes constructions peuvent se faire aussi en partant du point D_3, sur la verticale de la culée de droite, et en allant de droite à gauche; on détermine ainsi une nouvelle série de points fixes K et de verticales fixes. Ces points K ne sont pas indiqués sur la figure 216 pour ne pas la compliquer, mais ils sont indiqués dans la fig. 217.

Tous les points fixes J et K se désignent sous le nom de *points d'inflexion*; les verticales sur lesquelles ils se trouvent sont les *lignes d'inflexion*.

Il y a dans chaque travée 2 lignes d'inflexion et 4 points d'inflexion, mais dans les travées de rive l'une des lignes d'inflexion se confond avec la verticale des appuis des culées, et les points d'inflexion correspondants sont remplacés par les points A_2, A_3 et D_2, D_3.

Les points d'inflexion suffisent avec les verticales 1 à 7 au tracé de la ligne élastique; à cet effet, les points d'inflexion se joignent en croix par les lignes tracées en plein dans la fig. 217 et l'on complète le tracé par les lignes pointillées.

Comme vérification, les côtés 1—2 et 3—4 se coupent sur la ligne des tiers intervertis ; il en est de même des lignes 4—5 et 6—7.

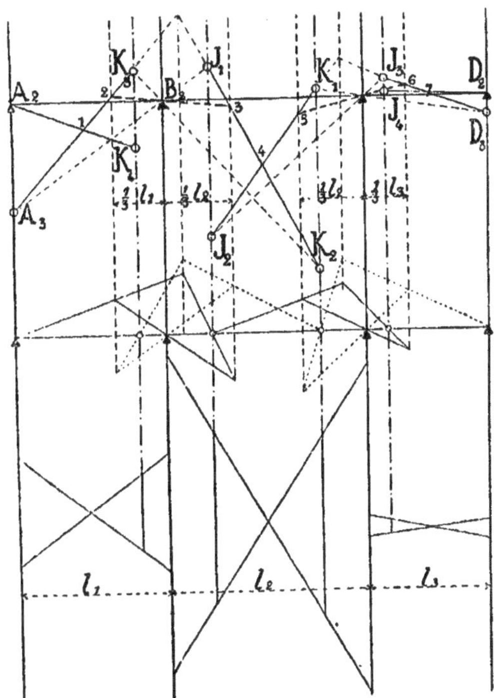

Fig. 217.

Dans tout ce qui précède, nous avons supposé 3 travées pour fixer les idées, mais les mêmes raisonnements s'appliquent à un nombre quelconque de travées.

Les lignes d'inflexion sont indépendantes des charges ; elles ne dépendent que des longueurs des travées. Quels que soient les segments $A_1 A_3$ ou $J_1 J_2$, on retrouvera toujours les mêmes lignes d'inflexion. Ces segments pourront être nuls, le point A_3 se confondra alors avec A_2 et tous les points J tomberont sur l'horizontale des appuis. La construction des lignes d'inflexion sera dans ce cas celle du milieu de la fig. 217. En allant de gauche à droite, la construction indiquée en traits pleins donne les lignes d'inflexion de gauche ; en allant de droite à gauche, celle qui est en pointillé détermine les lignes d'inflexion de droite. Dans le cas où les travées sont symétriques par rapport au milieu de la poutre, les lignes d'inflexion J et K le sont aussi.

En résumé, il ressort de ce qui précède que la ligne élastique se construit sans que l'on connaisse les moments sur les piles. A cet effet, on procède successivement aux constructions suivantes :

1° On mène les verticales passant par les centres des surfaces des éléments positifs et par le tiers des travées ;

2° On construit les lignes d'inflexion comme cela est indiqué au milieu de la fig. 217 ;

3° On trace *les lignes en croix* comme on le voit au bas de la fig. 217. Ces lignes s'obtiennent en portant sur les deux verticales des appuis de chaque travée des segments proportionnels au produit de l'élément de surface positif par la distance de son centre de gravité à l'appui considéré, puis en joignant en croix les extrémités des segments des deux appuis ;

4° On construit les points d'inflexion au moyen des segments verticaux $A_1 A_3$, $D_2 D_3$, $J_1 J_2$, $J_3 J_4$, $K_1 K_2$, $K_3 K_4$, mesurés entre les lignes en croix sur les verticales correspondantes. En allant de gauche à droite, on porte $A_1 A_3$, on trace $A_3 B_2$ J_1, on porte $J_1 J_2$, on trace $J_2 J_3$, on porte $J_3 J_4$. Ensuite on part de la droite, on porte $D_2 D_3$, on trace $D_3 K_1$, on porte $K_1 K_2$, on trace $K_2 B_2 K_3$ et l'on porte $K_3 K_4$.

Les lignes en croix de chaque travée sont indépendantes des autres travées ; mais à chaque système de charges correspondent d'autres lignes en croix. Il est à peine nécessaire de dire que les lignes en croix se coupent sur les verticales des centres de gravité des éléments de surfaces positives 2, 4, 7.

L'échelle des déformations verticales de la ligne élastique dépend de celle des segments verticaux, dont elle se déduit.

II. Détermination des moments sur piles

Dans le tracé de la ligne élastique qui vient d'être développé dans les pages précédentes, nous n'avons fait aucune hypothèse sur ce que l'on désigne par les *constantes*.

L'échelle des déformations données par la ligne élastique dépend des constantes :

H, distance polaire du premier polygone des forces ;

a, base de réduction des surfaces des moments, c'est-à-dire la longueur par laquelle on divise les éléments de surfaces pour obtenir les longueurs que l'on porte dans le 2e polygone des forces ;

h, distance polaire du 2e polygone des forces.

S'il s'agissait de déterminer les déformations, on choisirait de préférence les constantes de manière à obtenir les déplacements en vraie grandeur. Mais nous cherchons ici les moments sur les piles, et l'on arrive très simplement à les déterminer pour les deux piles situées des deux côtés d'une travée en faisant $ah = \frac{1}{6} l_i^2$.

l_i étant la portée de la travée. Pour la travée 2, par exemple, les segments tels que $B_i\,B'_i$ et $C_i\,C'_i$ (fig. 216) coupés sur les verticales des appuis par les côtés 3 — 4 et 4 — 5 de la ligne élastique, représentent les moments sur piles à l'échelle du dessin.

Considérons le segment $B_i\,B'_i$, par exemple ; il représente le moment de la surface triangulaire réduite, considérée comme une force appliquée au centre de gravité, relativement à la verticale de l'appui B. Ce moment est égal à

$$\frac{1}{2} \cdot \frac{BB_i \cdot l_i}{a} \times \frac{1}{3} l_i$$

D'autre part, ce moment peut aussi s'exprimer par

$$\overline{B_2\,B'_2}.h$$

Égalant les deux expressions, et remplaçant $a.h$ par la valeur $\frac{1}{6}\,l_2^2$, il vient

$$B_2 B_2' = \overline{BB_1}$$

Le segment $B_2\,B'_2$ est donc bien égal au moment sur la pile B.

Dans le cas le plus fréquent, où toutes les travées centrales ont une même portée l_2 et où les travées de rive seules ont une portée plus petite l_1, on fera $ah = \frac{1}{6}\,l_2^2$. Les segments sur piles donneront alors dans toutes les travées (à l'exception de celles de rive) les moments sur piles. Dans le cas contraire, où les travées centrales diffèrent les unes des autres, les moments sur piles ne seront obtenus à l'échelle du dessin que dans la travée l_2, et dans les autres travées de portée l, les segments seront à multiplier par le rapport $\left(\dfrac{l_2}{l}\right)^2$.

Nous n'avons posé qu'une seule condition, que doivent remplir les constantes : c'est que l'on ait $ah = \frac{1}{6}\,l^2$, la valeur de l'une des constantes pouvant être quelconque.

Lorsque les quatre points d'inflexion d'une travée seront déterminés, il suffira, pour avoir les moments sur piles, de joindre en croix ces quatre points ; on sera dispensé de tracer la ligne élastique. De plus, on ne déterminera les moments sur piles que pour les travées où le système de charges considérées donne des efforts maximums.

Nous avons déjà vu que lorsque les moments sur piles sont connus, les moments dans tous les autres points de la poutre s'en déduisent dans le premier polygone funiculaire. Quant aux efforts tranchants, ils s'obtiennent, pour un point quelconque de la poutre, en menant dans le polygone des forces des parallèles aux côtés du polygone funiculaire, coupés par la verticale menée au point considéré.

III. Lignes en croix pour différents cas de surcharge

Pour déterminer les lignes en croix, il suffit de connaître les
segments à porter sur les verticales des appuis, puis de joindre en croix les extrémités de ces segments. Nous considérerons quatre cas : a), une charge unique ; b), une série de charges concentrées ; c), une charge uniformément répartie sur
toute une travée ; d), une charge uniformément répartie sur
une portion de la longueur d'une travée.

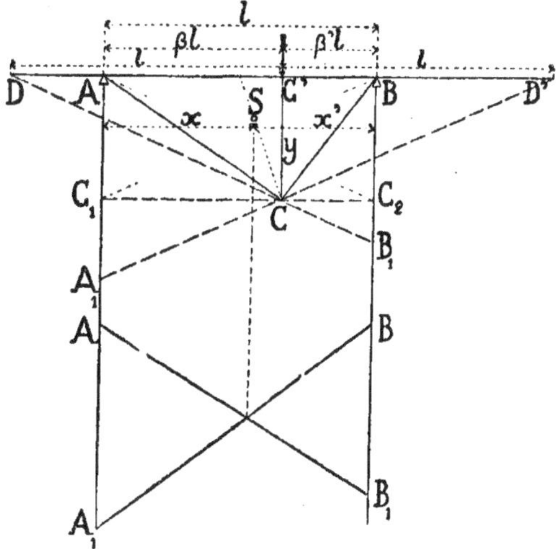

Fig. 218.

a). *Charge unique.* — Soit ACB le polygone funiculaire correspondant à la charge unique (fig. 218) Désignons, comme
précédemment, par a la base de réduction des surfaces et par h
la distance polaire du 2ᵉ polygone funiculaire. Désignons de
plus par y l'ordonnée CC′ du point C. La distance horizontale

x du centre de gravité S du triangle ABC au point A est égale à

$$x = \frac{l}{2} + \frac{1}{3}\left(\beta l - \frac{l}{2}\right) = \frac{l}{3}(1 + \beta)$$

Les segments $A A_1$ et $B B_1$, coupés par les lignes en croix sur les verticales, sont proportionnels aux moments de la surface du triangle ABC relativement aux verticales des appuis ; ils ont pour expression :

$$AA_1 = \frac{y.l.x}{2.a.h} \quad \text{et} \quad BB_1 = \frac{y.l.x'}{2ka.h} .$$

Pour $a = \frac{1}{2}l$ et $h = \frac{1}{3}l$, donnant $ah = \frac{1}{6}l^2$ (voir page 352),

il vient en remplaçant x et x' par leur valeur :

$$AA_1 = y\,(1 + \beta) \qquad BB_1 = y\,(1 + \beta').$$

La construction de ces expressions peut se faire très simplement, comme cela est indiqué dans la figure 218, en portant à gauche et à droite de C′ les longueurs C′D et C′D′ égales à l et en menant les lignes D′C et DC. Ces lignes coupent sur les verticales des appuis les segments cherchés AA_1 et BB_1.

On peut aussi adopter une autre construction : mener la ligne $C_1 C C_2$ parallèle à AB, puis du point C_1 des parallèles aux lignes BC_1 et AC_2 ; ces parallèles interceptent sur les verticales des appuis les segments cherchés AA_1, BB_1.

Les lignes en croix se coupent sur la verticale du point S.

b). *Plusieurs charges.* — Dans le cas où il y a plusieurs charges concentrées, on peut déterminer séparément les segments AA_1 et BB_1 des lignes en croix, pour chacune des charges, et les additionner ensuite ; on peut aussi faire la construction suivante qui est plus rapide.

Les segments des lignes en croix ont pour expressions :

$$AA_1 = \Sigma y\,(1 + \beta) \quad , \quad BB_1 = \Sigma y\,(1 + \beta')$$

ou

$$AA_1 = \Sigma y + \Sigma \beta y \quad , \quad BB_1 = \Sigma y + \Sigma \beta' y$$

Les y se construisent dans le polygone funiculaire, comme cela est indiqué dans la fig. 219, puis on les porte sur la verticale A_3A_1 à la suite les uns des autres et, avec une distance

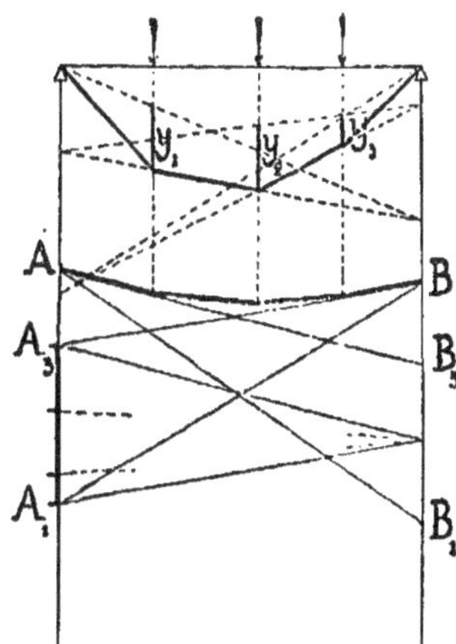

Fig. 219.

polaire égale à l, on construit le polygone funiculaire A B. Il est facile de voir que les segments interceptés entre les côtés extrêmes de ce dernier polygone funiculaire sur les verticales des appuis représentent les seconds termes des expressions ci-dessus. On aura :

$$A A_1 = \Sigma \tfrac{1}{2} y \qquad \text{et} \qquad B B_1 = \Sigma \tfrac{1}{2} y$$

et il suffira d'ajouter ces longueurs à Σy pour obtenir les segments AA_1 et BB_1 des lignes en croix.

c). Charge uniformément répartie sur toute une travée. — La surface des moments est une parabole à axe vertical ; si l'on désigne par f la flèche de cette parabole, la surface parabolique est égale à

$$\tfrac{2}{3} fl.$$

La force correspondant à cette surface est égale à

$$\frac{2}{3}\frac{l.f}{a}$$

et le moment de cette force appliquée au milieu de la travée, relativement à l'un des appuis, est

$$\frac{2}{3}\frac{lf}{a}\cdot\frac{l}{2}=\frac{f}{a}\frac{l^2}{3}\cdot$$

Ce même moment est aussi égal à

$$\overline{B_2B_3}\cdot h$$

En égalant les deux valeurs et en posant $ah=\frac{1}{6}l^2$, comme précédemment, il vient :

$$\overline{B_2B_3}=2f.$$

Les segments sur piles sont égaux au double de la flèche de la parabole.

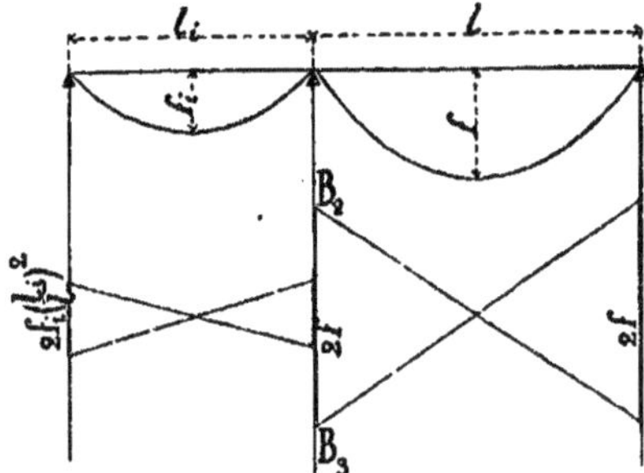

Fig. 220.

Dans les travées qui ont une portée l_i différente de la portée l, les segments que l'on obtiendra, soit pour des charges concentrées, soit pour des charges uniformément réparties, seront à multiplier par le rapport $\left(\frac{l_i}{l}\right)^2$, pour les ramener à la même échelle correspondant à $ah=\frac{1}{6}l^2$.

Dans le cas où toutes les travées centrales sont égales, cette multiplication ne sera à faire que dans les travées de rive.

d). Dans le cas de charges uniformément réparties sur une partie de la travée, les segments sur piles sont une fraction du segment correspondant à la charge totale et ils sont différents sur les deux appuis.

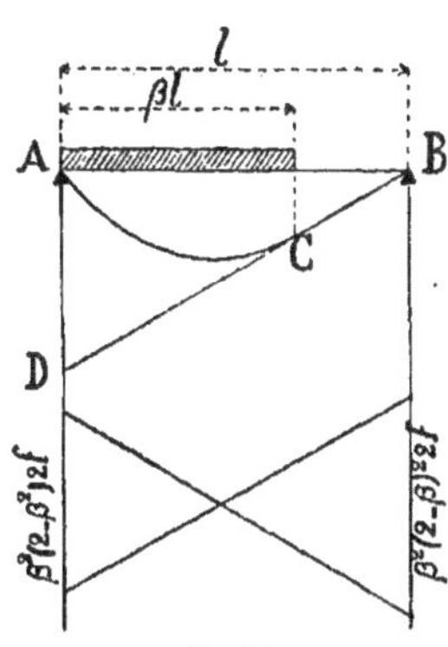

Fig. 221.

Désignons par βl la longueur sur laquelle s'étend la charge ; nous avons vu que les segments sur piles représentent les moments des surfaces positives des moments, relativement aux appuis.

La surface des moments ACB est limitée de A en C par une parabole et de C en B par une ligne droite ; elle peut être considérée comme la différence entre le triangle ADB et le triangle parabolique ACD :

$$\Omega = \frac{1}{2}\, l.AD - \frac{1}{3}\, \beta l.AD$$

Les moments de cette surface par rapport aux verticales des appuis sont les suivants :

Relativement à l'appui de gauche, situé du côté de la charge :

$$M_g = \frac{1}{2}\, l.\overline{AD}.\frac{1}{3}\, l - \frac{1}{3}\, \beta l.\overline{AD}\,\frac{1}{4}\,\beta l = \frac{1}{12}\, l^2.\overline{AD}.(2-\beta^2).$$

Relativement à l'appui de droite, situé du côté opposé à la charge :

$$M_d = \frac{1}{2}\, l.\overline{AD}.\frac{2}{3}\, l - \frac{1}{3}\, \beta l.\overline{AD}\left(l - \frac{1}{4}\,\beta l\right) = \frac{1}{12}\, l^2.\overline{AD}\,(2-\beta)^2.$$

La quantité AD peut être considérée comme le moment statique de la réaction en B, par rapport à l'appui A, et si l'on désigne par H la distance polaire du premier polygone des forces, nous aurons :

$$AD = \frac{1}{2}\,\frac{p.\beta^2 l^2}{H},$$

p étant la charge uniformément répartie par mètre courant. Introduisant cette valeur dans les formules ci-dessus, il vient :

$$M_g = \frac{p l^4}{24 H}\,\beta^2\,(2-\beta^2)$$

et

$$M_d = \frac{p l^4}{24 H}\,\beta^2\,(2-\beta)^2\,.$$

Si l'on compare ces moments à ceux qui correspondent à la charge uniformément répartie sur toute la travée, et qui sont égaux à

$$M_g = M_d = \frac{p l^4}{24 H}\,,$$

on voit que pour passer de la charge totale à la charge partielle, il suffit de multiplier le segment de la charge totale par $\beta^2(2-\beta^2)$ pour le côté chargé, et par $\beta^2(2-\beta)^2$ pour le côté opposé à la charge.

Nous donnons ci-contre le tableau des valeurs de ces expressions, pour la travée divisée en 20 parties :

β	$\beta^2 (2-\beta^2)$ côté chargé	$\beta^2 (2-\beta^2)$ côté opposé à la charge
0,05	0,0050	0,0095
0,10	0,0199	0,0361
0,15	0,0449	0,0770
0,20	0,0784	0,1296
$0,25 = \frac{1}{4}$	0,1211	0,1914
0,30	0,1719	0,2601
0,35	0,2300	0,3385
0,40	0,2944	0,4096
0,45	0,3640	0,4865
$0,50 = \frac{1}{2}$	0,4375	0,5625
0,55	0,5135	0,6360
0,60	0,5904	0,7056
0,65	0,6664	0,7709
0,70	0,7389	0,8281
$0,75 = \frac{3}{4}$	0,8086	0,8789
0,80	0,8704	0,9216
0,85	0,9230	0,9555
0,90	0,9639	0,9801
0,95	0,9905	0,9950
1,00	1,0000	1,0000

Dans le plus grand nombre de cas, les charges roulantes pourront se remplacer par des charges uniformément réparties. Les poutres continues ne s'emploient, en général, que pour des portées un peu grandes [1], et les charges sont relativement rapprochées les unes des autres, il en résulte qu'on altère très peu les résultats en remplaçant les charges concentrées par une charge uniformément répartie. Les épures se simplifient beaucoup par cette substitution et l'étude des charges défavorables devient plus facile. On déterminera d'abord la charge uniformément répartie qui équivaut à la charge roulante ; cette charge varie avec la portée des travées.

Nous calculerons la charge uniformément répartie équiva-

1. Lorsque les travées sont petites un soulèvement des appuis peut se produire sous la surcharge partielle, ce qui a des inconvénients.

lant à la surcharge roulante en supposant que les travées sont
discontinues. S'agit-il d'une travée de portée l, par exemple,
nous construirons le moment maximum M au milieu de la travée par la méthode connue, au moyen de polygones funiculaires, et nous déduirons de ce moment la charge p par mètre
courant uniformément répartie

$$p = \frac{8M}{l^2}.$$

La charge équivalente n'est pas la même pour les moments
et pour les efforts tranchants. Si T est l'effort tranchant maximum correspondant à la charge roulante dans une travée isolée, la charge uniformément répartie équivalant à la charge
roulante pour les efforts tranchants est égale à :

$$p' = \frac{2T}{l}.$$

Lorsque les charges p et p' sont peu différentes l'une de l'autre, on introduira la plus grande dans tous les calculs. Dans
le cas contraire, on se servira de p pour le calcul des moments
et de p' pour les efforts tranchants.

IV. Influence d'une charge unique agissant en différents points de la poutre. Charges défavorables

Pour étudier l'influence des charges sur les différentes travées d'une poutre continue, nous considérerons une poutre à
5 travées (fig. 222) et nous placerons une charge unique dans
la deuxième travée. Les lignes d'inflexion sont représentées
par des —.—.— ; elles ont été construites comme cela a été
fait précédemment (fig. 217).

Il n'y a un polygone funiculaire et des lignes en croix que
dans la travée 2, qui est chargée ; dans les autres travées, les
lignes en croix se confondent.

La ligne élastique est tracée au bas de la fig. 222 ; elle a
servi à déterminer les moments sur piles, puis les surfaces des
moments au haut de la figure.

Si l'on a fait $ah = \frac{1}{6} l_2^2$, les segments $B_2B_2{}'$ et $C_2C_2{}'$ coupés par la ligne élastique représentent les moments sur les piles 2 et 3, tandis que les moments sur les piles 3 et 4 s'obtiennent en multipliant les segments $D_2D_2{}'$ et $E_2E_2{}'$ par $\left(\frac{l_2}{l_4}\right)^2$.

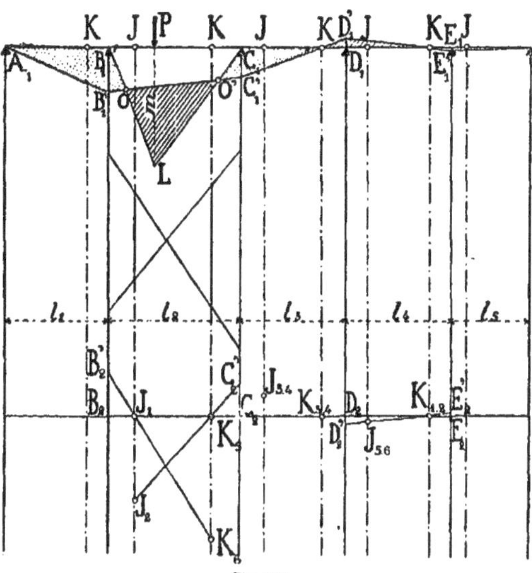

Fig. 222.

Les surfaces des moments positifs sont ombrées en traits pleins, celles des moments négatifs en pointillé. Remarquons que dans toutes les travées non chargées la ligne des moments est droite, le moment est négatif sur les piles adjacentes à la travée chargée, et sur les piles suivantes il est alternativement positif et négatif. Il existe dans la travée chargée deux points où les moments sont nuls ; dans les autres travées il n'y a qu'un de ces points, et il ressort de la construction même des moments sur piles que dans les travées libres ces derniers points tombent sur les lignes d'inflexion K, à droite de la travée chargée et sur les lignes d'inflexion J à gauche. C'est cette propriété qui explique le nom donné aux lignes d'inflexion.

Il ressort de la fig. 222 que l'influence d'une charge va en diminuant à mesure que l'on s'éloigne de cette charge.

Dans la travée chargée, les points O et O', où les moments sont nuls, ne tombent pas sur les lignes d'inflexion. L'intensité de la charge n'a aucune influence ni sur la position de ces points O et O', ni sur les signes des moments, ceux-ci varient proportionnellement à la charge. S'il s'agit de déterminer les parties de la travée où les moments sont positifs ou négatifs, pour différentes positions de la charge, nous pourrons donc en déplaçant la charge, faire varier son intensité comme il nous plaira.

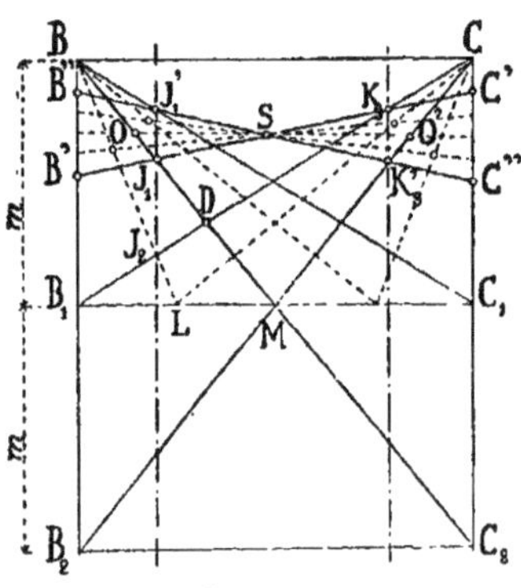

Fig. 223.

Supposons que l'intensité de la charge varie de manière à conserver toujours au triangle B_1LC_1 la même hauteur m et par suite aussi la même surface, et déterminons les positions limites des points O et O'. Lorsque la charge se trouve infiniment près du point B, le centre de gravité du triangle est à une distance $\frac{1}{3} l_2$ de l'appui B et le segment coupé par les lignes en croix sur la ligne d'appui B est égal à m. En effet ce segment a pour expression :

$$\frac{\dfrac{1}{2} m l_2 \cdot \dfrac{1}{3} l_2}{ab}$$

et, en faisant $ab = \frac{1}{6} l_2^2$, on a bien pour le segment une longueur m, tandis que le segment sur l'appui C est égal à $2m$. Les lignes en croix BC_2 et B_1C correspondant à ces segments se coupent en D sur la ligne du tiers de gauche (fig. 223). En joignant le point K_2 au point J_1, on obtient les points B' et C', tels que BB' et CC' représentent les moments sur piles. En effet si l'on compare cette construction à celle de la fig. 222, on voit qu'elle n'en diffère qu'en ce que la ligne J_1K_2 est inclinée au lieu d'être horizontale.

La ligne B'C' est la ligne de fermeture du polygone. En faisant la construction symétrique, qui correspond à une charge placée en C, on trouve la ligne de fermeture B''C'' et les points J_2' et K_2'.

En jetant un coup d'œil sur la figure, on voit que pour construire les points J_1 et K_2' il suffit de tracer les lignes MB et MC, le point M étant au milieu de B_2C_1. Pour obtenir J_1' et K_2 on tracera les lignes B_1C et BC_2. Dans les deux positions limites de la charge sur les appuis, l'un des points O ou O' tombe sur une ligne d'inflexion. Quand la charge est sur l'appui B, le point O' tombe en K_2, quand elle est en C c'est le point O qui tombe en J_1'.

On peut faire la construction des points O et O' pour différentes positions intermédiaires de la charge. Le lieu de ces points est une courbe du second degré engendrée par deux faisceaux projectifs, ayant leur sommet en S et en B pour les points O, et en S et C pour le point O'. La construction des points O et O' se fera en divisant les lignes B'B'', C'C'' en un certain nombre n de divisions égales, en divisant aussi B_2C_1 en un nombre n de divisions égales, et en construisant les faisceaux

S. B et C. Les rayons correspondants des faisceaux S et B se coupent sur les points O ; ceux des faisceaux S et C sur les points O'.

On voit sur la figure que lorsque la charge se déplace de B en C le point O se meut de B' en J', tandis que le point O' va de K à C". Les points O et O' ne peuvent jamais se trouver entre les lignes d'inflexion d'une travée ; ils sont toujours situés entre les lignes d'inflexion et l'appui voisin.

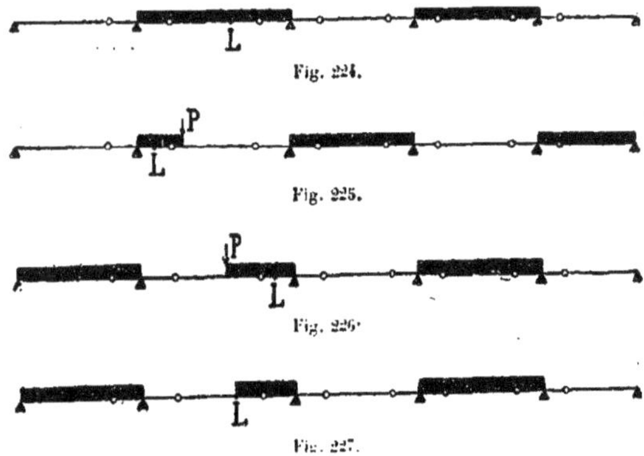

Fig. 224.

Fig. 225.

Fig. 226.

Fig. 227.

Les conclusions à tirer de ce qui précède sont les suivantes :

a) *Le moment maximum positif en un point L dans la partie d'une travée située entre les lignes d'inflexion, s'obtient en chargeant complètement la travée considérée, ainsi que toutes les autres travées, de deux en deux. Si le numéro de la travée est pair, on chargera toutes les travées paires, s'il est impair, toutes les travées impaires (fig. 224).*

b) *Le moment maximum positif en un point L, situé entre une ligne d'inflexion de gauche ou de droite et un appui, peut se déterminer en construisant la charge P, pour laquelle les points d'inflexion O ou O' se confondent avec le point considéré. Toute la partie de la travée située entre cette charge et l'appui voisin*

du point considéré est à charger. Les autres travées seront char-
gées de deux en deux, comme l'indiquent les figures 225 et 226.
On peut aussi, et cela est préférable, admettre des limites de
charges et déterminer la section L correspondant aux moments
maximums.

c) Les moments maximums négatifs s'obtiennent en chargeant
la partie complémentaire de celle qui donne les moments posi-
tifs maximums.

Pour les efforts tranchants, nous désignerons comme précédemment par cette expression la force extérieure à gauche de
la section et nous donnerons le signe positif aux efforts dirigés
de bas en haut.

En chaque point qui correspond à un maximum ou à un minimum des moments fléchissants, l'effort tranchant change de
signe. Il en résulte qu'en déplaçant la section L d'une extrémité
A de la poutre à l'autre, fig. 222, l'effort tranchant change de
signe chaque fois que l'on rencontre une pile, ainsi qu'à la rencontre de la charge P. Il est facile de voir que *l'effort tranchant*
maximum positif s'obtient en chargeant toute la partie de la tra-
vée située à droite de la section considérée et toutes les autres
travées de deux en deux, comme l'indique la fig. 227 pour la
section en L. L'effort tranchant maximum négatif s'obtient en
chargeant la partie complémentaire de celle qui donne l'effort
positif.

Si l'on compare les fig. 226 et 227, on voit qu'il y a une analogie entre les charges de ces deux figures : une charge qui
donne un effort tranchant maximum donne en même temps un
moment maximum, en un autre point de la même travée.

Nous indiquons plus loin, page 374, pour l'exemple de la
planche 19, le diagramme des charges défavorables pour une
poutre à 4 travées.

V. Abaissement des appuis

Si l'on abaisse un ou plusieurs des appuis d'une poutre
continue, elle suit le mouvement, en vertu de son élasticité.
Mais toute différence de niveau, entre les appuis d'une poutre
qui était droite à l'origine, modifie la répartition des efforts.

On peut, soit déterminer directement ceux-ci dans la poutre déformée, soit déterminer d'abord les efforts comme si la poutre était droite et ajouter ensuite ceux qui sont dus à la différence de niveau des appuis.

Le déplacement vertical des appuis ne change pas la position des lignes d'inflexion, qui ne dépend que des distances horizontales; les lignes en croix ne se modifient pas non plus.

Pour obtenir les moments sur piles, on tracera la ligne élastique en la faisant passer par les appuis déplacés. Les déplacements des appuis devront être à cet effet portés à l'échelle de la ligne élastique. En joignant en croix les points d'inflexion de celle-ci, on obtiendra comme précédemment, sur les appuis, des segments représentant les moments sur piles. Dans la figure 228, par exemple, on a abaissé l'appui B en B_3.

Lorsque l'on tient compte en même temps des charges et de l'abaissement de l'appui B, les moments sur les piles B et C sont représentés par les segments B_2B_2' et C_2C_2'. Dans le cas où l'on ne tient compte que de l'abaissement de l'appui, les points J_1 et J_2 se confondent en $J'_{1,2}$, les points K_1 et K_2 en $K'_{1,2}$ et les moments sur piles sont représentés par B_2B_2'' et C_2C_2''.

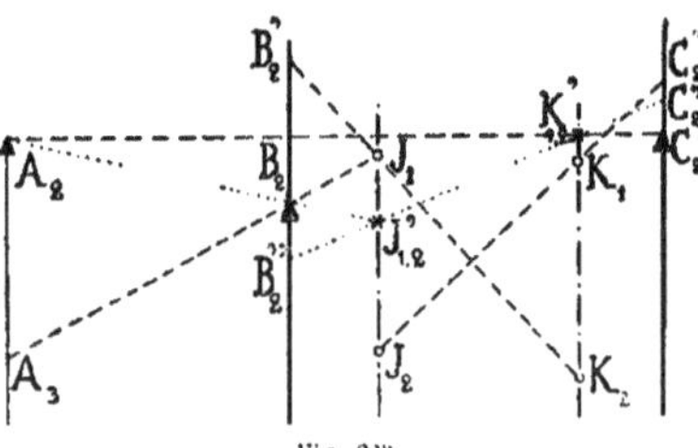

Fig. 228.

Pour se rendre compte de l'influence d'un abaissement d'appui sur les moments, on peut supposer que la poutre est sans poids, que l'on a supprimé entièrement l'appui B et que l'on applique en ce point une charge verticale qui déforme la poutre en abaissant l'appui de la quantité donnée. On réalisera

ainsi exactement les conditions de l'abaissement de l'appui B.
Nous aurons une travée de moins, fig. 229, et la ligne des moments fléchissants, en vertu de IV, page 361, sera de la forme indiquée dans la fig. 229.

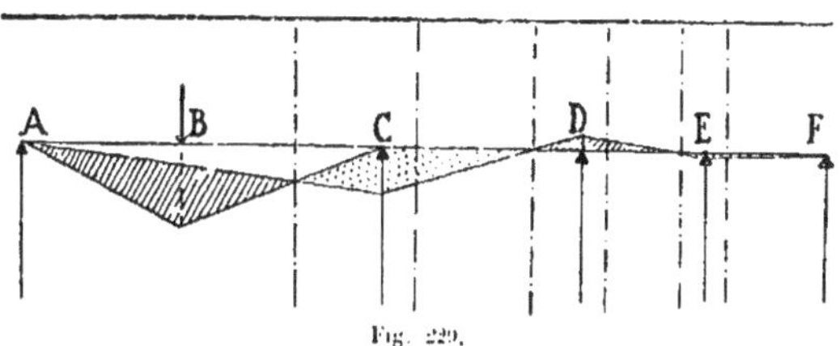

Fig. 229.

*Il résulte de l'examen de la figure, qu'en abaissant un appui,
on augmente, en valeur absolue, les moments négatifs et les
réactions sur les piles voisines ainsi que sur toutes les piles de
deux en deux, tandis qu'on diminue au contraire les moments
sur piles et les réactions sur les autres appuis. Dans la fig. 229,
par exemple, les moments négatifs sur les piles C et E croissent
tandis que les moments sur la pile D décroissent.*

Il résulte aussi de l'examen de la figure que l'influence d'un
abaissement d'appui sur les moments des travées voisines diminue à mesure que l'on s'éloigne de l'appui abaissé.

Il nous reste à voir comment on détermine l'échelle de la
ligne élastique.

Les déplacements verticaux ont pour expression

$$\Delta_i = \sum \frac{M . \Delta_e}{EI} \cdot i$$

où M est le moment fléchissant, Δ_e la longueur de l'élément,
i la distance du point considéré au centre de l'élément, E le
coefficient d'élasticité et I le moment d'inertie.

Les moments M se construisent au moyen d'un polygone
des forces ayant une distance polaire H, et, si l'on désigne

par y les ordonnées du premier polygone funiculaire on a :

$$M = yH.$$

Les déformations à l'échelle du dessin se construisent en portant dans un second polygone des forces, comme forces fictives les expressions $M\Delta x$ et en construisant avec une distance polaire égale à EI un deuxième polygone funiculaire. Les ordonnées de ce dernier polygone représenteront les déformations. Mais au lieu de porter les $M\Delta x$ comme forces, on porte les expressions $y\frac{\Delta x}{a}$; d'autre part on prend une distance polaire h. Les déformations obtenues seront par suite à multiplier par

$$u = \frac{a.H.h}{E.I}$$

pour les réduire à l'échelle du dessin, et comme ah a été pris égal à $\frac{1}{6}l^2$, on aura

$$u = \frac{H.l^2}{6.E.I}$$

Si l'on désigne par $\frac{1}{k}$ l'échelle du dessin, les déplacements des appuis seront à porter dans la figure à l'échelle.

$$\frac{6.E.I}{H.l^2.k}$$

Pour la valeur de I, que l'on a supposée constante, on prendra une valeur moyenne ; pour E, dans le cas d'une poutre en fer, 16×10^9.

VI. Exemple des planches 19 et 20

L'exemple traité dans les planches 19 et 20 est celui d'une poutre à 4 travées : 2 travées de rive de 52 m. et deux travées centrales de 65 mètres [1].

1. Cet exemple est celui de la Statique graphique de Culmann 1re édition, ou de W. Ritter, H... Statique.

Les charges au mètre courant sont les suivantes :

2.200 k. de charge permanente,

4.500 k. de surcharge,

6.700 k. de charge totale.

L'épure a été faite en deux planches 19 et 20. Pour avoir l'é-
pure complète, il faudrait les mettre l'une au-dessus de l'autre.

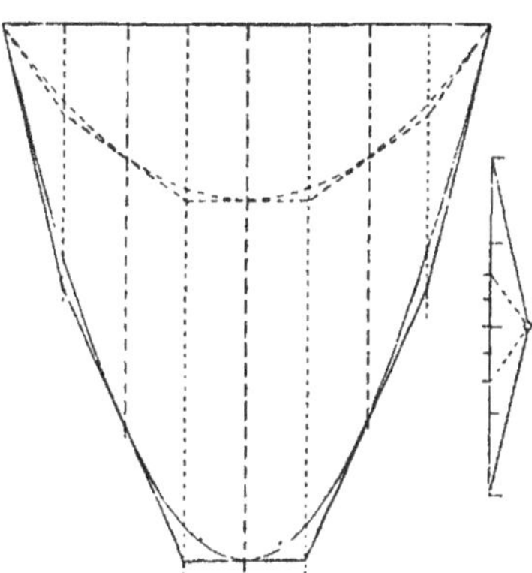

Fig. 230.

La poutre est symétrique; il suffit par conséquent de déterminer les moments et les efforts tranchants dans les deux travées de gauche. Ceux des travées de droite seront symétriques.

L'échelle du dessin est de un millième; celle des forces de
2 mm. pour 10.000 k.

Dans la fig. 1, on a tracé les paraboles des moments fléchissants. Elles peuvent se construire en calculant les moments
fléchissants au milieu des travées et en les portant à l'échelle
des moments comme flèches des paraboles. Le tracé peut aussi
se faire au moyen des polygones des forces des fig. 7 et 8. On
divise à cet effet les travées en quatre parties égales, on applique au milieu des divisions le quart du poids total de la tra-

vée considérée et l'on trace le polygone funiculaire. Cette construction est indiquée dans la fig. 230 pour la charge permanente et pour la charge totale. Chaque polygone funiculaire donne cinq tangentes à la parabole qui permettent de la tracer. Les mêmes tangentes serviront à la construction des polygones correspondant aux surcharges partielles.

Les charges que nous introduirons dans les polygones des forces sont les suivantes :

Dans une travée de rive :

Poids propre, $\frac{1}{4}$. $2.200 \times 52 = 28.600$ k.

Charge totale, $\frac{1}{4}$. $6.700 \times 52 = 87.100$ k.

Dans une travée centrale :

Poids propre, $\frac{1}{4}$. $2.200 \times 65 = 35.750$ k.

Charge totale, $\frac{1}{4}$. $6.700 \times 65 = 108.875$ k.

Les charges correspondant au poids propre sont indiquées à gauche de la verticale des forces, celles de la charge totale à droite. La distance polaire est égale à 10 m. 00 et donne l'échelle des moments qui est dix fois plus petite que celle des forces soit 2 mm. pour 100.000.

La parabole du poids propre est tracée en pointillé, celle de la charge totale est en trait plein.

Charges partielles. Les charges partielles que nous considérons sont indiquées en diagramme dans la Pl. 20 et fig. 231, page 374 ; il y a en tout 20 cas qui se réduisent en réalité à 18, car les numéros 5 et 16, 10 et 11 sont identiques : ils ne sont indiqués en double que pour conserver au diagramme sa régularité. Ces charges partielles permettent de déterminer les moments fléchissants et les efforts tranchants maximums, en un assez grand nombre de points pour qu'on puisse tracer les courbes des maximums avec exactitude.

Lignes en croix. — Les lignes en croix ont été construites dans la fig. 2 de la planche 19, pour la charge permanente et pour la charge totale. Dans la deuxième travée on a porté sur les verticales des appuis les longueurs FF' et GG' égales à la double flèche de la parabole de la charge totale, puis on a

mené les lignes FG et G'F' qui sont les lignes en croix correspondant à la charge totale. Celles de la charge permanente
s'obtiennent en portant les longueurs FF'' et GG'' égales au
double de la flèche de la parabole du poids propre. Les lignes
F'G et F''G'' représentent les lignes en croix de la charge permanente.

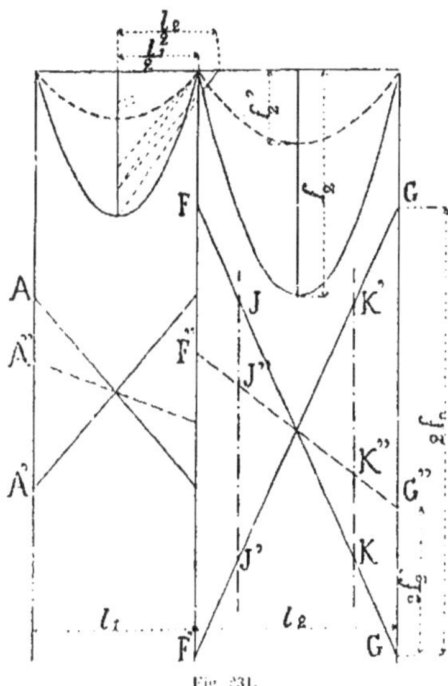

Fig. 231.

Dans la première travée, les lignes en croix ont été construites de la même manière, mais en multipliant les flèches
des paraboles par le rapport $\left(\dfrac{l_1}{l_2}\right)^2 = \left(\dfrac{52}{65}\right)$: cette multiplication se fait graphiquement (voir fig. 231).

Les segments correspondant aux charges partielles se déterminent en divisant les segments A'A'', J'J'', K'K'' dans les

rapports indiqués au tableau de la page 360, et en inscrivant à chaque division le numéro du cas de surcharge auquel elle correspond.

Lignes d'inflexion. — Les lignes d'inflexion sont construites dans la fig. 3, exactement comme cela est expliqué à la page 351 et fig. 217. Celles de gauche sont obtenues en partant de l'appui A, celles de droite en partant de l'appui E. La ligne des tiers intervertis des travées 2 et 3, qui sont semblables, tombe sur l'appui C.

Comme vérification, les lignes d'inflexion ainsi construites doivent être symétriques par rapport à l'appui C.

Points d'inflexion. — Les points d'inflexion sont construits dans la fig. 4, Pl. 20, pour tous les cas de surcharge ; ils portent le numéro du cas auquel ils appartiennent. Un grand nombre de ces points d'inflexion sont communs à plusieurs cas. Il n'est pas nécessaire de construire tous les points d'inflexion qui correspondent à un cas de surcharge donné : il suffit de connaître ceux qui servent à déterminer les moments sur les piles adjacentes à la travée dans laquelle le cas de surcharge donne un maximum.

La construction des points d'inflexion n'est indiquée entièrement que pour le cas n° 5, pour les autres cas la construction est la même, mais elle n'est indiquée que par des petits traits. On commence par porter sur la verticale de l'appui A le segment A5 mesuré entre les lignes en croix : on trace la ligne 5B5, qui détermine le point d'inflexion 5 sur la ligne d'inflexion de gauche de la deuxième travée. Le second point d'inflexion de la même ligne s'obtient en portant le segment 5-5, mesuré entre les lignes en croix. Il n'est pas nécessaire d'aller plus loin ; mais en opérant de la même manière et en partant du point E, on trace successivement les lignes 5D5, 5C5 ; on obtient ainsi le point d'inflexion supérieur 5 de la ligne d'inflexion de droite de la deuxième travée. Sous ce point 5, on porte le segment 5-5 mesuré entre les lignes en croix.

Tous les segments portés, soit sur les verticales des appuis A et E, soit sur les lignes d'inflexion, se mesurent entre les lignes en croix, correspondant au cas de surcharge considéré. L'origine des segments est commune à tous les cas : c'est l'intersection de la ligne en croix tracée en trait plein et qui descend de gauche à droite avec la verticale considérée. Le second point se déplace : il est donné par la ligne pointillée pour la charge permanente et par la ligne pleine montante pour la charge totale. Pour les charges partielles, le second point est indiqué par un petit trait et par le numéro du cas de la surcharge auquel il correspond.

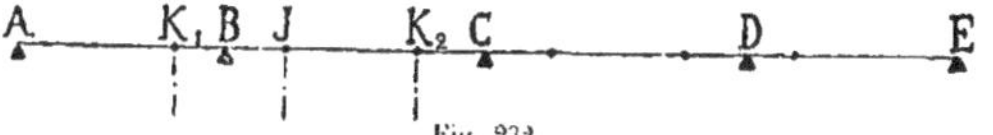

Fig. 232.

Moments sur piles. — Les moments sur piles s'obtiennent en joignant en croix,par deux lignes droites,les quatre points d'inflexion de la seconde travée et en prolongeant ces lignes jusqu'aux appuis ; cette construction est indiquée dans la planche

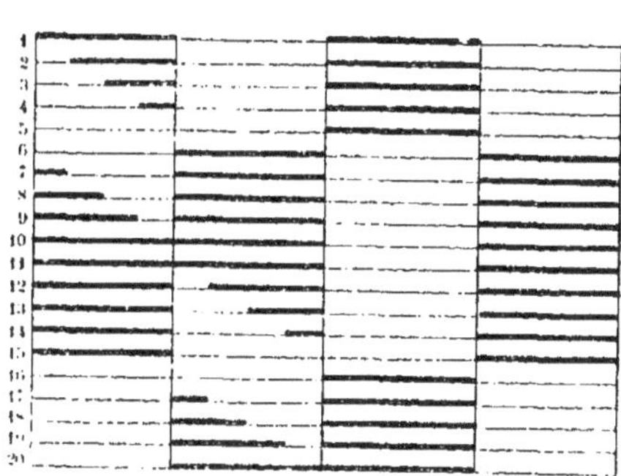

Fig. 234.

20, fig. 4, pour le cas n° 5 ; dans les autres cas les intersections des lignes avec les verticales des appuis sont marquées seulement par des petits traits portant le n° de la charge. Ces intersections déterminent les moments sur piles.

Moments maximums. — Les moments maximums se construisent dans la fig. 1. Pour le cas de surcharge totale, la courbe des moments est toute tracée ; il suffit de porter sur chaque appui le moment sur pile, comme cela a été indiqué, fig. 216, page 346, et de tracer les lignes de fermeture du polygone. La surface ombrée représente la surface des moments.

Nous résumons dans le tableau suivant les maximums correspondant aux différents cas de surcharges (voir fig. 232 et 233).

Désignation des cas de surcharge	Moments positifs maximums	Moments négatifs maximums
1	entre A et K_1	entre J et K_2
2 — 3 — 4 — 5	entre K_1 et B	
6	entre J et K_2	entre A et K_1
7 — 8 — 9		entre K_1 et B
10 ou 11		en B
12 — 13 — 14 — 15	entre K_2 et C	entre B et J
16 — 17 — 18 — 19	entre B et J	entre K_2 et C
20		en C

Les charges totales ne donnent des maximums qu'en des points ou sur des portions de la poutre qui sont bien déterminés d'avance. Pour les surcharges partielles il n'en est pas ainsi, et il est nécessaire de déterminer dans chacun des cas de surcharge, le point où cette surcharge donne un maximum. La construction de ce point est faite (fig. 5, Pl. 20) dans les travées 3 et 4, où l'on disposait de plus de place. Pour l'appliquer aux travées 1 et 2, il suffit de rabattre la figure autour de la verticale C, qui est l'axe de symétrie. Les verticales menées par les points entourés de cercles (fig. 5) donnent les sections où les surcharges produisent des moments maximums. La construction est exactement la même que celle qui est indiquée dans la fig. 223 du texte, page 363. Les verticales ont été reportées dans les fig. 1 et 6, où l'on mesure les moments maximums. Pour construire ces moments maximums, la marche à suivre est la suivante : tracer le polygone funiculaire correspondant à la charge partielle, mener la ligne de fermeture qui est déterminée par les moments sur pile, puis mesurer le segment intercepté sur la verticale du point considéré, entre la ligne de fermeture et le polygone. Ce segment représente le moment cherché. Le polygone funiculaire se compose de deux segments de paraboles, ayant une tangente commune au point où la surcharge finit

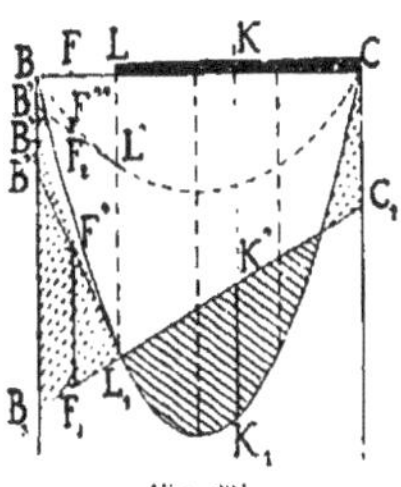

Fig. 234.

On peut se dispenser de tracer le polygone complet : il suffit de connaître ses extrémités sur les verticales des appuis et le point où il rencontre la section verticale considérée. Nous indiquons dans les deux fig. 234 et 235 les constructions qui ont été employées dans la planche, mais qui ne s'y trouvent pas indiquées complètement pour ne pas la surcharger.

Dans la fig. 234, la surcharge s'étend sur les trois quarts de la travée, les tangentes $L'B'$ et L_1B'' aux deux paraboles ont été menées au point L où s'arrête la surcharge ; puis on a porté $B''B'''$ égal à BB'. Les points B''' et C sont les extrémités du polygone funiculaire. On porte ensuite les moments sur piles $B'''B_1$ et CC_1 et la ligne B_1C_1 représente la ligne de fermeture. Le moment fléchissant en un point K, situé à droite du point L, est égal au segment K_1K'. Le moment fléchissant en un point F situé à gauche du point L est égal à la somme des segments F_1F' et F_1F''.

Dans la fig. 235, la surcharge s'étend sur un quart de la travée : les tangentes $L'C'$ et $L'C''$ ont été menées comme précédemment, et l'on a porté $C'C''$ égal à CC''. Les points C''' et B sont les extrémités du polygone funiculaire. La ligne de fermeture B_1C_1 s'obtient en portant les segments $C'C_1$ et BB_1 qui représentent les moments sur piles.

Le moment en un point K, à gauche du point L, est égal au segment K_1K'. Le moment fléchis-

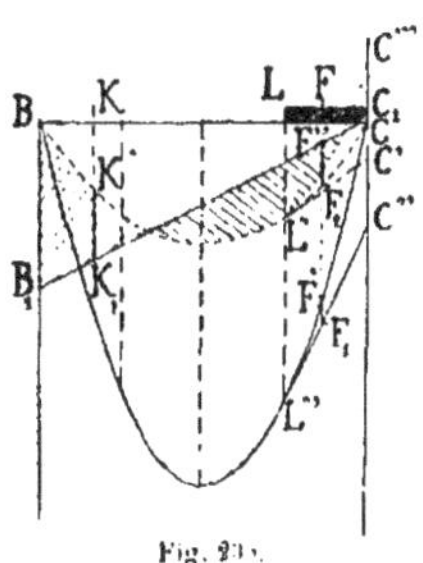

Fig. 235.

sant en un point F, à droite du point L, est égal à la différence des segments F_1F' et F_2F''.

Courbe des moments fléchissants maximums. — Connaissant les moments maximums, il devient facile de construire la courbe de ces moments, c'est ce qui a été fait dans la fig. 6, Pl. 20. Les parties de cette courbe comprises entre les lignes d'inflexion d'une même travée sont des branches de paraboles. Ces paraboles sont les mêmes que celles qui ont été tracées dans la fig. 1 pour la charge permanente et pour la charge totale. La parabole de la charge totale sert pour les moments positifs, celle de la charge permanente pour les moments négatifs.

Les parties des courbes situées entre les lignes d'inflexion et les appuis s'obtiennent, en portant sur les verticales déterminées dans la fig. 5, les moments maximums correspondant à ces verticales et construits dans la fig. 1. On réunit ensuite les points obtenus par une courbe. Les points que l'on trouve en portant les ordonnées ont sur la figure le nᵒ de la surcharge correspondante.

Efforts tranchants maximums. — Les efforts tranchants maximums s'obtiennent dans le polygone des forces : il suffit, comme nous l'avons déjà dit, de mener dans ce polygone, par le pôle, deux rayons parallèles, l'un à la ligne de fermeture du polygone funiculaire, l'autre au côté de ce polygone coupé par la section verticale au point considéré. Le segment intercepté entre les deux rayons, sur la verticale des forces, représente l'effort tranchant.

Nous résumons dans le tableau suivant les maximums correspondant aux différents cas de surcharge.

Les extrémités des rayons qui interceptent dans les polygones des forces (fig. 7 et 8) les efforts tranchants maximums portent les nᵒˢ des cas de surcharge correspondants.

Dans la fig. 9, on a porté les efforts tranchants maximums comme ordonnées et on a tracé les courbes des efforts tranchants maximums. Ces courbes ont été tracées dans les travées 3 et 4 ; pour avoir celles des travées 1 et 2, il suffit de les rabattre autour de la verticale de l'appui C.

Désignation des cas de surcharge.	Efforts tranchants maximums	
	positifs.	négatifs.
1 2 — 3 — 4 — 5 6 7 — 8 — 9 10 ou 11 12 — 13 — 14 — 15 16 — 17 — 18 — 19 20	en A entre A et B en B, 2me travée entre B et C	en A entre A et B en B, 1re travée entre B et C en C

VII. Détermination approximative des moments et des efforts tranchants

Dans le plus grand nombre de cas, on peut se contenter de déterminer approximativement les courbes des moments fléchissants et des efforts tranchants maximums. On ne considère alors que les cas de surcharge totale des travées, qui sont au nombre de 6 :

$$1, 5, 6, 10, 15, 20.$$

Il ressort de ce que nous avons vu dans l'étude des moments maximums, que toutes les parties des courbes situées entre les lignes d'inflexion d'une même travée sont données par l'un des cas de surcharge totale d'une ou de plusieurs travées.

Pour les branches de ces courbes comprises entre une ligne d'inflexion et l'appui voisin, les cas de surchages totales ne donnent que les points extrêmes situés sur la pile et sur la ligne d'inflexion et les tangentes en ces points. Ces tangentes se construisent dans la fig. 1.

Considérons, par exemple, la branche des moments négatifs comprise entre les points K_4 et C (fig. 6). Le moment maximum au point K_4 est donné par le cas 16 ou 5 ; la tangente en ce point s'obtient en menant la tangente au polygone funiculaire au point K_4 (fig. 1), en prolongeant cette tangente jusqu'au point de rencontre V avec la ligne de fermeture 16, et en projetant le point V de la fig. 1, en V' (fig. 6). Ce dernier point V' est un point de la tangente au point 16. On déterminerait de la même manière la tangente au point extrême 20.

La branche de courbe étant courte, on pourra la tracer assez exactement au moyen des deux tangentes extrêmes et des points de tangence correspondants.

On ne considère en général que les maximums en valeur absolue, et ces maximums sont donnés presque complètement par les moments positifs entre les lignes d'inflexion d'une même travée, et par les moments négatifs dans les autres parties comprises entre les lignes d'inflexion et les appuis. Dans le voisinage des lignes d'inflexion, ce sont tantôt les moments positifs et tantôt les moments négatifs qui donnent ces maximums.

Il est utile de remarquer que, dans le voisinage des lignes d'inflexion, la détermination des moments maximums est moins intéressante que dans les autres parties, car on dispose en général, en ces points de la poutre, d'un excès de résistance.

Fig. 236.

Résumons comme nous l'avons déjà fait, en nous servant de la fig. 232, les maximums donnés par les différents cas de surcharge que nous désignerons par les lettres a, b, c, d, e, f (fig. 236).

Désignation des cas de surcharge	Moments maximums positifs (voir fig. 232)	Moments maximums négatifs
a	entre A et K$_1$ en K$_1$	
b	entre J et K$_2$	en K$_1$
c	en K$_2$	en B
d	en B	en K$_2$
e	en J	en C
f	en C	en J

Il ressort de la construction des tangentes aux points d'inflexion dans la deuxième travée qu'il y a deux tangentes différentes, suivant que l'on considère la branche de droite ou celle de gauche ; il y a par suite un coude en ces points. Dans la première travée au contraire la courbe est continue.

Les efforts tranchants maximums sur les appuis sont donnés par les cas de surcharge a, c, e.

Les tangentes aux extrémités des courbes des efforts tranchants s'obtiennent très facilement; il suffit de porter sur les appuis de la travée considérée, en tenant compte de leur signe, les efforts tranchants en ces points, et de mener une droite réunissant les extrémités de ces segments.

Nous reproduisons dans la figure 237, les tangentes aux extrémités des courbes : elles sont désignées par les lettres de la surcharge correspondante. Connaissant les tangentes aux extrémités des courbes, on les tracera comme des paraboles ; leur courbure est faible et on arrive ainsi à des courbes qui diffèrent très peu des courbes vraies.

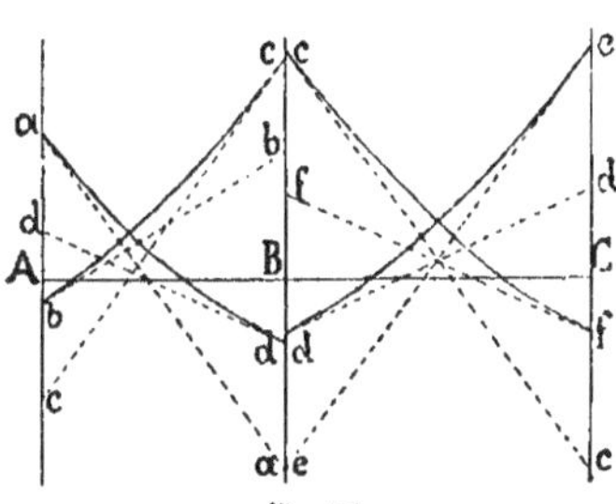

Fig. 237.

Comme il est facile de le voir, la méthode approchée est bien plus rapide que la méthode exacte : elle supprime les charges partielles des travées, qui sont la partie la plus compliquée de l'épure.

Pour tracer rapidement les paraboles des moments, on découpe dans du carton deux paraboles correspondant, l'une à la

charge permanente, l'autre à la charge totale. Le paramètre
des paraboles est égal à $\frac{H}{p}$, p étant la charge au mètre courant,
H la distance polaire. Ces paraboles servent dans la première
et dans la deuxième travée, dans les fig. 1 et 6 de la planche.

§ 3.

CALCUL DE RÉSISTANCE DES POUTRES D'UN TABLIER CONTINU PENDANT SON LANÇAGE.

Un des principaux avantages des ponts à poutres continues,
c'est de pouvoir se mettre en place par lançage. Il se développe
dans les poutres, pendant cette opération, des efforts qui diffèrent de ceux que produisent les charges après l'achèvement
du pont, et ces efforts nécessitent souvent des renforcements.

Ce sont les efforts engendrés dans une poutre pendant le
lançage d'un tablier que nous allons examiner dans ce paragraphe. [1]

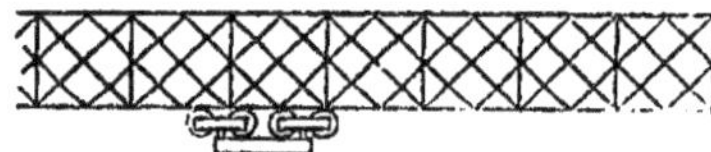

Fig. 238.

Membrures. — Les membrures ont à résister à la flexion :
celles du haut de la poutre sont moins fatiguées que celles du
bas, car elles ne résistent qu'à la flexion générale tandis que
les dernières résistent à la fois à la flexion générale et à la

1. On admet que pendant le lançage, qui dure très peu de temps, le coefficient de travail du métal peut dépasser la limite de 6 kilog. par millimètre
carré, généralement admise. On se trouvera dans de bonnes conditions de
résistance en admettant 8 kilog. pour le coefficient des membrures sous la
flexion générale et pour les barres de treillis, et en élevant ce coefficient à
une limite de 12 kilog. lorsqu'on tient compte de la flexion locale dans les
membrures.

flexion locale, produite par le passage d'un galet, entre deux
nœuds ou attaches des barres de treillis.

Treillis. — Les barres de treillis ont à résister à l'effort tranchant et de plus, lorsqu'une attache de barres de treillis vient
à passer sur un galet, l'ensemble des barres intéressées en
cette attache résiste à la réaction de l'appui.

La flexion locale des membrures inférieures et les efforts engendrés dans les barres de treillis par la réaction, sont souvent
très considérables, et l'on est conduit à diviser cette réaction
en la répartissant également entre plusieurs points de la poutre
au moyen de plusieurs galets (voir fig. 238).

D'une manière générale, on peut dire que c'est à leur passage sur un appui que les efforts les plus grands se développent, aussi bien dans les membrures que dans les treillis. Les
moments fléchissants et les efforts tranchants atteignent leur
maximum dans la partie en porte-à-faux, au moment où la
poutre franchit la plus grande travée. Lorsque toutes les travées
sont égales, comme dans la fig. 239, le sommet A de la courbe
des moments, pendant le lançage, correspond à la partie renforcée par les semelles supplémentaires au droit d'un appui sur

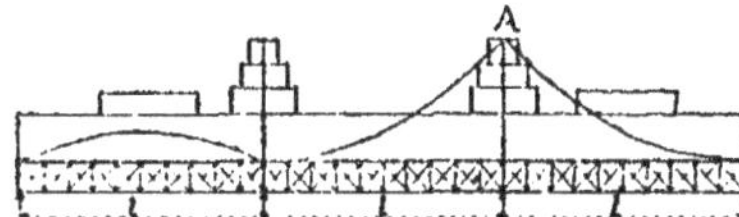

Fig. 239.

pile, et il suffit, en général, de prolonger un peu ces semelles en
vue du lançage. Dans le cas très fréquent, où les travées de rive
sont plus petites que les travées centrales, le point A, sommet
de la courbe des moments, tombe à gauche de l'appui sur pile
dans une partie faible, et les renforcements sont plus impor-
tants ; il est alors très-souvent préférable, pour de grandes
portées, de munir le tablier d'un avant-bec ayant pour longueur
la différence entre une travée centrale et la travée de rive, et de
ramener ainsi le point A dans la partie renforcée.

Galets de lançage. — Les galets de lançage, sur lesquels roulent les poutres, sont portés par des appareils qui assurent une égale répartition des charges entre eux ; les plus simples et les plus employés sont les appareils à balancier de la maison Eiffel (fig. 7, pl. 21). Le nombre des galets est en général de 2 ou de 4.

Moments fléchissants. — Dans une poutre à deux travées, les moments fléchissants se déterminent sans qu'il soit nécessaire d'avoir recours à la théorie de l'élasticité : le moment sur pile dépend uniquement de la partie en porte-à-faux ; il est égal à :

$$M = \frac{pl^2}{2}$$

p étant la charge au mètre courant et l la longueur du porte-à-faux. Au moyen du moment sur pile, il est facile de tracer les courbes représentatives des moments fléchissants sur toute la longueur de la poutre. [1]

Dès que le nombre des travées à franchir est supérieur à deux, les moments sur piles, à l'exception toujours de celui qui correspond au porte-à-faux, se déterminent au moyen de la théorie de l'élasticité, par la méthode de Mohr.

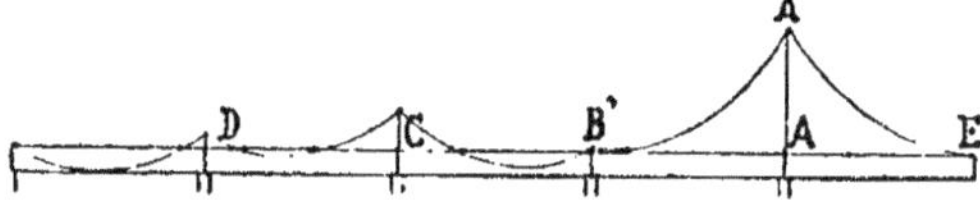

Fig. 240.

Les seules parties de la poutre où les moments sont, en général, plus grands que les moments dus aux charges, sont les parties voisines du point A, dernier point d'appui de la poutre au moment du plus grand porte-à-faux (fig. 240). Il suffit par conséquent, pour le calcul de la poutre, de connaître les moments sur les piles A et B, et de tracer la courbe B'A'E des

1. Il suffit de construire les courbes des moments, ou polygones funiculaires, comme si la poutre était coupée sur les appuis, et de tracer, au moyen des moments sur piles, la ligne de fermeture du polygone funiculaire, comme cela est fait page 26.

moments sur la partie BE. Le moment sur la pile B est presque nul, celui de la pile C a une valeur comprise entre le moment en A et le moment en B. Le moment en D a une valeur moyenne entre les moments en B et en C, et ainsi de suite.

Sur la culée, on supposera que le moment est nul ; il n'en est pas toujours ainsi, parce qu'une certaine longueur de tablier s'appuie sur la culée, mais cette hypothèse simplifie les calculs sans modifier sensiblement les moments sur la pile B.

C'est une même courbe BAE qui donne tous les maximums des moments négatifs dans les parties voisines de l'appui A ; et comme cette courbe passe très près du point B, il sera permis, si l'on veut se contenter d'un calcul rapide et approximatif, d'admettre que le moment sur la pile B est nul.

Nous verrons dans l'exemple qui va suivre, Pl. 21, de quelle manière on peut, avec les lignes d'inflexion, déterminer exactement les moments sur piles.

Efforts tranchants et réactions. — Les efforts tranchants se déterminent dans le polygone des forces, comme nous l'avons déjà vu, page 27, en menant une parallèle à la ligne de fermeture du polygone funiculaire. La réaction sur appui n'est autre chose que la somme des deux efforts tranchants de gauche et de droite sur l'appui.

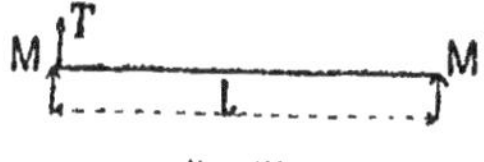

Fig. 251.

L'expression analytique de l'effort tranchant sur un appui est :

$$T = \frac{pl}{2} + \frac{M'-M}{l}$$

p étant le poids au mètre courant, l la portée de la travée, M le moment sur l'appui considéré et M' le moment sur l'appui opposé, pris tous les deux en tenant compte du signe qui est en général négatif. Il n'est pas nécessaire de calculer les réactions en tous les points de la poutre, mais seulement celles qui correspondent aux points faibles, comme ceux où les sections des barres de treillis changent (voir les points 1 et 2, fig. 1, pl. 21). Les réactions calculées pourront servir à tracer une courbe représentative des réactions.

Enfin, lorsqu'il y a un grand nombre de travées égales, on peut se demander sur laquelle de ces travées le lançage donnera les efforts maximums. Les épures montrent que les efforts changent très peu d'une travée à l'autre, et qu'il suffit de faire l'épure pour l'une quelconque de ces travées ; on choisira de préférence la troisième.[1]

§ 4.

EXEMPLE DE CALCUL DE LA RÉSISTANCE D'UNE POUTRE A TREILLIS PENDANT SON LANÇAGE

(Planche 21)

La travée de rive a 36 m. et les travées suivantes ont 40 m. La charge de la poutre est de 750 k. par mètre courant dans toutes ses parties, à l'exception des 40 m. à l'avant qui ne pèsent que 650 k. ; ces 40 m. ont été soulagés, comme on le fait souvent, par la suppression des pièces accessoires (longerons et pièces de pont).

Dans la fig. 1, la poutre est représentée avec son plus grand porte-à-faux de 40 m. Le moment sur la pile 2 est égal à :

$$M = \frac{650 \times 40^2}{2} = 520.000$$

Dans les travées I et II on a tracé les paraboles des moments fléchissants correspondant à la charge de 750 k. et ayant les flèches f_1 et f_2.

[1] La seconde travée se trouve dans des conditions un peu spéciales, parce qu'elle est précédée de la première, qui est plus petite ; c'est pourquoi il est préférable de considérer la troisième comme cela est fait (Pl. 21).

Nous avons construit (fig. 2) la ligne d'inflexion de gauche dans la deuxième travée : c'est la seule ligne d'inflexion nécessaire. Dans la fig. 3 les lignes en croix ont été tracées, comme cela est indiqué à la page 351. Les moments sur la pile 1 ont été construits pour trois positions différentes du tablier, correspondant à 20 m., à 28 m. et à 40 m. de porte-à-faux. La troisième position donne les moments maximums, et les deux premières les efforts maximums dans les barres de treillis de la seconde et de la troisième série.

Les moments sur la pile 1 se déterminent de la manière suivante, pour la troisième position par exemple : on construit fig. 3 le point J en partant du point A', sachant que AA' est égal à $2f_1 \left(\dfrac{l_1}{l_2}\right)^2$.

On porte CC'' égal au moment sur la pile 2 et C'C'' égal à $2f_2$, mesuré fig. 3. La ligne C''J coupe sur la verticale de l'appui B le moment sur pile BB$_0$. [1]

La construction des moments sur pile est la même pour les deux autres cas, avec cette seule différence cependant, à cause de la partie de la travée II non complètement chargée, qu'au lieu de mesurer les segments totaux entre les lignes en croix, on calcule, comme cela est fait page 358, les portions de segments qui sont à considérer. Les traits pointillés, fig. 3, déterminent les segments correspondant à la première et à la deuxième position.

La courbe tracée en trait plein fig. 1 correspond au cas numéro 3 : elle est tracée au moyen de paraboles et des moments sur piles. En aucun point elle ne sort de la ligne des moments de résistance construite à 8 k. par millimètre carré.

La construction des efforts tranchants ne présente aucune difficulté ; nous ne l'avons faite dans l'épure que pour le troisième cas, qui donne les efforts maximums dans les barres les plus fortes (voir les polygones des forces ayant pour pôles O$_{\text{II}}$ et O$_{\text{III}}$). La réaction est égale à :

$$26.000 + 28.000 = 54.000.$$

---

[1]. Comme on le voit dans la planche, ce moment est nul dans le cas qui nous occupe, le point B$_3$ tombant sur le point B.

Cette réaction, décomposée suivant les deux barres de treillis, donne dans chacune d'elle (fig. 6) un effort de 38.000 k. et un coefficient de travail de $\dfrac{38.000}{6.710} = 5$ k. 6 par millimètre carré.

On calculerait de la même manière les efforts dans les autres types de barres ; toutefois il est à remarquer que le polygone

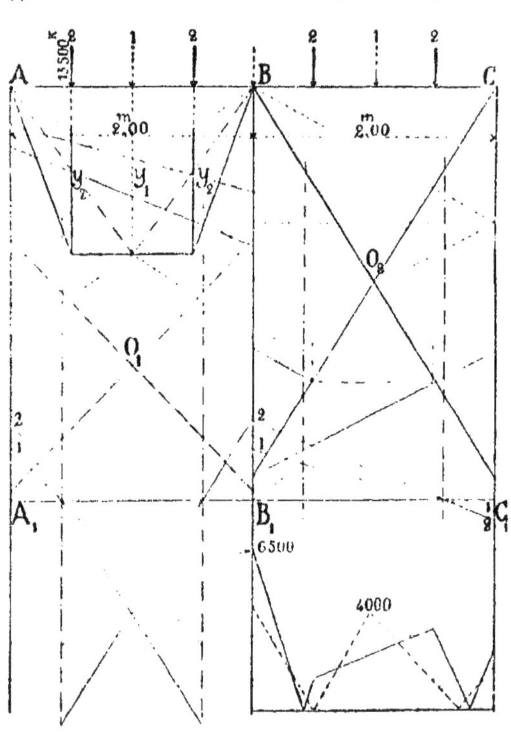

Fig. 242.

des forces de la travée Il n'est pas le même pour toutes les positions du tablier, les charges étant de 750 k. sur une partie de la travée et de 650 k. sur l'autre.

Flexion locale. — Il reste à examiner quelle est l'augmentation du coefficient de travail de la membrure inférieure sous l'influence de la flexion locale. Pour faire le calcul complet, il y a à considérer tous les points faibles, c'est-à-dire tous ceux qui précèdent un renforcement par une semelle supplémentaire, tels que le point F (fig. 1 de la planche). De plus le point 3 sur pile, où la réaction atteint son maximum, est aussi à considérer. Nous ne ferons le calcul que pour ce dernier point.

Les appareils de lancage sont représentés, fig. 7. La distance des galets est de 1 m., celle de deux points d'appui consécutifs de la membrure de 2 m. Ces points d'appui se trouvent d'une part à l'attache des barres de treillis et d'autre part aux montants qui réunissent la membrure inférieure aux croisements des barres.

La réaction maxima sur un galet est de :

$$\frac{54.000}{4} = 13.500 k.$$

Nous supposerons un nombre infini de travées de 2 m., et nous considérerons deux de ces travées dans la fig. 212.

La position des lignes d'inflexion pour un nombre infini de travées égales est connue ; ces lignes sont à une distance 0.21 l des appuis.

Considérons deux positions des galets donnant approximativement les moments maximums : la position 1 pour le moment fléchissant positif, et la position 2 pour le moment maximum négatif.

Les lignes en croix O_1 et O_2 ont été construites comme cela est indiqué à la page 354 pour des charges isolées : la construction n'est faite que pour une travée, on obtient ainsi les lignes en croix O_1 pour la première position et O_2 pour la seconde. Ce qui se rapporte à la première position est tracé en pointillé, ce qui se rapporte à la deuxième en traits pleins ; une partie des constructions ont été faites dans la deuxième travée pour ne pas compliquer la première.

Les moments sur appuis ont été construits au-dessus de la ligne horizontale $A_1B_1C_1$ pour les trois appuis, en tenant compte des charges de la première travée. Pour tenir compte de celles de la deuxième, qui sont symétriques, il suffit de doubler le moment sur l'appui B et de retrancher le moment en C de celui en A. Au bas de la figure, on a tracé au moyen des moments sur piles les lignes des moments et l'on trouve :

$$6.5[illegible] \text{ pour le moment négatif.}$$
$$5.000 \text{ pour le moment positif.}$$

Les coefficients de travail correspondants, dans la membrure, seront :

$$\frac{6.500}{808} = 7^k,2 \text{ dans la fibre supérieure}$$
$$\frac{5.000}{[illegible]} = 18,2 \text{ dans la fibre inférieure.}$$

Ces coefficients s'ajoutent à celui qui est dû à la flexion générale.

<h2 style="text-align:center">§ 3</h2>

<h1 style="text-align:center">DÉFORMATION D'UNE POUTRE PENDANT
LE LANÇAGE</h1>

Planche 22.

Nous avons vu comment on peut construire la déformation d'une poutre droite quelconque, page 147, et l'exemple de la planche 8 se rapporte à une poutre continue. Il peut être intéressant de déterminer aussi les déformations d'une poutre pendant le lançage. La flèche à l'extrémité du porte-à-faux est, en général, très importante ; elle dépasse souvent 500^{mm}. Dans le plus grand nombre de cas, on relève l'extrémité des poutres dès qu'elles arrivent sur une pile, de manière à ramener cet appui au niveau des autres. Lorsque le tablier est

muni d'un avant-bec très léger, il se peut que ce dernier soit
trop faible pour résister à la réaction qu'il faut exercer à son
extrémité pour le relever complètement ; en réglant alors
convenablement la quantité dont on le relèvera, on ne lui fera
supporter que des efforts proportionnés à sa résistance.

D'une manière plus générale, on peut dire qu'en relevant
plus ou moins l'extrémité des poutres, on pourra changer la
répartition des efforts, et les amener au besoin à une combinaison plus avantageuse.

En calculant d'une part la réaction que le tablier ou son
avant-bec exerce sur la pile considérée, lorsque les appuis sont
tous au même niveau, et en déterminant d'autre part la flèche
du porte-à-faux correspondant à une réaction nulle, on aura
les éléments nécessaires pour calculer, par une simple proportion, les réactions qui correspondent aux différentes hauteurs de relèvement.

Les déformations se déterminent, comme nous l'avons fait
dans d'autres exemples, par un polygone funiculaire ; nous
négligerons les déformations des treillis, qui n'ont qu'une très
faible influence sur les déformations de la poutre.

Nous représentons dans la planche 22 la même poutre que
dans la Pl. 21 (fig. 1). Les polygones des forces fig. 2 et 3) ont
servi à tracer les courbes des moments, celui de la fig. 3 pour
la travée de droite, celui de la fig. 2 pour la travée de gauche.
Le pôle O, se trouve sur une horizontale menée à l'extrémité
inférieure de la ligne des forces. Le pôle O, se trouve sur une
parallèle à la ligne AB, menée par le milieu de la ligne des
forces. La position du point A, est donnée par l'épure de la
Pl. 21 : dans notre cas particulier, le moment sur la pile A
est à peu près nul et le point A, se trouve sur l'horizontale des
appuis.

La surface des moments a été divisée en 20 éléments. Les
forces du second polygone des forces (fig. 4) sont proportionnelles ix surfaces des éléments; l'échelle est de 1ᵐᵐ pour
100.000. Avec une distance polaire variable EI, on a construit
le polygone des forces, en prenant le premier pôle O, dans une
position quelconque de la verticale. L'échelle des EI a été

choisie de manière à obtenir les déformations en demi-grandeur.

L'échelle des longueurs est de $\frac{1}{500}$, celle des surfaces, $\frac{1}{100.000.000}$, celle des EI de $\frac{1}{25.000.000.000}$; l'échelle des déformations se déduit des précédentes, elle est de

$$\frac{25.000.000.000}{100.000.000 \times 500} = \frac{1}{2} .$$

Le deuxième polygone funiculaire, tracé avec le polygone des forces de la fig. 2, représente la ligne élastique.

On mène la ligne A_1 B_1 C_1 par les deux points A_1 et B_1 de rencontre de la ligne élastique avec les verticales des appuis. C'est à partir de cette ligne que les déplacements verticaux se mesurent.

La flèche à l'extrémité de la poutre est de 220 millimètres.

<h2 style="text-align:center">§ 6</h2>

<h1 style="text-align:center">MONTAGE EN PORTE-A-FAUX</h1>

Au lieu de lancer les tabliers droits à poutres continues, on les monte quelquefois en porte-à-faux. Le montage en porte-à-faux ne peut commencer que lorsqu'une travée au moins a été mise en place sur échafaudage ou par tout autre moyen. On continue ensuite le montage en porte-à-faux, en se servant toujours de la partie montée pour avancer les appareils de levage destinés à mettre les pièces en place (voir fig. 213).

Fig. 213.

La résistance du tablier dans ce cas se vérifie de la même manière que dans le cas d'un lançage, mais avec de grandes simplifications. Il n'y a qu'un seul moment du montage à considérer pour chacune des travées, celui du plus grand porte-à-faux, il donne à la fois dans tous les points de la travée, les moments et les efforts tranchants maximums. La flexion locale des membrures disparaît.

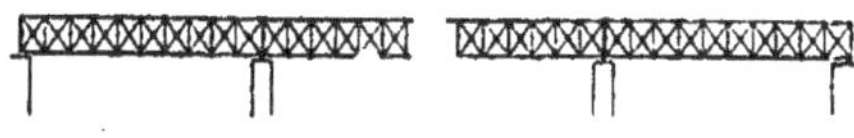

Fig. 244.

Le montage en porte-à-faux peut aussi se faire en partant des deux rives à la fois et en faisant la jonction au milieu de la travée centrale. On diminue ainsi considérablement les efforts dans les poutres en réduisant de moitié le porte-à-faux (fig. 244). Ce dernier mode de montage n'a été jusqu'ici employé que très rarement ; il est à recommander surtout pour des tabliers à trois travées, dont la travée centrale est considérable.

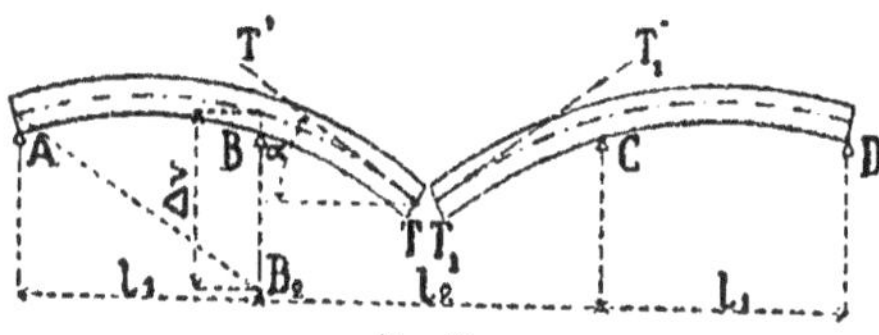

Fig. 245.

L'étude des déformations a dans ce dernier cas un intérêt tout spécial. Pour que les poutres travaillent après leur fermeture dans les conditions habituelles d'une poutre continue, il est nécessaire que les appuis occupent, au moment où cette fermeture se fait, des niveaux différents, que le calcul doit déterminer.

Nous avons représenté, dans la fig. 245, les deux moitiés du tablier déformé. Au moment de la fermeture, les deux tangentes TT' et T_1T_1', aux extrémités des lignes élastiques, devront se confondre. Il faut, à cet effet, abaisser les appuis

A et D et ramener les tabliers dans la position représentée
fig. 246.

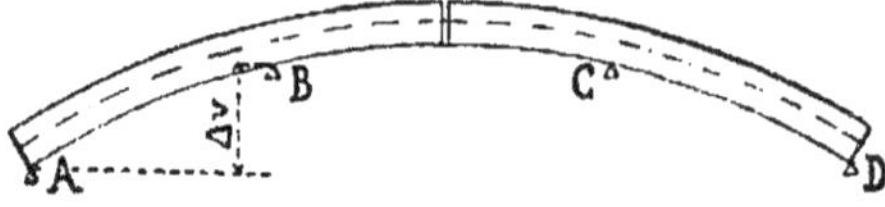

Fig. 246.

La différence de hauteur Δv qu'il faudra donner entre les
appuis A et B ou C et D se déterminera au moyen de la ligne
élastique. Si l'on désigne par α l'angle de la tangente extrême
de la fibre moyenne avec l'horizontale, fig. 245, par l_1 la portée
de la première travée, par l_2 celle de la travée centrale, la rotation qu'il faut opérer autour du point B est précisément égale à
α, et puisque l'angle α est toujours très petit, on pourra
écrire :

$$\Delta v = l_1 \, \mathrm{tg}\, \alpha$$

Δv étant la différence de niveau des appuis. Il suffit, pour
construire Δv, de mener la ligne AB₂ parallèle à la tangente
TT (fig. 245 et fig. 246).

§ 7

DESCENTE D'UN TABLIER SUR SES APPUIS

Le lançage d'un tablier métallique se fait en général à un
niveau supérieur au niveau définitif. La hauteur des appareils
de lançage est plus grande que celle des appuis du tablier, et
c'est ce qui oblige à relever ce dernier pendant le lançage.

Ce n'est que lorsque le tablier est en place qu'on le descend
sur ses appuis définitifs. On abaisse à cet effet successivement
les appuis d'une petite quantité. L'abaissement que l'on fait
subir à un appui sans toucher aux autres, dépend de la résistance et de l'élasticité du tablier ; en abaissant un appui, on

augmente les moments fléchissants et les réactions sur les piles voisines. Nous avons vu, page 366, comment on détermine l'influence de cet abaissement.

L'épure faite pour les poutres de la planche 22 montre qu'on peut abaisser l'extrémité d'un tablier à deux travées, de 220^{mm}, sans dépasser pour le travail du métal 8 k. par ^{mm2} ; le second appui peut s'abaisser de 110^{mm} sans dépasser la même limite. Cette dernière quantité s'obtient en joignant les points A, C', et en mesurant la longueur $B_1 B_2$.

On peut dire que dans les conditions habituelles, un appui sur pile peut s'abaisser de 1/500 de la portée sans inconvénient, et du double pour les appuis extrêmes.

CALCUL DES POUTRES DE PONTS TOURNANTS

CHAPITRE HUITIÈME

CALCUL DES POUTRES DES PONTS TOURNANTS

Le calcul des poutres des ponts tournants peut se ramener à celui des poutres en porte-à-faux et des poutres continues : mais cependant quelques points particuliers nécessitent des calculs spéciaux, par exemple les déplacements verticaux qu'on opère pour caler les poutres et les contrepoids qui assurent la stabilité pendant la manœuvre du pont.

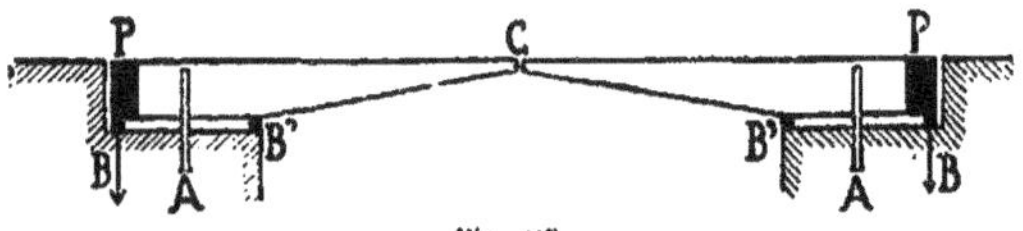

Fig. 247.

Les types de ponts tournants qu'on rencontre le plus fréquemment sont représentés en diagrammes dans les fig. 247, 248 et 249.

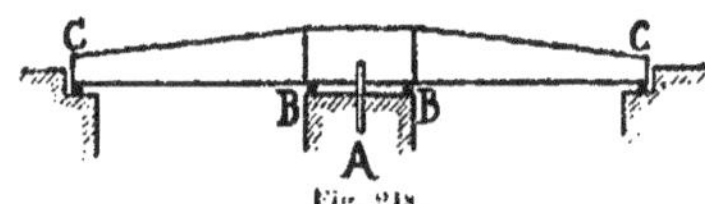

Fig. 248.

Le type de la fig. 247 est un pont tournant à une seule travée, qui s'ouvre par moitié sur les deux rives. Un contrepoids équilibre chacune des deux volées.

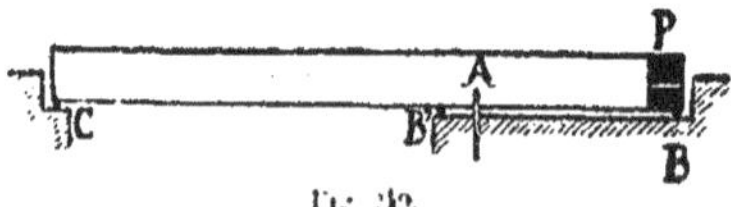

Fig. 249.

Le type de la fig. 248, à double volée, a deux travées qui sont en général égales et dont l'une fait équilibre à l'autre.

Enfin la fig. 249 représente un pont tournant à une seule volée franchissant toute la travée.

Nous examinerons successivement chacun des trois types.

§ 1

PONT TOURNANT DOUBLE

Dans le premier type, les deux moitiés du pont tournent autour d'un pivot A ; elles sont équilibrées par le contrepoids P. Lorsque le pont est fermé, on réunit les deux moitiés du pont au point C, au moyen d'un verrou ou de tout autre système, et l'on cale les poutres aux points B et B'. La liaison du point C ne peut établir la continuité des poutres, mais tout au plus transmettre une partie de la charge de la moitié la plus chargée à l'autre.

Chaque fois que les deux côtés seront chargés de la même manière, tout se passera comme si la liaison n'existait pas.

Pour déterminer les efforts maximums, nous aurons à considérer plusieurs cas de surcharge : celui des deux volées, et celui de l'une seulement. Le premier cas donnera les moments fléchissants et les efforts tranchants maximums dans le voisinage des appuis, le second pourra, dans certaines circonstances, engendrer des efforts tranchants et des moments fléchissants maximums aux environs du point C, dans la volée non chargée.

Dans la première hypothèse, on a une poutre reposant sur trois appuis avec porte-à-faux et une charge connue ; mais, dans la seconde hypothèse, l'étude seule des déformations par la théorie de l'élasticité permet de déterminer exactement l'effort que la volée chargée exerce au point C sur la volée libre. Cependant, comme nous le verrons dans l'exemple qui va suivre, on peut facilement déterminer cet effort d'une manière approximative.

Contrepoids. — Le contrepoids peut être calculé, soit pour équilibrer la charge permanente seule pendant que le pont tourne sur les pivots A, soit aussi pour équilibrer la surcharge placée entre les points B et C; dans le premier cas, si le contrepoids nécessité par la surcharge est supérieur à celui de la charge permanente, l'excès de contrepoids nécessaire est remplacé par un ancrage au point B.

Le contre-poids équivalant à la charge permanente est calculé de manière à faire passer la résultante de toutes les charges au point A ou entre A et B.

Le contrepoids équivalant à la surcharge se détermine par la condition que la résultante des charges passe au point B' ou entre les points B et B'.

Si l'on admet que le poids propre du pont est uniformément réparti sur toute sa longueur, et égal à p_p par mètre courant, le contrepoids de la charge permanente est égal à

$$P = \frac{p_p l \left(\frac{l}{2} - a\right)}{\left(a - \frac{d}{2}\right)} \qquad (1)$$

où l, a et d représentent les longueurs indiquées dans la figure 250.

Le contrepoids équivalant à la charge totale p_t, comprenant la charge permanente p_p et la surcharge p_s, est égal à

$$P = \frac{p_p l \left(\frac{l}{2} - c\right) + p_s \frac{p_t}{2}}{\left(c - \frac{d}{2}\right)} \qquad (2)$$

Si la charge n'est pas uniformément répartie, on tracera avec un polygone des forces le polygone funiculaire correspondant aux charges. Les côtés extrêmes prolongés donneront le point de passage S de la résultante.

Pour faire tomber ce point S sur la verticale du point A et établir l'équilibre, on tracera la ligne SP', puis on mènera par le pôle O du polygone des forces une parallèle à SP ; on obtiendra ainsi sur la verticale des forces le contrepoids nécessaire P.

On peut, pour le tracé du polygone, grouper les charges pour réduire au minimum le nombre des forces.

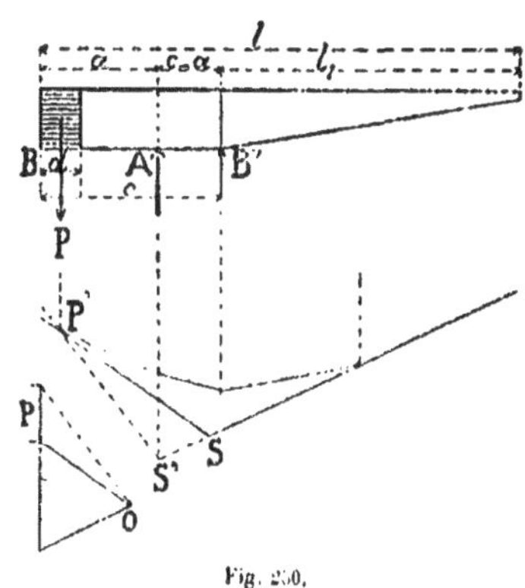

Fig. 250.

§ 2

EXEMPLE DE CALCUL D'UN PONT TOURNANT DOUBLE

(Planche 23.)

L'une des volées d'un pont tournant double est représentée dans la planche 23, ses dimensions sont les suivantes :

Longueur totale, $l = 30^m,00$.

Distance du pivot aux extrémités, $22^m,00$ et $8^m,00$.

Longueur du contrepoids, $2^m,00$.

Le calage B' se fait à $2^m,00$ en avant du pivot et le calage B à $8^m,00$ à l'arrière.

Les charges au mètre courant sont de 1.500ᵏ pour le poids propre et de 800ᵏ pour la surcharge, donnant une charge totale de 2.300ᵏ par mètre courant de poutre.

En faisant dans les formules (1) et (2) :

$$p_p = 1.500^k, \quad p_s = 800^k, \quad l = 30,00 \quad a = 6,00 \quad d = 2,00$$
$$c = 10,00, \quad l_1 = 20,00$$

On trouve :

Contrepoids de la charge permanente : $P = 45.000^k$.
Contrepoids de la surcharge : $P' = 43.000^k$.

La surcharge ne nécessite donc pas un supplément de contrepoids. S'il en était autrement, on pourrait, comme nous l'avons dit, soit augmenter le contrepoids, soit amarrer le tablier sous le contrepoids.

Le calcul d'une poutre de pont tournant comprend la recherche des charges défavorables et le calcul des forces extérieures et des efforts intérieurs. La poutre étant à treillis, les forces intérieures se détermineront par l'une des trois méthodes du Chapitre III, § 1, page 83, dès que l'on connaîtra les forces extérieures. On aura soin de considérer toujours la force extérieure correspondant à la charge défavorable de la pièce que l'on examine.

Nous allons étudier d'abord une volée isolée, puis rechercher l'influence d'une volée sur l'autre.

La poutre peut se diviser en trois parties : La première BC, qui se trouve toujours en porte-à-faux ; les autres, AB' et AB qui ne sont en porte-à-faux que pendant la manœuvre du pont.

La poutre est portée en un seul point A pendant la manœuvre [1] et en trois points A, B, B' lorsqu'elle est fixe.

Dans le cas particulier où l'on disposerait d'un appareil hydraulique, permettant de soulever le pont avant de le caler, les poutres ne reposeraient en temps ordinaire qu'en deux points B et B' ; les calculs se trouveraient alors simplifiés.

---

[1]. Il va sans dire qu'en pratique, il y a un guidage, une couronne de galets ou tout autre système qui assure l'équilibre, dans le cas où la résultante des charges ne passe pas exactement sur le pivot.

Nous séparerons, comme il est toujours permis de le faire, l'influence de la surcharge de celle du poids propre.

Charge permanente. — Les calages que l'on fait aux points B et B', sans exercer de réactions importantes, ne modifient pas les efforts de la charge permanente, et il est facile de tracer la courbe des moments et celle des efforts tranchants correspondant à la charge permanente : elles se déterminent pour le moment où la poutre est en équilibre sur le point A. Ces lignes ont été tracées dans la planche.

La fig. 3 donne la courbe des moments (1), tracée avec le polygone des forces de la fig. 2. Dans ce dernier on a porté les charges et la réaction à la suite les unes des autres dans l'ordre dans lequel on les rencontre.

Les efforts agissant au droit de chacun des montants sont de $2 \times 1.500 = 3.000^k$. Au montant 5, l'effort est négatif et égal à $90.000 - 3.000^k = 87.000^k$.

Au point 1, il y a la moitié du contrepoids, et l'effort est de $1.500 + \dfrac{45.000^k}{2}$; au point 2, il est de $3.000 + \dfrac{45.000^k}{2}$.

La ligne des efforts tranchants, ou forces extérieures, porte le $N° (1)$ dans la fig. 4 ; elle a la forme d'un escalier et se construit en commençant par les extrémités de la poutre et en ajoutant à chaque montant l'effort qui lui correspond.

Surcharge. — Pour ce qui concerne la surcharge, nous considérerons deux cas : dans le premier, le porte-à-faux B'C seul est entièrement chargé, et dans le second, la charge s'étend sur toute la longueur de $30^m,00$ de la volée.

Dans les deux cas, les efforts dans la partie CB', sont identiques : ils sont maximums pour la charge complète de cette partie, lorsqu'il s'agit des membrures. Dans la partie BB', les moments et les efforts tranchants varient avec les charges. Les charges défavorables sont analogues à celles des poutres continues, mais on remarquera sur l'épure que la surcharge des parties AB a très peu d'influence sur les moments fléchissants et sur les efforts tranchants totaux. Il sera donc permis de ne considérer, comme nous l'avons dit plus haut, que deux cas de surcharge :

Premier cas : le porte-à-faux B'C est chargé ;

Deuxième cas : tout le pont est chargé sur la longueur BC.

Nous admettrons comme maximums les plus grands des efforts trouvés dans ces deux hypothèses.

Le polygone des forces de la fig. 5 a servi à tracer la courbe des moments (I) (II) de la surcharge dans la partie en porte-à-faux ; la ligne des efforts tranchants correspondante est désignée de la même manière (fig. 4).

Connaissant le moment sur l'appui B', il est facile, en supposant à la poutre une section constante de B en B', de déterminer, soit graphiquement, soit analytiquement, le moment sur l'appui A : on a deux travées d'une poutre continue, et l'on connaît les moments sur deux des appuis, sur l'appui B où il est nul et sur l'appui B' où il vient d'être déterminé graphiquement.

Pour ne pas compliquer l'épure, nous avons calculé, au moyen du théorème des trois moments, le moment sur l'appui A.

La formule des trois moments étant la suivante (voir chapitre XII § 2) :

$$M_1 l_1 + 2 M_2 (l_1 + l_{11}) + M_3 l_{11} - \frac{1}{4} p_1 l_1^3 + \frac{1}{4} p_2 l_{11}^3 = 0 \quad .$$

On a dans le premier cas de surcharge [1]

$$M_1 = - \frac{M_3 l_{11}}{2 (l_1 + l_{11})} = - \frac{- 160.000 \times 2}{2 (2 + 8)} = 16.000$$

Dans le deuxième cas

$$M_1 = - \frac{M_3 l_{11}}{2 (l_1 + l_{11})} - \frac{p_1 l_1^3 + p_2 l_{11}^3}{8 (l_1 + l_{11})} = 16.000 - 5.200 = 10.800.$$

Les moments négatifs sont portés dans la fig. 3 au-dessus de l'horizontale, les moments positifs au-dessous.

Les moments sur piles étant connus, on trace les lignes des

---

[1]. La surcharge tend à soulever la poutre au point d'appui A, et il faut, pour que les moments trouvés par cette formule soient exacts, que la réaction négative due à la surcharge soit inférieure à la réaction positive de la charge permanente.

moments dans la partie BB'; elles sont des droites dans le premier cas, et des paraboles de courbure très peu accentuée dans le second : chacune d'elles porte le numéro correspondant au cas de surcharge auquel elle appartient.

Les efforts tranchants sur les appuis peuvent se déduire des moments.

Dans le premier cas :

L'effort tranchant en B est égal à

$$T = \frac{M_2}{l_1} = \frac{16.000}{8} = 2.000 ;$$

il est le même dans toute la partie AB.

Dans la partie AB', l'effort tranchant est égal à

$$T = \frac{M_3 - M_2}{l_0} = \frac{-100.000 - 16.000}{2} = -83.000^k$$

Dans le deuxième cas :

L'effort tranchant en B est égal à

$$T = \frac{p_1 l_1}{2} + \frac{M_2}{l_1} = \frac{800 \times 8}{2} + \frac{10.800}{8} = 4.550^k$$

L'effort tranchant à gauche de A est égal à :

$$T = \frac{M_2}{l_1} - \frac{p_2 l_1}{2} = \frac{10.800}{8} - \frac{800 \times 8}{2} = -1.850^k.$$

L'effort tranchant à droite de A est égal à :

$$T = \frac{M_3 - M_2}{l_0} + \frac{p_2 l_0}{2} = \frac{100.000 - 10.800}{2} + \frac{800 \times 2}{2} = 84.600^k.$$

L'effort tranchant à gauche de B' est égal à :

$$T = \frac{M_3 - M_2}{l_1} - \frac{p_2 l_0}{2} = \frac{-100.000 - 10.800}{2} - \frac{800 \times 2}{2} = -86.200^k.$$

Les efforts tranchants négatifs ont été portés au-dessus de la ligne horizontale (fig. 4); les efforts positifs en dessous.

À l'aide des efforts tranchants sur piles, il est facile de tracer les lignes des efforts tranchants en tous les points. La ligne correspondant au cas de surcharge N° 1, porte le N° I, celle du cas de surcharge N° 2 porte le N° II.

Influence de la surcharge d'une volée sur l'autre. — Nous avons vu qu'une des volées, lorsqu'elle est chargée, a une influence sur l'autre. Désignons par f la flèche que prend la volée chargée sur la longueur du porte-à-faux, lorsqu'elle n'est pas soutenue par l'autre volée. Cette dernière aura pour effet de réduire de moitié la flèche f, qui ne sera plus ainsi que $\frac{f}{2}$.

En effet, les efforts que la liaison des deux volées exerce sur chacune d'elles à leurs extrémités sont égaux et de signe contraire ; la volée non chargée devra par suite s'abaisser de la quantité dont l'autre se relève.

Pour déterminer l'effort P qu'une volée exerce sur l'autre, on peut construire la flèche f que prend la volée chargée, puis la flèche f' correspondant à une force quelconque P' agissant à l'extrémité du porte-à-faux ; on en déduira la force P par la formule

$$P = \frac{P'f}{2f'}\,.$$

La détermination des flèches se fait facilement par la méthode que nous avons développée page 150 ; nous reviendrons du reste sur ces déformations dans un autre exemple.

Mais on peut aussi déterminer la force P avec une exactitude suffisante par les considérations suivantes :

Supposons d'abord que la section des poutres soit constante ; le rapport entre les flèches prises par la volée, pour une charge P située à son extrémité et pour une charge égale à P uniformément répartie sur toute la longueur du porte à-faux,

est de $\frac{8}{3}$.[1] (Comparer les deux formules page 36.)

Il en résulte que si l'on désigne par p la charge uniformé-

---

[1]. Ce rapport correspond à des poutres encastrées sur l'appui et il n'est exact que pour la partie de la flèche due au porte-à-faux ; pour la partie due à la déformation entre les points B et B' ce rapport est de 2 qui est peu différent. On altérera peu les résultats en admettant un rapport uniforme de $\frac{8}{3}$.

ment répartie et par l, la longueur du porte-à-faux, on aura :

$$P = \frac{3}{16}\, p.l_1 .$$

Cette formule pourra, sans erreur sensible, s'employer aussi quand la section de la poutre est variable. L'erreur que l'on commet est faible ; elle ne porte que sur une différence de moments, qui est elle-même petite relativement au moment total.

On trouve alors, pour $p = 800^k$ et $l_1 = 20^m.00$:

$$P = \frac{3}{16}\, 800 \times 20 = 3.000\ \text{k}$$

Le moment au point B' sera $3.000 \times 20 = 60.000$.

La ligne des moments correspondant à la force P porte le Nº III ; elle se compose de lignes droites et rencontre l'horizontale aux mêmes points que la ligne I, correspondant à la surcharge uniformément répartie du porte-à-faux. Cette ligne des moments Nº III ne donne des maximums que dans les environs du point C, et encore, en ces points, les moments sont-ils très peu supérieurs à ceux que donnent les cas I et II. De plus, il y a toujours, en ces points, excès de résistance de la poutre. On pourra par suite se dispenser dans la plupart des cas de déterminer cette ligne III.

Les efforts tranchants dans la partie BB', lorsque le porte-à-faux seul est chargé, sont proportionnels aux moments sur appuis. Ces moments étant plus petits dans le cas que nous considérons que dans les précédents, il en sera de même des efforts tranchants et on se dispensera de les calculer.

Dans la partie en porte-à-faux, l'effort tranchant est constant et égal à 3.000^k ; il ne donne un maximum que dans la partie extrême de la poutre, où l'on dispose en général d'un excès de résistance.

En résumé, l'influence d'une volée sur l'autre est tout à fait négligeable. Il est vrai que, dans le cas particulier que nous avons considéré, la surcharge est faible relativement à la charge permanente ; c'est en partie à ces conditions que l'on doit le résultat, mais en tous cas cette influence ne s'exercera que sur l'extrémité des volées, et suivant l'importance de la surcharge, on pourra en tenir compte ou la négliger.

Forces intérieures. — La détermination des forces intérieures n'a pas été représentée sur l'épure pour toutes les pièces; mais nous l'avons faite pour les deux membrures 8 — 9 et 8' — 9', pour le montant 8 — 8' et pour la barre de treillis 8 — 9'. Cette détermination peut se faire par l'une des trois méthodes indiquées à la page 83 ; nous avons choisi celle de Ritter.

L'effort maximum dans la membrure supérieure 8 — 9 est obtenu en divisant le moment maximum au point 9 par la distance 9 — 9'.

$$\text{Effort } (8 - 9) = \frac{225.000}{1,75} = 128.000^{\text{k}}.$$

L'effort maximum dans la membrure inférieure 8' — 9' est obtenu en divisant le moment au point 8, nœud opposé à la membrure, par la distance normale de ce point 8 à la membrure 8' — 9'.

$$\text{Effort } (8' - 9') = \frac{295.000}{2,05} = 144.000^{\text{k}}.$$

Pour la barre de treillis et le montant, nous séparerons la charge permanente de la surcharge. Prolongeons la membrure 8' — 9' jusqu'à son intersection avec la membrure supérieure, en F : La résultante des forces 9 à 16 est donnée dans la fig. 4 en grandeur; elle est de 22 000[k] pour la charge permanente. Sa position s'obtient dans la fig. 3 en S_9, point d'intersection du côté 8 — 9 du polygone funiculaire avec l'horizontale. L'effort dans la barre de treillis, se calcule par la formule :

$$\text{Effort } (8 - 9') = \frac{22.500 \times 2,70}{7,40} = 8.200^{\text{k}}.$$

où 2,70 est la distance horizontale du point F au point S_9 et 7,4 la distance normale du point F à la direction 8 — 9'.

D'une manière analogue, on trouve pour le montant 8 — 8' l'effort dû à la charge permanente égal à :

$$\text{Effort } (8 - 8') = \frac{25.500 \times 3,0}{11,5} = 8.650^{\text{k}}.$$

Où 25.500 est la force extérieure mesurée fig. 4, 3,9 la

distance horizontale du point S_4 au point F, fig. 3, et 11,5 la distance 8 — F, fig. 4.

L'effort maximum dans la barre de treillis s'obtient en chargeant la gauche du point F, en supprimant par conséquent les charges 14, 15, 16. C'est la forme en arc qui fait que dans notre cas le point F tombe entre les points B' et C ; pour d'autres formes le point F tombe à gauche de C, et la charge défavorable s'étend alors jusqu'au point C.

En opérant comme on l'a fait pour la charge permanente, on détermine, dans la fig 3, le point de passage de la force extérieure. Cette force se mesure dans le polygone des forces (fig. 5) et l'on trouve : Effort maximum dans la barre de treillis 8 — 9' dû à la surcharge

$$\frac{8000 \times 5.15}{7.4} = 5900^k.$$

Effort maximum dans le montant 8 — 8' dû à la surcharge

$$\frac{9600 \times 6.40}{11.5} = 5350^k.$$

Les efforts maximums totaux seront par suite :
Dans la barre de treillis 8 — 9'

$$8500 + 5.900 = 14.400^k.$$

Dans le montant 8 — 8'

$$8.650 + 5.350 = 11.000^k.$$

La détermination des efforts dans la partie BB' de la poutre, qui est droite, se fait au moyen des moments fléchissants et des efforts tranchants donnés dans l'épure.

Il va sans dire que suivant la forme de la poutre et les conditions particulières de chacun des cas, il y aura à choisir une méthode de détermination des forces intérieures plutôt que l'autre.

§ 3

PONT TOURNANT A DOUBLE VOLÉE

Le pont tourne sur un pivot A (fig.248) page 397 et les calages
se font aux points B et C. Les points B peuvent se confondre
avec le point A. Admettons d'abord que les calages aux points
B et C se fassent sans exercer de réactions importantes.

L'influence de la charge permanente se détermine en supposant que le pont est en équilibre sur le point A ; l'influence
de la surcharge en considérant les poutres comme appuyées
aux points C, B, A, B, C sur 5 appuis. Il est à remarquer cependant que l'appui A a très peu d'influence sur la répartition
des efforts de la surcharge, parce qu'il est en général très voisin
des appuis B ; d'autre part cet appui n'agit pas directement sous
les poutres, mais dans l'axe du pont, et les réactions sont transmises aux poutres par des pièces transversales d'une élasticité
relativement grande ; il sera donc généralement permis de le
négliger et l'on aura une poutre reposant sur 4 appuis.

Dans le cas où l'on dispose d'appareils hydrauliques pour
soulever le pont, pour remettre les appuis des poutres de niveau
et pour décharger le pivot A, les calculs seront un peu différents. On déterminera d'abord l'influence de la charge permanente pendant la manœuvre, puis on calculera les poutres
comme des poutres reposant sur les 4 appuis C, B, B, C aussi
bien pour la charge permanente que pour la surcharge, et l'on
aura soin de considérer pour chaque pièce le cas le plus défavorable.

Il peut arriver aussi que le pont, au lieu d'être porté par le
pivot soit porté par une couronne de galets, le pivot ne servant
que de guide ; l'appui A disparaît dans ce cas, et les poutres
sont portées pendant la manœuvre en deux points B.

Nous nous contentons d'indiquer la marche à suivre, les calculs pouvant, comme on le voit, se ramener à ceux des poutres en porte-à-faux et des poutres continues.

§ 4.

PONT TOURNANT A VOLÉE SIMPLE

Planche 24.

Les conditions de ce type ne diffèrent de celles du premier qu'en ce que le point C devient un point fixe; on a par suite, pour le calcul de l'influence de la surcharge, une poutre reposant sur 4 appuis C, B', A, B fig. 249 page 397. Toutefois l'appui A peut se négliger dans beaucoup de cas, notamment dans les ponts à grande volée où il est relativement rapproché du point B'.

Comme il peut être utile de calculer les déformations d'un pont tournant, soit pour connaitre l'effort auquel correspond un relèvement d'appui, soit pour l'étude des dispositions des calages, nous allons déterminer la déformation d'une poutre de pont tournant de ce dernier type lorsqu'elle est en équilibre sur le point A. Cette détermination est faite dans la pl. 24, pour la poutre indiquée dans la fig. 1.

Le porte-à-faux de la poutre est de 25 m. 00.

Nous ne donnons pas le calcul des coefficients de travail des différentes pièces, ayant montré précédemment, dans d'autres exemples comment on peut les déterminer; ils sont résumés dans le tableau de la planche. Les coefficients de travail des deux membrures d'un même panneau sont très peu différents et nous avons admis pour chacune d'elles, un coefficient moyen; il en est de même pour les barres de treillis d'un même panneau et ce sont les coefficients moyens qui figurent dans le tableau de la planche.

La méthode que nous avons employée n'est pas la méthode générale, mais une méthode analogue à celle qui est donnée page 147 pour des poutres droites. Les membrures sont peu inclinées l'une par rapport à l'autre, sur presque toute l'étendue de la poutre, et l'on ne commettra pas une erreur sensible en admettant que dans chaque panneau les membrures sont parallèles et situées à une distance l'une de l'autre égale à leur distance moyenne dans le panneau considéré. Pour les treillis, nous admettrons une inclinaison moyenne correspondant à l'écartement moyen admis pour les membrures.

Nous avons vu au § 11, chapitre III, page 155 que les déformations dues aux membrures s'obtiennent par le tracé d'un polygone funiculaire, avec un polygone des forces dans lequel les forces sont égales à

$$P = \left(\frac{\Delta s' R'}{E} + \frac{\Delta s R}{E} \right)$$

où Δs et $\Delta s'$ sont les longueurs des membrures d'un panneau, R, et R' les coefficients de travail de ces membrures, E le coefficient d'élasticité égal à 16×10^{3} par ^{mm2} pour le fer. La distance polaire est variable et égale à la hauteur moyenne des panneaux.

Nous avons déjà dit que nous avons pris

$$R = R' = \frac{R + R'}{2}$$

Le polygone des forces est représenté dans la figure 3 ; l'échelle des forces P est de 10 ; celle des distances polaires est 10 fois plus grande que celle de la fig. 1.

Le polygone funiculaire B_1 A'$_1$ C de la figure 2 donne les déplacements verticaux en vraie grandeur. Les déplacements sont à mesurer verticalement à partir de la ligne B_1 A'$_1$ C$_1$. On obtient ainsi à l'extrémité de la poutre une flèche de $0^m,069$.

Les constructions ne sont indiquées entièrement que pour l'élément 3 ; on a pour cet élément :

$$P = \frac{2,4}{16 \times 10^{3}} \times (2,50 + 2,55) = 0,00070$$

La distance polaire correspondante, égale à la distance moyenne des membrures, est de $2^m,525$.

Les déformations correspondant aux treillis sont construites dans la figure 4 ; elles sont représentées dans chaque panneau par l'expression (voir page 149) :

$$\frac{r.\Delta s}{E\cos\alpha.\sin\alpha}.$$

où r est le coefficient de travail des treillis, Δs la longueur d'un panneau (qui était désignée par a, page 149), α l'angle d'une barre de treillis avec l'horizontale.

L'expression $\dfrac{r\Delta s}{E\cos\alpha.\sin\alpha}$ peut se construire graphiquement ou se calculer. Nous avons construit, figure 1, pour le panneau 3, l'expression $\dfrac{\Delta s}{E\cos\alpha.\sin\alpha}$ et nous avons fait les multiplications par $\dfrac{r}{E}$ à la règle à calcul.

Les déplacements dus aux treillis sont des déplacements parallèles, sans rotation; il suffit donc de porter les expressions $\dfrac{r\Delta s}{E\cos\alpha.\sin\alpha}$ sur la verticale $A_1'\,A_2''$ dans leur ordre, en tenant compte des signes, et de mener des horizontales comme cela est indiqué pour le panneau 3. On obtient ainsi les déplacements verticaux de la poutre; ils sont à mesurer à partir de la ligne B, A_2' C$_2$.

En additionnant les déplacements verticaux dus aux moments et ceux dus aux treillis, en tenant compte des signes, et en les portant comme ordonnées fig. 5 à partir de l'horizontale B, A_3' C$_3$, on obtient la courbe des déformations totales donnant une flèche de $0^m,097$ à l'extrémité de la poutre.

Si l'on joint par une droite les points B, et C,' on obtient en $A_2'\,A_2''$ la hauteur dont il faut relever le pivot, pour ramener le pont dans sa position horizontale, au moyen d'appareils hydrauliques.

CHAPITRE NEUVIÈME

FERMES DANS LES CHARPENTES

FERMES DANS LES CHARPENTES

Les méthodes de calcul des fermes de charpentes sont exactement les mêmes que celles des poutres de pont.

Ces fermes ne sont en réalité que des poutres ayant des formes un peu différentes, appropriées à un cas spécial. La ligne supérieure des fermes est donnée en général par la forme de la toiture, tandis que la ligne intérieure dépend du système que l'on adopte.

Le calcul des fermes est plus simple que celui des poutres de pont : l'étude des charges défavorables, qui est une des parties les plus compliquées, disparaît presque entièrement. Si l'on examine en effet de quelle manière une charpente peut être chargée, on arrive à deux cas seulement : celui où toute la toiture est uniformément chargée par une couche de neige dont l'épaisseur est constante, et celui où un seul côté est chargé, soit parce que le vent a balayé l'autre, soit encore parce que le soleil a fait disparaître plus vite la neige de l'un des côtés. En ce qui concerne le vent, il n'agit que d'un seul côté : on peut donc résumer comme suit les cas de surcharges à considérer dans les fermes.

1° *Surcharge uniformément répartie sur toute la longueur de la ferme. Surcharge totale* ;

2° *Surcharge uniformément répartie sur la demi-ferme. Demi-surcharge* ;

3° *Vent agissant sur l'une des faces.*

Quant aux valeurs numériques des charges et de la pression du vent à faire entrer dans les calculs, nous renvoyons au Ch. I, § 5, p. 18.

Les fermes peuvent se diviser en deux classes : celles qui
n'exercent aucune poussée sur les appuis, et qui peuvent se
comparer aux poutres à treillis ; et celles qui, au contraire,
exercent une poussée horizontale sur les appuis, comme les
arcs.

Pour les premières, on se servira des méthodes de calcul
indiquées au § 1, page 83 ; pour les autres, la théorie des arcs
trouvera son application.

Conditions pour qu'une charpente soit indéformable. — Pour
qu'un système soit rigide, il faut que l'on ait entre le nombre
de nœuds n et le nombre de barres b la relation suivante :

$$b = 2n - 3$$

Toute pièce supplémentaire est une pièce surabondante et
rend une détermination rigoureuse des efforts impossible par
la statique, sans l'étude des déformations.

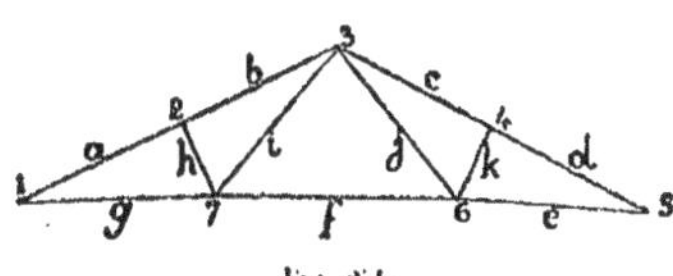

Fig. 251.

Prenons comme exemple la ferme Polonceau (fig. 251); il y
a 7 nœuds, portant les n°° 1 à 7, et 11 barres a à k.

On a :

$$11 = 2 \times 7 - 3,$$

la condition énoncée plus haut est bien remplie.

§ 1

FERME POLONCEAU A UNE SEULE BIELLE

(Planche 25, fig. 1, 2. 3, 4.)

Données. — La ferme que nous examinerons est représentée dans les fig. 2 et 3 de la pl. 25. Sa portée est de 20^m,00: elle est à une distance de 5^m.00 des fermes voisines. Les pannes qui s'attachent sur la ferme sont espacées de 2^m,50 l'une de l'autre, horizontalement ; elles transmettent à la ferme les efforts désignés dans la fig. 2 par 1. 2. 3, 4. 5, 6, 7.

Les pannes situées au-dessus des appuis O et O, ne sont pas à considérer dans le calcul de la ferme.

Les efforts agissant sur la construction se composent des charges et du vent. Nous pensons qu'il est en général préférable de séparer ces deux influences, afin de connaître l'importance relative des efforts que l'une et l'autre engendrent dans la construction. C'est ce que nous avons fait dans la planche. Les fig. 1 et 2 ont servi à déterminer les efforts dus aux charges ; les figures 3 et 4 donnent les efforts engendrés par le vent.

Les charges admises sont les suivantes :

Poids du métal au mètre carré, horizontalement........	22^k
Zinc sur voliges (pente 0^m,10)	36^k
Total..................	58^k
Surcharge au mètre carré...........................	50^k
Charge totale...........	108^k

Nous admettrons pour le vent un effort de 140^k par mètre carré[1] de surface normale à la direction du vent, et nous donnerons à celle-ci un angle de 10° avec l'horizontale.

Charges. — Nous avons déjà dit que les pannes transmettent leurs charges aux points 1 à 7, mais outre ces charges il y a à considérer le poids propre des fermes ; ce dernier n'est

1. Les efforts admis pour le vent agissant sur les charpentes varient de 100 à 200 k.

qu'une petite partie du poids total et il sera permis de le concentrer aussi aux mêmes points 1 à 7. Ceci étant admis, la
charge en chacun de ces points sera :

$$108^{k} \times 2,5 \times 5,0 = 1.350^{k}$$

Mais les points 1, 3, 5, 7 ne sont pas des nœuds, et les charges qui agissent en ces points seront transmises aux nœuds
voisins par la résistance des arbalétriers à la flexion. On
n'aura ainsi à considérer pour le calcul de la ferme que les
efforts I, II, III de $2 \times 1350 = 2700^{k}$ chacun ; les arbalétriers
auront à subir, outre les efforts de compression que donnera
l'épure, des efforts de flexion que nous calculerons ensuite.

Les trois efforts I, II, III ont été portés dans le polygone des
forces, fig. 1. Les réactions sur les appuis, correspondant à ces
efforts, sont égales à cause de la symétrie des charges ; elles
sont désignées dans la figure 1 par T_a et T_b et égales chacune
à 4050^{k} la demi-somme des efforts I, II, III. [1]

Par la méthode de Cremona, qui consiste à faire des décompositions successives, on a déterminé dans le polygone des
forces les efforts agissant dans les différentes pièces. La réaction
T_a se décompose d'abord suivant les directions a et b. On passe
ensuite au nœud N et l'on constitue (fig. 1) le polygone des forces b, c, d, 1 : dans ce polygone les forces b et I sont connues
et les deux autres s'en déduisent.

Du nœud N on passe au nœud F, puis au nœud J. On peut
arrêter là les constructions, les efforts dans la partie de droite
étant les mêmes que ceux de gauche. Le polygone des forces
se borne alors au tracé indiqué en trait plein : nous avons
cependant complété le polygone par le tracé pointillé, qui lui
donne de la symétrie.

Les efforts dans le polygone des forces sont désignés par les
mêmes lettres que les pièces correspondantes de la fig. 2. Les
pièces qui sont soumises à des efforts de compression ainsi

---

1. Il est à remarquer que ces réactions ne sont pas les réactions vraies des
appuis. Ces dernières sont plus grandes et s'obtiennent par l'addition de la
charge qui agit sur l'appui et qui est de 1350^{k} ; on arrive ainsi à des réactions de $4050 + 1350 = 5400^{k}$.

que les efforts correspondants, sont tracés en traits doubles, les
autres pièces travaillant à l'extension en traits simples.

Quant au sens des efforts, nous avons indiqué à la page 87
comment on le détermine.

Au point F, par exemple, il y a 4 efforts ; le sens de l'effort
a étant connu, on met dans le polygone des forces toutes les
flèches indicatrices dans un même sens pour les efforts a, c,
e, f qui se font équilibre. On reporte les flèches dans la fig. 2,
et toutes celles qui s'éloignent du point F indiquent de la tension, tandis que celles qui s'en approchent désignent une compression.

Dans une ferme Polonceau on sait d'avance que les arbalétriers b et d et la bielle c sont comprimés par les charges, tandis que toutes les autres pièces sont tendues, et une recherche
du sens des efforts est à peine nécessaire.

Les efforts déterminés dans la fig. 1 ont été mesurés à l'é-
chelle, qui est de 4^{mm} pour 1000^k, et ils ont été inscrits sur
chaque pièce dans la fig. 2.

Vent. — Les efforts intérieurs dus au vent se calculent exactement par la même méthode, dès que l'on connaît l'action extérieure du vent.

Les points d'action sont les points I et II, le point III est à
l'abri.

La projection de la toiture sur la direction perpendiculaire
à celle du vent a $5^m,5$ de hauteur. L'effort total que le vent
exercera sur une ferme sera de

$$110 \times 5 \times 5,5 = 3.850^k$$

cet effort se répartit de la manière suivante :

> 1.925^k au point I
> 962 en chacun des points II et II.

Nous laisserons de côté l'effort O qui agit directement sur
l'appui.

Les efforts du vent sont à décomposer en un effort normal à
la toiture et un effort parallèle. C'est l'effort normal qui est à
considérer, il est obtenu (fig. 3) par une décomposition au point
I ; l'effort au point II est la moitié de l'effort I. Les efforts n'a-

gissent plus symétriquement par rapport à l'axe de la ferme, comme c'était le cas pour les charges. Par suite, les réactions sur les appuis ne sont pas égales : elles ont été déterminées au moyen du polygone des forces (I, II fig. 4) ayant le point O' comme pôle, et du polygone funiculaire correspondant A B C D (fig. 3). La parallèle O'K à la ligne de fermeture AD du polygone funiculaire coupe sur la ligne des forces les deux réactions T_a et T_b. Connaissant les réactions, on construit le polygone de Cremona qui donne les efforts dans toutes les pièces, (fig. 4). On commence à cet effet par décomposer la réaction T_a suivant les directions a et b, et l'on procède en allant de nœud en nœud exactement comme cela a été fait pour les charges ; le nœud N, puis F, J, L, M, et O.

Tous les efforts obtenus dans la fig. 4 ont été inscrits sur les pièces correspondantes de la fig. 3.

Nous donnons, dans le tableau suivant, le résumé des efforts de tension et de compression engendrés dans toutes les pièces. Les efforts de tension sont désignés par des signes +, les efforts de compression par des signes —.

Désignation des pièces	Efforts dus aux charges	Efforts dus au vent	Efforts totaux
a	+ 11.200ᵏ	+ 2.700	+ 13.900
b	— 12.000	— 2.500	— 14.500
c	— 2.500	— 1.000	— 3.500
d	— 11.000	— 2.500	— 13.500
e	+ 4.000	+ 1.550	+ 5.550
f	+ 7.200	+ 1.250	+ 8.250
c'	+ 4.000	+ 100	+ 4.100
d'	— 11.000	— 1.650	— 12.650
e'	— 2.500	0	— 2.500
b'	— 12.000	— 1.650	— 13.650
a'	+ 11.200	+ 1.300	+ 12.500

Comme nous l'avons déjà dit, il y a à ajouter pour les arbalétriers b, d, b', d' les efforts de flexion provenant des pannes 1, 3, 5, 7. Dans le cas où les arbalétriers sont articulés aux points N, J et L, la flexion dans un des arbalétriers se calcule simplement comme dans une poutre reposant librement sur deux appuis. Dans le cas où la continuité existe, on les calcule

comme pour une poutre continue reposant sur les appuis O, N,
J, L, O, ou, avec une approximation suffisante, en supposant
l'arbalétrier *b* libre en O et encastré en N, et l'arbalétrier *d*
encastré à ses deux extrémités.

§ 2.

FERME POLONCEAU A DEUX BIELLES

(Planche 25, fig. 5, 6 et 7).

Données. — La ferme est représentée dans la fig. 5 de la
planche 25. Sa portée est de 30^m,00 ; l'écartement des fermes
est de 6^m,00. La distance des pannes de $\dfrac{30}{16} = 1^m,875$.

Les charges sont les suivantes, par mètre carré de projection
horizontale.

Métal..	40^k	
Couverture en zinc.....	36^k	} 76^k
Surcharge.............	50^k	

Nous ne déterminerons pas, dans cet exemple, les efforts engendrés par le vent, parce que l'épure serait semblable à celle
du cas précédent, mais nous examinerons le cas où une moitié
de la ferme seulement serait chargée.

Les charges des pannes 1, 2, 3, 4, 5, 6, 7, 8 n'entrent pas
dans l'épure ; elles soumettent l'arbalétrier à la flexion et ce
dernier reporte ces charges aux points I, II, III, IV, etc.

L'épure est faite pour la charge permanente ; les efforts dus
à la surcharge totale s'obtiennent par une simple proportion.

Charge permanente. — Nous faisons agir toute la charge
permanente aux points I, II, III, etc., et l'on a en chacun de
ces points un poids de :

$$76 \times 6 \times 1.875 \times 2 = 1.710^k.$$

Comme dans le cas précédent, l'épure a été faite pour une demi-
ferme seulement, à cause de la symétrie des charges. On s'est
servi d'un polygone de Cremona (fig. 6).

La réaction de gauche $= 3\frac{1}{2} \times 1.710$ a été décomposée suivant les pièces a et b ; puis, considérant successivement les nœuds A, B, C, D, E, F, G on a déterminé les efforts dans toutes les pièces. On met en chaque nœud toutes les forces en équilibre, et il n'y a, en suivant l'ordre indiqué, que 2 efforts inconnus par nœud.

Le point C est cependant une exception ; quand on y arrive, on ne connaît que les efforts d et e et les forces inconnues sont au nombre de trois g, h, i. Mais il suffit de remarquer que les efforts e et i sont égaux.

Les efforts dans les pièces c et e ne sont dus qu'à la charge I, ceux des pièces i et l à la charge III. Si les charges I et III venaient à disparaître, il n'y aurait plus aucun effort dans ces pièces.

L'effort dans la pièce c peut s'obtenir en décomposant la charge I suivant les directions b et c ; l'effort dans la pièce e, en décomposant l'effort c suivant a et e. Une décomposition analogue donne l'effort dans la pièce i au moyen de la charge III. L'égalité des charges I et III et des triangles isocèles OBC et CFG conduit à des efforts égaux dans les pièces e et i.

Remarquons aussi que les efforts c et l tombent sur une même ligne A'M' dans le polygone des forces ; il est donc très facile de compléter ce polygone.

Le signe des efforts s'obtient par la même considération que dans l'exemple précédent, au moyen des flèches indiquées pour le point C par exemple. Toutes les pièces comprimées et les efforts correspondants sont indiqués en double trait dans la planche.

Surcharge totale.—Les efforts dus à la surcharge se déduisent de ceux de la charge permanente, en multipliant ces derniers par le rapport des charges $\frac{50}{70}$.

Demi-surcharge.—Le cas de la demi-surcharge ne donne dans aucune pièce des efforts plus grands que la surcharge totale, mais nous donnons leur construction dans la fig. 7 pour montrer comment on opère dans le cas où les charges ne sont pas symétriques.

Les réactions sont déterminées par le moyen d'un polygone funiculaire UV, tracé au moyen du pôle O'. La ligne O'T, parallèle à UV, détermine sur la verticale des forces les deux réactions T_G et T_D. Celles-ci étant connues, on procède comme dans le cas précédent ; mais en faisant la construction pour la ferme complète. Les efforts dans les pièces l', i', g', e', c' du côté qui n'est pas chargé, sont nuls.

Efforts totaux.— Les efforts dans toutes les pièces sont résumés dans le tableau suivant, pour la charge permanente et la surcharge ; en les additionnant on a obtenu les efforts totaux.

Les efforts de flexion dans les arbalétriers, engendrés par les pannes situées entre deux nœuds, ne sont pas considérés ; ils se détermineraient comme nous l'avons indiqué dans l'exemple qui précède.

Efforts dus aux charges

Désignation des pièces	Efforts dus à la charge permanente	Efforts dus à la surcharge totale	Efforts dus à la demi-surcharge		Efforts maximums totaux
			Côté chargé	Côté libre	
a	+ 16.400	+ 10.800	+ 7.800	+ 3.000	+ 27.200
b	— 17.600	— 11.600	— 8.400	— 3.200	— 29.200
c	— 1.500	— 980	— 980	0	— 2.480
d	— 17.000	— 11.200	— 8.000	— 3.200	— 28.200
e	+ 2.100	+ 1.380	+ 1.380	0	+ 3.480
f	+ 14.200	+ 9.400	+ 6.400	+ 3.000	+ 23.600
g	— 3.100	— 2.000	— 2.000	0	— 5.100
h	— 16.500	— 10.900	— 7.700	— 3.200	— 27.400
i	+ 2.100	+ 1.380	+ 1.380	0	+ 3.480
j	+ 5.600	+ 3.700	+ 3.400	+ 300	+ 9.300
k	+ 8.900	+ 5.850	+ 2.925	+ 2.925	+ 11.750
l	— 1.500	— 980	— 980	0	— 2.480
m	— 15.800	— 10.400	— 7.200	— 3.200	— 26.200
n	+ 7.700	+ 5.100	+ 4.800	+ 300	+ 12.800

Les efforts de tension sont désignés par le signe +, les efforts de compression par le signe —.

En additionnant, pour une même pièce, les efforts trouvés dans le cas de la demi-surcharge du côté chargé et du côté libre, on doit retrouver l'effort dû à la surcharge totale.

§ 3.

FERME DE 6^m,00 DE PORTÉE.

(Planche 20, fig. 8).

La ferme représentée fig. 8 est d'un type que l'on emploie souvent dans les constructions en bois. Elle a 6 mètres de portée et est distante de 2^m,00 des fermes voisines. Les charges au mètre carré de projection horizontale sont les suivantes :

Poids propre.............	20 k
Couverture en tuiles.......	50
Surcharge totale..........	50
Charge totale.......	120 k

Les charges sont concentrées aux trois points 1, 2 et 3. Chacune des charges est de : $120 \times 1,5 \times 2,00 = 360$ k.

La réaction T, à gauche de la ferme, est égale à la demi-somme des forces 1, 2, 3. Les efforts dans les différentes pièces de la ferme ont été obtenus (fig. 9) au moyen d'un polygone des forces, par la méthode de Cremona. Les décompositions de forces se font successivement en considérant les nœuds O, A, B, C. La réaction T₀ a été décomposée d'abord suivant les pièces a et b, puis la force 1 suivant les directions a, d, c puis la force 2 suivant d, e, d', et l'on a ainsi les efforts dans toutes les pièces. Le signe des efforts s'obtient en considérant chaque nœud ; dès que l'on connaît le sens des efforts en l'un des nœuds, on en déduit le sens des autres, comme cela est indiqué page 87. Au nœud A, par exemple, nous avons les forces 1, a, c, d qui se font équilibre. Dans le polygone des forces, les flèches indicatrices de ces efforts auront toutes le même sens. Reportant les flèches dans la fig. 8, toutes celles qui se dirigent vers le point A indiquent de la compression. On voit ainsi que les trois pièces a, d, c sont comprimées.

Nous résumons dans le tableau suivant les efforts dans les différentes pièces. Les tensions ont le signe positif, les compressions, le signe négatif. Dans les fig. 8 et 9, les efforts et les pièces comprimées sont indiquées par un double trait.

Désignation de la pièce	Effort dans la pièce
a	1.100^k
b	1.000
c	400
d	750
e	350

§ 4

FERME A TREILLIS SIMPLE AVEC MARQUISES

(Planche 26, fig. 1).

Données. —

Portée de la ferme d'axe en axe des appuis....	10^m,00
Porte-à-faux des marquises..................	2,80
Écartement des fermes.....................	4,00

Charges, au mètre carré de projection horizontale :

Métal.....................	36^k
Couverture en tuiles	50
Surcharge.................	50
Charge totale..........	136^k

Les efforts sont concentrés aux points 1, 2, 3, 4, 5, 6, 7 et aux points symétriques. La charge en chacun de ces points est de

$$136 \times 4 \times 1,25 = 680^k.$$

La réaction sur un appui est la somme des efforts 1 à 6, plus la moitié de l'effort 7.

Les efforts intérieurs dans la ferme sont déterminés dans le polygone des forces (fig. 2), où les charges verticales ont été portées les unes à la suite des autres. A cet effet, on considère ·

successivement tous les nœuds dans l'ordre suivant (voir fig.
1) : A, B, O, C, D, E, F, G, H, I, J, K. Il y a en chaque nœud
deux forces inconnues, qui se déterminent en établissant dans
le polygone des forces un contour fermé, comprenant tous les
efforts agissant au nœud considéré. Le signe des efforts s'obtient en mettant dans le polygone des forces toutes les flèches
dans le même sens, en suivant le circuit, et en reportant ces
flèches dans la figure 1. Toutes les flèches s'éloignant du nœud
indiquent de la tension, toutes les autres correspondent à des
efforts de compression.

C'est ainsi, par exemple, qu'en suivant dans le polygone des
forces le circuit l, j, k, i, h, la flèche l étant une flèche des-
cendante, et en reportant les flèches fig. 1, on voit en considérant le nœud E que les pièces h, i, j sont comprimées et la
pièce k tendue.

Tous les efforts de compression, ainsi que les pièces comprimées, sont indiqués par des traits doubles.

Les décompositions ne sont faites que pour une demi-ferme.
Pour la seconde moitié de la ferme, les efforts sont les mêmes,
et il est inutile de tracer le polygone des forces complet.

Les efforts sont désignés dans la fig. 2 par la même lettre
que la pièce correspondante de la fig. 1 : en les mesurant à
l'échelle de 1 mm. pour 100 kil., on obtient les efforts qui agissent dans les pièces.

Nous ne déterminerons pas les efforts dus au vent comme
nous l'avons fait pour la ferme Polonceau. On se servirait d'un
polygone de Cremona analogue à celui des charges verticales ;
mais il est utile de remarquer que dans les petites fermes on
néglige généralement la composante horizontale du vent et
l'on ne tient compte que de l'effort vertical. Le vent n'agissant
que sur une moitié de la ferme, les charges ne sont pas symétriques et la réaction de gauche, qui sert au point O dans la
décomposition des forces, se déterminerait par un polygone funiculaire, comme nous l'avons vu dans des exemples précédents.

§ 5

CONSOLE A TREILLIS

(Planche 26, fig. 3).

La console à treillis de la fig. 3, pl. 26, a 4^m,00 de portée ; elle est distante des consoles voisines de 5^m,00.

Les charges au mètre carré de projection horizontale sont :

Métal........................	20^k
Couverture	17
Surcharge...................	50
Total...................	87^k

Les charges sont concentrées aux points 1, 2, 3, 4, distants de 1^m,00. Au point 1 la charge est de $5 \times 0,5 \times 87 = 217$, aux points 2, 3, 4, elle est de $5 \times 1 \times 87 = 435$ k.

La partie extrême de la console est à paroi pleine, la force extérieure qui doit servir à déterminer les efforts dans les premières pièces a, b, c est la résultante R des forces 1 et 2. La position de cette résultante se détermine au moyen d'un polygone funiculaire CDE, tracé avec un pôle O' (fig. 4). La force extérieure R se décompose par la méthode de Culmann suivant les trois pièces a, b, c. A cet effet, on décompose d'abord la force R suivant la direction c et suivant la ligne AB, passant par l'intersection B des pièces b et a. Cette dernière composante se décompose à son tour suivant les pièces a et b. Les trois premiers efforts étant connus, on continue à déterminer les autres par la méthode de Cremona, en considérant successivement les nœuds C, D, E, F. La résultante des efforts i et j donne la traction sur les maçonneries au point G, l'effort k donne la compression au point H.

§ 6

FERME A TREILLIS DOUBLE DE 24^m DE PORTÉE

(Planche 26, fig. 5).

Comme nous l'avons fait remarquer en traitant des poutres à treillis, pour déterminer rigoureusement les efforts dans un treillis double il faudrait, au moyen de la théorie de l'élasticité, tenir compte des déformations des pièces et déduire de ces déformations les forces intérieures. Il en est ainsi chaque fois qu'il y a des barres surabondantes, ce qui est toujours le cas dans les treillis doubles. Mais on peut se contenter, sans grande erreur, de considérer séparément chacun des deux systèmes de treillis, l'un indiqué en trait plein dans la fig. 5, l'autre en pointillé. On applique alors à chacun des systèmes la moitié des charges et l'on détermine les efforts dans les pièces de chacun d'eux. On additionne ensuite les efforts trouvés dans les membrures et les montants qui sont des pièces communes aux deux systèmes, en tenant, bien entendu, compte des signes.

Les données pour le calcul de la ferme sont les suivantes :

Portée de la ferme............ 24^m,00
Distance aux fermes voisines...   4 ,00

Charges au mètre carré, en projection horizontale :

Métal..................... 12^k
Couverture en tuiles......... 48
Surcharge................. 50
    Charge totale............ 110^k

Les charges correspondant aux montants 1, 2, 3, 4, 4′, 3′, 2′, 1′ sont de 110 × 4 × 2 = 1.120 k., et de 110 × 4 × 3 = 1.680 k. aux montants 5 et 5′.

Les réactions sont égales à la somme des efforts 1 à 5, ou à la demi-charge.

Dans la fig. 6. nous avons déterminé les efforts correspondant aux pièces de la moitié de gauche du premier système à treillis et dans la fig. 7 ceux des pièces de la moitié de droite du second système. La méthode employée est celle de Cremona. Il est aisé de voir dans le polygone des forces la marche qui a été suivie. Dans la fig. 6, on a considéré successivement les nœuds A, B, C, D, E, F, G, H, I, J, K, et dans la fig. 7 les nœuds A', C', B', E', D', G', F', I', H', K', J'. Il est à remarquer que dans le premier système la barre *c* ne subit aucun effort, tandis que dans le second c'est la pièce *a* qui est inutile.

Comme vérification de l'exactitude des constructions, on doit trouver dans les deux figures les mêmes efforts pour les pièces *a* et *c* ; c'est une conséquence de leur parallélisme et de la symétrie des charges.

Il est utile de remarquer aussi que, la méthode de Cremona consistant à déterminer les efforts dans les pièces en se servant de ceux qui sont déterminés précédemment, les erreurs s'accumulent ; il est donc prudent de vérifier les derniers efforts trouvés, soit au moyen de la méthode de Ritter, soit au moyen de celle de Culmann (voir page 83).

Les pièces qui sont soumises à la compression sont indiquées en trait double dans la fig. 5, mais dans les polygones des forces les efforts correspondants n'ont pas été tracés en traits doubles comme dans les autres exemples, pour ne pas enlever à la figure sa netteté.

Nous donnons ci-dessous les efforts dans une pièce de chacun des types :

		Effort. fig. 6.	Effort. fig. 7.	Effort total.
Membrure supérieure,	pièce *m*	— 8.500	— 9.200	— 17.700
Membrure inférieure,	pièce *a*	8.700	7.900	16.600
Montant,	pièce *l*	300	— 600	— 300
Barre de treillis,	pièce *n*	— 900		— 900
	pièce *n'*		1.200	1.200

Les efforts de tension sont désignés par le signe positif et les efforts de compression par le signe négatif.

§ 7

FERME COURBE A TROIS ARTICULATIONS

(Planche 27, fig. 1).

La ferme est articulée au sommet et sur ses deux appuis.

Sa portée est de 30^m,00.

Sa distance aux fermes voisines de 8^m,00.

Les charges par mètre carré de projection horizontale sont de

    100 k. pour la charge permanente,
     50 k. de surcharge
    ───────
Total. 150 k.

Nous examinerons successivement le cas de la charge totale, celui de la charge permanente et celui de la demi-surcharge ; nous déterminerons de plus les efforts engendrés par un vent de 200 k. par mètre carré, agissant horizontalement, aussi bien sur la paroi verticale que sur la partie inclinée du toit.

La distance des pannes ou des montants de la ferme étant de 1^m,95, la charge sur un montant sera de $150 \times 1,95 \times 8 =$ 2.340 k. La charge 1 diffère seule des autres, elle comprend une surface couverte moins grande, mais nous y avons ajouté le poids du pilier ; elle est de 2.000 k.

Efforts engendrés par la charge totale. — Les forces extérieures peuvent se déterminer en grandeur et en position par le moyen d'un polygone des forces, fig. 2, et d'un polygone funiculaire ou *ligne de pression*. Le même polygone des forces donne en même temps la grandeur des forces extérieures à toutes les sections (ces forces sont les rayons du polygone des forces), tandis que la ligne de pression donne leur position. L'inconnue est la poussée horizontale H des appuis, qui sert de distance polaire dans le polygone des forces pour le tracé de la ligne de pression ; mais on sait que celle-ci passe par les trois articulations O, S, O$_1$. Prenons d'abord un pôle quelconque O'. fig. 2, et traçons le polygone funiculaire correspondant

OA. La distance du sommet A du polygone (qui n'est tracé que pour une moitié de la ferme) à l'horizontale des appuis OO₁ est inversement proportionnelle à la distance polaire. Nous avons eu soin de porter les forces sur la verticale du point S et de placer le pôle O' sur la ligne OO₁ ; en menant la ligne AO″ parallèle à SO', on obtient le pôle O″ correspondant à la ligne de pression. Cette ligne de pression a été tracée en trait plein, fig. 1, pour une demi-ferme seulement. Le polygone des forces n'est aussi tracé que pour la même demi-ferme. Les forces intérieures se déterminent au moyen des forces extérieures par l'une des trois méthodes, de Culmann, de Ritter ou de Cremona. Nous nous contenterons de donner les calculs d'une pièce de chaque type :

La membrure supérieure BF, la membrure inférieure CD, la barre de treillis BD ont la même force extérieure, qui est égale au rayon qui va de O″ entre les efforts 6 et 7, fig. 2, de 13.500 k.

L'effort dans la membrure supérieure BF s'obtient en multipliant la force extérieure par la distance q du nœud opposé D à cette force, et en divisant le produit par la distance d du même point D à la membrure : on obtient ainsi un effort de

$$\frac{13.500 \times 1.100}{1.200} = 12.375 \text{ à la compression}[1]$$

L'effort dans la membrure inférieure CD se calcule d'une manière analogue en considérant le nœud B ; il est égal à :

$$\frac{13.500 \times 0.300}{1.200} = 3.375 \text{ à la compression}$$

L'effort dans la barre de treillis BD peut encore se déterminer par la même méthode, en prenant comme nœud le point d'intersection des membrures BF et CD ; mais au point considéré, ces membrures sont presque parallèles, il suffit dès lors de décomposer, dans le polygone des forces, la force extérieure[2]

---

1. Le sens des efforts s'obtient suivant la méthode indiquée page 85.
2. Rappelons que la force extérieure est la somme de toutes les forces agissant sur la construction à gauche de la section. Pour les membrures et

suivant une parallèle aux membrures et suivant la direction
de la barre de treillis. On trouve ainsi pour la barre BD un effort de 1250 k. à la tension.

L'effort dans le montant BC s'obtient de la même manière
dans le polygone des forces ; mais la force extérieure est celle
qui va de O' entre les forces 5 et 6. On trouve ainsi dans la
pièce BC un effort de 3.250 k. à la compression.

Charge permanente. — Les efforts dus à la charge permanente seule, sans surcharge, se déduisent de ceux qui résultent
de la charge totale, en multipliant ces derniers par le rapport
100/150, de la charge permanente à la charge totale.

On trouve ainsi pour les pièces considérées plus haut :

$$\text{Efforts}$$

$$\text{Membrure BF} \quad 12.375 \times \frac{100}{150} = 8.250 \text{ compression}$$

$$\text{Membrure CD} \quad 3.375 \times \frac{100}{150} = 2.250 \text{ compression}$$

$$\text{Treillis } \quad BD \quad 1.250 \times \frac{100}{150} = 833 \text{ tension}$$

$$\text{Montant } \quad BC \quad 3.250 \times \frac{100}{150} = 2.166 \text{ compression}$$

Demi-surcharge. — Dans le cas de la demi-surcharge, la poussée horizontale est exactement la moitié de celle de la surcharge
totale, de plus le dernier rayon O″9 du polygone des forces est
parallèle à SO_1. Le nouveau pôle O″ correspondant est donc
facile à construire. Le pôle étant connu, il est facile aussi de
tracer la ligne de pression correspondante : elle est marquée
en pointillé dans la fig. 1.

Du côté de la charge, la ligne de pression est polygonale et
s'élève au-dessus de la ferme, du côté opposé c'est une ligne
droite passant par les articulations S et O_1. La ligne de pression
détermine la position des forces extérieures qui sont données
en grandeur et en direction dans le polygone des forces. Les
forces intérieures se calculent de la même manière que dans le

les treillis, la section se fait suivant *mn* (voir la fig. 1) ; pour les montants
elle se fait suivant *m'n'*.

Dans la partie verticale, la force extérieure est la somme des forces agissant en dessous de la section.

cas précédent. Si nous appliquons la méthode aux pièces que nous avons déjà considérées nous arrivons aux efforts suivants.[1]

Membrure inférieure CD, du côté de la charge

$$\text{Effort de traction} \qquad \frac{6.500 \times 2,45}{3 \times 1,20} = \frac{13.270}{3} = 4.423^{k}$$

du côté opposé à la charge

$$\text{Effort de compression} \qquad \frac{7.700 \times 2.30}{3 \times 1,20} = \frac{14.758}{3} = 4.919^{k}$$

Membrure supérieure BF, du côté de la charge

$$\text{Effort de compression} \qquad \frac{6.500 \times 3,50}{3 \times 1,20} = \frac{18.080}{3} = 0.320^{k}$$

du côté opposé à la charge

$$\text{Effort de tension} \qquad \frac{7.700 \times 0,70}{3 \times 1,20} = \frac{4.402}{3} = 1.500^{k}$$

Barre de treillis BD. — En faisant la décomposition dans le polygone des forces, comme cela a été fait pour la charge totale, on trouve :

$$\text{du côté de la charge} \quad \frac{1.500}{3} = 500 \text{ compression}$$

$$\text{du côté opposé} \quad \frac{3.500}{3} = 1.170 \text{ tension}$$

Montant BC. — On trouve comme précédemment, dans le polygone des forces :

$$\text{du côté de la charge} \quad \frac{1.000}{3} = 330 \text{ compression}$$

$$\text{du côté opposé} \quad \frac{2.000}{3} = 670 \text{ compression}$$

On opérerait de la même manière pour toutes les pièces de la ferme, en remarquant toutefois que lorsque les membrures ne

1. Remarquons que l'échelle des forces change ; le polygone de la fig. 2 étant tracé pour la charge totale de 150 k. et la surcharge n'étant que de 50 k. l'échelle est 3 fois plus grande, ou ce qui revient au même, on divisera les efforts obtenus par 3.

sont pas parallèles, les efforts dans les treillis et les montants s'obtiennent comme dans les membrures, en considérant le nœud opposé.

Efforts dus au vent. — Les efforts du vent 1 à 5, sur la partie inclinée de la ferme, agissent aux mêmes points que les charges. L'effort horizontal du vent sur un élément qui a 0 m. 800 de hauteur verticale, pour un vent de 200 k. par mètre carré, est de :

$$200 \times 0{,}8 \times 8 = 1280 \text{ kilos.}$$

Cet effort a été décomposé en un effort normal à la surface du toit et en un effort parallèle. Nous avons déjà dit que ce dernier effort est une force vive qui est sans influence sur la construction (page 22).

Dans la partie verticale, les efforts 1, 2, 3 sont appliqués aux nœuds extérieurs ; ils sont obtenus simplement par la formule :

$$200 \times 8{,}00 \times \frac{d + d'}{2}$$

d et d' étant les distances du nœud considéré aux nœuds voisins.

L'effort 4, qui agit au point de rencontre de la surface inclinée et de la paroi verticale, est la résultante de deux efforts dont l'un est horizontal et l'autre perpendiculaire au toit.

Tous les efforts ont été portés dans leur ordre, fig. 3, dans un polygone des forces, et au moyen d'un pôle quelconque O_1' et d'un polygone funiculaire LV, la position de leur résultante R a été déterminée ; elle passe au point R, intersection des côtés extrêmes du polygone funiculaire. La grandeur de cette résultante est donnée dans le polygone des forces. Les réactions R_a et R_b des appuis O et O_1 font équilibre à cette résultante, et de plus la réaction R_a passe par les deux articulations O et S ; on connaît donc sa direction et une simple décomposition de forces dans le polygone, fig. 3, donne les réactions R_a et R_b en grandeur et en direction. On obtient en même temps le point O_1'', qui est le pôle pour le tracé de la ligne de pression. Cette ligne de pression se trace en partant du point O, ou du point O, et si le tracé est exact, on arrivera, à la fin du tracé, à passer par le second appui.

Connaissant les forces extérieures qui sont données par la ligne de pression et par le polygone des forces, il devient facile de déterminer, dans une section quelconque mn, les efforts dans les pièces rencontrées par cette section. Cette détermination a été faite comme dans le cas des charges, pour les pièces CD, BF, BD et BC.

Membrure inférieure CD. — Du côté du vent :

$$\text{Tension} \quad \frac{2.800 \times 4,95}{1,2} = 11.550^{k}$$

Du côté opposé au vent :

$$\text{Compression} \quad \frac{3.500 \times 2,30}{1,2} = 6.708^{k}$$

Membrure supérieure BF. — Du côté du vent :

$$\text{Compression} \quad \frac{2.800 \times 4,40}{1,2} = 10.266^{k}$$

Du côté opposé au vent :

$$\text{Tension} \quad \frac{3.500 \times 0,70}{1,2} = 2.041^{k}$$

Barre de treillis BD. — En faisant dans le polygone des forces une décomposition de la force extérieure, comme cela a été fait pour les charges, on trouve dans la barre de treillis :

Du côté du vent, un effort de compression de 3.600 k.

Du côté opposé au vent, un effort de tension de 1.700 k.

Montant BC. — C'est aussi par une décomposition de la force extérieure dans le polygone des forces qu'on trouve les efforts suivants :

Du côté du vent, un effort de tension de 1.830 k.

Du côté opposé au vent, un effort de compression de 1.000 k.

Efforts maximums. — Nous résumons dans le tableau suivant, pour les quatre pièces que nous avons examinées, les efforts dans les différents cas de surcharge et de vent, ainsi que l'effort total maximum :

Désignation de la pièce		Charge permanente.	Charge permanente et surcharge totale.	Demi surcharge		Vent		Maximum
				côté chargé.	côté libre.	côté frappé.	côté libre.	
Membrure inférieure	CD	—2.250	—3.375	4.423	—4.940	11.550	—6.708	13.723
Membrure supérieure	BF	—8.250	—12.375	—6.320	1.500	—10.265	2.041	—24.835
Treillis	BD	833	1.250	—500	1.170	—3.600	1.700	3.703
Montant	BC	—2.166	—3.250	—330	—670	1.850	1.000	3.250

Les efforts maximums sont obtenus par l'addition des efforts soulignés.

§ 8

FERME COURBE A DEUX ARTICULATIONS SUR LES APPUIS

Planche 28.

La ferme représentée Pl. 28, fig. 1, est une ferme sans articulations, reposant sur deux petites surfaces d'appui, mais on pourra admettre, sans erreur sensible, que les réactions passent par les milieux de ces surfaces d'appui, et le calcul de la ferme se fera par la théorie de l'élasticité, comme celui d'un arc à deux articulations. Nous renvoyons à cet effet aux § 11 et 16 de la théorie des arcs ; il suffira de résumer brièvement les constructions de l'épure.

Les données sont les suivantes :

Portée des fermes. . . . 22^m,10

Charges en chacun des montants :

Charge permanente . . . 1.500 k.

Surcharge . . . . 500 k.

On aura pour la charge complète un effort de 2.000 k. au droit de chaque montant de la ferme.

Charges verticales. — Comme on l'a déjà vu pour les arcs, la théorie de l'élasticité ne permet pas de faire le calcul direct des sections des pièces ; il est nécessaire de commencer par déterminer ces sections par une méthode approximative, et l'on vérifie ensuite leur résistance. Supposons que la détermination approximative ait été faite. La première opération consiste alors à faire, pour chaque pièce, le calcul de l'expression $\dfrac{s}{E\,\omega a^2}$, dans laquelle s est la longueur de la pièce entre les deux nœuds adjacents, a la distance de la pièce au nœud opposé, ω la section de la pièce et E le coefficient d'élasticité.

Toutefois, on peut laisser E de côté, sa valeur étant constante, et ne s'occuper que de $\Delta F = \dfrac{s}{\omega.a^2}$.

Comme nous l'avons déjà vu, l'influence des barres de treillis et des montants est très faible dans les arcs ; elle est encore plus petite dans les fermes, où les moments fléchissants ont un rôle relativement plus considérable, à cause de la forme des fermes qui diffère beaucoup de celle de la ligne de pression des charges.

Donnons, comme exemple, le calcul de l'expression $\dfrac{s}{\omega a^2}$ pour la pièce 5.

On a

$$s = 1^m,70, \qquad a = 1^m,30, \qquad \omega = 0,02134 \qquad \text{et} \qquad \frac{s}{\omega a^2} = 47,2.$$

Les expressions $\Delta F = \dfrac{s}{\omega.a^2}$ étant calculées, on les considère comme forces dans le polygone des forces, fig. 2, et, avec une distance polaire égale à $\Sigma\Delta F$, on trace le premier polygone funiculaire, fig. 3 [1]. Ce polygone, dont une moitié seulement a été tracée, à cause de la symétrie de la ferme, détermine la hauteur du centre de gravité S′ de l'arc. Le point S′ sert ensuite de pôle aux segments interceptés sur la ligne des appuis AB par le premier polygone, et l'on trace le 2ᵉ et le 3ᵉ polygone funiculaire. Dans le 2ᵉ, les charges agissent verticalement, dans le 3ᵉ elles agissent horizontalement, mais toujours aux nœuds opposés aux pièces correspondant aux éléments.

1. Les rayons du polygone sont perpendiculaires à ceux du polygone des forces.

Pour l'élément 1 seul, qui est à paroi pleine, l'expression $\frac{s}{\omega a^2}$ est remplacée par $\frac{\Delta s}{l}$, et la force agit au centre de l'élément[1].

Le polygone n° 3 détermine la hauteur de l'antipôle X de l'axe AB. Le deuxième polygone donne sur la verticale A les segments u' (voir page 265). Ces segments se portent horizontalement à partir du point X, suivant XY ; en joignant les points A et Y par une ligne droite, cette ligne coupe sur la charge correspondante un point de la ligne des intersections des réactions.

La construction n'est indiquée dans la Pl. 28, fig. 1, que pour la charge n° 4. On obtient d'une manière analogue, sur toutes les charges, un point de la courbe des intersections des réactions, et ces points servent à la tracer.

Dans la fig. 6, on a décomposé, l'une à la suite de l'autre, toutes les charges en deux réactions ; les directions de ces réactions étant données par la courbe des intersections des réactions, comme cela est indiqué pour la charge 4 dans la figure 1. La décomposition est faite de manière à obtenir, les unes à la suite des autres, les réactions de gauche de toutes les charges. En composant les réactions des charges d'un système de charges donné, soit de la charge totale, soit de la demi-surcharge, on obtient la réaction totale qui permet de tracer la ligne de pression. C'est ainsi que la ligne de pression a été tracée au moyen du pôle O_2 pour la charge totale et du pôle O_3 pour la demi-charge.

Les lignes de pression déterminent avec le polygone des forces, fig. 6, les forces extérieures à toutes les sections. Ces forces sont égales aux rayons partant du pôle O_2 ou O_3.

Calculons, comme dans l'exemple précédent, la force intérieure dans une pièce de chaque type, en nous servant de la méthode de Ritter.

Les pièces que nous considérerons sont les membrures CE et DF, la barre de treillis CF coupées par la section mn et le montant CD coupé par la section $m'n'$.

---

[1]. En réalité, elle devrait agir à l'antipôle de l'axe AB dans le tracé du 2ᵉ et du 3ᵉ polygone funiculaire, mais on peut sans erreur sensible l'appliquer au centre.

Pour ne pas nous répéter, nous ne considérerons que le cas de la demi-surcharge et le côté libre de la ferme.

Nous avons vu, fig. 252, que l'effort dans une pièce f peut s'exprimer par $N = \dfrac{Qq}{d}$ où Q est la force extérieure, q la distance de la force extérieure au nœud F opposé à la pièce considérée, d la distance de la pièce au même nœud.

Les valeurs de q et de d sont inscrites dans la fig. 1 à droite. La force extérieure pour les pièces CE, **DF**, **CF**, **CD** est égale à $\dfrac{4.950 \times 500}{2.000} = 1.237$, rayon du polygone des forces allant de O_3 au point M.

En introduisant ces nombres dans la formule, on trouve les efforts suivants :

Membrure FD $\qquad \dfrac{1.237 \times 4.30}{1,30} = 4.092^{k}$ compression.

Membrure EC $\qquad \dfrac{1.237 \times 2.80}{1,15} = 3.012^{k}$ tension.

Barre de treillis CF $\quad \dfrac{1.237 \times 2.30}{3,75} = 757^{k}$ compression.

Montant CD $\qquad \dfrac{1.237 \times 2.30}{5,00} = 570^{k}$ tension.

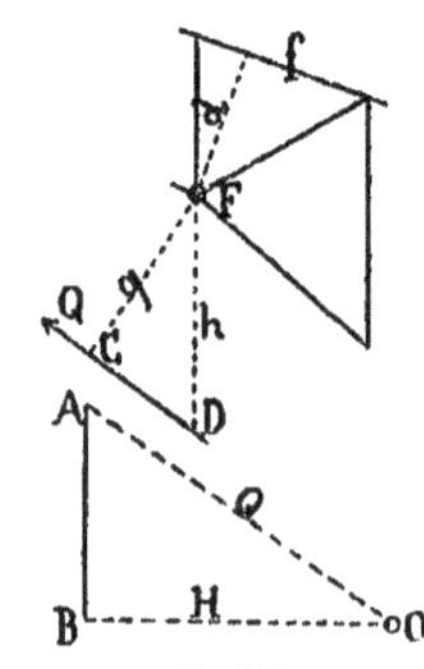

Fig. 252.

Le signe des efforts s'obtient par la méthode donnée à la page 85.

Nous remarquerons que dans l'expression $\frac{Qq}{d}$ de la force intérieure, le produit Qq peut se remplacer par hH, où H est la distance polaire; cela ressort de la similitude des triangles FCD et ABO, fig. 252; H est alors constant pour toutes les pièces.

Les efforts verticaux, agissant dans la ligne verticale des appuis, n'ont aucune influence sur la ligne de pression, mais on en tiendra compte dans la détermination des efforts agissant dans la partie verticale de la ferme.

Efforts engendrés par le vent. — Les efforts du vent sur la charpente peuvent se décomposer en efforts verticaux et efforts horizontaux. On traite les efforts verticaux exactement comme les charges verticales. Pour ce qui est des efforts horizontaux, il est nécessaire de déterminer les réactions comme cela a été fait pour les charges, et on est conduit à une nouvelle courbe des intersections des réactions.

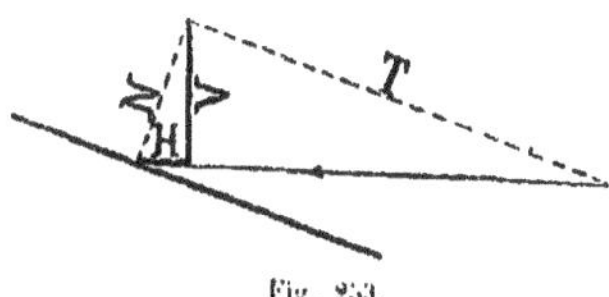

Fig. 253.

Nous avons admis un effort horizontal de 200 k. par mètre carré pour le vent, et il nous a servi à déterminer, comme dans le cas précédent, les efforts horizontaux du vent. Ces efforts sont au nombre de 11. Les efforts 1 à 3, fig. 7, Pl. 28, agissent sur la partie verticale, l'effort 4 agit en partie sur la paroi verticale et en partie sur la surface inclinée; enfin les efforts 5 à 11 rencontrent tous une surface inclinée. Dans la partie verticale, l'effort du vent donne directement l'effort sur la ferme, tandis que dans la partie inclinée, les efforts, qui sont de $200 \times 6{,}25 \times 0{,}6 = 750$ k., ont à subir deux décompositions (voir fig. 253). Une première décomposition suivant un effort normal N et un effort tangentiel T, puis une seconde décomposition de l'effort N suivant l'effort vertical V et l'effort horizontal H. Ce sont les efforts V et H qui servent à calculer la ferme.

Cette décomposition de la figure 253 est indiquée dans la planche, fig. 7, pour l'effort 9.

Nous ne reviendrons pas sur l'influence des efforts verticaux ; les forces intérieures correspondantes peuvent se déduire par une simple proportion de celles que l'on a obtenus pour la demi-surcharge.

Revenons au § 11, page 264, de la théorie des arcs à deux articulations ; nous avons vu que la distance u' qu'il faut porter sur l'horizontale pour obtenir le point de passage X' de la réaction, est égal à $\frac{u.l}{b}$, où l est la portée de l'arc, b la distance horizontale de l'effort vertical P à l'appui B, enfin u le segment intercepté au droit de la charge P entre le 2° polygone funiculaire et son dernier côté.

En faisant, pour une force horizontale H, exactement les mêmes développements que ceux qui ont été faits pour la charge verticale P, on arrive pour la valeur de u' à la même expression

$$u' = \frac{u.l}{b}$$

où l représente toujours la distance horizontale des articulations des appuis, b la distance verticale de l'effort horizontal H à l'appui B ; mais u est le segment horizontal intercepté entre le 3° polygone funiculaire et son dernier côté (voir la fig. 254). La valeur de u' s'obtient en traçant une horizontale à une hauteur l au-dessus de l'horizontale AB, et en menant les deux rayons B'U et B'U' passant par les extrémités du segment u.

Le segment UU' intercepté par ces rayons sur l'horizontale représente u'. Pour le sens de u', on peut remarquer qu'il change au point K.

Tant que l'effort horizontal agit dans la partie de droite, de l'appui B au point K, le segment u' est à porter à gauche du

point X, et lorsque l'effort horizontal agit entre K et A, il est à
porter à droite.

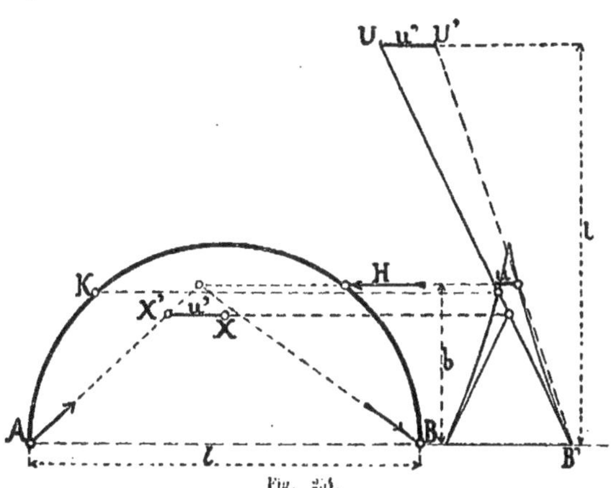

Fig. 254.

Connaissant la position de la réaction de gauche, qui passe
par les points X' et A, il suffit de la tracer pour obtenir le point
correspondant de la ligne des intersections des réactions ; ce
point est donné par l'intersection de l'effort horizontal avec la
réaction. Cette construction a été faite dans la fig. 7, Pl. 28 ;
on a obtenu ainsi les points 1 à 11 de la ligne des intersections
des réactions.

Ces points correspondent aux charges 1 à 11 agissant sur
le côté droit de la ferme. Les points 1' à 10' correspondent
aux mêmes efforts agissant à gauche. Ces derniers points n'ont
d'autre intérêt, dans le cas qui nous occupe, que de donner la
courbe complète et de montrer qu'elle est symétrique ; elle a
un sommet au point 11.

Le troisième polygone funiculaire de la fig. 5 a été reporté
fig. 8 où on l'a tracé complètement ; c'est dans cette figure
qu'on a construit les segments n'. La construction n'est indi-

quée que pour l'effort 9, mais au lieu de construire u' en menant une horizontale à une distance l de la ligne des appuis, comme cette horizontale tombait très loin, on a construit $\frac{u'}{2}$ en menant l'horizontale à une distance $\frac{l}{2}$ seulement.

La courbe des intersections des réactions étant tracée, il est facile de déterminer par une simple décomposition de forces, comme cela avait été fait pour les charges, les réactions correspondant à tous les efforts horizontaux du vent ; cette décomposition a été faite, fig. 9, en disposant les forces de manière à obtenir à la suite les unes des autres toutes les réactions de droite. L'addition de ces réactions, qui sont disposées sous forme de polygone des forces, donne la réaction totale de droite. Au moyen du pôle O, situé à l'extrémité de cette réaction et des forces 1. 2… 11 portées sur l'horizontale menée par l'autre extrémité de la réaction, on a tracé la ligne de pression correspondant aux efforts horizontaux du vent ; cette ligne de pression passe par les appuis A et B.

Il ne reste plus après cela qu'à déterminer les forces intérieures, comme nous l'avons fait pour les charges ; ces efforts se calculent par la formule $\frac{Q\,q}{d}$, où Q est la force extérieure, q sa distance au nœud opposé à la pièce, et d la distance normale du nœud à celle-ci.

En appliquant cette formule aux quatre pièces que nous avons considérées pour les charges, on trouve les efforts suivants :

Membrure inférieure   FD $\dfrac{2.250 \times 7,20}{1,3} = 12.160$ k. tension.

Membrure supérieure EC $\dfrac{2.250 \times 6,30}{1,15} = 12.330$ k. compression.

Barre de treillis   CF $\dfrac{2.250 \times 2,35}{3,75} = 1.410$ k. tension.

Montant   CD $\dfrac{2.150 \times 2,40}{5,00} = 1.030$ k. compression.

Calcul approximatif. — Il nous reste à dire un mot sur la manière dont on peut déterminer approximativement les sections des pièces de la ferme. On peut admettre que la section ω des pièces est constante. L'expression $\Delta F = \dfrac{s}{\omega h^2}$ sera remplacée par $\dfrac{s}{a^2}$, qui ne dépend que de la forme de la charpente.

Dans les fermes qui n'ont pas des dimensions exceptionnelles comme portée, la détermination approximative des efforts, en admettant ω constant, suffira, et on pourra se dispenser de faire ensuite une seconde épure.

Il va sans dire que les lignes par lesquelles on représente la ferme dans une épure sont les *fibres moyennes* des pièces.

Influence des variations de température. — Comme dans les arcs, un changement de température modifie les forces intérieures, en engendrant de nouveaux efforts. Nous renvoyons pour la détermination de ces efforts à la théorie des arcs, § 14, page 273. Mais il est utile d'ajouter que le rapport de la hauteur des fermes à leur portée, comparé à celui des arcs de ponts, étant relativement grand, l'influence des changements de température est par suite plus faible. Cette influence est diminuée de plus par le fait que les fermes des charpentes sont aussi plus abritées contre la chaleur et le froid.

Comparaison du système avec celui des fermes à 3 articulations. — Si l'on compare ce système avec le précédent, celui d'une ferme à trois articulations, on peut dire que dans le premier on n'est pas aussi sûr de la répartition des efforts, qu'une différence dans la distance des appuis, que le mode de montage et d'autres influences peuvent modifier cette répartition. Mais d'autre part une articulation à la clef a l'inconvénient d'être un point faible, qui enlève à la ferme de sa rigidité transversale.

CHAPITRE DIXIÈME

CALCUL DES JOINTS DES POUTRES

CHAPITRE DIXIÈME

CALCUL DES JOINTS DES POUTRES

§ 1

CONSIDÉRATIONS GÉNÉRALES

Les poutres se composent en général d'âmes, de cornières et de semelles. Lorsqu'elles dépassent certaines limites de longueur et de poids, il devient nécessaire de les diviser pour le transport et de faire l'assemblage des tronçons sur place. On cherche dans ce cas à disposer les joints de manière à avoir le moins possible de rivets à poser hors de l'atelier. La rivure au chantier coûte plus cher et elle n'est pas aussi bonne si elle n'est pas faite avec un soin extrême, parce qu'on n'est pas aussi bien installé qu'à l'usine. Pour réduire au minimum le nombre de rivets à poser au chantier, on rapproche autant que possible les joints des différents fers qui constituent la poutre; mais il y a, notamment pour les semelles, des distances minima qu'il est nécessaire de laisser entre ces joints, si l'on veut avoir une bonne liaison.

Considérons une membrure de poutre composée d'une âme, de deux cornières et d'un certain nombre de semelles.

L'âme et les deux cornières ont chacune leur couvre-joint propre. Si ces couvre-joints ont une section équivalant à celle de la pièce qu'ils recouvrent, et s'ils sont attachés avec un nombre de rivets suffisant, il n'y a aucun inconvénient à mettre les joints en regard les uns des autres.

Les semelles ne peuvent, parce qu'elles se recouvrent les unes les autres, avoir chacune son couvre-joint. Il en résulte que si les joints de semelles étaient placés tous au même endroit, la section du couvre-joint devrait être égale à la somme de celles de toutes les semelles ; on serait ainsi conduit à une trop grande épaisseur à serrer par les rivets, et si l'on considère que dans les semelles l'effort P, fig. 255, doit se transmettre par le milieu P' du couvre-joint, on voit que le désaxement de l'effort est d'autant plus grand que le couvre-joint est plus épais. Il est difficile d'admettre qu'une partie de l'effort ne se transmette pas par les cornières et par l'âme.

Il ressort de ces considérations, qu'il est préférable de disposer les joints en escalier, ou de les croiser, ce qui permet, comme nous le verrons plus loin, de ne donner au couvre-joint que l'épaisseur de la semelle la plus forte, sans augmenter le nombre de rivets à poser sur place.

Il sera permis d'étudier séparément les joints des âmes, des cornières et des semelles, puisque chacune de ces pièces a son couvre-joint spécial.

Tout joint devra présenter une résistance aussi grande que celle qui existe dans la partie courante de la pièce. Il est donc nécessaire d'étudier toutes les lignes suivant lesquelles les ruptures peuvent avoir lieu, et de donner au couvre-joint et aux rivets qui l'attachent des sections assez fortes pour s'opposer efficacement à la rupture.

On admet pour les couvre-joints un coefficient de travail égal à celui de la pièce correspondante. Pour les rivets, on prend aussi, presque toujours, le même coefficient ; quelquefois cependant on l'abaisse. Nous admettrons que le coefficient est le même, cela simplifiera l'exposé, et il sera facile de passer d'une hypothèse à l'autre ; il suffira de multiplier le nombre des rivets par le rapport inverse des coefficients.

§ 2

COUVRE-JOINTS D'AMES

Les joints d'âmes ont en général deux couvre-joints placés des deux côtés de la pièce. C'est la meilleure disposition de joint possible. Chacun des couvre-joints transmet la moitié de l'effort et leur résultante reste dans l'axe de la pièce, fig. 255.

Si l'on désigne par Ω la section de l'âme, par n le nombre de rivets nécessaires de chaque côté du joint, par ω la section d'un rivet, on devra avoir $n > \dfrac{\Omega}{2\,\omega}$.

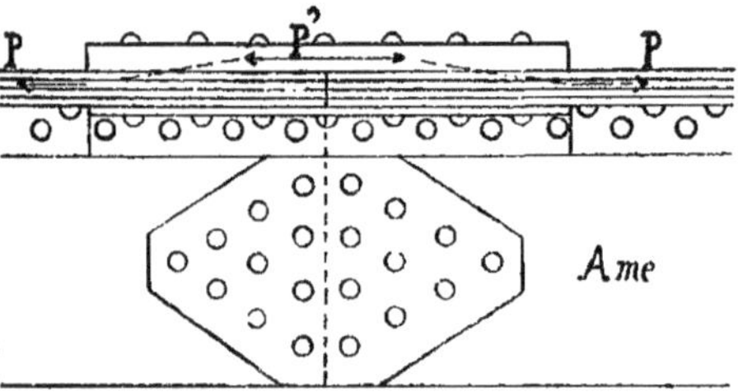

Fig. 255.

Pour ce qui concerne la disposition, les rivets des files les plus éloignées du joint devront être autant que possible moins nombreux que les autres ; la solution qui affaiblirait le moins le joint consisterait à mettre, comme l'indique la fig. 255, un seul rivet sur la première file, deux sur la seconde, etc.

Si l'on désigne par a le nombre des rivets de la file extérieure, par b celui de la file la plus rapprochée du joint, par d le diamètre d'un rivet, par e l'épaisseur de l'âme, par e_1 celle du couvre-joint, par Ω_j la section de celui-ci, on devra avoir :

$$2\,\Omega_j = 2.e_1.d.b \qquad \Omega - e.d.a$$

ou

$$\Omega_j > \frac{\Omega}{2} + \left(e_1.b - \frac{e.a}{2}\right)d.$$

<h1 style="text-align:center">§ 3</h1>

<h2 style="text-align:center">COUVRE-JOINTS DE CORNIÈRES</h2>

Dans le cas où les couvre-joints ont une section aussi grande que les cornières, rien ne s'oppose à ce qu'on mette les joints des deux cornières en face l'un de l'autre ; mais prenons le cas général, où les joints ne sont pas en face les uns des autres, et déterminons les conditions à remplir.

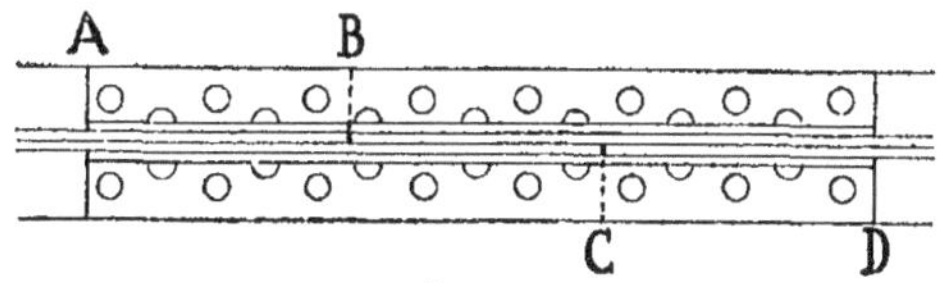

Fig. 256.

Désignons par :
Ω la section d'une cornière.
Ω_j celle d'un couvre-joint. [1]
ω celle d'un rivet.

---

[1] Ω et Ω_j sont les sections nettes, déduction faite d'un trou de rivet. La rupture se produirait toujours par un rivet.

Posons $\nu = \frac{n}{\delta}$, n étant le nombre de rivets équivalant à la cornière.

Désignons de plus par :

m_h le nombre de rivets sur une aile horizontale entre le joint B ou C et l'extrémité A ou D d'un couvre-joint, fig. 256.

m_v le nombre de rivets sur l'aile verticale dans la même partie AB ou CD.

p_h le nombre de rivets dans l'aile horizontale d'une cornière entre les joints B et C.

p_v le nombre de rivets dans l'aile verticale de la même partie BC.

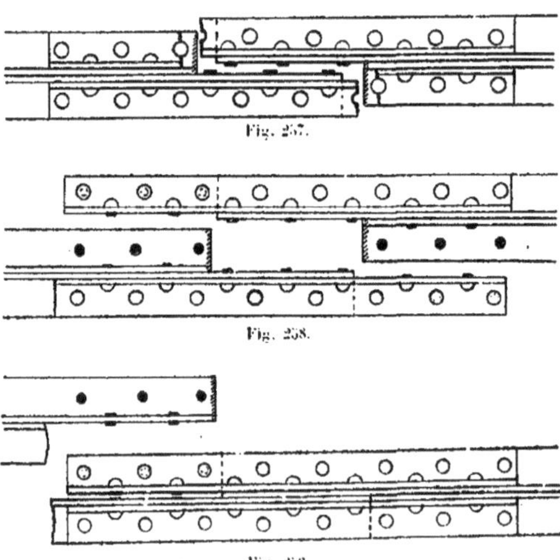

Fig. 257.

Fig. 258.

Fig. 259.

Nous avons représenté dans les fig. 257, 258 et 259 les ruptures possibles, contre lesquelles on devra se prémunir en donnant une résistance suffisante au joint.

Exprimons les conditions à remplir par ce joint.

Rupture des deux couvre-joints au droit des rivets voisins des joints (fig. 257).

Condition de résistance :

$$2u_j + p_v \omega \geqslant 2\Pi \quad \text{ou} \quad p_v \geqslant \frac{2\Pi - 2u}{\omega} \qquad (1)$$

Rupture par les deux joints, un couvre-joint reste sur chacun des tronçons (fig. 258).

Condition de résistance :

$$2m_h \omega + 2m_v \omega + p_v \omega \geqslant 2\Pi \quad \text{ou} \quad 2m_h + 2m_v + p_v \geqslant 2u \qquad (2)$$

Rupture d'un couvre-joint par un joint et d'une cornière à côté du joint (fig. 259).

Condition de résistance :

$$m_h \omega + 2m_v \omega \geqslant u \quad \text{ou} \quad m_h + 2m_v \geqslant u. \qquad (3)$$

Les deux cas de rupture suivants ne sont pas représentés dans les figures ; ils donnent des conditions plus favorables que les précédents.

Rupture par les deux joints par cisaillement des rivets, sans rupture de pièce. Les couvre-joints restent sur le même tronçon.

$$2m_h \omega + 2m_v \omega + 2p_v \omega + p_h \omega \geqslant 2\Pi \qquad (4)$$

Cette condition est plus favorable que la condition (2) ; il n'y a pas à en tenir compte.

Rupture d'un couvre-joint en B ; l'autre rupture se produit au point C, en cisaillant les rivets sur la longueur CD.

$$u_j + p_v \omega + m_v \omega + m_h \omega \geqslant 2\Pi \qquad (5)$$

Cette condition peut se déduire de l'addition des deux premières ; elle n'est donc pas à considérer, et il ne reste que les trois premières.

En résumé :

La condition (2) montre que lorsqu'on met les joints en regard, le nombre des rivets dans le joint est minimum, car si l'on sépare les deux joints, on ajoute 2p_h rivets inutiles.

La première condition montre que les joints ne peuvent être au même point que pour :

$$\Omega = \Omega_j$$

Elle montre en même temps que pour $\Omega_j < \Omega$ on devra avoir :

$$P \geq \frac{2\Omega - 2\Omega_j}{\omega}.$$

Enfin la troisième condition exprime que, pour toute distance des joints, on devra avoir :

$$m_h + 2m_v \geq n.$$

Il va sans dire que la limite inférieure de la section Ω_j est $\frac{\Omega}{2}$. Cette condition est donnée par une rupture droite dans un joint.

En résumé, deux cas peuvent se présenter : si la section du couvre-joint est au moins égale à celle de la cornière, on pourra mettre les joints des cornières en regard, et l'on aura de chaque côté du joint un nombre de rivets déterminé par la condition :

$$m_h + m_v > n.$$

Dans le second cas, où $\Omega_j < \Omega$, le nombre des rivets entre les deux joints se déterminera par la condition (1), et les autres rivets par les conditions (2) et (3).

§ 4

JOINTS DES SEMELLES

Considérons d'abord le cas où les joints ne sont pas au même point et prenons, pour fixer les idées, fig. 260, trois semelles 1, 2, 3, avant les joints en escalier. Examinons les ruptures qui peuvent se produire ; nous en déduirons les conditions que doit remplir le joint. Désignons par Ω_1, Ω_2, Ω_3 les sections des semelles, par Ω_j la section du couvre-joint, par ω la section d'un rivet, par n_{A-B}, n_{B-C}, n_{C-D}, n_{D-E} les nombres de rivets entre les points A et B, B et C, C et D, D et E.

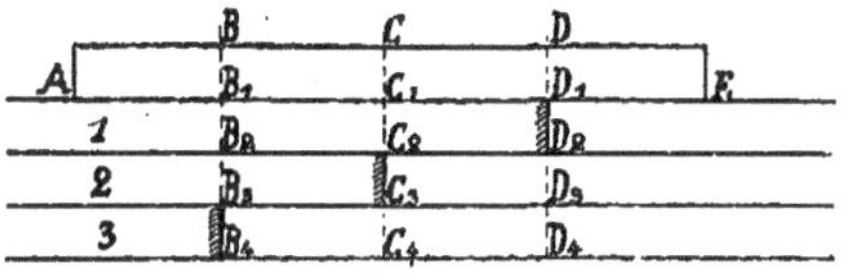

Fig. 260.

Si l'on suppose une rupture par l'un des joints, on arrive à la condition a).

a). *Le couvre-joint aura une section égale ou supérieure à celle de la semelle la plus épaisse.*

Pour le cas d'une rupture par deux joints, comme $B_1B_3C_3C_1$, on arrive à la condition suivante :

b). *La section des rivets entre deux joints consécutifs; augmentée de celle du couvre-joint, doit être égale ou supérieure à la somme des sections des deux semelles coupées en ces deux joints :*

$$n_{B-C}\,\omega + \Omega_j \geq \Omega_3 + \Omega_2 \qquad (1)$$

Une rupture suivant AB_1B_4 ou ED_1D_2, indique que :

c). *D'un joint extrême à l'extrémité du couvre-joint, la section des rivets doit être égale ou supérieure à celle de la semelle coupée en ce joint :*

$$n_{A-B}\,\omega \geq \Omega_3, \qquad n_{D-E}\,\omega \geq \Omega_1 \qquad (2)$$

Enfin une rupture $B_1B_4C_4C_2D_2D_1E$ donne la condition :

$$(n_{A-B} + n_{B-C} + n_{D-E})\,\omega \geq \Omega_1 + \Omega_2 + \Omega_3. \qquad (3)$$

Il résulte de la formule (1) qu'on peut rapprocher les joints autant qu'on le voudra, à la condition de renforcer le couvre-joint. A la limite, si l'on réunit deux joints de semelles, le couvre-joint devra avoir une section égale à la somme de celles des deux semelles.

Le rapprochement des joints, comme on le voit par la troisième condition, ne donne aucune diminution dans le nombre total des rivets. Les rivets que l'on supprime entre les joints sont à reporter dans la partie DE. On a donc une augmentation d'épaisseur du couvre-joint sans diminution de sa longueur.

Il est utile de remarquer de plus que si l'on rapproche les joints entre les points A et D, il ne doit jamais y avoir moins de rivets qu'entre D et E, car une rupture $B_1B_1C_1C_2D_2D_1E$ qui nous a donné la condition (3) se transformerait en rupture $B_1B_1C_1C_2D_2D_1A$. A partir du moment où les joints sont assez rapprochés pour que cette condition ne soit plus satisfaite, il est nécessaire d'allonger le couvre-joint vers la gauche.

En résumé, la solution la plus avantageuse est celle qui donne au couvre-joint une section égale à la plus forte semelle, et l'on peut donner les deux règles suivantes pour ne pas trop compliquer les conditions :

1° Le nombre des rivets, entre deux joints consécutifs de semelles i et i + 1, devra correspondre à une section équivalant à celle de la plus forte des deux semelles i et i + 1.

2° D'un joint extrême à l'extrémité du couvre-joint, la section des rivets équivaudra à celle de la semelle interrompue dans ce joint.[1]

Les semelles ont, en général, des sections très peu différentes l'une de l'autre, et souvent elles ont toutes la même épaisseur : on aura dans ce cas : $n_{A-B} = n_{B-C} = n_{C-D} = n_{D-E}$ et le nombre total des rivets du couvre-joint sera $\dfrac{4\Omega}{5}$, Ω étant la section d'une semelle.

Si tous les joints étaient faits au même point, la section du couvre-joint serait $3\,\Omega$ et le nombre des rivets $\dfrac{6\Omega}{5}$ beaucoup plus grand que dans le cas précédent.

D'une manière générale, si l'on a i semelles égales, le nombre des rivets dans un joint du type de la fig. 260 sera de :

$$\frac{(i+1)\Omega}{5}.$$

---

1. Ces deux règles s'appliquent à un joint d'un nombre quelconque de semelles. Il est facile, en faisant un raisonnement analogue, de passer d'un joint de 3 semelles à un joint d'un nombre quelconque de semelles.

tandis que si les joints des semelles sont réunis le nombre de rivets nécessaires sera de :

$$(2')\ \frac{\Omega}{\omega_0}\ .$$

Joints croisés. — Considérons de nouveau un joint de 3 semelles. Dans le cas où les joints, au lieu d'être disposés en escalier, comme l'indique la fig. 260, sont croisés suivant l'indication de la fig. 261, les conditions (1) et (2) restent les mêmes ; mais la condition (3) disparaît.

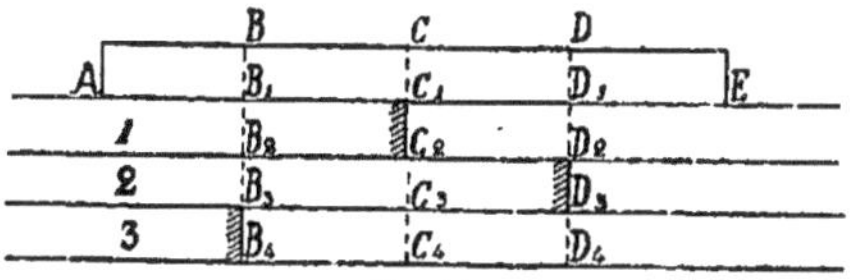

Fig. 261.

Il résulte de cette disposition que, en augmentant l'épaisseur du couvre-joint, on peut rapprocher les joints sans changer le nombre des rivets n_{A-B} et n_{D-E} ; mais on devra toujours avoir entre deux joints un nombre de rivets équivalant à la moitié de la section de la plus forte semelle. Cette condition ressort des ruptures $B_4B_3C_4C_3A$ et $D_4D_3C_3C_4E$, passant par deux joints. La rupture par les trois joints ne donne aucune nouvelle condition.

Supposons, pour fixer les idées, que toutes les semelles aient la même section Ω. Le joint qui donne le nombre minimum de rivets est celui qui aura un couvre-joint d'une section $\Omega_j \cdots \frac{3}{5}\Omega$. Les nombres de rivets seraient alors les suivants :

$$n_{A-B} = n_{D-E} = \frac{\Omega}{\omega_0}\ ;\qquad n_{B-C} = n_{C-D} = \frac{\Omega}{2\omega_0}\ .$$

Cela conduit pour le nombre total des rivets à :

$$\frac{3\Omega}{\omega_0}\ ,$$

tandis qu'en donnant au couvre-joint la même section qu'à la semelle ce nombre serait :

$$\frac{\Omega}{\omega}.$$

On réduit de moitié le nombre des rivets entre les joints.

Quand il y a plus de 3 semelles on retombe, pour les semelles suivantes, dans un escalier, et l'on devra avoir entre les joints de la deuxième semelle et de la quatrième et entre celui de la troisième et de la cinquième un nombre de rivets égal à $\dfrac{\Omega}{\omega}$.

La disposition des joints croisés a donc un petit avantage sur celle des joints en escalier, et on lui donnera la préférence dans tous les cas où elle sera possible. Les joints en escalier permettent dans certains cas d'assembler les tronçons plus facilement, et ont, à cet autre point de vue, un avantage d'assemblage.

Joints en escalier à double couvre-joint, fig. 262.— Il arrive quelquefois, quand les semelles sont très-larges, qu'on peut dans l'espace que laissent les cornières jusqu'au bord des semelles, mettre un couvre-joint.

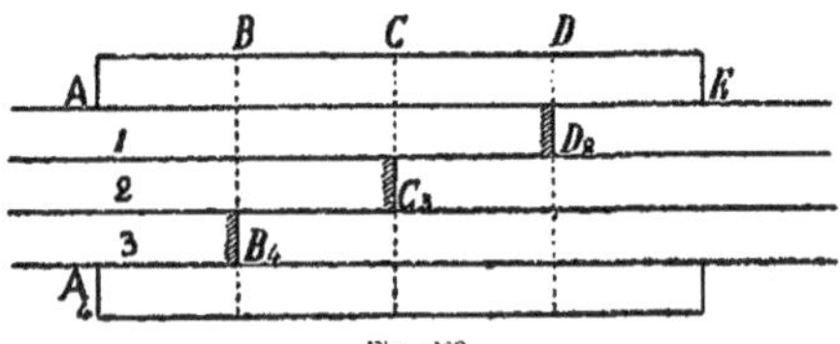

Fig. 262.

Dans ce cas la rupture suivant la ligne A,B,C,D,E montre, si on la compare à la troisième condition du joint en escalier à couvre-joint unique, que l'on peut réduire le nombre total des rivets. En effet, la condition :

$$n_{B-C} + n_{C-D} + n_{D-E} = \frac{\Omega_1 + \Omega_2 + \Omega_3}{\omega}$$

est remplacée par :

$$n_{A-B} + n_{B-C} + n_{C-D} + n_{D-E} = \frac{\Omega_1 + \Omega_2 + \Omega_3}{\omega}$$

Si l'on suppose que toutes les semelles ont la même épaisseur, on diminue le nombre des rivets de $n = \frac{\Omega}{\omega}$, et il suffira que chacun des couvre-joints ait une section $\frac{\Omega}{2}$. On pourra dans les parties A — B et D — E mettre $\frac{n}{2}$ rivets, moitié moins que dans les joints à simple couvre-joints. Le nombre total des rivets dans le joint sera de $3n$. Ceci suppose qu'il y a autant de rivets sur le couvre-joint supérieur que sur l'inférieur, mais il n'en est en général pas ainsi ; la condition peut alors s'exprimer comme suit : *La somme des sections de rivets comptées sur les deux couvre-joints dans la partie AB ou dans la partie DE, doit être égale à* $n = \frac{\Omega}{\omega}$. *Entre deux joints le nombre des rivets comptés sur un seul couvre-joint sera aussi de* n.

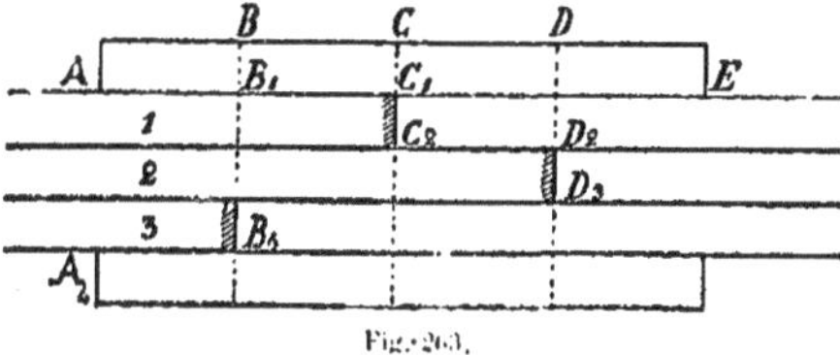

Fig. 263.

Joints croisés à double couvre-joint, fig. 263. — Il nous reste à examiner le dernier cas, celui du joint croisé à double couvre-joint. C'est de tous les joints de semelles, celui qui nécessite le moins de rivets et qui donne la meilleure transmission des efforts. Nous avons déjà vu, dans le cas du joint croisé à simple couvre-joint pour 3 semelles, qu'en donnant au couvre-joint une fois et demie la section de la plus forte semelle, il suffit de mettre entre deux joints un nombre de rivets équivalant à la section de la demi-semelle la plus forte. Cela est encore vrai dans le cas du double couvre-joint, si la somme des sections des deux couvre-joints remplit la même condition. De plus, le nombre des rivets de la partie AB ou DE pourra aussi, comme dans le cas précédent, se réduire de moitié.

Dans le cas où toutes les semelles sont égales, le nombre des rivets est donc de $2n$. Cela suppose que les deux couvre-joints prennent le même nombre de rivets ; s'il n'en est pas ainsi, on modifiera la condition comme dans le cas précédent.

Il peut se présenter un grand nombre de cas particuliers, et l'on comprendra que nous ne pouvons pas les énumérer tous. Nous nous sommes contentés de citer les plus fréquents ; on pourra, en suivant la même méthode, modifier les conditions suivant les circonstances qui se présenteront.

CHAPITRE ONZIÈME

PILES EN MAÇONNERIE

CHAPITRE ONZIEME

PILES EN MAÇONNERIE

§ 1

CONSIDÉRATIONS GÉNÉRALES

On admet généralement que les maçonneries n'opposent aucune résistance à la traction. Une résistance à ce genre d'efforts est très faible et variable ; il est prudent de ne pas en tenir compte. On se place ainsi dans des conditions un peu plus défavorables qu'elles ne le sont en réalité, ce qui ne fait qu'augmenter la sécurité. La conséquence de cette hypothèse, c'est qu'on évite autant que possible les systèmes de construction où il pourrait se produire de la tension, et l'on étudie à cet effet, des dispositions spéciales, appropriées aux maçonneries.

Cela ne veut pas dire qu'un massif de maçonnerie ne puisse pas être soumis à une flexion ; mais chaque fois qu'il y a flexion il est nécessaire qu'il y ait en même temps une compression assez forte pour annuler les efforts de tension engendrés par cette flexion.

Cette dernière condition étant remplie, la théorie générale de la flexion s'applique aux maçonneries.

Si l'on désigne par N l'effort de compression, par M le moment fléchissant agissant dans une section, par ω la surface et par I le moment d'inertie de la section, par c, c' les distances des fibres extrêmes, l'effort maximum par unité de section sera dans ces fibres.

D'un côté de l'axe de flexion : $R = \dfrac{N}{\omega} + \dfrac{Mv}{I}$

De l'autre côté : $R = \dfrac{N}{\omega} - \dfrac{Mv'}{I}$

A la condition que $\dfrac{N}{\omega} > \dfrac{Mv}{I}$, ce qu'il sera toujours nécessaire de vérifier.

Si la compression et la flexion sont produites par une même force extérieure agissant en dehors du centre de gravité de la section, la condition que doit remplir cette force peut s'exprimer comme suit :

La force extérieure devra passer à l'intérieur du noyau central (voir page 219).

Que se passera-t-il si la force extérieure sort du noyau central ? La résistance du massif ne sera pas compromise tant que le coefficient de travail ne dépassera pas la limite convenable; mais les efforts au lieu de se répartir sur toute la surface de la section ne se répartiront que sur une portion de cette surface, et c'est cette portion qu'il est intéressant de déterminer. Dans un grand nombre de cas, cette portion ne pourra se déterminer que par tâtonnements; dans d'autres, comme dans celui d'une *section rectangulaire*, il sera possible de le faire directement. Nous avons vu, page 220, que le noyau central a pour hauteur le tiers de celle du rectangle. Si l'on a une section rectangulaire de hauteur h, fig. 264, et une charge agissant au point P, situé à une distance p de l'arête AB, la surface sur laquelle l'effort P se répartira sera donnée par le rectangle ABCD ayant une hauteur

$$h' = 3p$$

L'effort par unité de surface de section dans la fibre AB, sera égale à

$$R = \frac{2P}{h'b} = \frac{2P}{3p.b} \; .$$

L'effort dans la fibre CD est nul.

Dans le cas où p est plus grand que $\dfrac{h}{3}$, l'effort P passe dans le noyau central et il se répartit sur toute la section.

L'effort dans la fibre AB, en désignant par x la distance de l'effort P au centre S, est égal à

$$\frac{P}{bh} \left(1 + \frac{6x}{h} \right) \text{ par unité de section}$$

et à

$$\frac{P}{bh} \left(1 - \frac{6x}{h} \right) \text{ dans la fibre A'B'.}$$

Nous donnons dans la fig. 4, Pl. 27, la variation du coefficient de travail dans une section rectangulaire, lorsque l'effort P se déplace sur l'axe du rectangle. Ce coefficient a été pris égal à l'unité, lorsque la charge P agit au centre S du rectangle. Tous les chiffres inscrits horizontalement représentent les efforts,

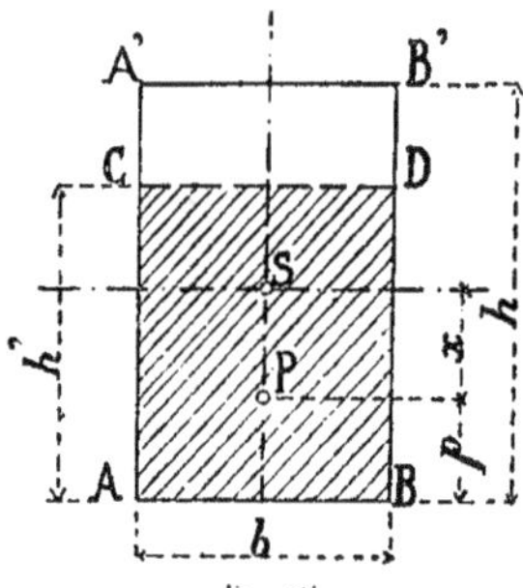

Fig. 267.

ceux qui sont inscrits verticalement les distances de l'effort au centre S, exprimées en fraction de la demi-hauteur du rectangle. La figure montre que jusqu'au tiers le coefficient croît suivant une ligne droite ; en ce point il est égal au double de ce qu'il est lorsque la charge agit au point S. Au-delà, il croît suivant une courbe hyperbolique.

Le coefficient est triple à une distance de 0,56 de S, quadruple à une distance 0,66, quintuple à 0,74, etc. ; enfin il devient ∞ pour une distance égale à l'unité c'est-à-dire à $\frac{h}{2}$.

Section circulaire. — Le noyau central d'une section circulaire de diamètre d est un cercle ayant comme diamètre $\frac{1}{4}\, d$ (page 221). Tant que la force extérieure ne s'éloignera pas du centre à une distance plus grande que le quart du rayon, l'effort se répartira sur toute la section. Si l'effort passe juste au quart du rayon, on est à la limite; l'effort de la fibre extrême située du côté de la force sera le double de ce qu'il est lorsque cette force agit au centre, tandis que la fibre opposée ne supportera aucune charge. Lorsque la force agit en dehors du noyau central, la charge ne se répartit que sur une surface limitée par un arc de la circonférence et par une ligne droite qui est la fibre neutre. Cette fibre neutre ne peut guère se déterminer que par tâtonnement et le problème devient très compliqué.

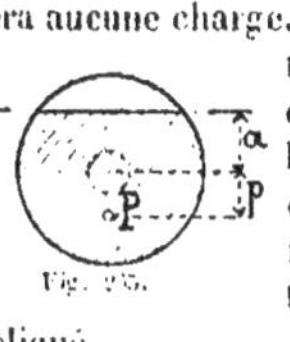

Fig. 265.

Nous donnons dans la figure 266 les distances a de la fibre neutre au centre, correspondant à quelques distances p, de la force P au même point. Ces valeurs de a et de p correspondent à un rayon égal à l'unité. Les chiffres de la figure 266 sont tirés de la résistance des matériaux de M. Collignon.

Sections évidées. — Les sections que l'on adopte en général pour les massifs de maçonnerie sont pleines, et de formes simples, mais il est évident que lorsqu'il s'agit d'une résistance à la flexion, les sections évidées, qui ont pour but de concentrer la matière aux fibres extrêmes, comme on l'a vu en traitant des poutres métalliques, économisent la matière. L'économie est sans importance dans les constructions de faible hauteur; elle est même détruite en partie par les plus values qui résultent de l'augmentation de la surface de parement; mais dans les très hautes piles, par exemple, elle a de l'importance et l'on peut augmenter les hauteurs pour une résistance de matériaux donnée.

Effort de glissement. — Quand la force extérieure agit obliquement, c'est-à-dire lorsqu'elle n'est pas normale à la section, elle se divise en deux composantes, l'une normale à la section et qui produit les efforts que nous venons d'examiner, l'autre

située dans le plan de la section et qui est un *effort de glissement*. On admet en général qu'il n'y a pas d'adhérence dans les
joints des maçonneries, et l'on ne compte que sur le frottement
pour résister aux efforts de glissement.

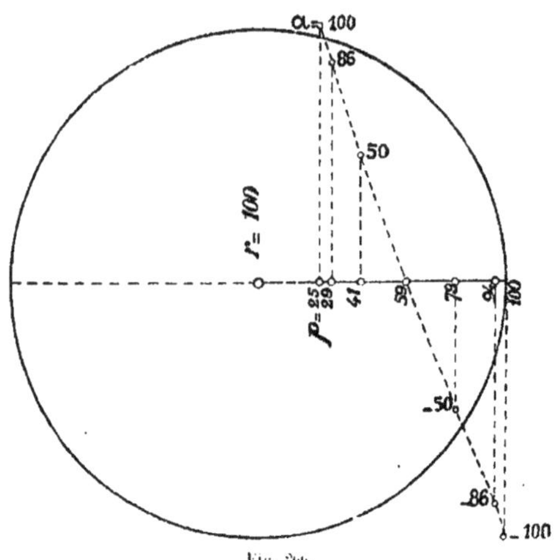

Fig. 206.

Comme on le sait, l'effort minimum nécessaire, pour produire un mouvement de glissement, est proportionnel à la
charge ; en d'autres termes, quelle que soit la grandeur d'un
effort agissant sur un corps placé sur une surface plane, c'est
toujours pour un même angle d'incli-
naison z de la force avec la verticale
que le corps se mettra en mouvement,
cet angle z est *l'angle de frottement*.
L'angle z varie avec les pierres et la nature des maçonneries, mais en admet-
tant comme inclinaison maxima **22°**, qui est un minimum de
l'angle de frottement on aura toute sécurité.

Dans le cas où il ne serait pas possible d'éviter une inclinaison supérieure à 22°, il serait nécessaire d'incliner les joints des maçonneries, de manière à ce que les efforts soient sensiblement perpendiculaires aux joints : c'est ce que l'on fait souvent dans les culées de ponts (voir fig. 268).

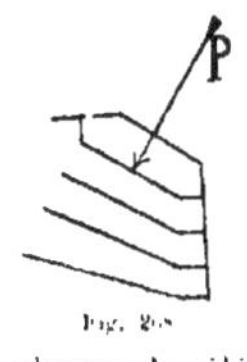

Fig. 268.

Ligne de pression. — La ligne de pression est le lieu de passage des forces extérieures ; elle s'obtient en divisant le massif en éléments et en déterminant la force extérieure dans chacun des éléments.

§ 2

CALCUL D'UNE PILE DE PONT EN ARC

(Planche 29).

La pile de la Pl. 29, fig. 1, est une pile sur laquelle s'appuient deux travées en arcs. Pour faire le calcul de cette pile on suppose qu'une des travées est entièrement surchargée, tandis que l'autre est libre. La réaction de l'arc chargé est de 240.000 k. celle de l'arc libre de 145.000 k. Ces deux réactions ont été composées dans le polygone des forces de la fig. 2, et donnent la résultante désignée par P.

La pile a été divisée en 7 éléments par 6 plans horizontaux : ces éléments portent les N°ˢ 1 à 7, leurs poids ont été déterminés pour une densité de 2500 k. de la maçonnerie et pour une longueur de 3 m. correspondant à l'écartement de deux des arcs d'une même travée. Ces poids ont été portés dans le polygone des forces à la suite de la force P.

En menant par le point C des rayons parallèles à ceux du polygone des forces, on obtient à la base de chaque élément un point de la ligne de pression. Le point D, par exemple, s'obtient en menant un rayon CD parallèle au rayon qui va de

O à l'extrémité de la charge 4, cette charge étant celle de l'élément situé juste au-dessus de la ligne AB.

Le dernier rayon donne dans le polygone des forces la grandeur de la pression, de 1.120.000^k, agissant sur le sol, et, dans la fig. 1, le point de passage de la résultante à 1^m,24 du centre.

Les seuls points où il est intéressant de connaître la pression par unité de surface, sont les points E, F, où l'on détermine la pression sur le sol, et tous les points au-dessus où il y a une diminution brusque de largeur ; il n'y a que la section AB qui soit dans ce cas dans la fig. 1.

Si l'effort de 1.120.000 k. passait au centre de la section, le coefficient de travail, en négligeant la faible inclinaison, sera^{it}, par centimètre carré :

$$\frac{1.120.000}{300 \times 670} = 5^k,6.$$

Comme la résultante passe à 1^m,24 du centre, c'est-à-dire à

$$\frac{1,24}{3,35} \frac{h}{2} = 0,37 \frac{h}{2},$$ le coefficient de travail maximum sera de 5,6$\times$2,15 = 12 k. par c.m². 2,15 étant mesuré dans la fig. 4 Pl. 27.

Ce n'est que sur un terrain exceptionnellement résistant que l'on peut admettre un coefficient aussi élevé ; on ne dépasse pas en général 8 kilos. Les coefficients adoptés varient de 2 à 8 kil., 2 kil. correspondant à un très-mauvais terrain.

On cherche, en général, à faire passer la résultante dans le tiers intérieur de l'appui sur le sol ; mais lorsque la profondeur de fondation devient très grande, on est conduit, si l'on veut maintenir cette condition, à des dimensions exagérées. Il faut remarquer, en effet, que le terrain offre une résistance latérale à la pile, et que cette résistance a été négligée dans le calcul qui précède.

On tient compte, quelquefois, de la sous-pression exercée par l'eau sous la pile, et on retranche cette dernière du poids total. En opérant ainsi dans notre exemple, la résultante n'est plus que de 931.000 k. ; mais elle agit à 1^m,50 de l'axe.

Le travail par centimètre carré s'obtient alors de la manière suivante :

1° Le coefficient, pour l'effort passant dans l'axe, est égal à :

$$\frac{531.000}{500 \times 670} = 1^{k},6 ;$$

2° Pour une distance de $1^{m}.50$ de l'axe,

$$\frac{1,50}{3,35} \times \frac{h}{2} = 0,45 \frac{h}{2} \quad \text{(voir fig. 1, Pl. 27).}$$

on a un coefficient de travail :

$$R = 4,6 \times 2,4 = 11 \text{ k. par c.m}^{2}.$$

On calculerait de la même manière l'effort dans la section AB.

L'inclinaison des efforts sur l'horizontale étant très faible, il n'y a pas lieu de s'occuper de l'effort de glissement, ni de faire un appareillage à joints inclinés, sauf dans l'élément 2 qui reçoit directement les réactions des arcs.

§ 3

CULÉE DE PONT EN ARC.

(Planche 29)

L'épure d'une culée de pont en arc diffère un peu de celle des piles ; elle n'est en général pas symétrique en coupe, fig. 3. La ligne verticale de passage de la résultante des poids n'est pas connue, et il est nécessaire de la déterminer au moyen d'un polygone funiculaire. La division du massif est faite en 5 éléments dont les poids ont été portés dans le polygone des forces de la fig. 4. Au moyen d'un pôle O_{1}, obtenu en portant suivant sa direction la réaction Q de l'arc, égale à 240.000 k., nous avons tracé un polygone funiculaire CR dont le premier côté se confond avec la réaction Q.

Le dernier côté de ce polygone donne directement la position de la résultante R des efforts agissant sur la base. L'épure

montre, fig. 4, que cette résultante est de 1.530.000 k. et qu'elle
agit à 1ᵐ.800 du centre de gravité de la base.

Le polygone funiculaire CR est une ligne de pression, mais
elle ne représente pas la direction des forces intérieures dans
le massif. Il est intéressant de connaître cette direction, qui
peut servir à déterminer l'inclinaison des joints (voir fig. 269).

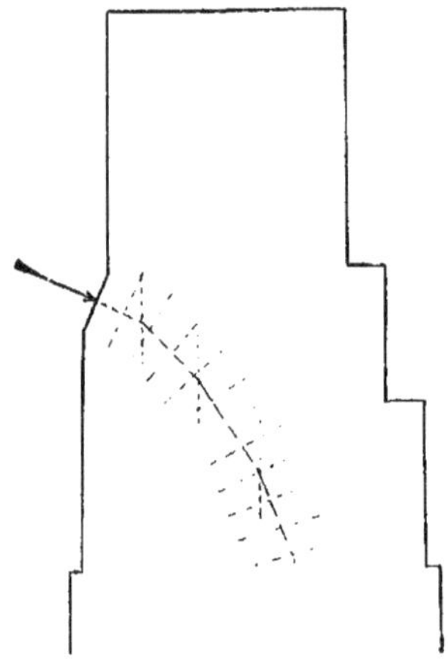

Fig. 269.

À cet effet on divise le massif en éléments verticaux, mais
il nous semble inexact de faire descendre les éléments jusqu'à
la base ; la maçonnerie qui se trouve au-dessous du passage
de la réaction ne pourrait agir que par tension, ce qui est inad-
missible ; nous arrêterons donc ces éléments un peu en dessous de la ligne des efforts intérieurs, comme cela est indiqué
par les hachures. Avec le poids des éléments verticaux 1′, 2′,
3′ portés dans le polygone des forces, figure 5, nous avons
tracé en —.— le polygone funiculaire CP qui donne approximativement la direction moyenne des forces intérieures. Le

tracé de cette ligne n'a d'intérêt que dans les parties voisines de l'appui, plus loin, sa direction est plus incertaine ; on peut s'arrêter dès que l'inclinaison des efforts est assez grande pour dépasser l'angle de glissement. L'appareillage se fera en disposant comme l'indique la figure 269, les joints perpendiculairement au polygone funiculaire.

§ 4

PILES DE GRANDE HAUTEUR

(Planche 30)

Dans les piles de grande hauteur portant un viaduc, il devient nécessaire de tenir compte de l'influence du vent qui s'exerce sur le tablier et sur les piles elles-mêmes. L'effort maximum agit dans la direction perpendiculaire au tablier.

On peut négliger généralement les efforts qui s'exerceront sur la pile dans le sens longitudinal du viaduc, car les vents violents suivent la direction de la vallée. Si cependant la vallée est large et si les piles ne sont pas protégées, on examinera l'influence d'un vent transversal ; le tablier n'exercera dans ce cas, sur la pile, qu'un effort négligeable et ce sont les efforts du vent sur la pile elle-même qui seront seuls à considérer.

La détermination des efforts a été faite sur une pile de 64 mètres de hauteur, dans l'exemple de la planche 30. On connaît les efforts exercés par le tablier sur la pile [1]. Ces efforts sont de 601.960 k. pour la charge verticale et de 219.113 k. pour le vent. Les efforts dus à l'action du vent sur la pile et au poids propre de cette dernière sont au contraire inconnus ; ils dépendent de sa forme et de ses dimensions, qui sont à détermi-

---

1. Il y a en général deux cas à considérer : celui du vent de 275 k. sans surcharge sur le tablier et celui de 150 k. avec surcharge. Les deux cas se traitent par la même méthode ; nous n'avons examiné, dans la planche, que le premier, qui donne les efforts maximums.

ner. On ne peut donc procéder que par tâtonnement, en partant du haut. Les dimensions de la section supérieure dépendent de la largeur du tablier ; on peut les arrêter dès qu'on a terminé l'étude du tablier. Dans l'exemple de la planche la section supérieure a 10 m. sur 4 m.

Les dimensions de la pile en élévation ont été adoptées comme l'indique la fig. 1. tandis que les dimensions transversales résultent des efforts obtenus. Les dimensions en élévation étant adoptées, on peut déterminer les forces extérieures et les moments fléchissants dus au vent.

La pile a été divisée en 8 éléments de 8 m. de hauteur chacun, portant les nᵒˢ 1 à 8. C'est dans les sections inférieures de ces éléments, désignées par I à VIII, que nous déterminons les efforts.

L'effort horizontal du vent sur le tablier agit à 6 m. 90 au-dessus de la pile.

Les efforts correspondant à un vent de 275 k. agissant sur le tablier et sur les éléments de la pile, sont donnés dans le tableau de la planche. Ces efforts ont été portés dans le polygone des forces de la fig. 3 et, avec une distance polaire de 500.000 k., on a tracé le polygone funiculaire AB, fig. 2, en partant du point de rencontre A de l'effort supérieur avec l'axe de la pile.

Le polygone funiculaire ainsi obtenu donne les moments fléchissants à toutes les hauteurs. Ces moments s'obtiennent en multipliant le segment mesuré entre le polygone funiculaire et l'axe par la distance polaire. On obtient ainsi à la section IV, par exemple, un moment de :

$$18,34 \times 500.000 = 9.175.000$$

En prolongeant le côté du polygone funiculaire coupé par une section, on obtient, sur l'axe de la pile, le point de passage de la résultante des forces extérieures de la section. Ces points sont marqués par les chiffres 1 à 8 pour les sections I à VIII, fig. 2. sur l'axe de la pile.

L'effort maximum sur l'unité de surface, dans une section quelconque, se détermine (voir page 464) par la formule :

$$R = \frac{N}{\Omega} + \frac{M}{I}.$$

Mais on aura toujours à vérifier si $\dfrac{N}{\omega}$ est plus grand que $\dfrac{Mv}{I}$.

L'effort N est la somme de tous les poids agissant au dessus de la section ; le moment M est le moment fléchissant des efforts du vent, donné par le polygone funiculaire AB.

On commencera par adopter une largeur de la section I, puis on en déduira le poids de l'élément 1, et l'on calculera la valeur de R. Suivant que l'on arrivera à une valeur trop grande ou trop faible, on augmentera ou on diminuera la largeur. De la section I on passe à la section II, et ainsi de suite.

La forme à laquelle on est conduit pour la pile est une forme d'égale résistance ; cette forme est en général régulière ; s'il en était autrement, on la corrigerait dans les points irréguliers. Il arrive souvent que dans la partie supérieure le coefficient maximum n'est pas atteint, parce que l'on serait conduit à des dimensions inadmissibles ; mais à mesure que l'on descend, le coefficient s'élève, et on a tout intérêt, au point de vue de l'économie, à arriver le plus vite possible au coefficient maximum.

La forme de la section des piles élevées des viaducs est presque toujours une forme rectangulaire pleine. Si l'on ne considère que les charges, la section pleine est la plus avantageuse : c'est celle qui donne le moins de surface vue et par suite aussi le moins de maçonnerie de parement. On aura de plus avantage à faire différer le moins possible les deux côtés du rectangle. Mais en tenant compte des efforts du vent, il en est tout autrement : il devient nécessaire d'élargir autant que possible la section dans le sens de ces efforts, et une section évidée, avec un nombre suffisant de liaisons horizontales, convient parfaitement aux piles très élevées.

C'est une pile avec évidements qui est représentée dans la planche ; les sections sont toutes de la forme de la base indiquée à la partie inférieure de la fig. 2. L'élément 1 est seul plein.

Le coefficient de travail maximum adopté est de 10^k, et ce coefficient est presque atteint dans toutes les sections, excepté dans la section I, où l'on n'a que $8^k.9$. Nous ne donnons pas le calcul de l'effort dans toutes les sections, mais seulement dans l'une d'elles, la section IV.

Les charges dans les sections sont inscrites dans la fig. 2; pour la section IV, elle est de $4.396.744^{k}$.

Le moment fléchissant M est de 9.174.000.

$$\Omega = 72^{m2},96 , \qquad \frac{1}{r} = 229,76$$

$$R = \frac{4.396.744}{72,96} \div \frac{9.174.000}{229,76} = 60.000 + 40.000 = 100.000 \text{ par m}^2$$

soit 10^k par centimètre carré.

La ligne de pression ou le lieu de passage des forces extérieures, peut se déterminer en divisant le moment des forces horizontales par les charges verticales; le quotient donne la distance du point de passage de la force extérieure à l'axe de la pile. On peut aussi déterminer les mêmes points au moyen d'un polygone des forces, fig. 5. Dans ce polygone on porte sur une horizontale les efforts du vent, et les charges sur une verticale : la combinaison de ces efforts donne les forces extérieures en grandeur et en direction. Ces forces passent par les points 1. 2. 3.... 8 de l'axe de la pile, obtenus au moyen du polygone funiculaire AB. Par ces points on a mené les lignes pointillées parallèles aux forces extérieures du polygone des forces, fig. 5. Ces parallèles déterminent les points de la ligne de pression tracée en trait pointillé. Cette ligne converge vers l'axe à mesure que l'on descend, l'influence des poids croît plus rapidement que celle du vent.

La force extérieure se rapprochant de plus en plus de la verticale à mesure que l'on descend, c'est dans la partie supérieure que l'effort de glissement a le plus d'importance; il est essentiel que l'inclinaison de la force extérieure ne dépasse pas l'angle de frottement. Cette condition doit être remplie même dans la section 0 : c'est-à-dire que l'angle de la résultante de la charge du tablier et de l'effort horizontal du vent ne doit pas dépasser l'angle de frottement. Si cette condition n'était pas remplie, il y aurait lieu de chercher par des dispositions spéciales, soit dans l'appareillage, soit au moyen d'amarrages, la résistance nécessaire pour s'opposer au glissement.

§ 5

CALCUL D'UNE TOUR DE PHARE OU D'UNE CHEMINÉE EN MAÇONNERIE

On peut se demander d'abord si c'est la section circulaire ou la section carrée qui convient le mieux à la résistance. Au point de vue des charges, cela est indifférent ; mais en ce qui concerne les efforts dus au vent, la question demande à être examinée de plus près.

Pour faire la comparaison, supposons deux tours ayant la même largeur D en élévation. L'une des tours a une section carrée de D de côté et l'autre une section circulaire d'un diamètre D. L'épaisseur de la maçonnerie est la même dans les deux cas et laisse un vide d'un carré de côté d dans la première et d'un diamètre d dans la seconde. L'effort du vent est, comme on le sait, moindre sur une surface cylindrique que sur une surface plane, dans la proportion de 0,54 à 1.

Le rapport des coefficients de travail maximums dans les deux types de cheminée, R_c pour la cheminée cylindrique, R_q pour la cheminée carrée, est proportionnel au rapport des moments fléchissants et inversement proportionnel aux rapports $\frac{1}{c}$ des sections ; on aura par suite :

$$\frac{R_c}{R_q} = \frac{\dfrac{D^4 - d^4}{6D}}{\dfrac{\pi}{32} \dfrac{D^4 - d^4}{D}} \times 0,54 = 0,92 ;$$

Il résulte de cette comparaison qu'une section est à peu près aussi bonne que l'autre, au point de vue de la résistance au vent. La cheminée circulaire est moins résistante, mais elle subit des efforts plus faibles. D'autres considérations étrangères à la résistance donnent l'avantage aux sections circulaires, qui sont le plus souvent adoptées.

On peut se demander aussi si le coefficient de travail change quand, au lieu de frapper une cheminée carrée normalement à une face, le vent la rencontre suivant la diagonale.

L'effort maximum ne change pas.

En effet, le vent rencontre deux faces à 45°, et l'effort par unité de surface sur chacune de ces faces (voir page 20) est de

$$p \sin^2 \alpha = \frac{p}{2} \cdot$$

Le coefficient de travail maximum de l'arête la plus fatiguée A sera par suite le même que celui que donnerait le vent frappant une des faces normalement.

Pour une direction du vent intermédiaire entre la direction diagonale et la direction normale à une face, l'effort sur une face serait $p \sin^2\alpha$, α étant l'inclinaison du vent sur cette face, et l'effort sur l'autre face serait $p \cos^2\alpha$.

Le coefficient de travail de l'arête A serait encore le même puisque

$$p \sin^2 \alpha + p \cos^2 \alpha = p.$$

Le coefficient de travail maximum dans une tour carrée reste donc le même, quelle que soit la direction du vent.

Nous avons traité dans la fig. 270 l'exemple d'une cheminée ronde de 25^m.00 de hauteur, en briques. Elle a été divisée en cinq éléments.

Le poids des éléments et la surface qu'ils offrent au vent sont donnés dans le tableau suivant, ainsi que les efforts correspondants du vent.

La densité de la maçonnerie en briques est comptée à 1.800^k. L'effort du vent à 100 k. par m^2 seulement, la cheminée étant abritée contre le vent.

Au moyen du polygone des forces nous avons tracé le polygone funiculaire AB, en partant du point A, sommet de la cheminée sur l'axe OA. Les abscisses de ce polygone, relativement à l'axe AO, multipliées par la distance polaire qui est de 10^m.00, donnent les moments fléchissants dans les sec-

tions de la cheminée. Le coefficient de travail se détermine
par la formule (voir page 464) :

$$R = \frac{N}{\Omega} + \frac{Mv}{I}$$

et $\frac{N}{\Omega}$ devra toujours être plus grand que $\frac{Mv}{I}$

Appliquons la formule à la base.

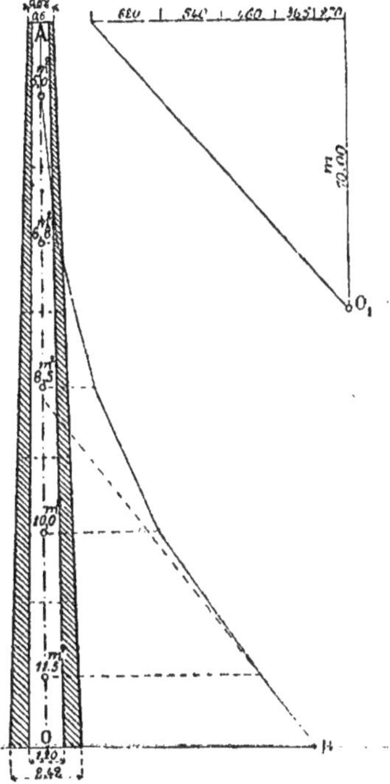

Fig. 270.

On a en ce point

$$\frac{1}{r} = \frac{\pi}{4}\frac{(R^4 - r^4)}{R} = \frac{\pi}{4}\frac{\overline{1,21}^4 - \overline{0,60}^4}{1,21} = 1.300$$

La section $\Omega = 3,4687$, $N = 71.200^k$;

On aura par suite

$$R = \frac{71.200}{3,4687} + \frac{10 \times 2.400}{1,3000} = 2,07 + 1,85 = 3^k,92 \text{ par cm}^2$$

Le même calcul se fait en un certain nombre de points, à la partie inférieure de chacun des éléments, par exemple.

Numéros des éléments	Poids	Surface offerte au vent	Effort au vent
	k	m2	t
1	3.600	5,00	270
2	7.600	6,80	365
3	13.000	8,50	460
4	20.000	10,00	540
5	27.000	11,50	620
	71.200	41,80	2.255

TABLES ET FORMULES

§ 1. *Tables.*
§ 2. *Formules.*

CHAPITRE DOUZIÈME

TABLES ET FORMULES

§ 1.

TABLES

Le premier tableau, page 486, donne les sections circulaires pour des diamètres de 8 à 35 correspondant aux sections des rivets et boulons généralement employés dans les constructions ; il renferme dans la première colonne les diamètres, dans la seconde les sections, et dans les suivantes les multiples de ces sections jusqu'à 9.

Le second tableau, page 487, donne les sections des cornières à branches égales. La longueur des branches est inscrite dans la première ligne horizontale, les épaisseurs se trouvent dans la première colonne en millimètres ; enfin les sections sont inscrites à la rencontre de la colonne verticale correspondant à la largeur des branches avec la ligne horizontale de l'épaisseur.

Dans le troisième tableau, page 488, on trouve, disposés de la même manière, les poids des mêmes cornières.

Les tableaux 4, 5, 6 et 7, pages 489 à 492, donnent les sections des fers plats de 35^{mm} à 350 pour des épaisseurs variant de 1 à 20 millimètres. La section d'un fer plat se lit au point de rencontre de la colonne verticale et de la ligne horizontale correspondant à sa largeur et à son épaisseur.

Le tableau 8, page 493, donne les moments d'inertie des âmes des poutres pour des hauteurs variant de 150^{mm} à 2000^{mm} et pour des épaisseurs variant de 6^{mm} à 12^{mm}. Pour une hauteur donnée, les moments d'inertie sont proportionnels à l'épaisseur de l'âme.

Dans les tableaux 9, 10, 11, 12, pages 494 à 497, on trouve les moments d'inertie des cornières de 50 à 100 de largeur d'aile et d'épaisseurs variables, ces moments d'inertie correspondent à 4 cornières disposées comme elles le sont généralement sur les âmes des poutres.

Dans les tableaux 13, 14, 15, 16, 17, pages 498 à 502, sont groupés les moments d'inertie des semelles de 100^{mm} de largeur pour des hauteurs de poutre variant de 0^m,200 à 2^m,50 et pour des épaisseurs variant de 6 à 36^{mm}. Les hauteurs vont de 50^{mm} en 50^{mm} jusqu'à 1^m,00, puis de 0,100 en 0,100 jusqu'à 2^m,00.

Les moments d'inertie des semelles sont proportionnels aux largeurs des semelles.

Pour avoir le moment d'inertie d'une poutre il suffit d'additionner les moments d'inertie des différentes parties qui la composent. Tous les moments d'inertie sont rapportés au mètre.

Connaissant le moment d'inertie I, on passe au rapport $\dfrac{I}{v}$ du moment d'inertie à la distance v de la fibre extrême en divisant le moment d'inertie par v, qui est égal à la moitié de la hauteur de l'âme augmentée de l'épaisseur des semelles.

On calcule en général le moment d'inertie pour l'introduire dans la formule :

$$R = \frac{M v}{I} \quad \text{ou} \quad \frac{I}{v} = \frac{M}{R}$$

où R est le coefficient de travail maximum.

On peut dans cette formule, soit exprimer R pour un mètre carré et introduire pour I les valeurs du tableau, soit, ce qui est plus commode, introduire le coefficient de travail par millimètre carré et reculer de 6 chiffres la virgule dans les moments d'inertie des tableaux.

Remarquons qu'à cet effet les moments d'inertie sont toujours donnés avec 6 chiffres après la virgule, il suffira donc de supprimer la virgule.

Les tableaux n°ˢ 18 et 19, pages 503 et 504, sont accompagnés d'une figure et d'une légende explicative, ils donnent les moments d'inertie des cornières isolées.

Le tableau n° 20, page 505, donne la densité des principaux matériaux de construction ; le tableau suivant, n° 21, page 506, contient les coefficients d'élasticité, les charges à la limite d'élasticité, les charges de rupture, les charges admissibles d'un certain nombre de ces mêmes matériaux. Ils sont donnés pour des millimètres carrés lorsqu'il s'agit de métaux et pour des centimètres carrés dans le cas des pierres et des bois.

Le tableau 22 de la page 507 donne quelques coefficients de frottement. En multipliant le poids d'un corps par ce coefficient, on obtient l'effort horizontal qui produit le glissement.

Sur la même page se trouvent les coefficients de dilatation de quelques corps ; ils donnent la variation de l'unité de longueur pour un degré de changement de température.

1. — Tableau des sections de rivets ou boulons.

Diamètre	SECTIONS correspondant au nombre de rivets indiqués ci-dessous.								
	1 rivet.	2	3	4	5	6	7	8	9
8	50	100	150	200	250	300	350	400	450
9	63	126	189	252	315	378	441	504	567
10	78	156	234	312	390	468	546	624	702
11	95	190	285	380	475	570	665	760	855
12	113	226	339	452	565	678	791	904	1017
13	133	266	399	532	665	798	931	1064	1197
14	154	308	462	616	770	924	1078	1232	1386
15	177	354	531	708	885	1062	1239	1416	1593
16	201	402	603	804	1005	1206	1407	1608	1809
17	227	454	681	908	1135	1362	1589	1816	2043
18	254	508	762	1016	1270	1524	1778	2032	2286
19	283	566	849	1132	1415	1698	1981	2264	2547
20	314	628	942	1256	1570	1884	2198	2512	2826
21	346	692	1038	1384	1730	2076	2422	2768	3114
22	380	760	1140	1520	1900	2280	2660	3040	3420
23	415	830	1245	1660	2075	2490	2905	3320	3735
24	452	904	1356	1808	2260	2712	3164	3616	4068
25	491	982	1473	1964	2455	2946	3437	3928	4419
26	531	1062	1593	2124	2655	3186	3717	4248	4779
27	573	1146	1719	2292	2865	3438	4011	4584	5157
28	616	1232	1848	2464	3080	3696	4312	4928	5544
29	660	1320	1980	2640	3300	3960	4620	5280	5940
30	707	1414	2121	2828	3535	4242	4949	5656	6363
31	755	1510	2265	3020	3775	4530	5285	6040	6795
32	804	1608	2412	3216	4020	4824	5628	6432	7236
33	855	1710	2565	3420	4275	5130	5985	6840	7695
34	908	1816	2724	3632	4540	5448	6356	7264	8172
35	962	1924	2886	3848	4810	5772	6734	7696	8658

2. — Tableau des sections des cornières à branches égales.

Épaisseur	Longueur des ailes									
	100	90	85	80	75	70	65	60	55	50
15	2775	2475	2325	2175						
14,5	2690	2399	2255	2110						
14	2604	2324	2184	2044						
13,5	2518	2247	2113	1978						
13	2431	2171	2044	1911	1781					
12,5	2344	2094	1968	1845	1719					
12	2256	2016	1896	1776	1656	1536	1416	1296		
11,5	2168	1938	1822	1707	1592	1477	1363	1248		
11	2079	1859	1759	1639	1520	1410	1300	1199		
10,5	1990	1780	1674	1570	1464	1360	1254	1149		
10	1900	1700	1600	1500	1400	1300	1200	1100	1000	
9,5	1810	1619	....	1420	1334	1239	1145	1049	954	
9	1719	1539	....	1359	....	1179	1089	999	909	819
8,5	....	1457	....	1287	....	1117	1033	947	862	777
8	....	1376	....	1216	....	1056	....	896	816	736
7,5	....	....	....	....	....	994	....	843	769	693
7	....	....	....	....	....	931	....	791	721	651
6,5	....	....	....	....	....	....	....	738	673	607
6	....	....	....	....	....	....	....	684	624	564
5,5	....	....	....	....	....	....	....	....	....	549
5	....	....	....	....	....	....	....	....	....	475

3. — Tableau des poids des cornières à branches égales.

Épaisseur (mm)	Largeur des ailes (mm)									
	100	90	85	80	75	70	65	60	55	50
15	21,6	19,3	18,1	17,0						
14,5	21,0	18,7	17,5	16,5						
14	20,3	18,1	17,0	15,9						
13,5	19,6	17,5	16,5	15,4						
13	19,0	16,9	15,9	15,0	13,9					
12,5	18,3	16,3	15,3	14,5	13,6					
12	17,6	15,7	14,7	13,8	12,9	11,9	11,0	10,1		
11,5	16,	15,1	14,2	13,3	12,4	11,5	10,6	9,73		
11	16,2	14,5	13,6	12,8	11,9	11,0	10,2	9,35		
10,5	15,5	13,8	13,0	12,3	11,5	10,6	9,8	8,95		
10	14,8	13,3	12,5	11,7	10,9	10,1	9,4	8,60	7,80	
9,5	14,1	12,6		11,1	10,4	9,7	8,9	8,18	7,44	
9	13,4	12,0		10,5		9,2	8,3	7,80	7,05	6,38
8,5		11,4		10,0		8,7	8,0	7,38	6,72	6,06
8		10,7		9,5		8,2		7,00	6,38	5,74
7,5						7,7		6,57	5,99	5,46
7						7,3		6,20	5,62	5,07
6,5								5,73	5,25	4,72
6								5,32	4,86	4,40
5,5										4,03
5										3,70

1. — Tableau des poids des fers plats.

Épaisseur	Largeur									
	25	40	45	50	55	60	65	70	75	80
mm	k	k	k	l	k	k	k	k	k	k
1	0,273	0,312	0,351	0,390	0,429	0,468	0,507	0,546	0,585	0,624
2	0,546	0,624	0,702	0,780	0,858	0,936	1,014	1,092	1,170	1,248
3	0,819	0,936	1,053	1,170	1,287	1,404	1,521	1,638	1,755	1,872
4	1,092	1,248	1,404	1,560	1,716	1,872	2,028	2,184	2,340	2,496
5	1,365	1,560	1,755	1,950	2,145	2,340	2,535	2,730	2,925	3,120
6	1,638	1,872	2,106	2,340	2,574	2,808	3,042	3,276	3,510	3,744
7	1,911	2,184	2,457	2,730	3,003	3,276	3,549	3,822	4,095	4,368
8	2,184	2,496	2,808	3,120	3,432	3,744	4,056	4,368	4,680	4,992
9	2,457	2,808	3,159	3,510	3,861	4,212	4,563	4,914	5,265	5,616
10	2,730	3,120	3,510	3,900	4,290	4,680	5,070	5,460	5,850	6,240
11	3,003	3,432	3,861	4,290	4,719	5,148	5,577	6,006	6,435	6,864
12	3,276	3,744	4,212	4,680	5,148	5,616	6,084	6,552	7,020	7,488
13	3,549	4,056	4,563	5,070	5,577	6,084	6,591	7,098	7,605	8,112
14	3,822	4,368	4,914	5,460	6,006	6,552	7,098	7,644	8,190	8,736
15	4,095	4,680	5,265	5,850	6,435	7,020	7,605	8,190	8,775	9,360
16	4,368	4,992	5,616	6,240	6,864	7,488	8,112	8,736	9,360	9,984
17	4,641	5,304	5,967	6,630	7,293	7,956	8,619	9,282	9,945	10,608
18	4,914	5,616	6,318	7,020	7,722	8,424	9,126	9,828	10,530	11,232
19	5,187	5,928	6,669	7,410	8,151	8,892	9,633	10,374	11,115	11,856
20	5,460	6,240	7,020	7,800	8,580	9,360	10,140	10,920	11,700	12,480

5. — Tableau des poids des fers plats.

Épaisseur	Largeur								
	90	100	110	120	130	140	150	160	170
mm	k	k	k	k	k	k	k	k	k
1	0,702	0,780	0,858	0,936	1,014	1,092	1,170	1,248	1,326
2	1,404	1,560	1,716	1,872	2,028	2,184	2,340	2,496	2,652
3	2,106	2,340	2,574	2,808	3,042	3,276	3,510	3,744	3,978
4	2,808	3,120	3,432	3,744	4,056	4,368	4,680	4,992	5,304
5	3,510	3,900	4,290	4,680	5,070	5,460	5,850	6,240	6,630
6	4,212	4,680	5,148	5,616	6,084	6,552	7,020	7,488	7,956
7	4,914	5,460	6,006	6,552	7,098	7,644	8,190	8,736	9,282
8	5,616	6,240	6,864	7,488	8,112	8,736	9,360	9,984	10,608
9	6,318	7,020	7,722	8,424	9,126	9,828	10,530	11,232	11,934
10	7,020	7,800	8,580	9,360	10,140	10,920	11,700	12,480	13,260
11	7,722	8,580	9,438	10,296	11,154	12,012	12,870	13,728	14,586
12	8,424	9,360	10,296	11,232	12,168	13,104	14,040	14,976	15,912
13	9,126	10,140	11,154	12,168	13,182	14,196	15,210	16,224	17,238
14	9,828	10,920	12,012	13,104	14,196	15,288	16,380	17,472	18,564
15	10,530	11,700	12,870	14,040	15,210	16,380	17,550	18,720	19,890
16	11,232	12,480	13,728	14,976	16,224	17,472	18,720	19,968	21,216
17	11,934	13,260	14,586	15,912	17,238	18,564	19,890	21,216	22,542
18	12,636	14,040	15,444	16,848	18,252	19,656	21,060	22,464	23,868
19	13,338	14,820	16,302	17,784	19,266	20,748	22,230	23,712	25,194
20	14,040	15,600	17,160	18,720	20,280	21,840	23,400	24,960	26,520

6. — Tableau des poids des fers plats.

Épaisseur	Largeur								
	180	190	200	210	220	230	240	250	260
mm	k	k	k	k	k	k	k	k	k
1	1,404	1,482	1,560	1,638	1,716	1,794	1,872	1,950	2,028
2	2,808	2,964	3,120	3,276	3,432	3,588	3,744	3,900	4,056
3	4,212	4,446	4,680	4,914	5,148	5,382	5,616	5,850	6,084
4	5,616	5,928	6,240	6,552	6,864	7,176	7,488	7,800	8,112
5	7,020	7,410	7,800	8,190	8,580	8,970	9,360	9,750	10,140
6	8,424	8,892	9,360	9,828	10,296	10,764	11,232	11,700	12,168
7	9,828	10,374	10,920	11,466	12,012	12,558	13,104	13,650	14,196
8	11,232	11,856	12,480	13,104	13,728	14,352	14,976	15,600	16,224
9	12,636	13,338	14,040	14,742	15,444	16,146	16,848	17,550	18,252
10	14,040	14,820	15,600	16,380	17,160	17,940	18,720	19,500	20,280
11	15,444	16,302	17,160	18,018	18,876	19,734	20,592	21,450	22,308
12	16,848	17,784	18,720	19,656	20,592	21,528	22,464	23,400	24,336
13	18,252	19,266	20,280	21,294	22,308	23,322	24,336	25,350	26,364
14	19,656	20,748	21,840	22,932	24,024	25,116	26,208	27,300	28,392
15	21,060	22,230	23,400	24,570	25,740	26,910	28,080	29,250	30,420
16	22,464	23,712	24,960	26,208	27,456	28,704	29,952	31,200	32,448
17	23,868	25,194	26,520	27,846	29,172	30,498	31,824	33,150	34,476
18	25,272	26,676	28,080	29,484	30,888	32,292	33,696	35,100	36,504
19	26,676	28,158	29,640	31,122	32,604	34,086	35,568	37,050	38,532
20	28,080	29,640	31,200	32,760	34,320	35,880	37,440	39,000	40,560

7. — Tableau des poids des fers plats.

Épaisseur (mm)	Largeur								
	270	280	290	300	310	320	330	340	350
	k	k	k	k	k	k	k	k	k
1	2,106	2,184	2,262	2,340	2,418	2,496	2,574	2,652	2,730
2	4,212	4,368	4,524	4,680	4,836	4,992	5,148	5,304	5,460
3	6,318	6,552	6,786	7,020	7,254	7,488	7,722	7,956	8,190
4	8,424	8,736	9,048	9,360	9,672	9,984	10,296	10,608	10,920
5	10,530	10,920	11,310	11,700	12,090	12,480	12,870	13,260	13,650
6	12,636	13,104	13,572	14,040	14,508	14,976	15,444	15,912	16,380
7	14,742	15,288	15,834	16,380	16,926	17,472	18,018	18,564	19,110
8	16,848	17,472	18,096	18,720	19,344	19,968	20,592	21,216	21,840
9	18,954	19,656	20,358	21,060	21,762	22,464	23,166	23,868	24,570
10	21,060	21,840	22,620	23,400	24,180	24,960	25,740	26,520	27,300
11	23,166	24,024	24,882	25,740	26,598	27,456	28,314	29,172	30,030
12	25,272	26,208	27,144	28,080	29,016	29,952	30,888	31,824	32,760
13	27,378	28,392	29,406	30,420	31,434	32,448	33,462	34,476	35,490
14	29,484	30,576	31,668	32,760	33,852	34,944	36,036	37,128	38,220
15	31,590	32,760	33,930	35,100	36,270	37,440	38,610	39,780	40,950
16	33,696	34,944	36,192	37,440	38,688	39,936	41,184	42,432	43,680
17	35,802	37,128	38,454	39,780	41,106	42,432	43,758	45,084	46,410
18	37,908	39,312	40,716	42,120	43,524	44,928	46,332	47,736	49,140
19	40,014	41,496	42,978	44,460	45,942	47,424	48,906	50,388	51,870
20	42,120	43,680	45,240	46,800	48,360	49,920	51,480	53,040	54,600

8. — Moment d'inertie des âmes.

Hauteur de l'âme	Épaisseur de l'âme						
	6	7	8	9	10	11	12
150	0,000.002	0,000.002	0,000.002	0,000.002	0,000.003	0,000.003	0,000.003
200	004	005	005	006	007	007	008
250	008	009	010	012	013	014	016
300	013	016	018	020	022	025	027
350	021	025	028	032	036	039	043
400	032	037	043	048	053	059	064
450	046	053	061	068	076	083	091
500	062	073	083	094	104	111	125
550	0,000.083	0,000.097	0,000.111	0,000.125	0.000.139	0,000.152	0,000.166
600	108	126	144	162	180	198	216
650	137	160	183	206	229	252	275
700	171	200	229	257	286	315	343
750	211	246	281	316	351	387	422
800	256	299	341	384	427	469	512
850	307	358	409	461	512	563	614
900	364	425	486	547	607	668	729
950	429	500	572	643	714	786	857
1.000	500	584	667	750	833	917	0,001.000
1.100	0,000.665	0.000.776	0,000.887	0,000.998	0.001.109	0,001.220	0,001.331
1.200	865	0,001.009	0,001.152	0,001.206	1.550	1.581	1.728
1.300	0,001.059	1.281	1.465	1.618	1.831	2.014	2.197
1.400	1.372	1.601	1.829	2.058	2.287	2.515	2.744
1.500	1.687	1.969	2.250	2.531	2.813	3.094	3.375
1.600	2.048	2.380	2.730	3.072	3.413	3.754	4.096
1.700	2.456	2.866	3.275	3.685	4.094	4.504	4.913
1.800	2.916	3.402	3.888	4.374	4.860	5.346	5.832
1.900	3.429	4.001	4.572	5.144	5.715	6.287	6.859
2.000	4.000	4.666	5.333	6.000	6.666	7.333	8.000

9. — Moments d'inertie de 4 cornières.

Hauteur de la poutre	50 × 10		60 × 60				
	Ep. 6	7	6	7	8	9	10
0,200	0,000.017	0,000.019	0,000.020	0,000.022	0,000.025	0,000.028	0,000.030
0,250	028	032	033	037	042	047	054
0,300	042	048	049	056	064	071	077
0,350	058	067	069	079	090	099	100
0,400	078	090	092	106	120	133	146
0,450	100	113	119	137	155	172	180
0,500	125	144	149	172	194	216	237
0,550	0,000.154	0,000.176	0,000.183	0,000.211	0,000.238	0,000.265	0,000.290
0,600	184	212	220	253	286	318	350
0,650	218	251	260	300	339	377	414
0,700	254	293	304	351	396	441	484
0,750	293	338	351	405	458	510	560
0,800	335	386	402	464	524	583	641
0,850	380	438	456	526	593	662	728
0,900	428	493	513	593	670	746	820
0,950	478	551	574	663	750	835	918
1,000	532	613	639	737	834	928	0,001.020
1,050	0,000.588	0,000.679	0,000.706	0,000.816	0,000.923	0,001.027	0,001.120
1,100	647	746	778	898	1.016	1.131	1.243
1,150	709	817	852	984	1.113	1.240	1.363
1,200	773	891	930	0,001.074	1.213	1.353	1.488
1,250	841	969	0,001.011	1.168	1.322	1.472	1.610
1,300	912	0,001.050	1.096	1.266	1.433	1.596	1.755
1,350	984	1.134	1.185	1.368	1.548	1.725	1.807
1,400	0,001.060	1.222	1.276	1.474	1.668	1.858	2.044
1,450	1.139	1.313	1.372	1.584	1.703	1.997	2.197
1,500	1.220	1.407	1.470	1.698	1.921	2.141	2.335
2,000	2.190	2.527	2.643	3.031	3.157	3.852	4.230

10. — Moments d'inertie de 4 cornières.

Hauteur de la poutre	70 × 70				80 × 80		
	7	8	9	10	8	9	10
0,200	0,000.025	0,000.028	0,000.032	0,000.034	0,000.032	0,000.035	0,000.038
0,250	043	048	053	058	053	059	065
0,300	064	073	081	089	081	090	098
0,350	091	103	117	125	115	128	141
0,400	123	138	153	169	155	173	190
0,450	158	179	199	218	201	225	247
0,500	199	225	249	273	254	283	311
0,550	0,000.244	0,000.276	0,000.307	0,000.337	0,000.312	0,000.348	0,000.382
0,600	293	332	370	306	376	419	462
0,650	348	394	438	482	447	498	548
0,700	407	461	513	565	524	583	642
0,750	471	533	595	653	606	676	744
0,800	539	610	680	749	694	775	853
0,850	612	693	773	850	789	880	970
0,900	690	781	871	959	890	992	0,001.004
0,950	772	875	975	0,001.073	997	0,001.112	1.226
1,000	859	973	0,001.085	1.191	0,001.110	1.239	1.365
1,100	0,001.047	0,001.186	0,001.323	0,001.457	0,001.354	0,001.511	0,001.666
1,200	1.254	1.421	1.584	1.745	1.622	1.811	1.997
1,300	1.479	1.676	1.869	2.058	1.915	2.138	2.357
1,400	1.723	1.952	2.178	2.399	2.233	2.492	2.748
1,500	1.986	2.250	2.509	2.764	2.573	2.874	3.169
1,600	2.267	2.569	2.865	3.157	2.930	3.282	3.620
1,700	2.567	2.909	3.245	3.575	3.330	3.718	4.100
1,800	2.885	3.270	3.648	4.018	3.744	4.181	4.611
1,900	3.222	3.651	4.074	4.480	4.183	4.671	5.152
2,000	3.577	4.055	4.524	4.985	4.646	5.189	5.723
2,500	0,005.635	0,006.388	0,007.128	0,007.833	0,007.326	0,008.183	0,009.027

II. — Moments d'inertie de 4 cornières.

Hauteur de la poutre	80 × 80		90 × 90				
	11	12	9	10	11	12	13
0,200	0,000.042	0,000.044	0,000.039	0,000.042	0,000.046	0,000.049	0,000.052
0,250	071	076	065	071	078	083	089
0,300	108	116	099	109	119	128	137
0,350	153	165	142	156	169	183	196
0,400	207	223	191	211	229	248	265
0,450	269	290	249	274	298	322	346
0,500	339	366	314	346	377	407	437
0,550	0,000.417	0,000.450	0,000.387	0,050.426	0,000.465	0,000.502	0,000.539
0,600	503	544	467	513	561	607	652
0,650	598	646	556	612	668	723	776
0,700	700	757	652	718	783	848	911
0,750	811	877	755	832	908	983	0,001.056
0,800	930	0,001.000	866	955	0,001.043	0,001.128	1.213
0,850	0,001.058	1.111	986	0,001.087	1.186	1.281	1.380
0,900	1.193	1.291	0,001.112	1.227	1.337	1.430	1.558
0,950	1.337	1.446	1.247	1.374	1.501	1.625	1.747
1,000	1.489	1.611	1.389	1.532	1.672	1.810	1.947
1,100	0,001.817	0,001.966	0,001.696	0,001.871	0,002.043	0,002.213	0,002.379
1,200	2.170	2.357	2.034	2.244	2.451	2.654	2.855
1,300	2.573	2.784	2.403	2.651	2.895	3.137	3.374
1,400	3.000	3.247	2.803	3.093	3.376	3.659	3.937
1,500	3.459	3.744	3.233	3.567	3.898	4.222	4.543
1,600	3.951	4.278	3.694	4.077	4.454	4.826	5.192
1,700	4.476	4.846	4.186	4.620	5.047	5.469	5.885
1,800	5.034	5.451	4.709	5.197	5.679	6.153	6.624
1,900	5.625	6.091	5.263	5.809	6.347	6.877	7.400
2,000	6.248	6.766	5.847	6.453	7.052	7.642	8.224
2,500	0,009.857	0,010.675	0,009.230	0,010.490	0,011.136	0,012.060	0,012.990

12. — Moments d'inertie de 4 cornières.

Hauteur de la poutre	100 × 10¹					
	10	11	12	13	14	15
0,200	0,000.046	0,000.049	0,000.053	0,000.057	0,000.060	0,000.063
0,250	077	084	091	097	103	109
0,300	119	129	140	149	159	169
0,350	170	185	199	214	228	242
0,400	230	251	271	291	310	329
0,450	300	327	354	380	405	430
0,500	379	414	448	480	513	545
0,550	0,000.468	0,000.511	0,000.553	0,000.594	0,000.636	0,000.674
0,600	567	618	669	719	768	816
0,650	674	736	797	856	915	973
0,700	792	864	936	0,001.008	0,001.075	0,001.143
0,750	919	0,001.003	0,001.086	1.167	1.248	1.328
0,800	0,001.055	1.152	1.248	1.342	1.434	1.526
0,850	1.200	1.311	1.421	1.528	1.645	1.738
0,900	1.356	1.481	1.605	1.726	1.846	1.964
0,950	1.521	1.662	1.800	1.937	2.024	2.203
1,000	1.695	1.852	2.007	2.159	2.309	2.457
1,100	0,002.073	0,002.265	0,002.454	0,002.641	0,002.825	0,003.006
1,200	2.484	2.710	2.936	3.171	3.392	3.640
1,300	2.944	3.214	3.483	3.750	4.014	4.270
1,400	3.432	3.754	4.060	4.377	4.684	4.943
1,500	3.961	4.340	4.694	5.053	5.407	5.757
1,600	4.529	4.954	5.367	5.778	6.183	6.583
1,700	5.135	5.612	6.083	6.551	7.014	7.463
1,800	5.777	6.316	6.849	7.373	7.891	8.402
1,900	6.458	7.061	7.656	8.244	8.823	9.395
2,000	7.177	7.847	8.509	9.163	9.808	0,010.444
2,500	0,011.343	0,012.403	0,013.452	0,014.487	0,015.510	0,016.518

13. — Moments d'inertie des semelles de 100ᵐᵐ de largeur.

Épaisseur des semelles	Hauteur entre les semelles					
	0.200	0.250	0.300	0.350	0.400	0.450
6	0,000.013	0,000.020	0,000.028	0,000.038	0,000.049	0,000.062
7	015	023	033	045	058	073
8	017	027	038	051	066	085
9	019	030	043	058	075	095
10	022	034	048	065	084	106
11	0,000.024	0,000.037	0,000.053	0,000.072	0,000.093	0,000.117
12	027	041	058	079	102	128
13	029	045	064	086	111	139
14	032	049	069	093	120	151
15	035	053	074	100	129	162
16	037	057	080	107	138	173
17	040	061	085	114	148	185
18	043	065	091	122	157	197
19	046	069	097	129	167	209
20	048	073	102	137	176	221
21	0,000.051	0,000.077	0,000.108	0,000.145	0,000.186	0,000.233
22	054	081	114	152	196	245
23	057	086	120	160	206	257
24	060	090	126	168	216	270
25	063	093	132	176	226	282
26	067	099	138	184	236	295
27	070	105	145	192	246	307
28	073	108	151	200	257	320
29	076	113	157	209	267	333
30	080	118	164	217	278	346
31	0,000.083	0,000.123	0,000.170	0,000.225	0,000.288	0,000.359
32	087	128	177	234	299	372
33	090	133	184	243	310	385
34	094	138	190	251	321	398

14. — **Moments d'inertie des semelles de 100ᵐᵐ de largeur.**

Épaisseur des semelles	Hauteur entre les semelles					
	0,500	0,550	0,600	0,650	0,700	0,750
6	0,000.077	0,000.093	0,000.110	0,000.129	0,000.149	0,000.171
7	090	108	129	151	175	200
8	103	124	148	173	200	230
9	116	141	167	195	226	259
10	130	157	186	218	252	289
11	0,000.144	0,000.173	0,000.205	0,000.240	0,000.278	0,000.318
12	157	189	225	263	304	348
13	171	206	244	286	330	378
14	185	223	264	309	357	409
15	199	239	284	332	383	449
16	213	256	304	355	410	469
17	227	273	323	378	437	500
18	241	290	344	402	464	531
19	256	308	364	425	491	562
20	270	325	384	449	518	593
21	0,000.285	0,000.342	0,000.405	0,000.473	0,000.546	0,000.624
22	300	360	426	497	573	656
23	315	378	446	521	601	687
24	330	396	467	545	629	719
25	345	413	488	570	657	751
26	360	432	510	594	685	783
27	375	450	531	619	714	815
28	391	468	552	644	742	848
29	406	486	573	669	771	880
30	422	505	596	694	800	913
31	0,000.437	0,000.523	0,000.618	0,000.719	0,000.829	0,000.946
32	453	542	640	745	858	979
33	469	561	662	770	887	1.012
34	485	580	684	796	916	1.043

15. — Moments d'inertie des semelles de 100ᵐᵐ de largeur.

Épaisseur des semelles	Hauteur entre les semelles					
	0,800	0,850	0,900	0,950	1,000	1,100
7	0,000.228	0,000.257	0,000.288	0,000.320	0,000.355	0,000.420
8	261	295	330	367	406	491
9	294	332	372	414	458	554
10	328	370	414	461	510	616
11	362	408	456	508	562	679
12	396	446	499	555	614	742
13	430	484	542	603	667	805
14	464	522	585	650	720	869
15	498	561	628	698	773	932
16	533	600	671	746	826	996
17	567	639	715	795	879	0,001.061
18	602	678	758	843	933	1.125
19	637	717	802	892	986	1.190
20	672	757	846	941	0,001.040	1.254
21	0,000.708	0,000.796	0,000.891	0,000.990	0,001.095	0,001.320
22	743	836	935	0,001.039	1.149	1.385
23	779	877	980	1.089	1.204	1.450
24	815	917	0,001.025	1.139	1.258	1.516
25	851	957	1.069	1.188	1.313	1.582
26	887	998	1.115	1.239	1.369	1.648
27	923	0,001.038	1.160	1.289	1.424	1.715
28	960	1.079	1.206	1.339	1.480	1.782
29	997	1.121	1.252	1.390	1.536	1.849
30	0,001.033	1.162	1.298	1.441	1.592	1.916
31	0,001.071	0,001.203	0,001.344	0,001.492	0,001.648	0,001.983
32	1.108	1.245	1.391	1.543	1.704	2.051
33	1.145	1.287	1.437	1.595	1.761	2.119
34	1.183	1.329	1.484	1.647	1.818	2.187
35	1.221	1.371	1.531	1.699	1.876	2.256
36	1.259	1.414	1.578	1.751	1.933	2.324

16. — Moments d'inertie des semelles de 100mm de largeur.

Épaisseur des semelles	Hauteur entre les semelles					
	1,200	1,300	1,400	1,500	1,600	1,700
7	0,000.510	0,000.598	0,000.693	0,000.795	0,000.904	0,001.020
8	584	684	793	910	1.034	1.167
9	658	771	893	0,001.024	1.165	1.314
10	732	858	994	1.140	1.296	1.462
11	807	945	0,001.095	1.256	1.427	1.610
12	881	0,001.033	1.196	1.372	1.559	1.758
13	956	1.121	1.298	1.488	1.691	1.907
14	0,001.032	1.209	1.400	1.604	1.823	2.056
15	1.107	1.297	1.502	1.721	1.956	2.206
16	1.183	1.385	1.604	1.839	2.089	2.356
17	1.259	1.474	1.707	1.956	2.222	2.506
18	1.335	1.563	1.810	2.074	2.356	2.656
19	1.412	1.653	1.913	2.192	2.490	2.807
20	1.488	1.742	2.016	2.310	2.624	2.958
21	0,001.565	0,001.832	0,002.120	0,002.429	0,002.759	0,003.110
22	1.643	1.923	2.224	2.548	2.894	3.262
23	1.720	2.013	2.329	2.668	3.029	3.414
24	1.798	2.104	2.433	2.787	3.165	3.567
25	1.876	2.195	2.538	2.907	3.301	3.720
26	1.954	2.286	2.644	3.027	3.437	3.873
27	2.033	2.377	2.749	3.148	3.574	4.027
28	2.111	2.469	2.855	3.269	3.711	4.181
29	2.190	2.561	2.961	3.390	3.848	4.335
30	2.270	2.653	3.068	3.512	3.986	4.490
31	0,002.349	0,002.745	0,003.174	0,003.634	0,004.124	0,004.645
32	2.429	2.839	3.281	3.756	4.262	4.800
33	2.509	2.932	3.389	3.878	4.401	4.956
34	2.589	3.026	3.496	4.001	4.540	5.112
35	2.670	3.120	3.604	4.124	4.679	5.269
36	2.751	3.214	3.712	4.247	4.818	5.425

17. — Moments d'inertie des semelles de 100mm de largeur.

Épaisseur des semelles	Hauteur entre les semelles					
	1.800	1.900	2.000	2.500		
7	0,001.142	0,001.273	0,001.409	0,002.200		
8	1.307	1.456	1.613	2.516		
9	1.473	1.640	1.817	2.833		
10	1.638	1.824	2.022	3.150		
11	1.804	2.008	2.224	3.468		
12	1.970	2.193	2.429	3.786		
13	2.137	2.379	2.634	4.105		
14	2.303	2.564	2.839	4.424		
15	2.471	2.750	3.045	4.744		
16	2.638	2.937	3.251	5.064		
17	2.806	3.124	3.458	5.385		
18	2.975	3.311	3.665	5.706		
19	3.143	3.498	3.873	6.028		
20	3.312	3.686	4.080	6.350		
21	0,003.482	0,003.875	0,004.289	0,006.673		
22	3.652	4.064	4.497	6.997		
23	3.822	4.253	4.707	7.320		
24	3.993	4.442	4.916	7.645		
25	4.163	4.632	5.126	7.970		
26	4.335	4.822	5.336	8.295		
27	4.506	5.013	5.547	8.621		
28	4.678	5.204	5.758	8.947		
29	4.851	5.39[illegible]	5.970	9.274		
30	5.024	5.588	6.182	9.602		
31	0,005.197	0,005.780	0,006.394	0,009.930		
32	5.370	5.972	6.607	0,010.258		
33	5.544	6.166	6.820	10.587		
34	5.719	6.359	7.034	10.916		
35	5.893	6.553	7.248	11.246		
36	6.068	6.747	7.462	11.577		

Dimensions, sections, poids, moments d'inertie des cornières à branches égales. — Dans le tableau suivant se trouvent résumés les dimensions, les surfaces de section en millimètres carrés et les poids au mètre courant des cornières à branches égales ; on y 'rouve aussi la position du centre de gravité, les moments d'inertie J, J_1, J', et J'' par rapport aux quatre axes indiqués sur la fig.271, et enfin les rapports $\frac{J}{v}$ et $\frac{J}{v'}$.

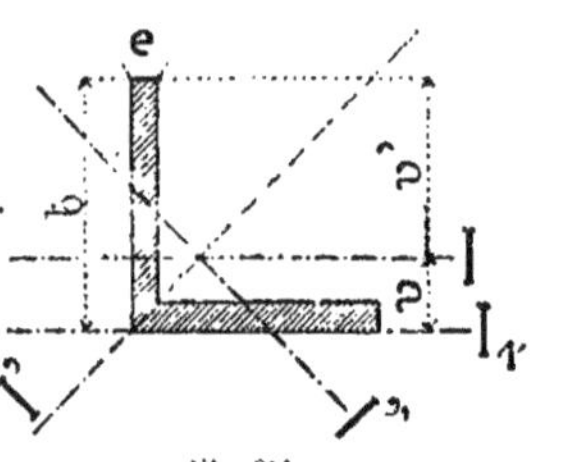

Fig. 271.

18. — Moments d'inertie des cornières à branches égales.

Largeur b	Épaisseur e	Section	Poids au mètre courant	c	Moments d'inertie				$\frac{I}{v}$	$\frac{I}{v'}$
					I_1	I	I'	I		
mm	mm	mm²	kg	c						
60	6	684	5.33	17.2	0,000.000.135	0,000.000.231	0,000.000.372	0,000.000.069	0,000.013.1	0,000.005.1
	7	790	6.20	17.6	511	261	121	0,000.000.107	15.0	6.2
	8	896	7.00	17.9	685	296	479	123	16.6	7.0
	9	1000	7.80	18.3	662	327	516	134	17.8	7.8
	10	1100	8.60	18.6	730	356	570	152	19.2	8.6
65	7	861	6.72	18.7	0,000.000.614	0,000.000.342	0,000.000.511	0,000.000.153	0,000.018.2	0,000.007.8
	8	976	7.61	19.1	742	387	607	169	20.0	8.4
	9	1080	8.49	19.4	838	121	668	180	21.8	9.3
	10	1200	9.36	19.8	936	463	725	201	23.4	0,000.010.2
	11	1300	10.10	20.1	0,000.001.033	501	779	222	25.0	11.1
70	7	931	7.3	20.1	0,000.000.806	0,000.000.428	0,000.000.687	0,000.000.168	0,000.021.4	0,000.008.6
	8	1050	8.2	20.6	941	482	768	190	23.5	9.7
	9	1170	9.2	20.8	0,000.001.040	630	847	213	25.1	0,000.010.8
	10	1300	10.1	21.1	1.163	583	930	233	27.8	11.9
	11	1410	11.0	21.6	1.290	621	0,000.001.005	277	29.2	12.9
	12	1530	11.9	21.8	1.400	671	0.986	291	30.7	13.9

19. — Moments d'inertie des cornières à branches égales.

Largeur b	Épaisseur e	Section	Poids au mètre courant	v	Moments d'inertie				$\dfrac{I}{v}$	$\dfrac{I}{v}$
					I_0	I	I	I		
mm	mm	cm²	kg	mm						
75	8	11.36	8,86	21.5	0,000.001.131	0,000.000.662	0,000.000.021	0,000.000.283	0,000.028.1	0,000.011.3
	9	12.80	9,90	21.9	1.282	661	0,000.001.030	300	30.5	12.2
	10	14.00	10.92	22.4	1.430	725	1.131	316	32.7	13.8
	11	15.28	11.91	22.6	1.573	783	1.227	331	34.8	14.9
	12	16.56	12.90	23.0	1.726	840	1.317	351	36.5	16.2
80	8	12.16	9,48	22.0	0,000.001.376	0,000.000.737	0,000.001.117	0,000.000.203	0,000.032.0	0,000.012.8
	9	13.59	10.60	23.3	1.535	815	1.300	330	34.8	14.5
	10	15.02	11.70	23.7	1.705	890	1.417	363	37.5	15.8
	11	16.55	12.81	24.0	1.808	963	1.531	393	40.1	17.2
	12	17.76	13.80	24.5	2.055	0,000.001.032	1.643	421	42.3	18.5
85	10	16.00	12.50	24.9	0,000.002.072	0,000.001.079	0,000.001.713	0,000.000.415	0,000.013.3	0,000.018.0
	11	17.49	13.60	25.3	2.295	1.167	1.851	483	46.1	19.5
	12	18.96	14.80	25.6	2.490	1.252	1.981	520	48.9	21.1
	13	20.11	15.50	26.0	2.711	1.335	2.111	553	51.3	22.6
90	9	15.34	12.60	25.3	0,000.002.682	0,000.001.180	0,000.001.882	0,000.000.478	0,000.015.1	0,000.018.3
	10	17.00	13.30	26.2	2.457	1.294	2.054	528	49.3	20.2
	11	18.59	14.50	26.5	2.710	1.833	2.222	573	52.5	22.1
	12	20.16	15.70	26.9	2.961	1.760	2.381	618	55.9	23.8
	13	21.71	16.90	27.2	3.021	1.595	2.568	652	58.6	25.8
95	10	18.00	14.00	27.1	0,000.002.887	0,000.001.652	0,000.002.195	0,000.000.627	0,000.055.9	0,000.022.5
	11	19.63	15.35	27.8	3.181	1.690	2.639	681	60.7	24.7
	12	21.35	16.70	28.1	3.472	1.785	2.855	757	63.5	26.5
	13	22.91	17.95	28.5	3.755	1.806	3.020	792	66.0	28.5
100	10	19.00	14.80	28.5	0,000.003.350	0,000.002.061.800	0,000.002.870	0,000.000.739	0,000.065.0	0,000.025.1
	11	20.79	16.20	29.0	3.703	1.952	3.110	790	67.5	27.3
	12	22.56	17.60	29.4	4.053	2.102	3.340	841	71.5	29.5
	13	24.31	18.90	29.8	4.397	2.211	3.559	924	75.5	32.0
	14	26.04	20.30	30.1	4.745	2.859	3.775	991	79.2	31.1
	15	27.75	21.60	30.5	5.100	2.520	3.950	0,000.001.050	82.8	33.4
110	12	24.96	19.50	32.1	0,000.005.400	0,000.002.810	0,000.004.520	0,000.001.105	0,000.087.2	0,000.035.0
	14	28.84	22.50	32.9	6.520	3.180	5.110	1.270	96.0	41.1
120	13	29.61	23.00	34.7	0,000.007.550	0,000.003.850	0,000.006.350	0,000.001.620	0,000.115.0	0,000.045.0
	15	33.75	26.30	35.5	8.760	4.490	7.110	1.810	126.0	53.0

20. — Densité des principaux matériaux de construction.

Matériau	Densité
Acier forgé	7,84
Acier fondu	7,83—7,92
Acier doux	7,83
Ardoise	2,64—2,67
Argile	1,70— 2,30
Asphalte comprimé	2,10
Béton	1,90—2,40
Bois séché à l'air :	
Aune	0,55
Bouleau	0,63—0,74
Buis	0,97
Cèdre	0,60
Cerisier	0,65
Châtaignier	0,60
Chêne	0,92
Érable	0,68
Frêne	0,67
Gayac	1,33
Hêtre	0,76
Liège	0,24
Mélèze	0,47— 0,56
Noyer	0,64— 0,90
Orme	0,58
Peuplier	0,40—0,47
Pin	0,55—0,73
Poirier	0,65— 0,73
Pommier	0,73
Prunier	0,80—0,87
Sapin	0,50—0,65
Saule	0,49—0,59
Tilleul	0,45—0,60
Briques	1,4— 2,2
Bronze	8,3—8,8
Bronze phosphoré	8,8
Caoutchouc	0,93
Charbon de terre	1,21—1,54
Ciment tassé	1,06—2,00
Craie blanche	1,80—2,66
Cuivre fondu	8,60 -8,90
Cuivre martelé	8,78— 9,00
Fil de fer	7,6—7,75
Fer forgé	7,6—7,9
Fer laminé	7,8
Fonte	7,2
Granit	2,6—2,8
Gravier	1,4—1,8
Grès	1,9—2,7
Maçonnerie fraiche à mortier de chaux et moellons	2,46
Maçonnerie séche à mortier de chaux et moellons	2,40
Maçonnerie en meulière	1,2 à 1,5
Maçonnerie sèche en briques	1,5 à 1,7
Maçonnerie en briques creuses	0,9—1,2
Marbre	2,5—2,85
Marne	1,57—2,63
Mortier de chaux sec	1,65
Neige	0,10—0,125
Plomb	11,376
Sable fin humide	1,9
Sable fin sec	1,4—1,65
Gros sable sec	1,37—1,51
Terre argileuse damée	2,06
Terre sèche maigre	1,34
Verre à vitre	2,53
Zinc laminé	7,2
Zinc fondu	6,80—7,14

21. — Elasticité et résistance de quelques matériaux de construction.

DÉSIGNATION	Coefficient d'élasticité E par mm²	Charge limite d'élasticité		Charge de rupture		Charges admissibles	
		Traction	Compression	Traction	Compression	Traction	Compression
Métaux :				Par mm²			
Fer laminé sens longitudinal	20.000	16,5	16,5	32—38	26 à 30	6—8	6—8
Acier dur..............	22.000	40,0	40,0	65	79	8—12	8—12
Acier moyen...........	22.000	34,0	34,0	55	67	»	»
Acier doux	22.000	28,0	28,0	45	55	»	»
Fonte........	10.000	6,0	16,0	13	78	2—3	6—8
Cuivre martelé.........	11.600	3,0	»	23	57	»	»
Bronze..............	6.900	4,0	»	23	»	»	»
Zinc	9.000	»	»	2	»	»	»
Bois :				Par cm²			
Pin (sens longitudinal)...	11.0000	270	120	900	450	40—60	40—60
Sapin..............	12.0000	270	120	800	400	40—60	40—60
Mélèze.............	10.0000	270	120	700	350	40	40
Chêne.............	12.0000	270	120	1000	500	40—60	60—80
Hêtre	11.0000	270	120	950	180	40—60	60—80
Pierres et Maçonnerie :				Par cm²			
Granit.............	120—5 0	»	»	30—60	800—1600	»	40—50
Marbre.............	170—560	»	»	24—40	600—1000	»	25—30
Grès..............	45—370	»	»	8—30	200— 800	»	25—30
Brique	»	»	»	5—7	120— 200	»	7—10
Béton.............	»	»	»	10	80— 150	»	8—10
Ciment de Portland......	»	»	»	13	100— 300	»	»
Mortier de ciment.......	»	»	»	»	»	»	8—12
Maçonnerie en pierre dure.	»	»	»	»	»	»	15—20
Maçonnerie en meulière..	»	»	»	»	»	»	6—8
Sol de fondations :							
Sable	»	»	»	»	»	»	2—6
Gravier.............	»	»	»	»	»	»	5—8
Argile.............	»	»	»	»	»	»	4—6
Matériaux divers :							
Verre	»	»	»	»	1700	»	»

22. — Tableau des valeurs des coefficients de frottement.

Désignation	Rapport du frottement à la pression	
	au départ	pendant le mouvement
Chêne sur chêne sans enduit	0,54	0,34
Fer sur chêne, sans enduit...............	0,62	0,62
Fer sur chêne mouillés.................	0,65	0,26
Fer sur fer sans enduit.................		0,44
Calcaire sur calcaire..................	0,74	0,64
Grès sur grès avec mortier frais.........	0,66	

23. — Tableau des coefficients de dilatation linéaire.

Plomb	0,0000285
Verre	0,0000086
Fonte.........................	0,0000111
Cuivre	0,0000172
Fer...........................	0,0000123
Acier non trempé.................	0,0000108
Acier trempé....................	0,0000124
Zinc,.........................	0,0000204
Etain	0,0000104
Maçonnerie de briques de champ	0,0000089
Maçonnerie de briques en long	0,0000019
Pierres de taille..................	0,0000050 à 0,0000069

§ 2

FORMULES

Comme nous l'avons annoncé dans la préface, nous terminons ce volume en donnant un certain nombre de formules dont l'ingénieur-constructeur a continuellement besoin. Il ne faut pas se laisser effrayer par la complication apparente de quelques-unes d'entre elles ; en procédant méthodiquement, on arrive au but sans trop de travail.

I. Théorème des trois moments.

Les moments fléchissants M_1, M_2, M_3, sur trois appuis consécutifs d'une poutre continue, sont liés par la formule suivante :

$$l_1 M_1 + 2(l_1 + l_{II}) M_2 + l_{II} M_3 + \frac{1}{4} p_1 l_1^3 + \frac{1}{4} p_2 l_{II}^3 = 0$$

Dans cette formule p_1 et p_2 sont les charges par unité de longueur de poutre dans les travées I et II. Les valeurs des p et des l sont toujours positives, celles des M sont en général négatives.

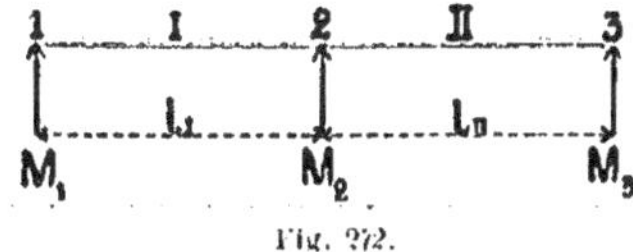

Fig. 272.

II. Moments sur piles pour des poutres de 2 à 10 travées.

En appliquant la formule des trois moments à des poutres à 2 travées inégales, de longueur l_1 et l_2, et à des poutres de 3, 4, 5, 6, 7, 8, 9, 10 travées, ayant les deux travées de rives égales d'une longueur l_1, et toutes les travées intermédiaires égales d'une longueur l_2, en désignant de plus par p_1, p_2, p_3, p_4... les charges uniformément réparties sur les travées 1, 2, 3, 4... et par M_1, M_2, M_3... les moments sur les piles 1, 2, 3... on arrive aux formules suivantes (fig. 273).

Ces formules donnent les moments sur les piles d'une moitié de la poutre, celles des piles de l'autre moitié sont les mêmes; il suffit de changer le numérotage en le mettant de droite à gauche au lieu de le mettre de gauche à droite.

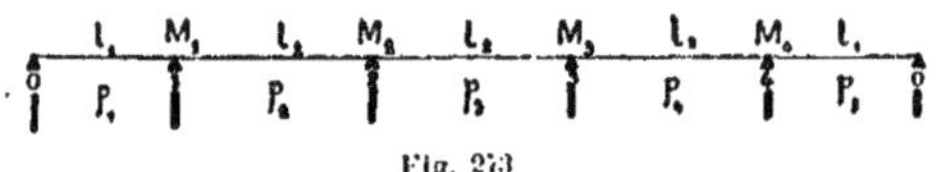

Fig. 273

1° Poutres à deux travées inégales

$$M_1 = \frac{p_1 l_1^3 + p_2 l_2^3}{8(l_1 + l_2)}$$

2° Poutres à trois travées dont les deux extrêmes sont égales

$$M_1 = \frac{2p_1(l_1^3 + l_1 l_2) + p_2 l_2^2 \cdot 2l_1 l_2 - p_2(l_1 + l_2)}{4(3l_1^2 + 8l_1 l_2 + 3l_2^2)}$$

$$M_2 = \frac{-p_1 l_1^2 l_2 + p_2(l_2^3 + 2l_1 l_2^2) + 2p_3 l_1^3 + l_1^2 l_2}{4(3l_1^2 + 8l_1 l_2 + 3l_2^2)}$$

3° Poutres à quatre travées, dont les deux centrales sont égales ainsi que les deux extrêmes

$$M_1 = \frac{p_1(8l_1^4 + 7l_1^3 l_2) + p_2(5l_2^4 + 6l_1 l_2^3) - p_3(2l_1 l_2^3 + l_2^4) + p_4 l_1^3 l_2}{4(16l_1^2 + 12l_2^2 + 28l_1 l_2)}$$

$$M_2 = \frac{-p_1 l_1^3 + p_2(2l_1 l_2^2 + l_2^3) + p_3(2l_1 l_2^2 + l_2^4) - p_4 l_1^3}{2(16l_1 + 12l_2)}$$

$$M_3 = \frac{p_1 l_1^3 l_2 - p_2(2l_1 l_2^3 + l_2^4) + p_3(5l_1^4 + 6l_1 l_2^3) + p_4(8l_1^4 + 7l_1^3 l_2)}{4(16l_1^2 + 12l_2^2 + 28l_1 l_2)}$$

4° Poutres à cinq travées dont les deux extrêmes sont égales ainsi que les trois centrales

$$M_1 = \frac{p_1(30 l_1^4 + 26 l_1^3 l_2) + p_2(22 l_1 l_2^3 + 19 l_2^4) - p_3(6 l_1 l_2^4 + 5 l_2^4)}{4(60 l_1^2 + 104 l_1 l_2 + 45 l_2^2)}$$
$$+ \frac{p_4(2 l_1 l_2^3 + l_2^4) - p_5 l_1^3 l_2}{4(60 l_1^2 + 104 l_1 l_2 + 45 l_2^2)}$$

$$M_2 = \frac{-p_1(8l_1^4 + 7l_1^3 l_2) + p_2(6 l_1^3 l_2 + 22 l_1 l_2^3 + 7 l_2^4) + p_3(12 l_1^2 l_2^2 + 22 l_1 l_2^3 +}{4(60 l_1^2 + 104 l_1 l_2 + 45 l_2^2)}$$
$$\frac{+ 10 l_2^4) - p_4(8 l_1^2 l_2^2 + 6 l_1 l_2^3 + 2 l_2^4) + p_5(2l_1^4 + 2l_1^3 l_2)}{4(60 l_1^2 + 104 l_1 l_2 + 45 l_2^2)}$$

5° Poutres à six travées dont les quatre centrales sont égales ainsi que les deux extrêmes

$$M_1 = \frac{p_1(112 l_1^4 + 97 l_1^3 l_2) + p_2(82 l_1 l_2^3 + 71 l_2^4) - p_3(22 l_1 l_2^3 + 19 l_2^4) +}{8(112 l_1^2 + 194 l_1 l_2 + 84 l_2^2)}$$
$$+ \frac{p_4(6 l_1 l_2^4 + 5 l_2^4) - p_5(2 l_1 l_2^5 + l_2^4) + p_6 l_1^3 l_2}{8(112 l_1^2 + 194 l_1 l_2 + 84 l_2^2)}$$

$$M_2 = \frac{-p_1(15 l_1^4 + 13 l_1^3 l_2) + p_2(30 l_1^2 l_2^2 + 44 l_1 l_2^3 + 13 l_2^4) + p_3(22 l_1^2 l_2^2 + 44 l_1 l_2^3 +}{4(112 l_1^2 + 194 l_1 l_2 + 84 l_2^2)}$$
$$\frac{+ 19 l_2^4) - p_4(6 l_1^2 l_2^2 + 11 l_1 l_2^3 + 5 l_2^4) + p_5(2 l_1^2 l_2^2 + 3 l_1 l_2^3 + l_2^4) - p_6(l_1^4 + l_1^3 l_2)}{4(112 l_1^2 + 194 l_1 l_2 + 84 l_2^2)}$$

$$M_3 = \frac{p_1(8l_1^4 + 7l_1^3 l_2) - p_2(16 l_1^2 l_2^2 + 22 l_1 l_2^3 + 7 l_2^4) + p_3(8 l_1^2 l_2^2 + 22 l_1 l_2^3 + 35 l_2^4) +}{8(112 l_1^2 + 194 l_1 l_2 + 84 l_2^2)}$$
$$+ \frac{p_4(8 l_1^2 l_2^2 + 82 l_1 l_2^3 + 35 l_2^4) - p_5(16 l_1^2 l_2^2 + 22 l_1 l_2^3 + 7 l_2^4) + p_6(8l_1^4 + 7l_1^3 l_2)}{8(112 l_1^2 + 194 l_1 l_2 + 84 l_2^2)}$$

6° Poutres à sept travées dont les cinq centrales sont égales ainsi que les deux extrêmes

$$M_1 = \frac{p_1(418 l_1^4 + 362 l_1^3 l_2) + p_2(306 l_1 l_2^3 + 265 l_2^4) - p_3(82 l_1 l_2^3 + 71 l_2^4) - p_4(22 l_1 l_2^3 +}{4(830 l_1^2 + 1627 l_1 l_2 + 1188 l_2^2)}$$

$$\frac{+10l_3^4)-p_5(6l_1l_3^3+5l_2^4)+p_6(2l_1l_3^3+l_3^4)-p_7l_1^3l_2}{4(836\,l_1^2+627\,l_3^2+1448\,l_1l_3)}$$

$$M_2=\frac{-p_1(97l_1^3l_2+112l_1^4)+p_2(224l_1^2l_2^2+306l_1l_2^3+97l_2^4)+p_3(164l_1^2l_2^2+}{4(836\,l_1^2+627\,l_3^2+1448\,l_1l_2)}$$

$$+\frac{306l_1l_2^3+112l_2^4)-p_4(44l_1^2l_2^2+82l_1l_2^3+38l_2^4)+p_5(12l_1^2l_2^2+22l_1l_2^3+10l_2^4)-}{4(836\,l_1^2+627\,l_2^2+1448\,l_1l_2)}$$

$$\frac{-p_6(4l_1^2l_2^2+6l_1l_2^3+2l_2^4)+p_7(2l_1^4+2l_1^3l_2)}{4(836\,l_1^2+627\,l_2^2+1448\,l_1l_2)}$$

$$M_3=\frac{p_1(26l_1^3l_2+30l_1^4)-p_2(60l_1^2l_2^2+82l_1l_2^3+26l_2^4)+p_3(180l_1^2l_2^2+306l_1l_2^3+}{4(836\,l_1^2+627\,l_2^2+1448\,l_1l_2)}$$

$$\frac{-130l_2^4)+p_4(176l_1^2l_2^2+306l_1l_2^3+133l_2^4)-p_5(48l_1^2l_2^2+82l_1l_2^3+35l_2^4)+}{4(836\,l_1^2+627\,l_2^2+1448\,l_1l_2)}$$

$$\frac{+p_6(16l_1^2l_2^2+22l_1l_2^3+7l_2^4)-p_7(8l_1^4+7l_1^3l_2)}{4(836\,l_1^2+627\,l_2^2+1448\,l_1l_2)}$$

7° Poutres à huit travées dont les six centrales sont égales
ainsi que les deux extrêmes

$$M_1=\frac{p_1(1560l_1^4+1351l_1^3l_2)+p_2(1142l_1l_2^3+989l_2^4)-p_3(300l_1^3l_2+265l_2^4)+}{4(3120\,l_1^2+5404\,l_1l_2+2340\,l_2^2)}$$

$$+\frac{p_4(82l_1l_2^3-71l_2^4)-p_5(22l_1l_2^3+19l_2^4)+p_6(6l_1l_2^3+5l_2^4)-p_7(2l_1l_2^3+l_2^4)+p_8l_1^3l_2}{4(3120\,l_1^2+5404\,l_1l_2+2340\,l_2^2)}$$

$$M_2=\frac{-p_1(448l_1^4+362l_1^3l_2)+p_2(836l_1^2l_2^2+1142l_1l_2^3+362l_2^4)+p_3(642l_1^2l_2^2+}{4(3120\,l_1^2+5404\,l_1l_2+2340\,l_2^2)}$$

$$\frac{+1142l_1l_2^3+530l_2^4)-p_4(164l_1^2l_2^2+306l_1l_2^3+142l_2^4)+p_5(44l_1^2l_2^2+82l_1l_2^3+}{4\cdot3120\,l_1^2+5404\,l_1l_2+2340\,l_2^2)}$$

$$\frac{-38l_2^4)-p_6(12l_1^2l_2^2+22l_1l_2^3+10l_2^4)+p_7(4l_1^2l_2^2+6l_1l_2^3+2l_2^4)-p_8(2l_1^4+2l_1^3l_2)}{4\cdot3120\,l_1^2+5404\,l_1l_2+2340\,l_2^2)}$$

$$M_3=\frac{p_1(112l_1^4+97l_1^3l_2)-p_2(224l_1^2l_2^2+306l_1l_2^3+97l_2^4)+p_3(672l_1^2l_2^2+}{4(3120\,l_1^2+5404\,l_1l_2+2340\,l_2^2)}$$

$$\frac{+1142l_1l_2^3+485l_2^4)+p_4(656l_1^2l_2^2+1142l_1l_2^3+497l_2^4)-p_5(176l_1^2l_2^2+306l_1l_2^3+}{4(3120\,l_1^2+5404\,l_1l_2+2340\,l_2^2)}$$

$$\frac{+133l_2^4)+p_6(48l_1^2l_2^2+82l_1l_2^3+35l_2^4)-p_7(16l_1^2l_2^2+22l_1l_2^3+7l_2^4)+p_8(8l_1^4+7l_1^3l_2)}{4(3120\,l_1^2+5404\,l_1l_2+2340\,l_2^2)}$$

$$M_4=\frac{-p_1(30l_1^4+26l_1^3l_2)+p_2(60l_1^2l_2^2+82l_1l_2^3+26l_2^4)-p_3(180l_1^2l_2^2+306l_1l_2^3+}{4(3120\,l_1^2+5404\,l_1l_2+2340\,l_2^2)}$$

$$\frac{+130l_2^4)+p_4(660l_1^2l_2^2+1142l_1l_2^3+494l_2^4)+p_5(689l_1^2l_2^2+1142l_1l_2^3+494l_2^4)-}{4(3120\,l_1^2+5404\,l_1l_2+2340\,l_2^2)}$$

$$[\,\text{illegible equation}\,]$$

8° Poutres à neuf travées dont les sept centrales sont égales ainsi que les deux extrêmes

$$M_1 = [\,\text{illegible}\,]$$

$$M_2 = [\,\text{illegible}\,]$$

$$M_3 = [\,\text{illegible}\,]$$

$$M_4 = [\,\text{illegible}\,]$$

9° Poutres à dix travées dont les huit centrales sont égales ainsi que les deux extrêmes

$$M_1 = [\,\text{illegible}\,]$$

$$\frac{\cdots 3690\,l_2^4)\cdots p_3(1142\,l_1 l_2^3+98\,l_2^4)\cdots p_5(308\,l_1 l_2^3-265\,l_2^4)+p_7(82\,l_1 l_2\cdots 71\,l_2)}{4(13156\,l_1^2+75268\,l_1 l_2+32592\,l_2^2)}$$

$$\frac{-p_7(22\,l_1 l_2^3+10\,l_2^4)+p_8(6\,l_1 l_2^3+5\,l_2^4)-p_9(2\,l_1 l_2^3+l_2^4)+p_{10}l_2^4 l_2}{4(13156\,l_1^2+75268\,l_1 l_2+32592\,l_2^2)}$$

$$M_2 = \frac{-p_1(5822\,l_1^4+5042\,l_1^3 l_2)+p_2(11654\,l_1^4 l_2^2+15906\,l_1 l_2^3+5042\,l_2^4)\div}{4(13156\,l_1^2+75268\,l_1 l_2+32592\,l_2^2)}$$

$$+\frac{p_3(852\,l_1^2 l_2^2+15906\,l_1 l_2^3+7382\,l_2^4)-p_4(2284\,l_1^2 l_2^2+1262\,l_1 l_2^3+1978\,l_2^4)+}{4(13156\,l_1^2+75268\,l_1 l_2+32592\,l_2^2)}$$

$$+\frac{p_5(612\,l_1^2 l_2^2+1142\,l_1 l_2^3+530\,l_2^4)-p_6(164\,l_1^2 l_2^2+300\,l_1 l_2^3+112\,l_2^4)+}{4(13156\,l_1^2+75268\,l_1 l_2+32592\,l_2^2)}$$

$$+\frac{p_7(44\,l_1^2 l_2^2+82\,l_1 l_2^3+38\,l_2^4)-p_8(12\,l_1^2 l_2^2+22\,l_1 l_2^3+10\,l_2^4)+p_9(4\,l_1^2 l_2^2+6\,l_1 l_2^3+}{4(13156\,l_1^2+75268\,l_1 l_2+32592\,l_2^2)}$$

$$+\frac{2\,l_2^4)-p_{10}(2\,l_1^4+2\,l_1^3 l_2)}{4(13156\,l_1^2+75268\,l_1 l_2+32592\,l_2^2)}$$

$$M_3 = \frac{p_1(560\,l_1^4+1354\,l_1^3 l_2)-p_2(3120\,l_1^4 l_2^2+1262\,l_1 l_2^3+1354\,l_2^4)+}{4(13156\,l_1^2+75268\,l_1 l_2+32592\,l_2^2)}$$

$$+\frac{p_3(9360\,l_1^2 l_2^2+4500\,l_1 l_2^3+6755\,l_2^4)+p_4(9136\,l_1^2 l_2^2+15906\,l_1 l_2^3+6923\,l_2^4)-}{4(13156\,l_1^2+75268\,l_1 l_2+32592\,l_2^2)}$$

$$-\frac{p_5(2484\,l_1^2 l_2^2+1262\,l_1 l_2^3+1855\,l_2^4)+p_6(656\,l_1^2 l_2^2+1142\,l_1 l_2^3+497\,l_2^4)-}{4(13156\,l_1^2+75268\,l_1 l_2+32592\,l_2^2)}$$

$$-\frac{p_7(176\,l_1^2 l_2^2+306\,l_1 l_2^3+133\,l_2^4)+p_8(48\,l_1^2 l_2^2+82\,l_1 l_2^3+35\,l_2^4)-p_9(16\,l_1^2 l_2^2+}{4(13156\,l_1^2+75268\,l_1 l_2+32592\,l_2^2)}$$

$$+\frac{22\,l_1 l_2^3+7\,l_2^4)+p_{10}(8\,l_1^4+7\,l_1^3 l_2)}{4(13156\,l_1^2+75268\,l_1 l_2+32592\,l_2^2)}$$

$$M_4 = \frac{-p_1(48\,l_1^4+362\,l_1^3 l_2)+p_2(836\,l_1^4 l_2^2+1142\,l_1 l_2^3+362\,l_2^4)-p_3(2508\,l_1^4 l_2^2+}{4(13156\,l_1^2+75268\,l_1 l_2+32592\,l_2^2)}$$

$$+\frac{1262\,l_1^4 l_2^2+1840\,l_2^4)+p_4(9196\,l_1^4 l_2^2+15906\,l_1 l_2^3+6878\,l_2^4)+p_5(948\,l_1^4 l_2^2+}{4(13156\,l_1^2+75268\,l_1 l_2+32592\,l_2^2)}$$

$$+\frac{15906\,l_1 l_2^3+6890\,l_2^4)-p_6(2460\,l_1^4 l_2^2+1262\,l_1 l_2^3+1846\,l_2^4)+p_7(660\,l_1^4 l_2^2+}{4(13156\,l_1^2+75268\,l_1 l_2+32592\,l_2^2)}$$

$$+\frac{1142\,l_1 l_2^3+497\,l_2^4)-p_8(180\,l_1^4 l_2^2+306\,l_1 l_2^3+130\,l_2^4)+p_9(60\,l_1^4 l_2^2+82\,l_1 l_2^3+}{4(13156\,l_1^2+75268\,l_1 l_2+32592\,l_2^2)}$$

$$\frac{+26\,l_2^4)-p_{10}(30\,l_1^4+26\,l_1^3 l_2)}{4(13156\,l_1^2+75268\,l_1 l_2+32592\,l_2^2)}$$

$$M_5 = \frac{p_1(12\,l_1\cdots 97\,l_1^3 l_2)-p_2(23\,l_1^4 l_2\cdots 305\,l_1\cdots 97\,l_2\cdots)+p_3(672\,l_1^4 l_2^2\cdots}{4(13156\,l_1^2\cdots 75268\,l_1 l_2\cdots 32592\,l_2^4)}$$

$$+\frac{1142\,l_1 l_2^3+850\,l_2^4)-p_4(2464\,l_1^4 l_2^2+1262\,l_1 l_2^3+1843\,l_2^4)+p_5(948\,l_1^4 l_2^2\cdots}{4(13156\,l_1^2\cdots 75268\,l_1 l_2\cdots 32592\,l_2^4)}$$

$$\frac{+15006l_1l_2^3+6887l_2^4)+p_6(9184l_1^2l_2^2+15906l_1l_2^3+6887l_2^4)-p_7(2164l_1^3l_2^2}{4(43156l_1^2+75268l_1l_2+32502l_2^2)}$$

$$\frac{+4262l_1l_2^3+1843l_2^4)+p_8(672l_1^3l_2^2+1142l_1l_2^3+185l_2^4)-p_9(224l_1^3l_2^2+}{4(13456l_1^2+75208l_1l_2+32592l_2^2)}$$

$$\frac{+300l_1l_2^3+97l_2^4)+p_{10}(112l_1^4+97l_1^3l_2)}{4(43156l_1^2+75268l_1l_2+32502l_2^2)}$$

III. Formules empiriques de résistance ou flambage des pièces chargées debout.

Formule de Rankine :

Pilier à faces planes

$$f = \frac{P}{\omega}\left(1 + a\,\frac{P}{J}\,\omega\right)$$

ou

$$P = \frac{f\omega}{1 + a\,\dfrac{P\omega}{J}}$$

Pilier articulé à ses extrémités.

$$P = \frac{f\omega}{1 + 4a\,\dfrac{P\omega}{J}}$$

Dans ces formules :

P est la charge agissant sur le pilier ;

l la longueur du pilier ;

ω sa surface de section ;

J le moment d'inertie de la section ;

f l'intensité totale des plus grandes actions moléculaires ;

a un coefficient déterminé par l'expérience.

Les valeurs de a et de f sont les suivantes pour la résistance P admissible :

	a	f par cm²
Fer	0,0001	750ᵏ
Fonte	0,0008	1.500ᵏ
Bois	0,0008	70ᵏ

Formules de Hodgkinson.

Ces formules ne s'appliquent également qu'aux cylindres ou aux prismes rectangulaires.

1° Pour les cylindres pleins :

$$P = A \frac{d^{3.6}}{l^{1.7}}$$

où

P est la charge

d le diamètre de la section ;

l la longueur de la pièce.

2° Pour des cylindres creux :

$$P = A \frac{(d_1^{3.6} - d_0^{3.6})}{l^{1.7}}$$

d_1 étant le diamètre extérieur ;

d_0 le diamètre intérieur.

Les valeurs du coefficient A sont les suivantes :

Piliers pleins en fonte avec extrémités arrondies 1.400×10^6

Piliers pleins en fonte avec extrémités plates 3.200×10^6

Piliers creux en fonte avec extrémités arrondies 2.700×10^6

Piliers creux en fonte avec extrémités plates 3.200×10^6

Règle de Rondelet pour les bois. — Nous trouvons cette règle dans la résistance des matériaux de M. Collignon :

Le rapport de la longueur à la moindre dimension transversale étant l'un des nombres

1	12	24	36	48	60	72

la limite extrême de la charge que peut supporter sans fléchir latéralement ou sans écraser une pièce de chêne ou de sapin est, en kilogrammes par centimètre carré

420	350	210	140	70	35	$17\frac{1}{2}$

la limite pratique à adopter dans les constructions doit être réduite au septième de la limite extrême, ce qui donne par centimètre carré

60	50	30	20	10	5	$2\frac{1}{2}$

FIN.

ERRATA

Pages	Lignes	
299	15	Au lieu de : calcul approximatif, lire : calcul complet.
303	Formule 3	Au lieu de :

$$\Delta Q_h = -\dfrac{E.\,\Delta h}{y_s\,y_x\,\Sigma\,\dfrac{\Delta s}{1}}$$

lire :

$$\Delta Q_h = \dfrac{E\Delta h}{y_s\,y_x\,\Sigma\,\dfrac{\Delta s}{1}}$$

303		remplacer tous les y_s par y_x.
408	7	Au lieu de : à gauche de C, lire : à droite de C.
Planche I		Au lieu de :

$$I_{1,2} = 0,000279 \quad \text{et} \quad I_{5,6,7} = 0,000545,$$

lire :

$$I_{1,2} = 0,000535 \quad \text{et} \quad I_{5,6,7} = 0,000279.$$

Paris, imprimerie de E. MARTINET, rue Mignon, 2.